普通高等教育"十一五"国家级规划教材

国家级特色专业·通信工程·核心课程规划教材

通信网理论与应用

（第2版）

Communication Network：Principle and Applications

Second Edition

石文孝　主编

张丽翠　胡可刚　董　颖　副主编

U0282820

电子工业出版社
Publishing House of Electronics Industry
北京·BEIJING

内 容 简 介

本书为普通高等教育"十一五"国家级规划教材，并在其前一版的基础上进行了全面的修订与更新。本书系统地介绍了通信网的相关理论和技术，主要内容包括通信网的基本概念及组网结构、图论及其在通信网中的应用、排队论及网络业务分析方法、核心网、宽带接入网、支撑系统、通信业务及通信网的规划与后评估方法。本书提供配套的电子教学课件。

本书内容丰富、实用性强，可作为高等院校通信工程、电子信息工程、信息工程、网络工程、物联网工程、通信管理等专业的本科生教材或相关专业的研究生教材，也可以作为从事通信工程可行性研究、规划、设计、评估、管理和维护方面的高级技术人员学习与应用的参考书。

未经许可，不得以任何方式复制或抄袭本书之部分或全部内容。

版权所有，侵权必究。

图书在版编目（CIP）数据

通信网理论与应用 / 石文孝主编. —2 版. —北京：电子工业出版社，2016.6
国家级特色专业·通信工程·核心课程规划教材
ISBN 978-7-121-26847-2

I. ①通… II. ①石… III. ①通信网－高等学校－教材 IV. ①TN915

中国版本图书馆 CIP 数据核字（2015）第 177260 号

策划编辑：冯小贝
责任编辑：冯小贝
印　　刷：北京虎彩文化传播有限公司
装　　订：北京虎彩文化传播有限公司
出版发行：电子工业出版社
　　　　　北京市海淀区万寿路 173 信箱　　　邮编　100036
开　　本：787×1092　1/16　印张：20.5　字数：531 千字
版　　次：2008 年 3 月第 1 版
　　　　　2016 年 6 月第 2 版
印　　次：2024 年 1 月第 8 次印刷
定　　价：45.00 元

第 2 版前言

本书自 2008 年出版以来已重印多次，深受广大读者的欢迎与厚爱。但由于近年来通信技术的高速发展，第 1 版中的很多内容已不适应现代通信网络对通信网理论及新技术的知识需求。因此，我们根据多年的教学、科研经验，在参考大量国内外通信网方面的论文、专著的基础上，对第 1 版进行了修订，将第 1 版的内容进行了精简、增删、勘误，使其关键内容更加精炼，并且基础理论与技术能更好地支撑通信网络规划、设计及优化。

本书修订后的内容包括通信网的基本概念及总体结构，通信网的基础理论，接入网、核心网及支撑系统的结构与技术，网络规划及后评估方法。修订后全书共分 8 章，第 1 章从通信网的基本概念入手，概括地介绍了通信网的结构、质量要求及发展趋势；第 2 章从图论的应用角度介绍了最短路径、最大流等网络设计与优化常见问题的计算方法，讨论了通信网的可靠性问题；第 3 章主要介绍了排队论基础知识、M/M/$m(n)$排队系统、通信业务量理论及其分析方法，以及随机接入系统的业务分析；第 4 章主要讲述核心网的概念，电路域、分组域及IMS 域的组成，信令、协议及规程，核心网组网及技术融合；第 5 章主要讲述宽带接入网的概念、几种主要的有线接入网技术及应用、无线接入网技术及应用；第 6 章主要介绍了运营支撑系统、业务支撑系统和管理支撑系统的概念、组成、关键技术，以及支撑系统的发展趋势；第 7 章主要讲述了通信业务的概念、分类及发展趋势，并介绍了几种典型业务的特点与实现；第 8 章从通信网规划的基本概念出发，介绍了通信业务预测的主要方法，以无线接入网、核心网为例讨论了通信网规划方法，简介了通信工程项目后评估方法。

本书的特点是侧重介绍通信网的相关基本理论及其应用，并紧密结合我国通信网发展的实际状况，阐述相关的通信网技术。本书可作为高等院校通信工程、电子信息工程、信息工程、网络工程、物联网工程、通信管理等专业的本科生教材或相关专业的研究生教材，也可作为从事通信工程可行性研究、规划、设计、评估、管理和维护方面的高级技术人员的学习和应用参考资料。本书提供配套的电子教学课件，可登录华信教育资源网（www.hxedu.com.cn）免费注册下载。

本书由石文孝主编、拟定修订大纲，并修订编写了第 1 章、第 2 章、第 8 章；张丽翠编写了第 4 章；胡可刚编写了第 3 章、第 5 章；董颖编写了第 6 章、第 7 章；全书由石文孝修改定稿。

本书在修订过程中，参考了大量国内外著作和文献，在此向这些作者表示衷心的感谢。

由于现代通信技术发展十分迅速，加之作者水平有限，因此书中不足及错误之处，敬请专家和读者批评指正。

编　者
2016 年 5 月于吉林大学

目　　录

第1章 通信网概述

通信就是信息的传递与交换，是社会发展的基础，各行各业及社会各方面均与通信密切相关。当今社会，通信技术、计算机技术、控制技术等现代信息技术迅猛发展并相互融合，使得人们在广域范围内随时随地获取和交换信息成为可能。随着网络化时代的到来，人们对信息的需求与日俱增，对通信的要求也越来越高。通信网的建设应满足这些要求，并不断完善，以便做到信息传递的快速、可靠、多样、经济。

通过本章的学习，应掌握和理解现代通信网的构成要素和组网结构，熟悉通信网的质量要求，了解通信网的发展趋势，为学习通信网理论及应用打下基础。

1.1 通信网的概念

1.1.1 通信系统的基本组成

通信系统就是以电信号（或光信号）作为传递和交换信息手段的通信方式所构成的系统，也称为电信系统。它是各种协调工作的通信设备和通信信道集合而成的一个整体。现代通信网中的通信系统构成模型如图 1.1 所示，其基本组成包括：信源、变换器、信道、噪声源、反变换器和信宿六部分。

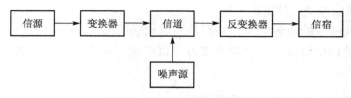

图 1.1 通信系统构成模型

1. 信源

信源是指产生各种信息（如语音、文字、图像及数据等）的信息源。信源可以是发出信息的人，也可以是发出信息的机器，如计算机等。不同的信源构成不同形式的通信系统。

2. 变换器

变换器的作用是将信源发出的信息变换成适合在信道中传输的信号。对应不同的信源和不同的通信系统，变换器有不同的组成和变换功能。例如，对于数字电话通信系统，变换器包括送话器和模/数变换器等。模/数变换器的作用是将送话器输出的模拟语音信号经过模/数变换、编码及时分复用等处理后，变换成适合于在数字信道中传输的信号。

3. 信道

信道按传输媒质的种类可以分为有线信道和无线信道。在有线信道中，电磁信号（或光信号）约束在某种传输线（架空明线、电缆、光缆等）上传输；在无线信道中，电磁信号沿空间（大气层、对流层、电离层等）传输。信道按传输信号的形式又可以分为模拟信道和数字信道。

4．反变换器

反变换器的作用是将从信道上接收的信号变换成信息接收者可以接收的信息。反变换器的作用与变换器正好相反，起着还原的作用。

5．信宿

信宿是信息的接收者，他/它可以与信源相对应构成人-人通信或机-机通信，也可以与信源不一致，构成人-机通信或机-人通信。

6．噪声源

噪声源是指系统内各种干扰影响的等效结果。系统的噪声来自各个部分，从信源和信宿的周围环境、各种设备的电子器件，到信道所受到的外部电磁场干扰，都会对信号产生噪声影响。为了分析问题方便，一般将系统内存在的干扰均折合到信道中，用噪声源表示。

以上所述的通信系统只是表述了两用户间的单向通信，对于双向通信还需要另一个通信系统完成相反方向的信息传送工作。而要实现多用户间的通信，则需要将多个通信系统有机地组成一个整体，使它们能协同工作，即形成通信网。

多用户间的相互通信，最简单的方法是在任意两个用户之间均有线路相连，但由于用户众多，这种方法会造成线路的巨大浪费。为了解决这个问题，引入了交换机的概念，即每个用户都通过接入网与交换机相连，任何用户间的通信都要经过交换机的转接交换。由此可见，图 1.1 所示的是两个用户间的专线系统模型，而在实际应用中，一般使用的通信系统则是由具有多级交换的通信网提供信道。

对于广播电视网中的业务应用，并不是简单地采用图 1.1 所示的点-点通信结构及上述的终端技术，而是由电台或电视台向千家万户以广播（或交互）的方式传送信息和提供服务的。

1.1.2　通信网的概念及构成要素

1．通信网的概念

通信网是由一定数量的节点（包括传送网节点、核心节点、接入节点、终端等）和连接这些节点的传输系统有机地组织在一起，按约定的信令或协议完成任意用户间信息交换的通信体系。也就是说，通信网是由相互依存、相互制约的许多要素组成的有机整体，用以完成规定的功能。通信网的功能就是适应用户通信的要求，以用户满意的效果传输网内任意两个或多个用户之间的信息。

在通信网中，信息的交换可以在两个用户间进行，在两个计算机进程间进行，还可以在用户和设备间进行。交换的信息包括用户信息（如语音、数据、图像等）、控制信息（如信令信息、路由信息等）和网络管理信息三类。由于信息在网上通常以电或光信号的形式进行传输，因而现代通信网又称电信网。

2．通信网的构成要素

实际的通信网是由软件和硬件按特定方式构成的一个通信系统，每一次通信都需要软、硬件设施的协调配合来完成。从硬件构成来看，通信网由终端设备、交换及路由设备和传输系统构成，它们完成通信网的基本功能：接入、交换和传输。软件设施则包括信令、协议、控制、管理、计费等，它们主要完成通信网的控制、管理、运营和维护，实现通信网的智能化。下面重点介绍构成通信网的硬件设备。

终端设备

终端设备是用户与通信网之间的接口设备，它包括图 1.1 中的信源、信宿与变换器、反变换器的一部分。最常见的终端设备有模拟电话机、手机、传真机、PC（Personal Computer）/PDA（Personal Digital Assistant）及特殊行业应用终端等。

终端设备的功能有以下三种：

● 将待传送的信息和传输链路上传送的信息进行相互转换。在发送端，将信源产生的信息转换成适合于在传输链路上传送的信号；在接收端则完成相反的转换。
● 将信号与传输链路相匹配，由信号处理单元完成。
● 信令的产生、识别及通信协议的处理，以完成一系列控制功能。

交换及路由设备

交换及路由设备是构成通信网的核心要素，它的基本功能是负责集中、转发终端节点产生的用户信息，或转发其他交换节点需要转接的信息，完成呼叫控制、媒体网关接入控制、协议处理、路由等功能，实现一个呼叫终端（用户）和它所要求的另一个或多个用户终端之间的路由选择的连接。

最常见的交换及路由设备有电话交换机、分组交换机、软交换机、路由器、转发器等。如软交换的基本结构如图 1.2 所示，其各组成部分相应的功能如下：

● 业务/应用层服务器：存放并执行业务逻辑和业务数据，向用户提供各种增值业务。
● 软交换机：完成各种呼叫流程的控制，并负责相应业务处理信息的传送。
● 核心分组网：为业务媒体流和控制信息流提供统一的、保证服务质量（Quality of Service，QoS）的高速分组传送平台。
● 信令网关：实现软交换设备与信令网的互通。
● 中继媒体网关：完成中继线路传送媒体格式的转换和互通操作。
● 接入媒体网关：负责模拟用户接入、移动通信用户接入的媒体转换功能。
● 综合接入设备：完成终端用户的语音、数据、图像等业务的综合接入。

传输系统

传输系统即传输链路，是信息的传输通道，是连接网络节点的媒介。它一般包括图 1.1 中的信道与变换器、反变换器的一部分。信道有狭义信道和广义信道之分，狭义信道是单纯的传输媒质（如光缆、自由空间、双绞线电缆、同轴电缆等）；广义信道除了传输媒质之外，还包括相应的变换设备。由此可见，我们这里所说的传输链路指的是广义信道。传输链路可以分为不同的类型，其各有不同的实现方式和适用范围，如中继链路、接入链路等。

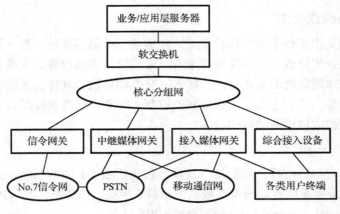

图 1.2　软交换基本结构

传输系统一个主要的设计目标就是如何提高物理线路的使用效率，因此通常传输系统都采用了多路复用技术，如频分复用、时分复用、波分复用等。常用的传输设备有 WDM（Wavelength Division Multiplexing）设备、SDH（Synchronous Digital Hierarchy）/MSTP（Multi-Service Transfer Platform）设备、PTN（Packet Transport Network）设备、OTN（Optical Transport Network）交叉设备、PON（Passive Optical Network）传输网元（OLT、POS、ONU）、数字配线架（Digital Distribution Frame，DDF）、光纤配线架（Optical Distribution Frame，ODF）、无线发射/接收机、网桥和集线器等。

1.1.3　通信网的分层结构

1. 网络总体结构

随着通信技术的发展和用户需求的日益多样化，现代通信网正处于变革与发展之中，网络类型及所提供的业务种类不断增加和更新，形成了复杂的通信网络体系。网络总体结构如图 1.3 所示，各部分的含义如下。

- **接入网**：用户终端（含用户驻地网）接入到网络的各种接入方式的总称，包括无线接入网和有线接入网。其中无线接入网包括 GSM（Global System for Mobile Communication）/GPRS（General Packet Radio Service）/EDGE（Enhanced Data Rate for GSM Evolution）、TD-SCDMA（Time Division-Synchronous Code Division Multiple Access）、WCDMA（Wideband Code Division Multiple Access）、LTE（Long Term Evolution）、WLAN（Wireless Local Area Networks）等，有线接入网包括 PON、PTN、MSTP、以太网等。
- **传送和 IP 承载网**：传送网包括省际干线传送网（一干）、省内干线传送网（二干）、城域骨干传送网及同步网；IP 承载网分为 IP 骨干网和 IP 城域网。同步网是通信网的重要组成部分，包括频率同步网和相位/时间同步网，同步信号主要通过传送网进行传递。
- **核心网**：承载于传送网和 IP 承载网之上，是为业务提供承载和控制的网络。核心网包括电路域、分组域和 IMS（IP Multimedia Subsystem）域三部分。
- **业务网**：承载于核心网之上，是提供业务接入和业务管理的网络。

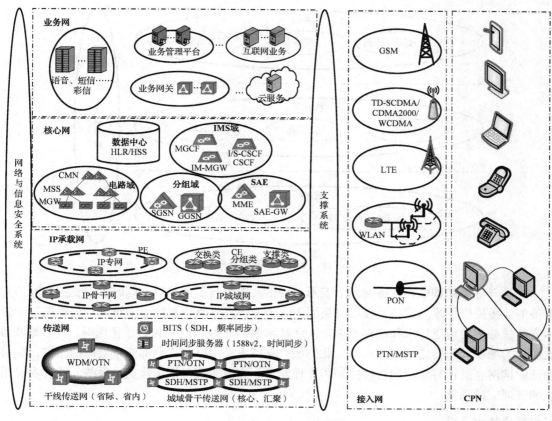

图 1.3　网络总体结构

- **支撑系统**：为支持运营、管理的 IT 系统的总称，包括运营支撑系统、业务支撑系统和管理支撑系统。
- **网络与信息安全系统**：以保护通信网、业务系统、支撑系统安全运行为目的，侧重防黑、防毒，以及防垃圾邮件、垃圾短信、非法 VoIP 等内容安全。该子系统将逐步建立安全技术防护体系、安全标准体系、安全运行维护体系。
- **用户驻地网**（Customer Premises Network，CPN）：指个人、家庭、集团的用户终端或用户网络。

2．网络的分层结构

为了更清晰地描述现代通信的网络结构，在此引入网络的分层结构。网络的分层使网络规范与具体实施方法无关，从而简化了网络的规划和设计，使各层的功能相对独立。

网络结构的垂直描述

网络的垂直分层结构是网络演进的争论焦点之一，OSI（Open Systems Interconnection）模型曾是人们普遍认可的分层方式，但它不是唯一的标准。OSI 模型过于复杂，目前尚无完全按照七层模型构建的通信网。对于图 1.3 的通信网络，在垂直结构上，根据功能我们可以将其简化为业务网、核心网和传送网，如图 1.4 所示。

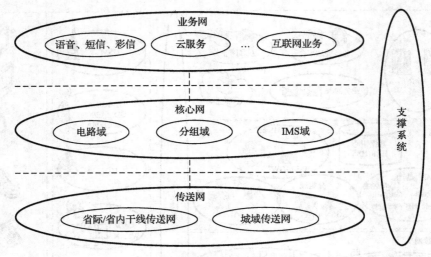

图 1.4　垂直观点的网络结构

在这一体系结构中，业务网层面表示各种信息应用与服务种类，同时表示支持各种信息服务的业务提供手段与装备。核心网层面表示为业务提供承载和控制的设施。传送网层面表示支持核心网的传送技术和基础设施，包括省际/省内干线传送网和城域传送网，其中城域传送网分为城域骨干传送网和接入网。此外还有支撑系统用以支持全部三个层面的工作，提供保证通信网有效正常运行的各种控制和管理能力。支撑系统包括运营支撑系统、业务支撑系统和管理支撑系统。

网络结构的水平描述

除了考虑通信网的垂直分层结构之外，还可以从水平的角度对图 1.3 的通信网进行描述。水平描述是基于用户接入网络实际的物理连接来划分的，可分为 CPN、接入网（Access Network，AN）和核心网（Center Network，CN），如图 1.5 所示，或分为局域网（Local Area Network，LAN）、城域网（Metropolitan Area Network，MAN）和广域网（Wide Area Network，WAN）等。

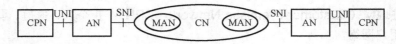

图 1.5　水平观点的网络结构

在图 1.5 中，CPN 指用户终端到用户网络接口（User Network Interface，UNI）之间所包含的机线设备，是属于用户自己的网络。CPN 在规模、终端数量和业务需求方面差异很大，可以大至公司、企业和大学校园，由局域网等设备组成；也可以小至普通居民住宅，仅由一部电话机和一对双绞线组成。SNI（Service Node Interface）为业务节点接口。

接入网位于 SNI 和 UNI 接口之间，即核心网和用户驻地网之间，它包含了连接两者的所有设施设备与线路，被称为通信网的"最后一公里"。

图 1.5 中水平描述的核心网包含电路域、分组域、IMS 域和干线（省际/省内）/城域骨干传送网的功能。传送网模型如图 1.6 所示。

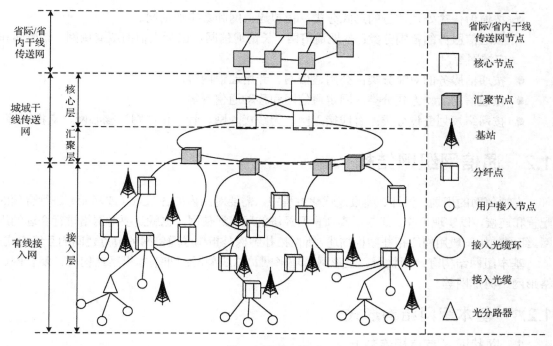

图 1.6　传送网模型

综合上述垂直观点和水平观点的网络分层结构，通信网综合分层架构如图 1.7 所示，骨干传送网指省际/省内干线传送网和城域骨干传送网。

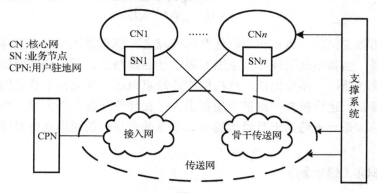

图 1.7　通信网综合分层架构

1.1.4　通信网分类

现代通信网可以从不同的角度进行分类。

- 按通信的业务类型分类：固定电话网、移动通信网、数据通信网、因特网、广播电视网等。
- 按用户接入网络实际的物理连接分类：用户驻地网、接入网、核心网。
- 按通信的传输媒质分类：无线通信网与有线通信网，常见的具体形式有移动通信网、微波通信网、卫星通信网、光纤通信网等。

- 按通信传输处理信号的形式分类：模拟通信网和数字通信网。
- 按通信服务的范围分类：本地通信网、长途通信网和国际通信网或局域网、城域网和广域网等。
- 按通信服务的对象分类：公用通信网、专用通信网等。
- 按通信的活动方式分类：固定通信网和移动通信网等。
- 按网络规划建设分类：有线接入网、无线接入网、骨干传送网、核心网、支撑网等。

1.2　通信网组网结构

在通信网的规划、设计、建设及优化过程中，需要对网内的各节点（或网元）进行合理的配置和连接，以实现可靠、迅速、高质量及经济的现代通信网，也就是要对网络进行合理的组网。组网结构一般用网络拓扑结构描述，所谓拓扑结构是指构成通信网的节点之间的互连方式。

基本组网结构有：网状网、星形网、环形网、总线型网；非基本组网结构有：复合网、格形网、树形网等。

1.2.1　基本组网结构形式

1．网状网（点点相连制）

网状网中任何两个节点之间都直接连通，如图 1.8 所示。如果网中有 N 个节点，则传输链路数 H 可用下式计算：

$$H = \frac{1}{2}N(N-1) \tag{1.1}$$

网状网的优点包括：点点相连，任意两节点之间都有直达线路，信息传递迅速；灵活性和可靠性高，当其中任意线路发生阻断时，迂回线路多，可保证通信畅通；通信节点不需要汇接交换功能，交换费用低。这种结构的缺点包括：任意两节点之间都互连，致使线路多、总长度长，建设投资和维护费用都很大；在通信业务量不大时，线路利用率低。所以，网状网结构是一种适用于节点数较少，节点间有足够的通信业务量或有很高可靠性要求的场合。

2．星形网（辐射制）

星形网也称为辐射网，它在网内中心设置一个中心节点，其他节点均有线路与中心节点相连。各节点间的通信都经中心节点转接，如图 1.9 所示。

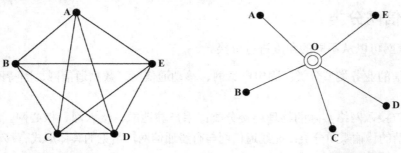

图 1.8　网状网示意图　　　　　图 1.9　星形网示意图

如果网内有 N 个节点，则传输链路数 H 可用下式计算：

$$H = N - 1 \qquad\qquad (1.2)$$

星形网的优点包括：结构简单、线路少、总长度短、建设投资和维护费用比较低；中心节点具有汇接交换功能，集中了通信业务量，提高了线路利用率；一次通信最多只经一次转接。这种结构的缺点包括：可靠性低，无迂回线路，若某一链路发生故障，该链路对应的节点就无法通信，特别是如果中心节点出现故障，会造成全网瘫痪；通信业务量集中到一个中心节点，负荷过重时中心节点交换能力将影响传递速度。

星形网结构适用于通信节点分布比较分散、距离远，相互间的通信业务量不大，而且大部分通信都来往于中心节点之间的情况。

3．环形网

环形网是所有节点用闭环形式首尾相连组成的通信网，如图 1.10 所示。环形网中，任一节点除了与相邻近的两点间有直达线路之外，与其他不邻近的节点之间的信息传递均需经过转接。

如果网内有 N 个节点，则传输链路数 H 可用下式计算：

$$H = N \qquad\qquad (1.3)$$

环形网在同样节点数情况下所需的线路比网状网少，可靠性比星形网要高；当任何两节点间的线路发生阻断时，通信仍可通过迂回实现，但会因转接多而影响通信速度。环形网可以是单向环也可以是双向环，双向自愈环结构可以对网络进行自动保护。环形结构目前主要用于计算机局域网、光纤接入网、城域网、光传输网等网络中。

另外，还有一种称为线形网的网络结构，如图 1.11 所示，它与环形网不同之处是首尾不相连。

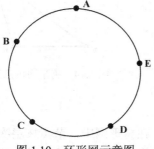

图 1.10　环形网示意图　　　　　　　　图 1.11　线形网示意图

4．总线型网

总线型网是所有节点都连接在一个公共传输通道——总线上，一个节点发出的信息可以被网络上的多个节点接收，如图1.12 所示。这种结构的优点是节点接入方便、成本低。缺点包括：当网络通信负荷较重时，时延加大，网络效率下降；传输时延不定；如果传输媒质损坏，则整个网络可能瘫痪。总线型网目前主要用于计算机局域网、接入网中。

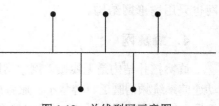

图 1.12　总线型网示意图

1.2.2　非基本组网结构形式

利用网络的基本结构形式可以构成任意类型的非基本拓扑结构。实际常用的非基本结构形式有以下几种。

1．复合网（辐射汇接制）

复合网是以星形网为基础，在通信业务量较大的交换中心区间构成网状网，如图1.13所示。复合网吸取了网状网和星形网的优点，比较经济合理，而且有一定的可靠性。在规模较大的局域网和通信骨干网中广泛采用分级的复合网结构。在实际应用时，要根据具体情况和发展趋势来考虑复合网的级数。

2．格形网

格形网也称栅格形网，如图1.14所示。它可由复合网结构演化而成，也可由网状网退化而成，是复合网向网状网发展的中间状态。

这种结构的网络的大部分节点相互之间有线路相连，一小部分节点与其他节点之间没有线路直接相连。哪些节点间不需直达线路，视具体情况而定（一般是这些节点之间业务量相对较小）。格形网与网状网相比，可适当节省一些线路，即线路利用率有所提高，经济性有所改善，但网络的可靠性有所降低。

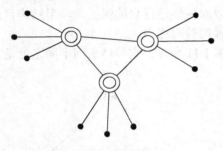

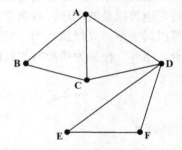

图1.13　复合网示意图　　　　　　　　　图1.14　格形网示意图

3．树形网

树形网是星形网拓扑结构的扩展，如图1.15所示。在树形网中，节点按层次进行连接，信息交换主要在上下节点之间进行。这种结构与星形结构相比降低了通信线路的成本，但增加了网络复杂性。网络中除最低层节点及其连线外，任一节点或连线的故障均影响其所在支路网络的正常工作。树形结构主要用于用户接入网中；另外，主从网同步方式中的时钟分配网也采用树形网结构。

4．蜂窝网

蜂窝拓扑结构是无线接入网中常用的结构，如图1.16所示。蜂窝组网的目的是解决常规移动通信系统频谱匮乏、容量小、服务质量差及频谱利用率低等问题。它以无线传输媒质（微波、卫星、红外等）中点到点传输和点到多点传输为特征，适用于移动通信无线网、城域网、局域网。

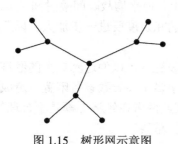

图 1.15　树形网示意图

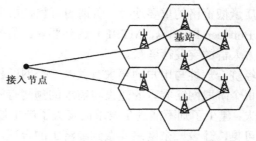

图 1.16　蜂窝网示意图

1.3　通信网的质量要求

为使通信网能快速、有效且可靠地为用户提供服务，充分发挥其作用，对通信网必须提出质量要求，用以评价一个新建或已经存在的通信网是否合理或应如何改进。

1.3.1　一般通信网的质量要求

对于一般通信网的质量要求可以通过以下几个方面来衡量。

1．连接的任意性与快速性

连接的任意性与快速性是对通信网的最基本要求。连接的任意性与快速性是指针对语音等实时业务，网内的一个用户应能快速地接通网内的任一其他用户；针对数据等非实时业务，网内的一个用户能够快速地通过通信网获得因特网（Internet）服务。

影响连接的任意性与快速性的主要因素包括：

- **通信网的拓扑结构**。网络拓扑结构不合理会增加转接次数，使阻塞率上升、时延增大。
- **通信网的网络资源**。网络资源不充足的后果是阻塞率上升，导致数据业务的通信时延变大，无法享受正常的通信服务。
- **通信网的可靠性**。可靠性降低会造成网络设备出现故障，丧失通信网络应有的功能。

2．数据传输的高速性与传输质量的一致性

随着通信技术的快速发展，现有的通信网不仅能够使人们可以随时随地进行通信，而且可以提供高速的数据业务服务。传输质量的一致性是指网内任何用户通信时，不论这两个用户的远近，应具有相同或相仿的传输质量，而与用户之间的距离无关。通信网的传输质量直接影响通信的效果，因此要制定传输质量标准并进行合理分配，使网中的各部分均满足传输质量指标的要求。

通信网组网时，不仅需要考虑人们对高速服务的需求，同时也要考虑高速率业务下的服务质量。因此应根据实际需要考虑数据的高速传输与传输质量对网络的影响。

3．网络的可靠性与经济合理性

可靠性对通信网至关重要，一个不可靠的或经常中断的网络是不能用的。但绝对可靠的网络也是不存在的。通信网组网时要考虑设备的稳定性和兼容性以保证通信网的可靠性。监测网络要尽可能靠设备和软件，减少人为干预。同时强化标准的执行，因为规范的标准是实

现高质量低价格的重要途径。所谓的可靠是指在概率的意义上，使平均故障间隔时间（Mean Time Between Failures，MTBF）达到要求。另外，通信容量的冗余度要进一步加大，以适应各地方人群的突发话务量。

经济合理性与用户的要求有关，一个网的投资常常分阶段进行，以便达到最大的经济效益。每个阶段网络容量的建设与需求的预测有密切的关系，建多了会导致设备闲置，造成经济损失；建少了则不能满足要求而丧失了产生效益的机会，因此两者在经济上都是不合理的。由此可见，建设一个网络要做到经济上的合理，既很复杂又很重要。

4．网络的无缝覆盖

通信网需要更全面的覆盖，尤其是无线网络。网络覆盖也要智能化监测，及时布点、补点。就目前网络来说，实现无线通信网的无缝覆盖主要要解决以下三种特殊区域的无缝覆盖：建筑物室内覆盖（包括高楼、宾馆、大型购物商场、停车场等建筑物内）、地铁和隧道的室内覆盖及高速公路和铁路沿线的覆盖。总的来说，实现以上三种特殊区域的覆盖主要有以下几种方法：

- **宏蜂窝直接覆盖**：这是常用的室外覆盖方式，同时又可以通过直接穿透实现最简单的室内覆盖，但是当室内覆盖范围大而复杂或穿透损耗过大时效果较差。
- **微蜂窝直接覆盖**：典型应用是对宏蜂窝室外覆盖的补充和一定区域内的室内覆盖，可以灵活选择内置、外置天线，充分发挥安装简便、吸收大话务量的特性，但是覆盖面积有限。
- **信号源+分布式天线系统**：可以采用宏蜂窝、微蜂窝和直放站为信号源，利用有源或无源同轴电缆、光纤、泄漏电缆等分布式传输媒质对无线信号进行室内分配，是一种极为灵活的覆盖方式，能够很好地满足较大区域室内覆盖及地铁、隧道的覆盖。

目前，固定电话网、移动通信网及计算机网等多种网络共存协同发展。这些网络提供的业务不尽相同，各个网络对网络质量的要求也有所差异。各种网络质量的评价指标具体如下。

1.3.2　固定电话网的质量要求

电话通信是用户最基本的业务需求，固定电话网从接续质量、传输质量等方面定义了质量要求。

1．接续质量

接续质量是指固网接续用户通话的速度和难易程度，通常用接续损失（呼叫损失率，简称呼损）、故障率和接续时延来度量。

固网的接续标准定义为：呼损小于0.042（市话）或0.054（长话）；故障率小于1.5×10^{-6}（用户设备）或$(2\sim6)\times10^{-5}$（交换设备、线路）；接续时延小于 1 分钟。这当然不是绝对的，这里只给出应达到的下限指标。

2．传输质量

传输质量是指针对固定电话业务传输话音信号的准确程度，通常用响度、清晰度、逼真度这三个指标来衡量。实际中上述三个指标一般由用户主观来评定。

- 响度：话音音量，指收听到的话音音量的大小程度。
- 清晰度：话音可懂度，指收听到的话音的清晰可懂程度。
- 逼真度：话音音色，指收听到的话音音色和特征的不失真程度。

1.3.3 移动通信网的质量要求

1. MOS 语音质量

平均主观评分（Mean Opinion Score，MOS）语音质量指标是通过人们的主观评测来对人们接听和感知的语音质量进行量化。接听何种级别质量的语音，得到多少平均主观值 MOS，人们将起主要的反映作用。移动通信网中采用 MOS 方法评价语音质量，该评测方法由 ITU－TP.800 定义。MOS 值的定义具体如表 1.1 所示。

表 1.1 不同级别的 MOS 值

级别 MOS 值	MOS 值	用户满意度
优	4.0～5.0	很好，听得清楚，时延很小，交流流畅
良	3.5～4.0	稍差，听得清楚，时延小，交流欠缺顺畅，有点杂音
中	3.0～3.5	还可以，听不太清，有一定时延，可以交流
差	1.5～3.0	勉强，听不太清，时延较大，交流重复多次
劣	0～1.5	极差，听不懂，时延大，交流不通畅

MOS 语音质量指标是广泛认同的语音质量量化标准。无论采用何种测量方法，都必须将其得到的结果对应到表 1.1 来确定 MOS 值，如实际中采用的语音质量的知觉评估（Perceptual Evaluation of Speech Quality，PESQ）客观测试方法，具体如下。

PESQ 工具用来计算语音样本的 MOS-LQO（Mean Opinion Score–Listening Quality Objective）值。PESQ 把信号通过传输设备时提取的输出信号与参照信号进行比较，计算出差异值。一般情况下，输出信号和参照信号的差异越大，计算出的 MOS 参数值就越低。实验证明 PESQ 的计算结果和主观评分结果基本一致。PESQ 模型如图 1.17 所示，开始时两个信号都通过电平调整，再用输入滤波器模拟标准电话听筒进行滤波。然后对这两个信号进行时间上的校准，并通过听觉变换，再输入认知模型，最后得到质量评分。

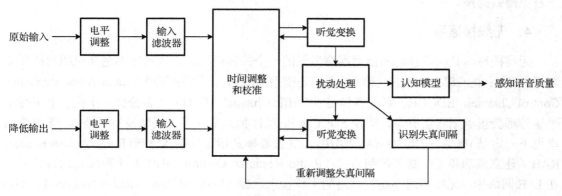

图 1.17 PESQ 模型的结构图

- **电平调整**：各个待测系统的增益一般差别比较大，而且对参考信号没有确定的校准电平，所以有必要将二者调整到统一、恒定的电平上来。
- **输入滤波**：感知模型必须考虑人听到的实际声音，在 PESQ 中使用了滤波器，起到一个模拟电话手柄的作用。
- **时间调整和校准**：假设系统的时延是分段恒定的，在静默期间和说话期间时延可以改变，对每一段话语都给出延时估计，然后得出听觉变换要用的一帧一帧的延时。
- **听觉变换**：是一个生理声学模型，它对信号进行时间-频率映射，以及频率和强度偏差处理，变化成时-频可感知的响度表达。
- **扰动处理**：计算参考信号与失真信号间的绝对差值。
- **计算 PESQ 得分**：处理的结果经认知模型，最终给出了客观语音质量的评估得分。PESQ 的值一般落在 1.0 和 4.5 之间，在失真情况严重时，得分可能会低于 1.0，但这种情况很少见。

2．误码率

由于种种原因，数字信号在传输过程中不可避免地会产生差错。例如在传输过程中受到外界的干扰，或在通信系统内部由于各个组成部分的质量不理想而使传送的信号发生畸变等。当受到的干扰或信号畸变达到一定程度时，就会产生差错。误码率（Symbol Error Rate，SER）是衡量数据在规定时间内传输精确性的指标。

$$误码率 = 错误码元数/传输总码元数$$
$$误比特率 = 错误比特数/传输总比特数$$

误码率是最常用的数据通信传输质量指标。它表示错误传输的码数占传输总码数的比例。误码率指标同样适用于计算机网。在计算机网络中一般要求数字信号误码率低于 10^{-6}。

3．无线利用率

无线利用率，即实际话务量和话务容量的比值，是考查网络资源利用情况的一个重要指标。该比值越高，说明无线资源利用越充分。

无线利用率和网络拥塞有一定关系。采用拆闲补忙的方式可以在无线利用率很高的情况下避免网络拥塞。

4．无线接通率

无线接通率是衡量移动通信网网络质量的一个关键指标，无线接通率越高说明网络质量越好。例如：在 GSM 网络中，无线接通率是指手机成功占用控制信道（Stand-Alone Dedicated Control Channel，SDCCH）和业务信道（Traffic Channel，TCH）的百分比。干扰、上下行不平衡等都会影响无线接通率。即使 SDCCH 和 TCH 拥塞率（不包括切换）都是 0，无线接通率也不一定是 100%。在 WCDMA 网络中，无线接通率是指无线接入承载（Radio Access Bearer，RAB）建立成功和无线资源控制协议（Radio Resource Control，RRC）连接成功的百分比；在 LTE 网络中，无线接通率是指演进的无线接入承载（Evolved Radio Access Bearer，ERAB）建立成功和 RRC 连接成功的百分比。

5．无线掉话率

无线掉话率是指在移动通信的过程中，通信意外中断的概率。无线掉话率的高低在一定程度上体现了移动网通信质量的优劣。无线网络中的掉话情况有以下几种：

- **无线射频掉话**：主要指受地形地貌、建筑物的影响，导致信号衰落快而引起的掉话。
- **切换过程中的掉话**：包括局间切换、小区之间切换等引起的掉话。
- **干扰掉话**：同频或邻频干扰都有可能造成掉话。

6．切换成功率

切换成功率是无线网络中一项重要的统计指标。切换的成功率高，表明网络运转正常。提高切换成功率是网络优化中关键的工作项目之一。切换成功率受以下因素影响：

- **硬件设备**：当切换成功率非常低时，硬件故障可能性较大。
- **相邻小区关系问题**：相邻小区是同构网时，切换成功的概率较大。
- **邻小区负荷**：邻小区负载过重会降低成功切换的概率。
- **无线环境**：良好的无线环境能够提高切换成功的概率。

7．最坏小区数量

最坏小区是指：每线话务量在 0.12erl 以上并且掉话率大于 3%或 TCH 阻塞率大于 5%的小区。不同的通信运营商对该指标的定义可能会有所不同。

在网络优化工作中，对最坏小区个数的统计是相当重要的。解决最坏小区的掉话和拥塞等问题将直接改善网络的服务质量。因此，最坏小区的统计、处理和跟踪对网络具有很大的实际应用价值。

1.3.4　计算机网的质量要求

1．信道容量

信道容量有时也表示为单位时间内可传输的二进制的位数（称为信道的数据传输速率），以 bit/s 形式表示，简记为 b/s。对于固定的信道，总存在一种信源（某种输入概率分布），使信道平均传输一个符号时接收端获得的信息量最大，也就是说对于每个固定信道都有一个最大的信息传输率，这个最大的信息传输率即为信道容量，而相应的输入概率分布称为最佳输入分布。信道容量是信道传送信息的最大能力的度量，信道实际传送的信息量必然不会大于信道容量。

2．带宽

带宽的本意是指某个信号具有的频带宽度，但是对于数字信道，带宽是指在信道上（或一段链路上）能够传送的数字信号的速率，即数据传输速率或比特率。因为带宽代表数字信号的发送速率，因此带宽有时也称为吞吐量，它评价了网络链路对数据的传输能力。人们通常更倾向于用"吞吐量"一词来表示一个系统的测试性能，因为吞吐量指标衡量了实际网络中各种因素对通信的影响。

"宽带"业务是综合信息服务和多媒体信息服务的基础，是固网的优势所在。美国联邦通信委员会（Federal Communications Commission，FCC）2015 年 1 月 7 日所做的年度"宽带"进程报告对"宽带"进行了重新定义，原定的下行传输速率 4Mb/s 调整成 25Mb/s，原定的上行传输速率 1Mb/s 调整成 3Mb/s。目前，用户一般采用通信运营商提供的"宽带"业务接入互联网，同时可根据自身需求办理不同带宽的"宽带"业务。

3．丢包率

丢包率（Packet Loss Rate）是指测试中所丢失数据包数量占所发送数据包数量的比例，丢包率衡量了信号衰减、网络质量等诸多因素对数据传输的影响。丢包率的计算方法是

$$丢包率 = (输入包个数-输出包个数)/输入包个数×100\%$$

丢包率与数据包长度及包发送频率相关。通常，千兆网卡在流量大于 200Mb/s 时，丢包率小于万分之五；百兆网卡在流量大于 60Mb/s 时，丢包率小于万分之一。

4．时延

时延是指一个数据包从网络的一端传送到另一端所需要的时间，包括发送时延、传播时延、处理时延、排队时延。不同的业务对时延的要求不一样，一般人们能忍受小于 250ms 的时延。时延若太长，就会使通信双方都不舒服。此外，时延还会造成回波，时延越长所需的用于消除回波的计算机指令的时间就越长。

5．时延抖动

变化的时延称为抖动（Jitter）。抖动大多起源于网络中的队列或缓冲，尤其是在低速链路上。抖动的产生是随机的，比如无法预测在语音包前的数据包的大小，即便使用低时延排队，当语音分组到达时，如果大数据包正在传输，语音分组还是要等待数据包发送完。而在低速的链路中，语音数据混传，抖动是不可避免的。

非实时业务对时延抖动不敏感，而语音、视频等实时业务对时延抖动性能的要求较高。

1.3.5　其他质量要求

稳定质量

稳定质量是指网络的可靠性，其主要指标如下：

- **失效率**：系统在单位时间内发生故障的平均次数，一般用 λ 表示。
- **平均故障间隔时间（MTBF）**：相邻两个故障发生的间隔时间的平均值，MTBF = $1/\lambda$。
- **平均修复时间（Mean Time To Restoration，MTTR）**：修复一个故障的平均处理时间，μ 表示修复率，MTTR = $1/\mu$。
- **系统有效度（A）**：在规定的时间和条件内系统完成规定功能的概率，为

$$A = \text{MTBF} / (\text{MTBF} + \text{MTTR}) \tag{1.4}$$

- **不可利用度（U）**：在规定的时间和条件内系统丧失规定功能的概率，为

$$U = 1 - A = \text{MTTR} / (\text{MTBF} + \text{MTTR}) \tag{1.5}$$

以上稳定质量指标要求也适用于固网、移动通信网和计算机网。

由于移动互联网是移动通信网和互联网的融合，对移动互联网的性能评价可参考移动通信网和计算机网中相应的评价指标。

1.4　网络的发展趋势

电话、广播电视、Internet 先后走进人们的生活，信息交流和传输的方法已经超出了人们以往单纯所指的以电话为主体的电话通信。固定电话网、移动通信网、广播电视网、计算机网等通信网络的出现和融合给人们带来了丰富多彩的生活体验。

1．固定电话网

固定电话网指用户使用固定电话进行通信的网络，即传统的有线电话网，包括本地电话网、长途电话网和国际电话网。固定电话网适于实时的电话业务，业务质量高且有保证。此外，固定电话网提供的有线宽带业务，可以使用户享用到海量的互联网资源。固定电话网覆盖面广、组织严密，有长期积累的大型网络设计、运营和管理经验，最接近普通用户。

2．移动通信网

移动通信网是相对于固定通信网的另一种通信网络。所谓移动通信，是指网络中的通信双方或至少有一方处于运动中进行信息交换的通信方式。移动通信网包括无绳电话、无线寻呼、陆地蜂窝移动通信和卫星移动通信等。相比固定电话网，移动通信网具有以下特点：

- 移动性。
- 电波传播条件复杂。
- 噪声和干扰严重。
- 系统和网络结构复杂。
- 要求频带利用率高、设备性能好。

移动通信技术已进入 4G 时代，其通信方式更灵活、通信终端更多样、通信速率更高速。

3．广播电视网

广播电视网覆盖面广、普及率高，其主要优势在于较高的接入带宽，在视频、数据服务市场等方面具有良好的商业前景。利用有线电视网络设施资源和低廉的价格可以提高信息传输的效率，开拓网络传输的途径，推动信息网络的普及。

4．互联网

计算机网络是利用通信设备和线路将地理位置不同、功能独立的多个计算机系统连接起来，以功能完善的网络软件实现网络的硬件、软件及资源共享和信息传递的系统。互联网又称网际网络，是计算机网络之间连成的庞大网络，这些网络以一组通用的协议相连，形成逻辑上的单一巨大国际网络。这种将计算机网络互相连接在一起的方法可称为"网络互连"。以 Internet 为主体的计算机网的特点是网络结构简单，采用分组交换形式，适于传送数据业务。互联网发展速度快、业务成本低，可提供包括实时语音业务在内的各种通信业务。

"互联网+"是李克强总理在 2015 年 3 月提出的在创新 2.0 下互联网与传统行业融合发展的新形态、新业态。"互联网+"代表一种新的经济形态，即充分发挥互联网在生产要素配置中的优化和集成作用，将互联网的创新成果深度融合于经济社会各领域之中，提升实体经济的创新力和生产力，形成更广泛的以互联网为基础设施和实现工具的经济发展新形态。

"互联网+"行动计划将重点促进以云计算、物联网、大数据为代表的新一代信息技术与现代制造业、生产性服务业等的融合创新。比如"互联网+工业"、"互联网+商业"、"互联网+服务业"等，这种融合不是简单的叠加，而是互联网新技术与传统行业的全面融合。在不久的将来，这种融合可以发展壮大新兴业态，为大众创业、万众创新提供环境，为产业智能化提供支撑，增强新的经济发展动力，促进国民经济体制增效升级。

5．移动互联网

移动互联网是移动通信网和互联网的融合，是计算机网的技术、平台、商业模式和应用与移动通信技术结合并实践的活动的总称。

移动互联网通过智能移动终端，采用移动无线通信方式获取业务和服务，包含终端、软件和应用三个层面。终端层包括智能手机、平板电脑、电子书等；软件包括操作系统、中间件、数据库和安全软件等。应用层包括休闲娱乐类、工具媒体类、商务财经类等不同应用与服务。随着技术和产业的发展，LTE 和近场通信（Near Field Communication，NFC）等网络传输层关键技术也将被纳入移动互联网的范畴之内。移动互联网系列产品引导移动通信技术发展，能够满足用户需要，并提供有竞争力的服务。移动互联网的出现使以下应用得到了快速发展。

- **多媒体应用**。移动互联网向多媒体信息应用发展。随着技术的进步，向移动用户提供多媒体业务将是未来十年内移动通信发展的主要潮流。无线技术仍然在高速发展，未来空中接口的带宽将不断增加，手持终端的功能将不断增强和完善，它们为多种移动应用的发展开辟了广阔空间。移动终端用户对移动数据业务的需求日益强烈，通信运营商也希望能充分利用设备提供更多的增值服务。移动互联网的发展，需要满足实现统一 IP 核心网的战略要求，并且市场对移动数据通信的需要主要基于移动互联网。人们可以用数字功能更强的掌上电脑、掌上机和笔记本电脑等从事大量的数据处理和显示，真正满足广大用户移动计算方面的应用需要。
- **智能商务**。移动互联网采用国际先进移动信息技术，整合了互联网与移动通信技术，将各类网站及企业的大量信息和各种各样的业务引入移动互联网之中，为企业搭建了一个适合业务和管理需要的移动信息化应用平台，提供全方位、标准化、一站式的企业移动商务服务和电子商务解决方案。
- **移动支付**。支付手段的电子化和移动化是不可避免的必然趋势。移动支付蕴藏着巨大商机，其业务发展预示着移动行业与金融行业融合的深入。

移动电子商务可以为用户随时随地提供所需的服务、应用、信息和娱乐，利用手机终端方便快捷地选择及购买商品和服务，符合网上消费者追求个性化、多样化的需求。

6．多跳无线通信网

多跳无线网包括无线 Ad hoc 网络、WSN（Wireless Sensor Networks）、WMN（Wireless Mesh Networks）和混合无线网络。Ad hoc 网络主要指网络拓扑变化很快的无固定基础设施的网络。无线传感器网络（WSN）由很多小的传感器节点组成，这些节点能够收集物理参数并将其传送给中心监控节点，可以使用无线单跳进行通信也可以使用多跳进行通信。WMN 是一种高容量、高速率的分布式网络，不同于传统的无线网络，它可以看成是一种 WLAN 和 Ad hoc 网络的融合，相比于 WLAN 组网更灵活，相比于 WSN 和 Ad hoc 网络性能更稳定，因而得到了广泛的应用。混合无线网络在传统的单跳无线网络中（如蜂窝网络的无线本地环路）同时使用单跳和多跳通信。

相比于星形结构的蜂窝网络，具有分布式结构的多跳无线网有更高的可靠性。多跳无线网具有高速稳定的数据传输能力，可以为用户提供高速便捷的数据服务。

7. 物联网

物联网就是物物相连的互联网。它利用局部网络或互联网等通信技术把传感器、控制器、机器、人员和物等通过新的方式连接在一起，通过网络实现信息的传输、协同和处理，从而实现广域的人与物、物与物之间的信息交换。物联网是新一代信息技术的重要组成部分，也是"信息化"时代的重要发展阶段。

就像互联网需要解决"最后一公里"的问题，物联网需要解决的是最后 100 米的问题，在最后 100 米可连接设备的密度远远超过"最后一公里"。特别是在家庭，家庭物联网应用（智能家居）已经成为各国物联网企业全力抢占的制高点。

8. NGN

随着网络体系结构的演变和宽带技术的发展，传统网络将向下一代网络（Next Generation Network，NGN）演进。

NGN 的概念已经提出多年，业界存在诸多不同的解释。在 2004 年国际电联 NGN 会议上，经过激烈的辩论，NGN 的定义终于有了定论：NGN 是基于分组的网络，能够提供电信业务；利用多种宽带能力和业务 QoS 保证的传送技术；其业务相关功能与其传送技术相独立；NGN 使用户可以自由接入到不同的业务提供商；NGN 支持通用移动性。

从 NGN 的定义可以看出，它应是一个以 IP 为中心，同时支持语音、数据和多媒体业务的融合网络，应具有传统电话网的普遍性和可靠性、Internet 的灵活性、以太网的运作简单性、ATM 的低时延、光网络的带宽、蜂窝网的移动性和有线电视网的丰富内容。NGN 具有如下特点：

- **开放分布式网络结构**。采用软交换（Soft Switch）技术，将传统的交换机功能模块分离为独立网络部件，各部件按相应功能划分独立发展。
- **高速分组化的核心网**。核心网采用高速包交换网络，可实现电话网、计算机网和有线电视网三网融合，同时支持语音、数据和视频等业务。
- **独立的网络控制层**。网络控制层即软交换，采用独立开放的计算机平台，将呼叫控制从媒体网关中分离出来，通过软件实现基本呼叫控制功能，包括呼叫选路、管理控制和信令互通，使业务提供者可自由结合承载业务与控制协议，提供开放的 API （Application Programming Interface），从而可使第三方快速、灵活、有效地实现业务提供。
- **网络互通和网络设备网关化**。通过接入媒体网关、中继媒体网关和信令网关，可实现与现有的 PSTN（Public Switched Telephone Network）、PLMN（Public Land Mobile Network）、Internet 等网络的互通，有效地继承原有网络的业务。

- **多样化接入方式**。普通用户可通过智能分组语音终端、多媒体终端接入。NGN 提供接入媒体网关、综合接入设备来满足用户的语音、数据和视频业务的共存需求。

NGN 需要很多新技术的支持，虽然 ITU-T 还没有给出一个清晰的规定，但目前为大多数人所接受的 NGN 技术包括：

- 采用软交换技术实现端到端业务的交换。
- 采用 IP 技术承载各种业务，实现三网融合。
- 采用 IPv6 技术解决地址问题，提高网络整体吞吐量。
- 采用 MPLS（Multi-Protocol Label Switching）实现 IP 层和多种链路层协议的结合。
- 采用 OTN 和光交换网络解决传输和高带宽交换问题。
- 采用宽带接入手段解决"最后一公里"的用户接入问题。

总体来讲，各项基础性技术的发展推动了网络之间的融合。首先，数字技术的迅速发展和全面采用，使电话、数据和图像信号都可以通过统一的编码进行传输和交换；其次，大容量光通信技术的发展，为综合传送各种业务信息提供了必要的带宽和传输质量及低廉的成本；再就是软件和硬件技术的发展，使得多种网络能够快速升级和融合，支持多种业务；最后，IP 协议的普遍采用，使得各种以 IP 为基础的业务都能在不同的网上实现互通。

网络融合在现阶段并不意味着电话网、计算机网和广播电视网等通信网络的物理合一，而主要是指高层业务应用的融合。其表现为技术上相互吸收并逐渐趋向一致；网络层上可以实现互连互通，形成无缝覆盖；业务层上互相渗透和交叉；应用层上使用统一的通信协议；在经营上互相竞争、互相合作，朝着向用户提供多样化、多媒体化、个性化服务的同一目标发展并逐渐交汇在一起；行业管制和政策方面也逐渐趋向统一。多种网络通过技术改造，能够提供包括语音、数据、图像等综合多媒体的通信业务。移动通信网和互联网的融合，不仅可以为用户提供电视、电话服务和图像、视频等多媒体业务，而且可以提供移动电子商务、智能搜索等服务。未来移动互联网将更多地基于云和云计算的应用。当终端、应用、平台，以及网络在技术和速率提升之后，将是泛在网发展的关键阶段。

9. 泛在网

泛在网是指基于个人和社会的需求，实现人与人、人与物、物与物之间按需进行的信息获取、信息传递、信息存储及信息处理，具有环境感知、内容感知能力和智能性，为个人和社会提供泛在的、无所不含的信息服务和应用的网络。

面向泛在综合服务的融合信息平台体系结构如图 1.18 所示，其特征有如下几点。

- **异构网络融合**：多种接入方式、多种承载方式融合在一起，实现无缝接入。任何对象（人或设备等）无论何时、何地都能通过合适的方式获得永久在线的宽带服务，可以随时随地存取所需信息。
- **频谱资源共享**：随着无线通信业务需求的日益增长，有限的无线频谱资源给网络的发展造成了限制。泛在网络在时间和空间上最大程度地实现频谱资源的共享，提高频谱利用率。
- **网络环境感知**：人们未来的生活四周将出现各式各样的智慧型接口，网络能够感知用户及周边环境场景信息，自动选择合适的传送方式，将正确的服务传递给正确的用户。

- **综合数据管理**：数字化、多媒体化的信息服务将融入人们日常工作、生活中，并起到方便生活、提升效率之功效。信息整合和服务协同是泛在服务的核心。
- **海量信息处理**："大数据"随着近年来互联网和信息行业的发展而引起人们关注。泛在网络采用大数据的分析技术，可以对海量信息进行处理。
- **综合服务管理**：为加强和创新网络管理，整合电信网、互联网、电视网等多种网络于一体，随时随地为用户提供多样化的综合服务。

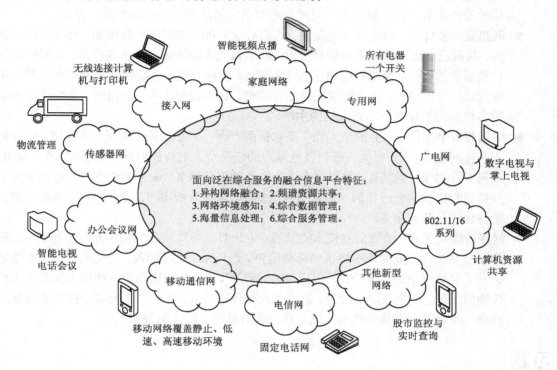

图 1.18 面向泛在综合服务的融合信息平台体系架构

随着国民经济的迅速发展，人们已步入信息化社会，对信息服务的要求在不断提高，通信的重要性越来越突出。现阶段通信网不但在容量和规模上逐步扩大，而且还处于升级换代的关键时期，各种通信网之间实现技术的兼容、融合和集成，已是必然趋势。从总的方面来看，未来的通信网正向着融合化、智能化、安全化、多样化、个人化、高速化的方向发展。

- **网络互通融合化**。随着无线网络技术的迅速发展，除了传统的蜂窝网络，WMN、WSN、无线 Ad hoc 等新型网络受到越来越多的关注，并在多种领域得到了广泛的应用。未来的无线通信网络将是一个互通融合化的网络。
- **网络管理智能化**。网络管理的目的是通过软件控制各网络设备，协调网络通信，提高网络设备的使用效率，提升网络质量。从长远来看，网络管理系统必须能够有效地对网络状态进行检测，及时发现并排除故障；应具有良好的可扩展性及网络组件化的自主管理特性，减少人为操作的影响；可以感知网络环境，对网络信息进行收集、分析、整理，同时管理海量信息数据，协调网络通信，提高网络设备的使用效率，提供综合的服务管理。

- **网络信息安全化**。网络信息系统具有开放性，易受到攻击。一方面，网络攻击的方法和入侵途径在不断升级，传统安全威胁有增无减；另一方面，随着云计算、大数据、移动支付、云存储、云平台等新技术新业务的涌现，新的安全风险也在不断增加。保障网络安全不仅迫切需要应对新型威胁的技术，也需要传统安全防护技术手段的升级。从安全信息和事件管理到更广泛、更一体化的可视化安全分析，从部署安全产品的固定模式到安全产品与云服务相结合的定制化模式，从局部的安全态势感知到体系化的安全防御手段，将成为应对越来越复杂威胁的网络安全防护演进方向。
- **网络业务多样化**。随着社会的发展，人们对业务种类的需求不断增加。传统的电话业务、传真已经远远不能满足这种需求。随着智能终端等通信设备的普及、互联网数据传输速率的提升，网络即时通信、网络电话、在线客服、在线视频等网络应用都在迅速发展。与此同时，传统终端的智能化改造、新型智能化终端的出现，必将会带来多种多样的网络业务，丰富人们的生活。
- **通信服务个人化**。服务的个人化主要包括两方面：一方面是指实现个人通信，即任何人在任何地点、任何时间与任何其他地点的任何个人进行任何业务的通信；另一方面，还需要针对用户的特征，提供以个人为中心的通信服务。未来的通信服务将会改变向全体用户提供完全一样的功能和服务的局面，通过分析用户的个人特征，向客户提供个性化的业务和服务。
- **网络传输高速化**。随着信息技术的发展，用户对宽带新业务的需求开始迅速增强。通信网络宽带化已成为现实要求和必然趋势。近年来，光纤接入、光交换等技术有效地提升了有线网络的传输带宽；3G、4G、WMN、WSN的出现很大程度上提升了无线传输的速率。高频段传输技术、新型多天线传输技术、同时同频全双工技术等新技术将进一步提升无线传输速率，成为新一代信息网络的关键技术。

习题

1.1　简述通信系统模型中各个组成部分的含义，并举例说明。

1.2　现代通信网是如何定义的？

1.3　试述通信网的构成要素及其功能。

1.4　试画出通信网的垂直及水平分层结构图并说明各层的作用。

1.5　分析通信网络各种拓扑结构的特点。

1.6　试述一般通信网的质量要求及各种网络质量的具体评价指标。

1.7　通信网有哪些分类方法？

1.8　通信网的未来发展趋势是什么？

1.9　什么是泛在网？其特征是什么？

第 2 章　网络规划设计理论基础

通信网是由多个系统、设备、部件组成的复杂而庞大的整体，为了寻求一种既能够满足各项性能指标要求又节省费用的设计方案，要求设计人员应掌握相当的网络理论基础知识和网络分析的计算方法，如通信网所涉及的数学理论、优化算法、网络的分析方法与指标计算方法等。

通信网的拓扑结构在通信网设计中是一个很重要的问题，它不但影响网络的造价和维护费用，而且对网络的可靠性和网络的控制及规划起着重要的作用。所以，对网络拓扑结构的研究是通信网规划和设计中第一层次的问题。通信网的结构是在不断发展的，但传统的网都是转接式的，包括电路转接和信息转接，是由交换节点和传输线路构成的网络。从数学模型来说，这是一个图论的问题。

通信网的可靠性是十分重要的。可靠性不高的通信网容易出现故障。因此，在通信网的规划、设计和维护中，可靠性是一项重要的性能指标。

通过本章的学习，应掌握和理解图论在通信网规划和设计中的应用思想，熟悉最短路径、最大流等常用计算方法，并熟悉通信网可靠性指标。

2.1　图论基础

2.1.1　图的概念

图论是离散数学的一部分，是现代应用数学的一个分支。离散数学以研究离散量的结构和相互间的关系为主要目标，其研究对象一般是有限个或可数个元素。图论则专门研究人们在自然界和社会生活中遇到的包含某种二元关系的问题或系统。它把这种问题或系统抽象为点和线的集合，用点和线相互连接的图来表示。图 2.1 就是这样一个图，通常称为点线图。图中的点和线可以代表通信网中的交换节点和传输线路。图论就是研究点和线连接关系的理论。近年来，随着计算机的广泛应用，图论得到迅速发展。在通信网的规划、设计与优化中，图论可以用于确定最佳网络结构，进行路由选择，分析网络的可靠性等。

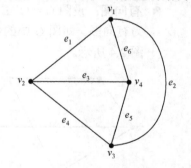

图 2.1　图的概念

1. 图的定义

设有节点集 $V = \{v_1, v_2, \cdots, v_n\}$ 和边集 $E = \{e_1, e_2, \cdots, e_m\}$，当存在关系 R，使 $V \times V \to E$ 成立时，则说由节点集 V 和边集 E 组成图 G，记为 $G = (V, E)$。

关系 R 可以说成对任意边 e_k，有 V 中的一个节点对 (v_i, v_j) 与之对应。图 G 中的 V 集可任意给定，而 E 集只是代表 V 中的二元关系。对 $v_i \in V$ 和 $v_j \in V$，当且仅当 v_i 对 v_j 存在某种关系时（如邻接关系）才有某一个 $e_k \in E$。如果有一条边 e_k 与节点对 (v_i, v_j) 相对应，则称 v_i，v_j 是 e_k 的端点，记为 $e_k = (v_i, v_j)$，称点 v_i，v_j 与边 e_k 关联，称 v_i 与 v_j 为相邻节点。若有两条边与同一节点关联，则称这两条边为相邻边。

例 2.1 在图 2.2 中，$V = \{v_1, v_2, v_3, v_4\}$，$E = \{e_1, e_2, e_3, e_4, e_5, e_6\}$。
其中

$$e_1 = (v_1, v_2), \quad e_2 = (v_1, v_3), \quad e_3 = (v_2, v_4)$$
$$e_4 = (v_2, v_3), \quad e_5 = (v_3, v_4), \quad e_6 = (v_1, v_4)$$

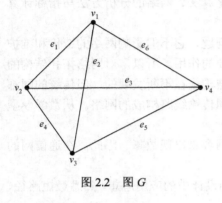

图 2.2　图 G

故可将图 2.2 记为 $G = (V, E)$。

图中 v_1 与 e_1，e_2，e_6 关联，v_1 与 v_2，v_3，v_4 是相邻节点，e_1 与 e_2，e_3，e_4，e_6 是相邻边。

一个图可以用几何图形来表示，但一个图所对应的几何图形不是唯一的。不难看出，图 2.2 表示的图与图 2.1 表示的图是相同的图 G。说明一个图只由它的节点集 V、边集 E 和点与边的关系所确定，而与节点的位置和边的长度及形状无关。图 2.1 和图 2.2 只是一个图 G 的两种不同的几何表示方法。

2. 图的相关概念

● **节点**：表示物理实体，用 v_i 表示。
● **边**：节点间的连线，表示两节点间存在的连接关系，用 e_{ij} 表示。
● **无向图**：设图 $G = (V, E)$，当 v_i 对 v_j 存在某种关系 R 等价于 v_j 对 v_i 存在某种关系 R，则称 G 为无向图。即图 G 中的任意一条边 e_k 都对应一个无序节点对 (v_i, v_j)，$(v_i, v_j) = (v_j, v_i)$，如图 2.3 所示。
● **有向图**：设图 $G = (V, E)$，当 v_i 对 v_j 存在关系 R 不等价于 v_j 对 v_i 存在关系 R，则称 G 为有向图。即图 G 中的任意一条边都对应一个有序节点对 (v_i, v_j)，$(v_i, v_j) \neq (v_j, v_i)$，如图 2.4 所示。

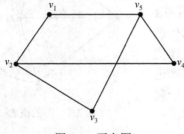

图 2.3　无向图

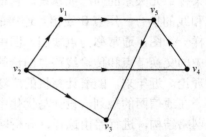

图 2.4　有向图

● **有权图**：设图 $G = (V, E)$，如果对它的每一条边 e_k 或对它的每个节点 v_i 赋以一个实数 p_k，则称图 G 为有权图或加权图，p_k 称为权值。对于电路图，若节点为电路中的节点，边为元件，则节点的权值可以为电压和电阻，边的权值为电流。对于通信网而言，节点可代表交换局，权值可以为造价或容量等，边代表链路，权值可以为长度、造价等，如图2.5 所示。对于有权图，边和节点的权值不仅限于一个，可用几种权值表示几种特性。

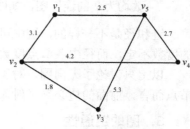

图 2.5 有权图

- **自环**：若与一个边 e_r 相关联的两个节点是同一个节点，则称边 e_r 为自环。
- **重边**：在无向图中与同一对节点关联的两条或两条以上的边称为重边。没有自环和重边的图称为简单图。在有向图中与同一对节点关联且方向相同的两条或两条以上的边称为重边。在图2.6(a)中，与边 e_1 所关联的两个节点是同一个节点，这种边就为自环；而与 v_2、v_4 相关联的边有两条，即 e_6 和 e_7，这就是重边，重边的重数也可为 3 或更多。图2.6(b)中的 e_6 和 e_7 虽也同时与 v_2、v_4 相关联，但箭头方向不同，不能称为重边。在实际问题中，重边常可合并成一条边。对于一条无向边可画成两条方向相反的有向边，使有向图中没有无向边，也可将与同一对节点相关联的两条有向边合并成一条无向边。
- **节点的度数**：与某节点相关联的边数可定义为该节点的度数，记为 $d(v_i)$。在图2.6(a)中，$d(v_2) = 4$，$d(v_3) = 2$，$d(v_1) = 4$。若为有向图，用 $d^+(v_i)$ 表示离开或从节点 v_i 射出的边数，即节点 v_i 的出度；用 $d^-(v_i)$ 表示进入或射入节点 v_i 的边数即节点 v_i 的入度。而节点 v_i 的度数表示为 $d(v_i) = d^+(v_i) + d^-(v_i)$。在图2.6(b)中，$d^+(v_1) = 3$，$d^-(v_1) = 1$，$d(v_1) = 4$。

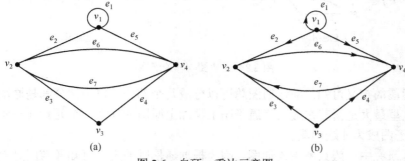

图 2.6 自环、重边示意图

- **边序列**：有限条边的一种串序排列称为边序列，边序列中的各条边是首尾相连的，如图 2.7 中(e_1, e_2, e_3, e_4, e_5, e_6, e_3)就是一个边序列。在边序列中，某条边是可以重复出现的，节点也是可以重复出现的。
- **链（chain）**：没有重复边的边序列叫做链。在链中每条边只能出现一次。起点和终点不是同一节点的链称为开链。起点和终点重合的链称为闭链。通常所说的链指的是开链。链中边的数目称为链的长度。如图 2.7 中(e_1, e_2, e_3, e_6)为开链，而(e_2, e_3, e_4)为闭链。
- **径（path）**：既无重复边，又无重复节点的边序列叫做径。在径中，每条边和每个节点都只出现一次。在图 2.7 中，(e_1, e_2, e_3)即为一条径。在一条径中，除了起点和终点的节点的度数为 1 之外，其他节点的度数都是 2。

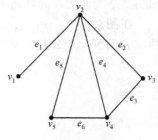

图 2.7 边序列

- 回路（circuit）：起点和终点重合的径称为回路（或称为圈）。可见，回路是每个节点度数均为 2 的连通图，如图 2.7 中(e_2, e_3, e_4)是一条回路。由定义可知，回路必为连通图。

链和径是不一样的，链中可以有重复的节点，而径中不能出现重复的节点，链中各节点的度数不定，而径中各节点度数是有规律的。

以上只讨论了无向图。对于有向图，可有相仿的定义，只是在链中，相邻两条边对共有节点而言，前面的边必须是射入边，而后面的边是射出边。

3．图的连通性

连通图

设图 $G = (V, E)$，若图中任意两个节点之间至少存在一条路径，则称图 G 为连通图，否则称 G 为非连通图。

在图 2.8 中，(a)为一连通图，(b)为一非连通图。

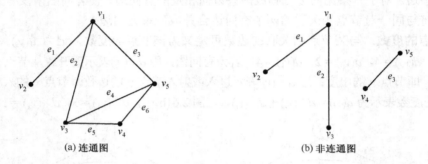

图 2.8　连通图与非连通图

由非连通图的定义可知，非连通图总可以分成几个部分，每一部分都是原图的一个最大连通子图。这里最大是指若在最大连通子图上再加上原图的任意一个元素（一条边或一个节点），都将使子图成为非连通图。

在通信网研究中一般只考虑连通图。因为根据通信网的定义可知通信网是要求任意两用户间应至少存在一条路径，这样才能实现在该网中进行通信的目的。

环路

回路间不重边的并称为环路。闭链和回路都是环路，但环路不一定是闭链和回路。闭链和回路是连通的，而环路不一定连通。

在图 2.9 中，$(e_1, e_2, e_6, e_5, e_4, e_3)$是环路，即回路$(e_1, e_2, e_3)$与回路$(e_4, e_5, e_6)$的不重边的并，它们有一个公共点 v_3，并且是连通的。环路中每个节点的度数均为偶数。

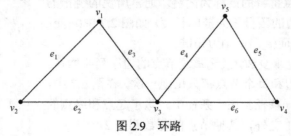

图 2.9　环路

子图、真子图和生成子图

　　设有图 $G = (V, E)$，$G' = (V', E')$，$V' \subseteq V$，$E' \subseteq E$，则称 G'是 G 的子图，写成 $G' \subseteq G$。若 $V' \subseteq V$、$E' \subset E$，则称 G'是 G 的真子图，写成 $G' \subset G$；若 $V' = V$，$E' \subseteq E$，则称 G'是 G 的生成子图。

　　从子图的定义可以看出，每个图都是它自己的子图。从原来的图中适当地去掉一些边和节点后得到子图。如果子图中不包含原图的所有边就是原图的真子图，若包含原图的所有节点的子图就是原图的生成子图。在图 2.10 中，(b)是(a)的真子图，(c)是(a)的生成子图，也是真子图。

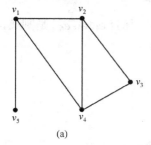 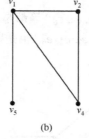 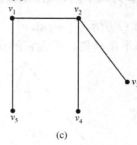

(a)　　　　　　　　　　(b)　　　　　　　　　　(c)

图 2.10　图与子图

最大连通子图

　　假设图 G'是图 G 的一个连通子图，若再加上一个属于原图 G 的任何一个其他元素，图 G'就失去了连通性，成为非连通图，则图 G'称为图 G 的最大连通子图。

　　4．割

　　割指图的某些子集，去掉这些子集会使图的部分数增加，这些子集就称为原图的割。割分为割端集和割边集两种。

割端和割端集

- 割端：设 v 是图 G 的一个端，去掉 v 和与之相关联的边，若图的部分数增加，则称 v 是 G 的割端，如图 2.11 所示，图中 v_4 为割端。
- 不可分图：去掉图中任意一个端及其相关联的边，若图的部分数不变，则称这个图为不可分图。
- 割端集：对于一个图，同时去掉几个端（及与之相关联的边）后，若图的部分数增加，则把这些端的集合称为割端集。

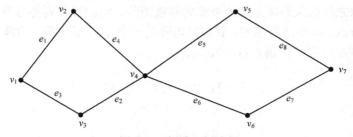

图 2.11　割端和割端集

如在图 2.11 中，$\{v_2, v_3\}$、$\{v_5, v_6\}$、$\{v_4\}$、$\{v_1, v_4\}$ 等都是割端集。

- 最小割端集：端数最小的割端集称为最小割端集。最小割端集中的端数称为图的联结度，联结度表示要破坏图的联结性的难度。

割边和割边集

- 割边：对于图 G，如果去掉图中的一条边以后，图的部分数增加，则称这条边为割边。
- 割边集：令 S 是连通图 G 的边子集，如果在 G 中去掉 S 能使 G 成为非连通图，则称 S 为 G 的割边集。
- 割集：若 S 的任何真子集都不是割边集，即去掉 S 的任何一个真子集，图仍连通，则称 S 为最小割边集，或割集。图 G 的割集并不一定唯一。

如图 2.12 所示，$\{e_1, e_3, e_6\}$、$\{e_2, e_3, e_5, e_6\}$ 等都是割边集，但 $\{e_1, e_3, e_6\}$ 是割集，而 $\{e_2, e_3, e_5, e_6\}$ 却不是割集，因为它的真子集 $\{e_2, e_3, e_6\}$ 也是割边集。

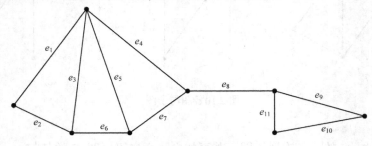

图 2.12 割边和割边集

- 最小割集：边数最小的割集称为最小割集。最小割集的边数称为图的结合度，结合度表示边对图可靠性的影响程度。

2.1.2 图的矩阵表示

图的最直接的表示方法是用几何图形，并且这种方法已经被广泛地应用。但这种表示在数值计算和分析时有很大缺点，因此需借助于矩阵表示。这些矩阵是与几何图形一一对应的，即由图形可以写出矩阵，由矩阵也能画出图形。这样画出的图形可以不一样，但在拓扑上是一致的，也就是满足图的抽象定义。用矩阵表示的最大优点是可以存入计算机，并进行所需的运算。下面介绍两个常用的矩阵表示方法——邻接矩阵和权值矩阵。

1．邻接矩阵

由节点与节点之间的关系确定的矩阵称为邻接矩阵。它的行和列都与节点相对应，因此对于一个有 n 个节点、m 条边的图 G，其邻接矩阵是一个 $n \times n$ 的方阵，方阵中的每一行和每一列都与相应的节点对应，记做 $C(G) = [c_{ij}]_{n \times n}$：

$$C(G) = \begin{matrix} & \begin{matrix} v_1 & v_2 & \cdots & v_j & \cdots & v_n \end{matrix} \\ \begin{matrix} v_1 \\ \vdots \\ v_i \\ \vdots \\ v_n \end{matrix} & \begin{bmatrix} & & \vdots & & \\ & & \vdots & & \\ \cdots & \cdots & c_{ij} & \cdots & \cdots \\ & & \vdots & & \\ & & \vdots & & \end{bmatrix}_{n \times n} \end{matrix} \tag{2.1}$$

其中 c_{ij} 对于有向图：

$$c_{ij} = \begin{cases} 1 & \text{若从 } v_i \text{ 到 } v_j \text{ 有边} \\ 0 & \text{若从 } v_i \text{ 到 } v_j \text{ 无边} \end{cases} \tag{2.2}$$

c_{ij} 对于无向图：

$$c_{ij} = c_{ji} = \begin{cases} 1 & v_i \text{ 与 } v_j \text{ 间有边} \\ 0 & v_i \text{ 与 } v_j \text{ 间无边} \end{cases} \tag{2.3}$$

由邻接矩阵的定义可知，对于无向简单图，邻接矩阵是一个对称阵，有 $c_{ij} = c_{ji}$，而对于有向图却不一定。

对于邻接矩阵 C 有如下特点：

- 当图中无自环时，C 阵的对角线上的元素都为 0。若某个节点有自环，则对角线上相应位置的对应元素为 $c_{ii} = 1$。
- 在有向图中，C 阵中每行上 1 的个数为该行所对应的节点的出度 $d^+(v_i)$，每列上 1 的个数则为该列所对应的节点的入度 $d^-(v_i)$；在无向图中，每行或每列上 1 的个数则为该节点的总度数 $d(v_i)$。当某节点所对应的行和列均为零时，说明该节点为孤立节点。

应注意，邻接矩阵中的行和列上的节点要按相同顺序排列。

例 2.2　求图 2.13(a) 和图 2.13(b) 的邻接矩阵。

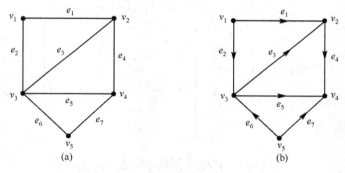

图 2.13　图的矩阵表示

解：图 2.13(a) 的邻接矩阵为

$$C(G_1) = \begin{array}{c} \\ v_1 \\ v_2 \\ v_3 \\ v_4 \\ v_5 \end{array} \begin{array}{c} \begin{array}{ccccc} v_1 & v_2 & v_3 & v_4 & v_5 \end{array} \\ \begin{bmatrix} 0 & 1 & 1 & 0 & 0 \\ 1 & 0 & 1 & 1 & 0 \\ 1 & 1 & 0 & 1 & 1 \\ 0 & 1 & 1 & 0 & 1 \\ 0 & 0 & 1 & 1 & 0 \end{bmatrix} \end{array}$$

图 2.13(b) 的邻接矩阵为

$$
\begin{array}{c}
\begin{matrix} v_1 & v_2 & v_3 & v_4 & v_5 \end{matrix} \\
C(G_2) = \begin{matrix} v_1 \\ v_2 \\ v_3 \\ v_4 \\ v_5 \end{matrix}
\begin{bmatrix}
0 & 1 & 1 & 0 & 0 \\
0 & 0 & 0 & 1 & 0 \\
0 & 1 & 0 & 1 & 0 \\
0 & 0 & 0 & 0 & 0 \\
0 & 0 & 1 & 1 & 0
\end{bmatrix}
\end{array}
$$

由上面的邻接矩阵可以看出，节点 v_1 没有射入边，而节点 v_4 没有射出边。

对于无向简单图，邻接矩阵是对称的，并且对角线上的元素全为零；对于有向简单图，即没有自环和同方向并行边的有向图，对角线元素也为零，但邻接矩阵不一定对称。

在讨论图中的径时，邻接矩阵很有用处。它的变化形式可用于有权图，这将在下面讨论。由于无向简单图的邻接矩阵是对称的，在计算机中存储该图的信息时只需存入上三角阵元素即可。

2. 权值矩阵

对于有权图，经常需要将各边的权值输入计算机中，以便对该图进行各种优化，这时就要用到权值矩阵。根据权值的含义，权值矩阵可以是实际问题中的距离矩阵、流量矩阵、费用矩阵等。

设 G 为有权图，而且是具有 n 个节点的简单图，其权值矩阵为 $W(G)=[w_{ij}]_{n\times n}$，其中

$$
W(G)=(w_{ij})_{n\times n}=
\begin{array}{c}
\begin{matrix} v_1 & v_2 & \cdots & v_j & \cdots & v_n \end{matrix} \\
\begin{matrix} v_1 \\ v_2 \\ \vdots \\ v_i \\ \vdots \\ v_n \end{matrix}
\begin{bmatrix}
& & \cdots & \vdots & & \\
& & \cdots & \vdots & & \\
& & \cdots & \vdots & & \\
\cdots & \cdots & \cdots & w_{ij} & \cdots & \cdots \\
& & \cdots & \vdots & & \\
& & \cdots & \vdots & &
\end{bmatrix}_{n\times n}
\end{array}
\tag{2.4}
$$

$$
w_{ij}=
\begin{cases}
p_{ij} & v_i \text{与（到）} v_j \text{有边，} p_{ij} \text{为权值} \\
\infty & v_i \text{与（到）} v_j \text{无边} \\
0 & i = j
\end{cases}
\tag{2.5}
$$

显然，权值矩阵与邻接矩阵的特点有相似性。无向简单图的权值矩阵是对称的，对角线元素全为零。有向简单图的权值矩阵不一定对称，但对角线元素也全为零。图 2.14 和图 2.15 的权值矩阵 $W(G_1)$ 和 $W(G_2)$ 分别为

$$
W(G_1)=
\begin{bmatrix}
0 & 3 & 6 & 10 & 8.5 \\
3 & 0 & 5 & \infty & \infty \\
6 & 5 & 0 & 3 & \infty \\
10 & \infty & 3 & 0 & 6.4 \\
8.5 & \infty & \infty & 6.4 & 0
\end{bmatrix}
$$

$$W(G_2) = \begin{bmatrix} 0 & 5 & \infty & \infty \\ \infty & 0 & 7 & \infty \\ 3.5 & 5.6 & 0 & 4 \\ 4.7 & \infty & \infty & 0 \end{bmatrix}$$

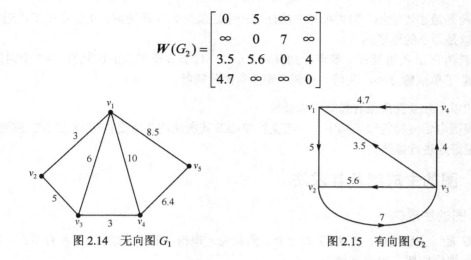

图 2.14　无向图 G_1　　　　　　　图 2.15　有向图 G_2

2.2　树

这里的树是一个数学名词，它是图论中的重要概念之一，在计算机科学和网络理论等方面应用很广泛。许多理论结果都是从树出发的。

树的定义有很多种，但它们都是等价的，所以可任取一种作为定义，其他的作为树的性质。

2.2.1　树的概念及性质

1. 定义

任何两节点间有且只有一条路径的图称为树，树中的边称为树枝（branch）。若树枝的两个节点都至少与两条边关联，则称该树枝为树干；若树枝的一个节点仅与此边关联，则称该树枝为树尖，并称该节点为树叶。若指定树中的一个点为根，则称该树为有根树。

图 2.16 所示为一棵树，v_1 为树根，e_1，e_6 等为树干，e_7，e_4，e_{11} 等为树尖，v_6，v_7，v_8，v_{10} 等为树叶。

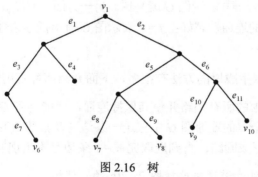

图 2.16　树

2. 性质

● 树是无环的连通图，但增加一条边便可以得到一个环。任何两节点间有径的图一定是连通图，而只有一条径就不能有环。

- 树是最小连通图，即去掉树中的任何一条边就成为非连通图，从而丧失了连通性，所以是最小的连通图。
- 若树有 m 条边及 n 个节点，则有 $m = n-1$，即有 n 个节点的树共有 $n-1$ 个树枝。
- 除了单点树之外，任何一棵树中至少有两片树叶。

树的以上几条性质很容易就可以证明。

在我国电话网的等级结构中，一级交换中心及其所属的各级交换中心之间的连接关系用树可以很好地进行描述。

2.2.2 图的生成树及其求法

1. 图的生成树

设 G 是一个连通图，T 是 G 的一个子图且是一棵树，若 T 包含 G 的所有节点，则称 T 是 G 的一棵生成树，也称支撑树。

由定义可知，只有连通图才有生成树；反之，有生成树的图必为连通图。图 G 的生成树上的边组成树枝集。生成树之外的边称为连枝，连枝的边集称为连枝集或称为树补。如果在生成树上加一条连枝，便会形成一个回路。若图 G 本身不是树，则 G 的生成树不止一个，而连通图至少有一棵生成树。

连通图 G 的生成树 T 的树枝数称为图 G 的阶。如果图 G 有 n 个节点，则它的阶 ρ 是 $\rho(G) = \rho = n-1$。

具有 n 个节点、m 条边的连通图，生成树 T 有 $n-1$ 条树枝和 $m-n+1$ 条连枝。连枝集的连枝数称为图 G 的空度，记为 μ，当 G 有 m 条边时，有

$$\mu(G) = \mu = |G-T| = m-n+1 \tag{2.6}$$

显然有

$$m = \rho + \mu \tag{2.7}$$

图的阶 ρ 表示生成树的大小，取决于 G 中的节点数。图的空度表示生成树覆盖该图的程度，μ 越小，覆盖度越高，$\mu = 0$ 表示图 G 就是树。另一方面，空度 μ 也反映图 G 的连通程度，μ 越大，连枝数越多，图的连通性越好；$\mu = 0$ 表示图 G 有最低连通性，即最小连通图。

2. 生成树的求法

求取连通图 G 的一棵生成树的方法有很多，下面介绍两种常用的方法：

- **破圈法**：拆除图中的所有回路并使其保持连通，就能得到 G 的一棵生成树。
- **避圈法**：在有 n 个点的连通图 G 中任选一条边（及其节点）；选取第 2, 3,… 条边，使之不与已选的边形成回路；直到选取完 $n-1$ 条边且不出现回路时结束。

例 2.3 分别用破圈法和避圈法选择图 2.17(a) 的一棵树。

解：

破圈法：如图 2.17 所示，选择回路 (v_1, v_3, v_4)，去掉 e_1；选择回路 (v_1, v_2, v_3)，去掉 e_3；选择回路 (v_2, v_3, v_5)，去掉 e_6；最后选择回路 (v_3, v_4, v_6, v_5)，去掉 e_9，依次得到图 2.17(b)~(e)，其中 (e) 为 (a) 的一棵生成树。

避圈法：依次选取五条边 e_3, e_4, e_7, e_9, e_8，每一条边均不与已选边形成回路，见图 2.18，最后得到 G 的又一棵生成树(e)。

从上面的例子可以看出，连通图的生成树不是唯一的。

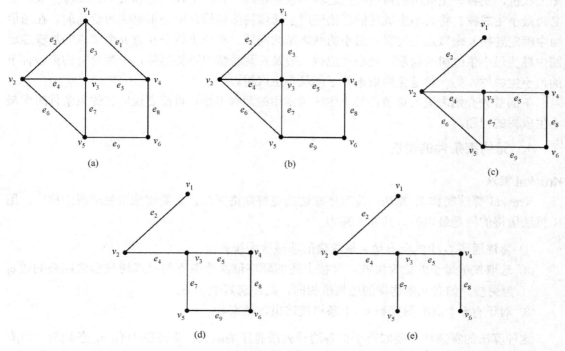

图 2.17　破圈法示意图

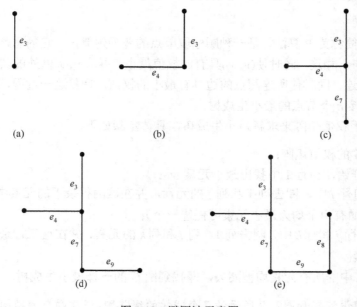

图 2.18　避圈法示意图

2.2.3　最小生成树算法

如前面所述，如果连通图 G 本身不是一棵树，则它的生成树就不止一棵。如果为图 G 加上权值，则各个生成树的树枝权值之和一般不相同，将其中权值之和最小的那棵生成树命名为最小生成树。将最小生成树的理论应用于通信网结构设计中是很有实用价值的。在通信网中确定连接 n 个节点并使费用最小的网络结构问题，实质上就是在有 n 个节点的加权连通图中寻找最小生成树的问题。最小生成树一般是在两种情况下提出的，一种是有约束条件下的最小生成树，另一种是无约束条件下的最小生成树。

下面首先介绍求无约束条件最小生成树常用的两种方法，再简要说明有约束条件时求最小生成树的问题。

1．无约束条件的情况

Kruskal 算法

Kruskal 算法简称 K 算法，是顺序取边的克鲁斯格算法，是避圈法求生成树的推广，用 K 算法所得的树是最短的。具体步骤为

① 将连通图 G 中的所有边 e_i 按权值的非减次序排列；

② 选取权值最小的边为树枝，再按上述的顺序依次选取不与已选树枝形成回路的边 e_i 为树枝。如有几条这样的边权值相同，则任选其中一条；

③ 对于有 n 个点的图直到 $n-1$ 条树枝选出，结束。

这种算法的复杂性主要取决于把各边排列成有序的队列。当原图中有 m 条边时，可有 $m!$ 种排列方法，相当于 $\log_2(m!)$ 次比较。对于有 n 个节点的图，最大边数是 $n(n-1)/2$，则复杂性即为 $n^2\log n$ 量级。所以也是多项式型的，一般也要借助于计算机去实现。

Prim 算法

Prim 算法可简称为 P 算法，是一种顺序取节点的普列姆算法。它的思路是：任意选择一个节点 v_i，将它与 v_j 相连，同时使 (v_i, v_j) 具有的权值最小。再从 v_i、v_j 以外的其他各点中选取一点 v_k 与 v_i 或 v_j 相连，同时使所连两点的边具有最小的权值。重复这一过程，直至将所有点相连，就可得到连接 n 个节点的最小生成树。

P 算法可以用权值矩阵来求解最小生成树，具体步骤如下：

① 写出图 G 的权值矩阵；

② 由点 v_1 开始，在行 1 中找出最小元素 w_{1j}；

③ 在行 1 和行 j 中，圈去列 1 和列 j 的元素，并在这两行余下的元素中找出最小元素，如 w_{jk}（如有两个均为最小元素可任选一个）；

④ 在行 1、行 j 和行 k 中，圈去列 1、列 j 和列 k 的元素，并在这三行余下的元素中找出最小元素；

⑤ 直到矩阵中的所有元素均被圈去，即找到图 G 的一棵最小生成树。

例 2.4　要建设连接如图2.19 所示的 7 个城镇的线路网，任意两个城镇间的距离见表 2.1，请用 P 算法找出线路费用最小的网络结构图（设线路费用与线路长度成正比）。

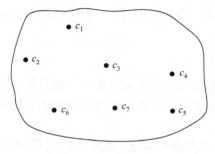

图 2.19　7 个城镇的地图

表 2.1　各城镇间的距离（km）

	c_2	c_3	c_4	c_5	c_6	c_7
c_1	8	5	9	12	14	12
c_2		9	15	17	8	11
c_3			7	9	11	7
c_4				3	17	10
c_5					8	10
c_6						9

解： 这个问题可抽象为用图论求最小生成树的问题，首先列出权值矩阵，如下所示：

$$W = \begin{bmatrix} 0 & 8 & 5 & 9 & 12 & 14 & 12 \\ 8 & 0 & 9 & 15 & 17 & 8 & 11 \\ 5 & 9 & 0 & 7 & 9 & 11 & 7 \\ 9 & 15 & 7 & 0 & 3 & 17 & 10 \\ 12 & 17 & 9 & 3 & 0 & 8 & 10 \\ 14 & 8 & 11 & 17 & 8 & 0 & 9 \\ 12 & 11 & 7 & 10 & 10 & 9 & 0 \end{bmatrix}$$

在第 1 行中找出最小元素 $w_{13} = 5$，圈去第 1 行和第 3 行中第 1 列和第 3 列的元素，在这两行余下的元素中找到最小元素 $w_{34} = 7$，再圈去第 1 行、第 3 行和第 4 行中第 1 列、第 3 列和第 4 列的元素，从这 3 行余下的元素中找到最小元素为 $w_{45} = 3$，重复上述过程，依次找到 $w_{37} = 7$，$w_{12} = 8$，$w_{26} = 8$，将这些最小元素对应的边和节点全部画出就可得到一棵最小生成树，如图 2.20 所示。所以，费用最小的网络结构线路总长度 L 为

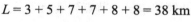

$$L = 3 + 5 + 7 + 7 + 8 + 8 = 38 \text{ km}$$

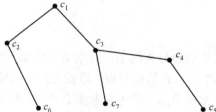

图 2.20　费用最小的网络结构图

P 算法的复杂性

从算法开始到终止共进行 $n-1$ 步，每步必须对 r 个 G_r 中的节点与 $n-r$ 个 $G-G_r$ 中的节点间的距离进行比较，求出最小者。可见第 r 步中要做 $(n-r)-1$ 次比较，由此得到 P 算法的计算量为

$$\sum_{r=1}^{n-1} [r(n-r) - 1] = \frac{1}{6}(n-1)(n-2)(n+3) \tag{2.8}$$

这是 n^3 量级。对于多项式型的复杂性，计算起来较复杂，当 n 很大时，一般可借助于计算机来实现。

2. 有约束条件的最小生成树

在设计通信网的网络结构时，经常会提出一些特殊的要求，如某交换中心或某段线路上的业务量不能过大，任意两点间经过转接的次数不能过多等。这类问题可归结为求有约束条件的最小生成树的问题。

关于有约束条件的最小生成树的求法目前并没有一般的有效算法，而且对于不同的约束条件，算法也有区别。这里，我们只介绍一种常用的解决有约束条件的生成树的方法，即穷举法。

穷举法就是先把图中的所有生成树穷举出来，再按条件筛选，最后选出最短的符合条件的生成树。显然这是一种最直观的也是最繁杂的方法，虽然可以得到最佳解，但计算量往往很大。

关于求有约束条件的最小生成树的方法和优化方法还有其他方法，限于篇幅不加以介绍，感兴趣的读者可查阅有关通信网的书籍。

2.3　路径选择算法

在进行通信网结构设计和选择路由时经常遇到以下问题：如果要在若干个节点之间建立通信网络，如何确定能够连接所有节点并使线路费用最小的网络结构；在网络结构确定后如何选择通信路由，怎样确定首选路由和迂回路由等。这些问题就是路径选择的问题，或者说是路径优化的问题。考虑到实际需要和篇幅限制，本节只涉及无向简单图的路径优化。

2.3.1　D 算法

Dijkstra 算法是由荷兰计算机科学家狄克斯特拉于 1959 年提出，因此又叫狄克斯特拉算法，简称为 D 算法。它可用于计算图中一个节点到其余各节点的最短路径，该算法有效解决了图中最短路径问题。

1. D 算法原理

已知图 $G = (V, E)$，将其节点集分为两组：置定节点集 G_p 和未置定节点集 $G-G_p$。其中 G_p 内的所有置定节点，是指定点 v_s 到这些节点的路径为最短（即已完成最短路径的计算）的节点。而 $G-G_p$ 内的节点是未置定节点，即 v_s 到未置定节点的距离是暂时的，随着算法的下一步将进行不断调整，使其成为最短路径。在调整各未置定节点的最短路径时，是将 G_p 中的节点作为转接点。具体地说，就是将 G_p 中的节点作为转接点，计算(v_s, v_j)的径长（$v_j \in G - G_p$）。若该次计算的径长小于上次的值，则更新径长，否则径长不变。计算后取其中径长最短者，之后将 v_j 划归到 G_p 中。当($G - G_p$)最终成为空集，同时 $G_p = G$，即求得 v_s 到所有其他节点的最短路径。

w_j 表示 v_s 与其他节点的距离。在 G_p 中，w_i 表示上一次划分到 G_p 中的节点 v_i 到 v_s 的最短路径。在 $G-G_p$ 中，表示从 v_s 到 v_j（$v_j \in G-G_p$）仅经过 G_p 中的节点作为转接点所求得的该次的最短路径的长度。

如果 v_s 与 v_j 不直接相连，且无置定节点作为转接点，则令 $w_j = \infty$。

2．D 算法实现流程

D 算法流程如图 2.21 所示。

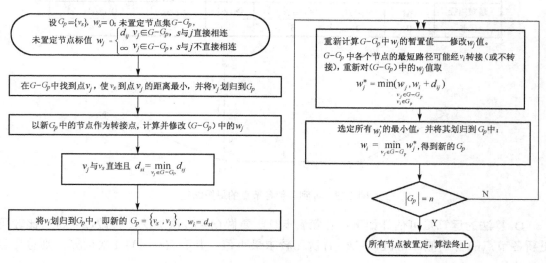

图 2.21 D 算法流程图

若只要求计算 v_s 到某一节点 v_k 的最短径长，则上述流程可在 v_k 并入 G_p 后即终止，这样可压缩计算量。

例 2.5 用 D 算法求图 2.22 中 v_1 到其他各节点的最短路径。

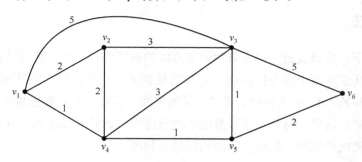

图 2.22 D 算法例题图

解：计算过程及结果列于表 2.2 及表 2.3 中。最终路径图如图 2.23 所示。

表 2.2 D 算法计算过程

迭代次数	v_1	v_2	v_3	v_4	v_5	v_6	置定节点	w_i	G_p
0	0	2	5	1	∞	∞	v_1	$w_1 = 0$	$\{v_1\}$
1		2	5	①	∞	∞	v_4	$w_4 = 1$	$\{v_1, v_4\}$
2		②	4		2	∞	v_2	$w_2 = 2$	$\{v_1, v_4, v_2\}$
3			4		②	∞	v_5	$w_5 = 2$	$\{v_1, v_4, v_2, v_5\}$
4			③			4	v_3	$w_3 = 3$	$\{v_1, v_4, v_2, v_5, v_3\}$
5						④	v_6	$w_6 = 4$	$\{v_1, v_4, v_2, v_5, v_3, v_6\}$

表 2.3　v_1 到其他各节点的最短路径和径长

节点	v_1	v_2	v_3	v_4	v_5	v_6
最短路径	$\{v_1\}$	$\{v_1, v_2\}$	$\{v_1, v_4, v_5, v_3\}$	$\{v_1, v_4\}$	$\{v_1, v_4, v_5\}$	$\{v_1, v_4, v_5, v_6\}$
径长	0	2	3	1	2	4

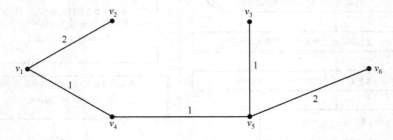

图 2.23　v_1 到其他各节点的最短路径

D 算法的运算量可估计如下：在第 k 步时，要做 $(n-k)$ 次加法；再做 $(n-k)$ 次比较可更新各节点的暂置值；再做 $(n-k-1)$ 次比较求最小值，共有 $3(n-k)-1$ 次运算。则总运算量约为

$$\sum_{k=1}^{n} 3(n-k) = \frac{3}{2}n(n-1) \tag{2.9}$$

所以计算复杂性为 n^2 量级，可以在计算机上实现。

2.3.2　F 算法

在某些情况下，要求找出图内所有两两节点间的最短路径。为了求任意点之间的最短路径，当然可以依次选择每个点为指定点，用 D 算法做 n 次运算，但有些算法可能更有效些。下面介绍 Warshall-Floyd（弗洛伊德）算法，又简称为 F 算法，它的解题思路与 D 算法相同，但使用矩阵形式进行运算，有利于在计算机中进行处理。通常 F 算法可以在任何图中使用，包括有向图、带负权边的图，以解决多源路径选择问题。

1．F 算法的基本思路

F 算法使用距离矩阵和路由矩阵。

距离矩阵是一个 $n \times n$ 矩阵，以图 G 的 n 个节点为行和列。记为 $\boldsymbol{W} = [w_{ij}]_{n \times n}$，其中 w_{ij} 表示图 G 中 v_i 和 v_j 两点之间的路径长度。

路由矩阵是一个 $n \times n$ 矩阵，以图 G 的 n 个节点为行和列。记为 $\boldsymbol{R} = [r_{ij}]_{n \times n}$，其中 r_{ij} 表示 v_i 至 v_j 经过的转接点（中间节点）。

F 算法的思路是首先写出初始的 $\boldsymbol{W}$ 阵和 $\boldsymbol{R}$ 阵，接着按顺序依次将节点集中的各个节点作为中间节点，计算此点距其他各点的径长，每次计算后都以求得的与上次相比较小的径长去更新前一次的较大径长，若后求得的径长比前次径长大或相等则不变。以此不断更新 $\boldsymbol{W}$ 和 $\boldsymbol{R}$，直至 $\boldsymbol{W}$ 中的数值收敛。

2．F 算法的实现流程

F 算法的流程如图 2.24 所示。

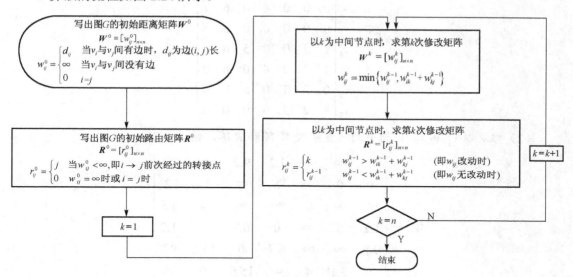

图 2.24　F 算法流程图

例 2.6　用 F 算法求图 2.25 中任意点之间的最短路径。

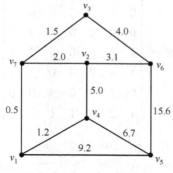

图 2.25　F 算法例题图

解：计算结果如下：

（1）初始化距离矩阵 W^0 和路由矩阵 R^0：

$$W^0 = \begin{array}{c} \\ v_1 \\ v_2 \\ v_3 \\ v_4 \\ v_5 \\ v_6 \\ v_7 \end{array} \begin{array}{c} \begin{array}{ccccccc} v_1 & v_2 & v_3 & v_4 & v_5 & v_6 & v_7 \end{array} \\ \left[\begin{array}{ccccccc} 0 & \infty & \infty & 1.2 & 9.2 & \infty & 0.5 \\ \infty & 0 & \infty & 5 & \infty & 3.1 & 2 \\ \infty & \infty & 0 & \infty & \infty & 4 & 1.5 \\ 1.2 & 5 & \infty & 0 & 6.7 & \infty & \infty \\ 9.2 & \infty & \infty & 6.7 & 0 & 15.6 & \infty \\ \infty & 3.1 & 4 & \infty & 15.6 & 0 & \infty \\ 0.5 & 2 & 1.5 & \infty & \infty & \infty & 0 \end{array} \right] \end{array}$$

$$
\mathbf{R}^0 = \begin{array}{c} \\ v_1 \\ v_2 \\ v_3 \\ v_4 \\ v_5 \\ v_6 \\ v_7 \end{array}
\begin{array}{c} v_1\ v_2\ v_3\ v_4\ v_5\ v_6\ v_7 \\
\begin{bmatrix}
0 & 0 & 0 & 4 & 5 & 0 & 7 \\
0 & 0 & 0 & 4 & 0 & 6 & 7 \\
0 & 0 & 0 & 0 & 0 & 6 & 7 \\
1 & 2 & 0 & 0 & 5 & 0 & 0 \\
1 & 0 & 0 & 4 & 0 & 6 & 0 \\
0 & 2 & 3 & 0 & 5 & 0 & 0 \\
1 & 2 & 3 & 0 & 0 & 0 & 0
\end{bmatrix}
\end{array}
$$

（2）依次以 $v_1, v_2, \cdots, v_7$ 为中间节点修改 $\mathbf{W}$ 阵和 $\mathbf{R}$ 阵，结果如下：

$$
\mathbf{W}^1 = \begin{bmatrix}
0 & \infty & \infty & 1.2 & 9.2 & \infty & 0.5 \\
\infty & 0 & \infty & 5 & \infty & 3.1 & 2 \\
\infty & \infty & 0 & \infty & \infty & 4 & 1.5 \\
1.2 & 5 & \infty & 0 & 6.7 & \infty & 1.7 \\
9.2 & \infty & \infty & 6.7 & 0 & 15.6 & 9.7 \\
\infty & 3.1 & 4 & \infty & 15.6 & 0 & \infty \\
0.5 & 2 & 1.5 & 1.7 & 9.7 & \infty & 0
\end{bmatrix}
$$

$$
\mathbf{R}^1 = \begin{bmatrix}
0 & 0 & 0 & 4 & 5 & 0 & 7 \\
0 & 0 & 0 & 4 & 0 & 6 & 7 \\
0 & 0 & 0 & 0 & 0 & 6 & 7 \\
1 & 2 & 0 & 0 & 5 & 0 & 1 \\
1 & 0 & 0 & 4 & 0 & 6 & 1 \\
0 & 2 & 3 & 0 & 5 & 0 & 0 \\
1 & 2 & 3 & 1 & 1 & 0 & 0
\end{bmatrix}
$$

$$
\mathbf{W}^2 = \begin{bmatrix}
0 & \infty & \infty & 1.2 & 9.2 & \infty & 0.5 \\
\infty & 0 & \infty & 5 & \infty & 3.1 & 2 \\
\infty & \infty & 0 & \infty & \infty & 4 & 1.5 \\
1.2 & 5 & \infty & 0 & 6.7 & 8.1 & 1.7 \\
9.2 & \infty & \infty & 6.7 & 0 & 15.6 & 9.7 \\
\infty & 3.1 & 4 & 8.1 & 15.6 & 0 & 5.1 \\
0.5 & 2 & 1.5 & 1.7 & 9.7 & 5.1 & 0
\end{bmatrix}
$$

$$
\mathbf{R}^2 = \begin{bmatrix}
0 & 0 & 0 & 4 & 5 & 0 & 7 \\
0 & 0 & 0 & 4 & 0 & 6 & 7 \\
0 & 0 & 0 & 0 & 0 & 6 & 7 \\
1 & 2 & 0 & 0 & 5 & 2 & 1 \\
1 & 0 & 0 & 4 & 0 & 6 & 1 \\
0 & 2 & 3 & 2 & 5 & 0 & 2 \\
1 & 2 & 3 & 1 & 1 & 2 & 0
\end{bmatrix}
$$

$W^3 = W^2$, $R^3 = R^2$,

$$W^4 = \begin{bmatrix} 0 & 6.2 & \infty & 1.2 & 7.9 & 9.3 & 0.5 \\ 6.2 & 0 & \infty & 5 & 11.7 & 3.1 & 2 \\ \infty & \infty & 0 & \infty & \infty & 4 & 1.5 \\ 1.2 & 5 & \infty & 0 & 6.7 & 8.1 & 1.7 \\ 7.9 & 11.7 & \infty & 6.7 & 0 & 14.8 & 8.4 \\ 9.3 & 3.1 & 4 & 8.1 & 14.8 & 0 & 5.1 \\ 0.5 & 2 & 1.5 & 1.7 & 8.4 & 5.1 & 0 \end{bmatrix}$$

$$R^4 = \begin{bmatrix} 0 & 4 & 0 & 4 & 4 & 4 & 7 \\ 4 & 0 & 0 & 4 & 4 & 6 & 7 \\ 0 & 0 & 0 & 0 & 0 & 6 & 7 \\ 1 & 2 & 0 & 0 & 5 & 2 & 1 \\ 4 & 4 & 0 & 4 & 0 & 4 & 4 \\ 4 & 2 & 3 & 2 & 4 & 0 & 2 \\ 1 & 2 & 3 & 1 & 4 & 2 & 0 \end{bmatrix}$$

$W^5 = W^4$, $R^5 = R^4$,

$$W^6 = \begin{bmatrix} 0 & 6.2 & 13.3 & 1.2 & 7.9 & 9.3 & 0.5 \\ 6.2 & 0 & 7.1 & 5 & 11.7 & 3.1 & 2 \\ 13.3 & 7.1 & 0 & 12.1 & 18.8 & 4 & 1.5 \\ 1.2 & 5 & 12.1 & 0 & 6.7 & 8.1 & 1.7 \\ 7.9 & 11.7 & 18.8 & 6.7 & 0 & 14.8 & 8.4 \\ 9.3 & 3.1 & 4 & 8.1 & 14.8 & 0 & 5.1 \\ 0.5 & 2 & 1.5 & 1.7 & 8.4 & 5.1 & 0 \end{bmatrix}$$

$$R^6 = \begin{bmatrix} 0 & 4 & 6 & 4 & 4 & 4 & 7 \\ 4 & 0 & 6 & 4 & 4 & 6 & 7 \\ 6 & 6 & 0 & 6 & 6 & 6 & 7 \\ 1 & 2 & 6 & 0 & 5 & 2 & 1 \\ 4 & 4 & 6 & 4 & 0 & 4 & 4 \\ 4 & 2 & 3 & 2 & 4 & 0 & 2 \\ 1 & 2 & 3 & 1 & 4 & 2 & 0 \end{bmatrix}$$

$$W^7 = \begin{bmatrix} 0 & 2.5 & 2 & 1.2 & 7.9 & 5.6 & 0.5 \\ 2.5 & 0 & 3.5 & 3.7 & 10.4 & 3.1 & 2 \\ 2 & 3.5 & 0 & 3.2 & 9.9 & 4 & 1.5 \\ 1.2 & 3.7 & 3.2 & 0 & 6.7 & 6.8 & 1.7 \\ 7.9 & 10.4 & 9.9 & 6.7 & 0 & 13.5 & 8.4 \\ 5.6 & 3.1 & 4 & 6.8 & 13.5 & 0 & 5.1 \\ 0.5 & 2 & 1.5 & 1.7 & 8.4 & 5.1 & 0 \end{bmatrix}$$

$$R^7 = \begin{bmatrix} 0 & 7 & 7 & 4 & 4 & 7 & 7 \\ 7 & 0 & 7 & 7 & 7 & 6 & 7 \\ 7 & 7 & 0 & 7 & 7 & 7 & 6 & 7 \\ 1 & 7 & 7 & 0 & 5 & 7 & 1 \\ 4 & 7 & 7 & 4 & 0 & 7 & 4 \\ 7 & 2 & 3 & 7 & 7 & 0 & 2 \\ 1 & 2 & 3 & 1 & 4 & 2 & 0 \end{bmatrix}$$

从 W^7 和 R^7 可以找到任何节点间最短路径的径长和路由。

2.3.3　第 K 条最短路径选择问题

以上所求的最短路径通常为信息传输的首选路由，如果该路由上有业务量溢出或发生故障，就要寻找迂回路由。迂回路由应依次选择次最短路径、第三条最短路径等，这就是研究第 K 条最短路径要解决的问题。

业务量溢出或故障可能发生在某段或某几段电路上，也可能发生在某个或几个交换节点上。所以第 K 条最短路径可分为两类：一类是两点之间边分离的第 K 条最短路径；一类是两点之间点分离的第 K 条最短路径。在这里，边分离径是指无公共边但有公共点的径，如图 2.26 中的 P_1 和 P_2 所示，点分离径是指除了起点和终点外无公共点的路径，如图2.26中的 P_1 和 P_3 所示。第一类的求法是将最短路径中的所有边去掉，用 D 算法在剩下的图中求出次最短路径，再依照此方法求出第三条最短路径，等等；第二类的求法是将最短路径中的所有节点去掉，在剩下的图中求出次最短路径，同样依照此方法求出其他最短路径。当剩下的图中两点间不存在路径时，结束。

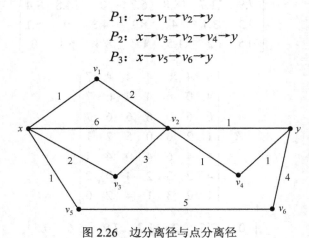

P_1: $x \rightarrow v_1 \rightarrow v_2 \rightarrow y$
P_2: $x \rightarrow v_3 \rightarrow v_2 \rightarrow v_4 \rightarrow y$
P_3: $x \rightarrow v_5 \rightarrow v_6 \rightarrow y$

图 2.26　边分离径与点分离径

2.3.4　路径选择算法的应用

最短路径问题是图论研究中一个重要课题，也是网络分析中的关键问题，它广泛应用于网络优化、交通运输、物流配送、电子导航等领域。最短路径不仅仅指一般地理意义上的距离最短，还可以引申到其他意义上的度量，如经济费用、时间、吞吐量等。上面介绍的 D 算法和 F 算法是比较经典的最短路径选择算法。

1．D 算法的主要应用

D 算法实现简单，计算点到点之间的最短路径时效率较高，但计算速度较慢，尤其在节点多的时候。

在 Ad Hoc、WSN 和 WMN 等无线网络里，D 算法因其具有较高稳定性和适应网络拓扑等特点，被应用到路由协议中选择最短路由。OSPF（Open Shortest Path First）、OLSR（Optimized Link State Routing）等链路状态路由协议使用 D 算法计算最短路径；此外，AOLSR（Advanced Optimized Link State Routing）、EDDR（Energy-Distance Dijkstra Routing Algorithm）等路由协议采用改进的 D 算法进行路由选择以提高网络性能。

D 算法不但在通信领域有广泛的应用，而且在实际工程的路径选择方面也有一定应用，尤其是在地理信息系统（GIS）领域、物流配送运输路线规划、公交网络系统、车辆导航系统和城市交通最优路径选择等方面的应用较为成熟。此外，D 算法还可应用于机器人路径规划和避障、飞机行业供应链系统、矿山应急避险引导系统、最佳抢修路径的计算及铁路客运中转最优路径的选择等方面。

2．F 算法的主要应用

F 算法是多源最短路径算法，是求每两对节点之间的最短路径，是一种动态规划算法。F 算法及其改进算法通常用来计算网络中多个节点对之间的路径，如应用在 WSN 中计算节点间的最短路径。

F 算法与 D 算法的应用领域相似，主要应用于通信领域、GIS 领域、机器人最短路径规划问题、物流运输问题、交通调度系统、供应链中的运输路径问题及地震救援路径优选问题。由于 F 算法的时间复杂度高，因此应用广泛性较 D 算法差。

2.4　网络流量分配及其算法

2.4.1　流量分配的相关概念

网络的作用主要是将业务流从信源送至信宿。为了充分利用网络中的各种资源，包括线路、转接设备等，希望能合理地分配流量，以使从源到宿的流量尽可能大，传输代价尽可能小。流量分配的优劣直接关系到网络的使用效率和相应的经济效益，这是网络运行的重要指标之一。

网内流量的分配并不是任意的，它受限于网络的拓扑结构、边和节点的容量，所以流量分配实际上是在某些限制条件下的优化问题。

在通信网中，流量是指传信率，单位为比特/秒。实际中，通信流量具有随机性，为了简化，这里只讨论平均流量的问题。

1．网络的定义

设 $N = (V, E)$ 为有向图，它有两个非空不相交的节点子集 X 和 Y。X 中的节点称为源，Y 中的节点称为宿，其他节点称为中间节点，在边集 $E(N)$ 上定义一个取非负整数值的函数 C，则称 N 为一个网络。

函数 C 称为 N 的容量函数，函数 C 在边 $e_{ij} = (v_i, v_j)$ 的值称为边 e_{ij} 的容量，记为 $C(e_{ij})$ 或 $C(i, j)$。一般来说，$C(i, j) \neq C(j, i)$。

2. 单源单宿网络

满足以下条件的网络称为单源单宿网络：

● 网络中有且只有一个节点，其 $d^-(v) = 0$，称该节点为源（发送节点）。
● 网络中有且只有一个节点，其 $d^+(v) = 0$，称该节点为宿（接收节点）。

下面我们讨论单源单宿问题。设 N 为有一个源 x 和一个宿 y 的网络，f 是定义在边集 $E(N)$ 上的一个实数函数，V_1、V_2 是 V 的子集，用 (V_1, V_2) 表示起点在 V_1 中、终点在 V_2 中的边的集合，把这个集合记为

$$f(V_1, V_2) = \sum_{e \in (V_1, V_2)} f(e) \tag{2.10}$$

3. 流的概念

通过网络 N 的边 (i, j) 的实际流量称为这条边的流，记为 f_{ij}，各边的流的集合称为网络 N 的流。从源发出的实际的流量（或宿收到的总流量）F 称为网络的总流量。

4. 可行流的定义

设 f 是定义在边集 $E(N)$ 上的一个整数值函数，若满足

● 对所有的 $e \in E(N)$，有 $0 \leqslant f(e) \leqslant C(e)$。
● 对所有的中间节点 i，有 $f(i, V) = f(V, i)$。

则称 f 是网络 N 的一个可行流，$f(x, V)$ 称为可行流 f 的值，记做 $f(x, y)$。$f(i, V)$ 称为流出节点 i 的流，$f(V, i)$ 称为流入节点 i 的流。

在图2.27所示的网络 N 中，每条边旁的第一个数是边的容量，第二个数是边的流。例如 $C(x, 1) = 8$、$f(x, 1) = 4$、$C(1, 2) = 5$、$f(1, 2) = 1$ 等。

不难验证，网络 N 满足流的两个条件，网络 N 的流值 $f(x, y) = 8$。

需要指出，每一个网至少有一个流——零流。因为对于所有的 $e \in E(N)$，有 $f(e) = 0$ 满足流的条件，这样的网常称为运输网络，网的边可以表示通信线路，网的流可以表示信息量、速率等。

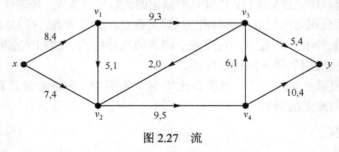

图 2.27　流

5. 最大流定义

设 f 是网络 N 的一个流，如果不存在 N 的流 f'，使 $f'(x, y) > f(x, y)$，则称 f 为最大流，最大流的值记做 f_{max}。

网络流量的讨论主要是要找出它的一个最大流，为此，我们先来讨论割的概念。

6．割与割量

割的定义

设 $N = (V, E)$ 是只有一个源 x 和一个宿 y 的网络，V_1 是 $V(N)$ 的一个子集，$x \in V_1$，$y \in \bar{V_1}$，$(V_1, \bar{V_1})$ 表示起点在 V_1、终点在 $\bar{V_1}$ 的割集，把这样的割集称为 N 的一个割，记做 K。

由割的定义可知，网络 N 的一个割是分离源和宿的弧的集合。割与割集的概念是有区别的，割 K 是按有向图来定义的，而割集则是按无向图来定义的。在图 2.27 中割$(V_1, \bar{V_1})$ = $\{(v_1, v_3), (v_2, v_4)\}$，而由节点子集 V_1 和 $\bar{V_1}$ 确定的割集是 $\{(v_1, v_3), (v_3, v_2), (v_2, v_4)\}$，把 N 的割$(V_1, \bar{V_1})$ 的全部边删去，自 x 到 y 将不存在任何有向链。我们取割的方向为从 x 到 y 的方向。

割量

割中边的容量之和叫做割 K 的割量，用 $C(V_1, \bar{V_1})$ 或用 $C(K)$ 表示割 K 的割量，于是 $C(K) = \sum_{e \in K} C(e)$。在图 2.27 中，取 $V_1 = \{x, v_1, v_2\}$，$\bar{V_1} = \{v_3, v_4, y\}$，于是割 $K = (V_1, \bar{V_1}) = \{(v_1, v_3), (v_2, v_4)\}$，其割量为 18。

最小割

设 N 为一个网，K 是 N 的一个割，若不存在 N 的割 K' 使 $C(K') < C(K)$，则称 K 是 N 的最小割，其割量记为 $C_{\min}(K)$。进一步可以推出，对于任何网络 N，有 $f_{\max} \leq C_{\min}(K)$。

割的方向取从源到宿的方向。

7．最大流最小割量定理

在任何网络中，最大流的值等于最小割的割量，即 $f_{\max} = C_{\min}(K)$。

8．前向边和反向边

在图的割集中，与割方向一致的边叫做前向边，与割方向相反的边称为反向边。

9．饱和边、非饱和边、零流边和非零流边

若 $f(i, j) = C(i, j)$，则称边(v_i, v_j)为饱和边，若 $f(i, j) < C(i, j)$，则称此边为非饱和边。若 $f(i, j) = 0$，则称边 e_{ij} 为零流边，否则为非零流边。

10．路、可增广路与不可增广路

路

设 N 为一个网络，N 中有相异节点 $v_1, v_2, \cdots, v_n$，对任意的 i（$i = 1,2,\cdots, n$），(v_i, v_{i+1}) 或(v_{i+1}, v_i) 是 N 的一条边，并且二者不能同时出现。这些节点的序列形成一条从 x 到 y 的道路，称为 N 中从 x 到 y 的一条路。在网络的路中可包含前向边，也可包含反向边。

可增广路与不可增广路

若从 x 到 y 的一条路中，所有前向边都未饱和，所有反向边都是非零流量的，则这条路

称为可增广路（可增流路）。若从 x 到 y 的一条路中，有一条前向边为饱和的或有一条反向边为零流量的，则这条路称为不可增广路。

2.4.2　网络最大流算法——标号法

1. 标号法的基本思想

利用逐渐增大流值的方法可以达到寻求最大流的目的，这就是确定最大流的标号法，简称 M 算法。其基本思想是：从某初始可行流出发，在网络中寻找可增广路，若找到一条可增广路，则在满足可行流的条件下，沿该可增广路增大网络的流量，直到网络中不再存在可增广路。若网络中不存在可增广路，则网络中的可行流就是所求的最大流。

使用标号法求解网络最大流的过程如下：

① 从任意一个初始可行流出发，如零流。

② 标号寻找一条从 x 点到 y 点的可增广路。

③ 求解增广量：对于可增广路，总可能使其所有前向边都增加一个正整数 ε，所有的反向边都减 ε，而同时保持全部边的流量为正值且不超过边的容量，也不影响其他路上的边的流量，但却使网络的流 F 增加了 ε。当 x 到 y 的全部路都为不可增广路时，F 就不能再增加了，即 F 达到最大值。增流量 ε 用如下方法确定：若可增广路上的边 (i, j) 的可增流量为

$$\varepsilon_{ij} = \begin{cases} c_{ij} - f_{ij} & (i, j) \text{ 为前向边} \\ f_{ij} & (i, j) \text{ 为反向边} \end{cases} \tag{2.11}$$

则此可增广路的增流量 ε 为 $\varepsilon = \min\{\varepsilon_{ij}\}$。如图 2.27 中 x, v_1, v_3, y 为一条可增广路，这条路的可增流量为 1。

④ 增广过程：前向边增加 ε 流量，反向边减 ε 流量。

⑤ 如增广后仍是可行流，则转到步骤②；否则，已得到最大流。

上面讨论的主要是针对网络中某一条可增广路来求解最大流。对于一个网络而言，应用最大流最小割量定理来求解。

2. 标号算法的步骤

标号算法分为两个过程：其一是标记过程，用来寻找可增广路，同时可确定集合 V_1，此过程只需对每个节点检查一次，就能找到一条可增广路；其二是增广路的流的增加。

在标记过程中，每一个节点给定三种不同的记号：

● 第一个记号是下标 i，即要检查的节点 $i \in V_1$ 的下标；

● 第二个记号用 "+" 或 "−" 来标记，若 $C(i, j) - f(i, j) > 0$ 则记为 "+" 号，若 $f(j, i) > 0$ 则记为 "−" 号；

● 第三个记号则用来说明有关弧上所能增大的流值。

标号算法如下。

第一步：标记过程

① 源 x 标记为 $(x, +, \varepsilon(j))$，其中 $\varepsilon(j) = \min\{\varepsilon(i), C(i, j) - f(i, j)\}$，之后称 j 已标记，未检查。

② 任选一个已标记未检查的节点 i，若节点 j 与 i 关联且尚未标记，则当

- $(i,j) \in E$，$C(i,j) > f(i,j)$ 时，将 j 标上 $(i, +, \varepsilon(j))$，其中 $\varepsilon(j) = \min\{\varepsilon(i), C(i,j) - f(i,j)\}$，之后称 j 已标记，未检查。

- $(j,i) \in E$，$f(j,i) > 0$ 时，将 j 标上 $(i, -, \varepsilon(j))$，其中 $\varepsilon(j) = \min\{\varepsilon(i), f(j,i)\}$，之后称 j 已标记，未检查。

- 与节点 i 关联的节点都被标记后，将 i 的第二个记号 "+" 或 "-" 用一个小圆圈圈起来，称 i 已被标记且被检查。

③ 重复步骤②，直到宿 y 被标记，或者直至不再有节点可以标记。

④ 在后者情况下，整个算法结束；在前者情况下，转向增广过程。

第二步：增广过程

① 令 $z = y$；

② 如果 z 的标记为 $(q, +, \varepsilon)$，把 $f(q, z)$ 增加 $\varepsilon(y)$；

如果 z 的标记为 $(q, -, \varepsilon)$，把 $f(z, q)$ 减小 $\varepsilon(y)$；

③ 如果 $q = x$，把全部标记去掉，回到标记过程。否则，令 $z = q$，回到步骤②。

例 2.7　求图 2.28 所示网络的最大流。

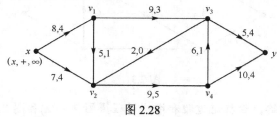

图 2.28

解：

第一步：标记过程

① 源 x 标记成 $(x, +, \infty)$。

② 考察与 x 关联的节点 v_1 和 v_2（为简单起见，下面我们用节点的下标表示该节点）：对节点 1，$(x, 1) \in E$ 且 $C(x, 1) = 8$，$f(x, 1) = 4$，所以 $\varepsilon(1) = \min\{\infty, 8 - 4\} = 4$。于是节点 1 标记成 $(x, +, 4)$；对于节点 2，$\varepsilon(2) = \min\{\infty, 7 - 4\} = 3$。所以节点 2 标记成 $(x, +, 3)$。

与 x 关联的节点均被标记，故 x 标记中的记号 "+" 用圆圈圈起来，即 x 被标记且被检查，如图 2.29 所示。

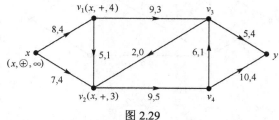

图 2.29

继续上面的过程，直到宿 y 被标记，节点 3 标记为 $(1, +, 4)$，节点 1 被标记且被检查。节点 4 标记为 $(2, +, 3)$，节点 2 被标记且被检查。宿 y 被标记为 $(4, +, 3)$，节点 3 和节点 4 被标记，如图 2.30 所示。

第二步：增广过程

由标记过程找到一条可增广路：x, v_2, v_4, y。

- 令 $z_4 = y$。
- y 的标记为 $(4, +, 3)$，所以把边 $(4, y)$ 上的流值增加 $\varepsilon(y) = 3$，依次把边 $(2, 4)$、$(x, 2)$ 上的流值增加 3。
- 去掉全部标记，得一网络如图 2.31，再回到标记过程。

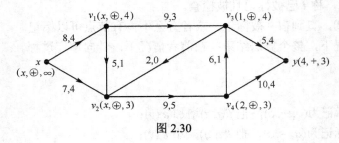

图 2.30

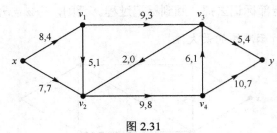

图 2.31

对图 2.31 所示的网络，由标记过程和增广过程得图 2.32(a) 和图 2.32(b)。

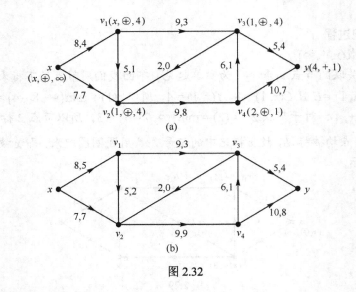

图 2.32

- 去掉全部标记，得一网络，再回到标记过程。

对图 2.32(b) 所示的网络，由标记和增广过程可得图 2.33(a) 和图 2.33(b)。

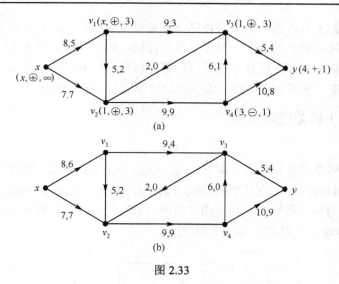

(a)

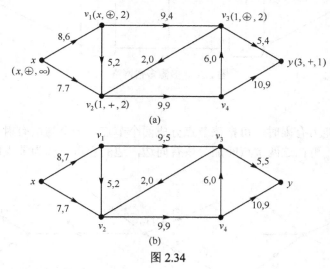

(b)

图 2.33

对图 2.33(b)所示的网络，由标记和增广过程可得图 2.34(a)和图 2.34(b)。

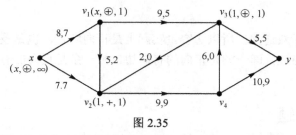

(a)

(b)

图 2.34

最后得到如图 2.35 所示的网络。

图 2.35

由前面的分析可知，节点集合 V_1 就是那些被标记的节点，即例中 $V_1 = \{x, v_1, v_2, v_3\}$，$\overline{V}_1 = \{v_4, y\}$。割 $(V_1, \overline{V}_1) = \{(v_2, v_4), (v_3, y)\}$，即为最小割，且 $C_{\min}(V_1, \overline{V}_1) = 14$，则由最大流最小割量定理可知：$f_{\max} = C_{\min}(K) = 14$。

从以上整个过程来看，当一个节点被标记并被检查后，在之后的过程中就完全可以不再考虑，所以这种标法是有效的。某一节点 n 得到标记，则表示自 x 到 n 之间的路为一条可增广路的前面一段。自 x 到 n 可能存在许多这种路，但只要找到一条就足够。如果 y 被标记，则说明自 x 至 y 存在一条可增广的路，流值的改变则可按 $\varepsilon(y)$ 来确定。

3. 最大流最小割量定理的推广

多源多宿网络

若一个网络有多个源和多个宿，即 $v_{x1}, v_{x2}, \cdots, v_{xm}$；$v_{y1}, v_{y2}, \cdots, v_{yn}$。对这种网设置两个节点 v_x 和 v_y，v_x 和 v_y 作为新源和宿，连接新的边 (v_x, v_{x1}), (v_x, v_{x2}), $\cdots$, (v_x, v_{xm}) 和 (v_{y1}, v_y), (v_{y2}, v_y), $\cdots$, (v_{yn}, v_y)，指定其容量均为 ∞，将原图化为单源单宿网。求得最大流后，通过 v_{xi} 的信息均由 v_x 发送，经由 v_{yi} 的信息均由 v_y 接收，如图 2.36 所示。

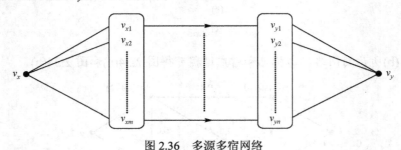

图 2.36　多源多宿网络

节点容量问题

当节点的转接能力有限时，可把该节点分成两个节点，一个与所有射入边相连，另一个与所有射出边相连，再在这两节点间加一条有向边，边的容量可标为节点的容量，如图 2.37 所示。

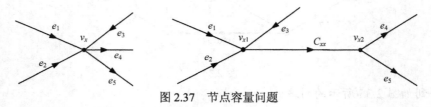

图 2.37　节点容量问题

无向图情况

一般的无向图是指双通路，所以边容量实际上是正向容量，也是反向容量。这时可把一条无向边换成两条有向边，即一条是正向的有向边，另一条是反向的有向边，然后可按有向图计算。

2.4.3　最佳流问题

如果每条边 e_{ij} 赋予各自的费用系数 a_{ij}，那么当总流量 F_{xy} 相同时，各种可行流的费用可以不同。因此，有时需寻找满足流量要求的最小费用的可行流，例如传送某一信息流时寻找最小费用的路由，以达到最佳的流量分配。

最佳流问题，就是给定网结构 $G(V, E)$、边容量 C_{ij}、边费用 a_{ij} 及总流量 F_{xy}，要求费用：

$$\varnothing = \sum_{ij} a_{ij} \cdot f_{ij} \qquad (2.12)$$

最小。下面介绍一种负价环算法，简称 N 算法。

某网络中的一组可行流在保持总流量不变的情况下，只要源宿节点之间有两条以上的径，总有改变流量分配的可能性。这种改变常使总费用发生变化，问题是如何使总费用能够降低。图 2.38(a) 中 x 到 y 间有两条径，即 x, v_1, v_2, v_3, y 和 x, v_1, v_3, y。每条边上的数字代表各边的容量 C_{ij} 和费用 a_{ij}。图 2.38(b) 是一组可行流，总流量 $F_{xy} = 6$，总费用是 69。图 2.38(c) 给出了各边上流量改变的可能性及改变单位流量所需的费用。此图称为对于图 2.38(b) 中可行流而得的补图。以 e_{12} 为例，它是非饱和边，流量尚可增加 $C_{12} - f_{12} = 2$，所需单位费用为 +2。另一方面，流量也可减少 $f_{12} = 1$，不致破坏非负性，所需单位费用就是 −2，因减流就减小费用。这两种可能改变的流量用补图中两条附有两个数字的有向边来表示，前面的数字代表可增流值，后面的数字代表单位流量所需的费用。

补图上若存在一个有向环，环上各边的 a_{ij} 之和是负数，则称此环为负价环。沿负价环方向增流，并不破坏环上诸节点的流量连续性，也不破坏各边的非负性和有限性，结果得到一个 F_{xy} 不变的可行流，其总费用将有所降低。图 2.38(c) 中的 (v_1, v_2, v_3, v_1) 环是一个负价环，取环中的容量最小值作为可增流的值，此时为 2；这个负价环的单位流量费用是 $2 + 1 - 6 = -3$。因为可增流值为 2，所以可节省费用为 $-3 \times 2 = -6$。把 F_{xy} 的费用从 69 降到 63。新的可行流如图 2.38(d) 所示。

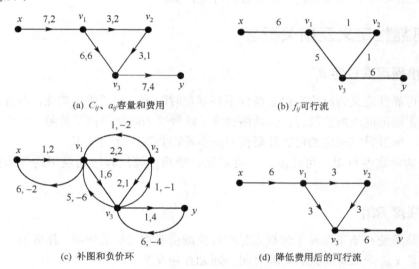

(a) C_{ij}、a_{ij} 容量和费用　　　　　　　(b) f_{ij} 可行流

(c) 补图和负价环　　　　　　　(d) 降低费用后的可行流

图 2.38　负价环法求最佳流过程

由上述可见，降低任意一个可行流的总费用可归结为在该流的补图上寻找负价环。当一个可行流的补图上不存在负价环时，此流就是最佳流或最小费用流。若在补图上存在零价环，则在这环上增流可得到总费用相同的另一组可行流，也就是最佳流可以有几种，但总费用是一样的。

负价环法的步骤可归纳如下：

- 在图上找任意满足总流量 F_{xy} 的可行流。
- 做补图。对所有边 e_{ij}，若 $C_{ij} > f_{ij}$，做边 e'_{ij}，其容量为 $C'_{ij} = C_{ij} - f_{ij}$，费用为 a_{ij}，若 $f_{ij} > 0$，再做 e'_{ji}，其容量为 $C'_{ij} = f_{ij}$，费用为 $-a_{ij}$。
- 在补图上找负价环。若无负价环，算法终止。若有，沿着这个负价环 C 方向使各边增流，增流量为 $\delta = \min C'_{ij}$。
- 修改原图的边流量，得新的可行流，返回第二步。

2.4.4　网络流量分配算法的应用

网络流量分配算法最初是应用在网络规划中，如最大流算法、最佳流算法等。随着网络应用和计算机技术的迅速发展，金融系统中的现金流、控制系统中的信息流、交通系统中的车流等实际中存在的大量"流"的问题，也都可以化为网络最大流问题来研究。网络最大流问题的应用已涉及通信、电力、交通等工程领域和物理、化学、生物等科学领域。

2.5　通信网的可靠性

在信息社会中，通信网的可靠性十分重要。可靠性不高的通信网容易出现故障，一旦造成通信中断，将会给政治、经济、生活各方面带来严重的影响。随着通信网的不断发展，通信网的可靠性问题逐渐受到人们的重视，通信网可靠性的研究工作也逐步深入。在通信网的规划、设计和维护中，可靠性是一项重要的性能指标。

2.5.1　可靠性定义及相关概念

1．通信网可靠性定义

通信网可靠性定义为网络在给定条件下和规定时间内，完成规定功能，并能把其业务质量参数保持在规定值以内的能力。当网络丧失了这种能力时就是出了故障，由于网络出现故障的随机性，所以研究网络的可靠性要使用概率论和数理统计的知识。

通信网的可靠性可以用可靠度、不可靠度、平均故障间隔时间及平均故障修复时间来描述。

2．可靠度 $R(t)$

可靠度是系统在给定条件下和规定时间内完成所要求功能的概率，用 $R(t)$ 表示。若用一非负随机变量 x 表示系统的故障间隔时间，则 $R(t)$ 定义为

$$R(t) = P(x > t) \tag{2.13}$$

即系统在 $[0,\ t]$ 时间间隔内不发生故障（运行）的概率。

为了得到系统的可靠度，必须首先知道该系统的故障间隔时间分布函数。常见的连续型故障间隔时间分布函数有指数分布、伽马（Gamma）分布、威布尔（Weibul）分布等。这里只研究指数分布函数，它可以表示为

$$F(t) = P(x \leq t) = 1 - e^{-\lambda t} \qquad t \geq 0,\ \lambda > 0 \tag{2.14}$$

式中 λ 为系统在单位时间内发生故障的平均次数，称为故障率。为了研究问题的简便性，假设 λ 与时间无关，则根据可靠度定义：

$$R(t) = P(x > t) = 1 - F(t) = \mathrm{e}^{-\lambda t} \tag{2.15}$$

从可靠度 $R(t)$ 与故障间隔时间分布函数 $F(t)$ 的关系可以看出，$F(t)$ 即为系统的不可靠度。

3. 系统的平均故障间隔时间（MTBF）

平均故障间隔时间（Mean Time Between Failures，MTBF）是两个相邻故障间的时间的平均值。有时也称 MTBF 为设备的平均运行寿命。

由式（2.14）可知，系统故障间隔时间 x 的概率密度函数为

$$f(t) = \frac{\mathrm{d}F(t)}{\mathrm{d}t} = -R'(t) = \lambda R(t) = \lambda \mathrm{e}^{-\lambda t} \tag{2.16}$$

系统的平均故障间隔时间为

$$\mathrm{MTBF} = \int_0^{\infty} t f(t) \mathrm{d}t = \int_0^{\infty} R(t) \mathrm{d}t \tag{2.17}$$

当 λ 为常量时，用式（2.15）代入，上式化简为

$$\mathrm{MTBF} = 1/\lambda \tag{2.18}$$

MTBF 是表征网络可靠性的重要参量。定性地说，MTBF 越大，系统越可靠。若 λ 为常量，由式（2.18）可见，MTBF 与 λ 一样，都可以用来充分描述系统的可靠性，也可以用式（2.15）计算系统的可靠度。由式（2.15）可知，系统在平均寿命到达时尚能运行的概率为 $\mathrm{e}^{-1} = 0.368$。这说明有些系统可能在 MTBF 达到前出故障，即故障间隔时间短于 MTBF；对于其他一些相同的系统，故障间隔时间可能大于 MTBF。

2.5.2 多部件系统可靠性计算

复杂系统往往由多个器件、部件或子系统组成，系统可靠性是具有特定功能的整体可靠性，研究系统可靠性要研究各组成部分的可靠性及相互作用，最后完成总体的可靠性研究。

设系统由 n 个部件组成，其中部件 i 的可靠度为 $R_i(t)$，故障率为 λ_i（$i = 1, 2, \cdots, n$）。

1. 串联系统

当若干个具有指数故障间隔时间分布函数的部件串联时，可以很方便地求出该串联系统的可靠度。

图2.39(a)是 n 个部件串联的系统，各部件相互独立，当 n 个部件有一个失效时，该串联系统就发生故障。设各个部件的寿命为 x_i，可靠度为 $R_i(t)$（$i = 1, 2, \cdots, n$）。该串联系统的故障间隔时间 x 是 n 个部件的故障间隔时间 x_i 中的最小值，即

$$x = \min(x_1, x_2, \cdots, x_n) \tag{2.19}$$

该串联系统的可靠度根据定义，有

$$R(t) = P\{x > t\} = P\{\min(x_1, x_2, \cdots, x_n) > t\} = P\{x_1 > t, x_2 > t, \cdots, x_n > t\} = \prod_{i=1}^{n} R_i(t) \tag{2.20}$$

当 $R_i(t) = \mathrm{e}^{-\lambda_i t}$ 时，

$$R(t) = \prod_{i=1}^{n} \mathrm{e}^{-\lambda_i t} = \exp(-t\sum_{i=1}^{n}\lambda_i) \tag{2.21}$$

串联系统的平均故障间隔时间：

$$\mathrm{MTBF} = \int_0^\infty R(t)\mathrm{d}t = \int_0^\infty \exp(-t\sum_{i=1}^{n}\lambda_i)\mathrm{d}t = \frac{1}{\sum_{i=1}^{n}\lambda_i} \tag{2.22}$$

当 $\lambda_1 = \lambda_2 = \cdots = \lambda_n = \lambda$ 时，

$$R(t) = \exp(-n\lambda t) \tag{2.23}$$

$$\mathrm{MTBF} = \frac{1}{n\lambda} \tag{2.24}$$

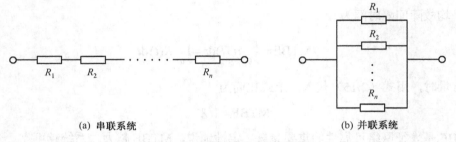

(a) 串联系统　　　　　　　　　　　　(b) 并联系统

图 2.39　串联系统与并联系统

2. 并联系统

图 2.39(b)是 n 个部件并联的系统，各部件相互独立，当 n 个部件全部失效时该并联系统才发生故障。各部件的故障间隔时间和可靠度分别为 x_i 和 $R_i(t)$（$i = 1, 2, \cdots, n$），并联系统的故障间隔时间：

$$x = \max(x_1, x_2, \cdots, x_n) \tag{2.25}$$

可靠度：

$$R(t) = P\{\max(x_1, x_2, \cdots, x_n) > t\} = 1 - P\{\max(x_1, x_2, \cdots, x_n) \leqslant t\}$$

$$= 1 - P\{x_1 \leqslant t, x_2 \leqslant t, \cdots, x_n \leqslant t\} = 1 - \prod_{i=1}^{n}[1 - R_i(t)] \tag{2.26}$$

当 $R_i(t) = \mathrm{e}^{-\lambda_i t}$ 时，

$$R(t) = 1 - \prod_{i=1}^{n}(1 - \mathrm{e}^{-\lambda_i t}) \tag{2.27}$$

系统的平均故障间隔时间：

$$\mathrm{MTBF} = \int_0^\infty R(t)\mathrm{d}t = \int_0^\infty \left[1 - \prod_{i=1}^{n}(1 - \mathrm{e}^{-\lambda_i t})\right]\mathrm{d}t \tag{2.28}$$

当 $\lambda_1 = \lambda_2 = \cdots = \lambda_n = \lambda$ 时，

$$R(t) = 1 - (1 - e^{-\lambda t})^n \qquad (2.29)$$

$$\text{MTBF} = \int_0^\infty R(t)\mathrm{d}t = \int_0^\infty [1 - (1 - e^{-\lambda t})^n]\mathrm{d}t \qquad (2.30)$$

令

$$y = 1 - e^{-\lambda t}, \quad \mathrm{d}y = \lambda e^{-\lambda t}\mathrm{d}t, \quad \mathrm{d}t = \frac{1}{\lambda e^{-\lambda t}}\mathrm{d}y = \frac{1}{\lambda} \cdot \frac{1}{1-y}\mathrm{d}y$$

当 $t = 0$ 时，$y = 0$；当 $t \to \infty$ 时，$y = 1$，故有

$$\text{MTBF} = \frac{1}{\lambda}\int_0^1 \frac{1 - y^n}{1 - y}\mathrm{d}y = \frac{1}{\lambda}\int_0^1 [1 + y + y^2 + \cdots + y^{n-1}]\mathrm{d}y = \frac{1}{\lambda}\left[1 + \frac{1}{2} + \frac{1}{3} + \cdots + \frac{1}{n}\right] = \sum_{i=1}^n \frac{1}{i\lambda} \quad (2.31)$$

3. 复杂系统的可靠度

一般的系统并不只是由多部件串联或并联组成的，而是串并混合或更复杂的系统。这些系统的可靠度都可通过等效系统的方法用串联、并联系统可靠度的计算方法得到。下面通过图 2.40(a)所示系统的可靠度求解来说明复杂系统可靠度的求解方法。

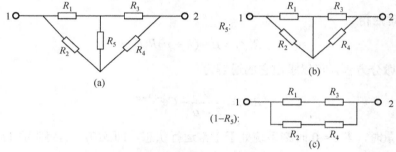

图 2.40　复杂系统的可靠度求解

要求解图 2.40(a)中 1 与 2 两节点之间的可靠度，可以分别考虑 R_5 的运行状态和失效状态，若该部件运行，系统可等效为图 2.40(b)，即此部件相当于短路，其概率为 R_5；若该部件失效，系统可等效为图 2.40(c)，即此部件相当于开路，其概率为 $1 - R_5$。已知串联系统的可靠度：

$$R(t) = R_1(t) \times R_2(t) \times \cdots \times R_n(t) = \prod_{i=1}^n R_i(t) \qquad (2.32)$$

并联系统的可靠度：

$$R(t) = 1 - \prod_{i=1}^n [1 - R_i(t)] = 1 - \prod_{i=1}^n F_i(t) \qquad (2.33)$$

故可得该复杂系统的可靠度：

$$R = R_5(1 - F_1 F_2)(1 - F_3 F_4) + (1 - R_5)[1 - (1 - R_1 R_3)(1 - R_2 R_4)]$$

$$= R_5[1 - (1 - R_1)(1 - R_2)][1 - (1 - R_3)(1 - R_4)] + (1 - R_5)[1 - (1 - R_1 R_3)(1 - R_2 R_4)]$$

$$= R_5(R_1 + R_2 - R_1 R_2)(R_3 + R_4 - R_3 R_4) + (1 - R_5)(R_1 R_3 + R_2 R_4 - R_1 R_2 R_3 R_4)$$

$$= R_1 R_3 + R_2 R_4 - R_1 R_2 R_3 R_4 + R_5(R_1 R_4 + R_2 R_3 -$$

$$R_1 R_3 R_4 - R_2 R_3 R_4 - R_1 R_2 R_3 - R_1 R_2 R_4 + 2R_1 R_2 R_3 R_4)$$

2.5.3 工程中采用的可靠性指标

上面讨论的系统可靠性都假定系统为不可修复系统，而实际通信网中的绝大多数部件属于可修复系统。这时，可靠性概念中包含着维修性，可靠性可用有效度 A、MTBF 和平均故障修复时间（Mean Time to Restoration，MTTR）来表述。

用 x 表示系统的故障间隔时间，用 y 表示部件出现故障后的修复时间，设 x、y 均服从指数分布，即

$$P\{x \leqslant t\} = 1 - e^{-\lambda t} \qquad t \geqslant 0 \quad \lambda > 0 \qquad (2.34)$$

$$P\{y \leqslant t\} = 1 - e^{-\mu t} \qquad t \geqslant 0 \quad \mu > 0 \qquad (2.35)$$

式中，λ、μ 分别为系统的故障率和修复率。若 $R(t + \Delta t)$ 是在 $t + \Delta t$ 时系统正常运行的概率，有两种情况可到达运行状态，即 t 时在运行，t 到 $t + \Delta t$ 之间不出故障，以及 t 时已失效，t 到 $t + \Delta t$ 之间能修复。这样可得

$$R(t + \Delta t) = R(t)(1 - \lambda \Delta t) + [1 - R(t)]\mu \Delta t \qquad (2.36)$$

令 $\Delta t \to 0$，整理后得

$$R'(t) = \mu - (\lambda + \mu)R(t) \qquad (2.37)$$

这是非齐次常微分方程，可以求出它的通解为

$$R(t) = \frac{\mu}{\lambda + \mu} + Ce^{-(\lambda + \mu)t} \qquad (2.38)$$

当 λ 和 μ 为常量时，若 $t = 0$ 时刻系统处于正常运行状态，即 $R(0) = 1$，则可得常数：

$$C = \frac{\lambda}{\lambda + \mu} \qquad (2.39)$$

方程(2.38)的通解为

$$R(t) = \frac{\mu}{\lambda + \mu} + \frac{\lambda}{\lambda + \mu} e^{-(\lambda + \mu)t} \qquad (2.40)$$

若 $t = 0$ 时刻系统处于故障状态，即 $R(0) = 0$，可得常数：

$$C = -\frac{\mu}{\lambda + \mu} \qquad (2.41)$$

方程(2.38)的通解为

$$R(t) = \frac{\mu}{\lambda + \mu}(1 - e^{-(\lambda + \mu)t}) \qquad (2.42)$$

当 $t \to \infty$ 时，式（2.40）和式（2.42）均成为

$$R = \lim_{t \to \infty} R(t) = \frac{\mu}{\lambda + \mu} \qquad (2.43)$$

这就是系统的稳态可靠度，在工程中称其为系统有效度，用 A 表示，即

$$A = \frac{\mu}{\lambda + \mu} \qquad (2.44)$$

由式（2.18）可知系统的平均故障间隔时间为

$$\text{MTBF} = 1/\lambda \qquad (2.45)$$

同理可知平均故障修复时间为

$$\text{MTTR} = 1/\mu \qquad (2.46)$$

则式（2.44）为

$$A = \frac{\text{MTBF}}{\text{MTBF} + \text{MTTR}} \qquad (2.47)$$

同理，系统不可利用度为

$$U = 1 - A = \frac{\lambda}{\lambda + \mu} = \frac{\text{MTTR}}{\text{MTBF} + \text{MTTR}} \qquad (2.48)$$

$U = 1 - A$ 为在规定的时间和条件内系统丧失规定功能的概率，称为系统不可利用度。

可见系统的有效度为可靠性与维修性两者的综合。为了提高通信系统的可靠性，在工程中可采用主备用设备转换等冗余技术。

习题

2.1　有 6 个节点的图，其无向距离矩阵为

$$
\begin{array}{c}
\begin{array}{cccccc} v_1 & v_2 & v_3 & v_4 & v_5 & v_6 \end{array} \\
\begin{array}{c} v_1 \\ v_2 \\ v_3 \\ v_4 \\ v_5 \\ v_6 \end{array}
\left[
\begin{array}{cccccc}
0 & 1 & 2 & 3 & 2 & 1 \\
1 & 0 & 1 & 2 & 3 & 2 \\
2 & 1 & 0 & 1 & 2 & 3 \\
3 & 2 & 1 & 0 & 1 & 2 \\
2 & 3 & 2 & 1 & 0 & 1 \\
1 & 2 & 3 & 2 & 1 & 0 \\
\end{array}
\right]
\end{array}
$$

（1）用 P 算法求最小生成树。

（2）用 K 算法求最小生成树。

2.2　某网络的距离矩阵为

$$
\begin{array}{c}
\begin{array}{cccccc} v_1 & v_2 & v_3 & v_4 & v_5 & v_6 \end{array} \\
\begin{array}{c} v_1 \\ v_2 \\ v_3 \\ v_4 \\ v_5 \\ v_6 \end{array}
\left[
\begin{array}{cccccc}
0.0 & 9.2 & 1.1 & 3.5 & \infty & \infty \\
1.3 & 0.0 & 4.7 & \infty & 7.2 & \infty \\
2.5 & \infty & 0.0 & \infty & 1.8 & \infty \\
\infty & \infty & 5.3 & 0.0 & 2.4 & 7.5 \\
\infty & 6.4 & 2.2 & 8.9 & 0.0 & 5.1 \\
7.7 & \infty & 2.7 & \infty & 2.1 & 0.0 \\
\end{array}
\right]
\end{array}
$$

（1）用 D 算法求 v_1 到所有其他节点的最短径长及其路由；

（2）用 F 算法求最短径矩阵和路由矩阵，并找出 v_2 到 v_4 和 v_1 到 v_5 的最短径长及其路由。

2.3　F 算法得出的某网络路由矩阵为

$$\boldsymbol{R}^6 = \begin{bmatrix} 0 & 5 & 3 & 4 & 3 & 5 \\ 1 & 0 & 1 & 1 & 3 & 5 \\ 1 & 5 & 0 & 1 & 5 & 5 \\ 5 & 5 & 5 & 0 & 5 & 6 \\ 3 & 2 & 3 & 3 & 0 & 6 \\ 3 & 5 & 3 & 3 & 5 & 0 \end{bmatrix}$$

请根据 $\boldsymbol{R}^6$ 找到 v_2 至 v_4 和 v_5 至 v_4 的路由。

2.4　已知由节点 $v_1 \sim v_7$ 构成的网络如题图 2.1 所示，试利用最短路径算法求解从节点 v_1 到节点 v_7 的最短路径及径长。

2.5　已知由节点 $v_1 \sim v_6$ 构成的网络如题图 2.2 所示，试利用 F 算法求解任意两节点间的最短路径的距离。

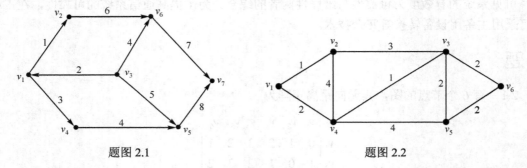

题图 2.1　　　　　　　　　　题图 2.2

2.6　已知由节点 x、a、b、c、d、y 构成的网络如题图 2.3 所示，试用标号法求解从 x 到 y 的最大流。图中各边旁的数字为该边容量。

2.7　已知两个发送节点至三个接收节点的传送网的允许流量如题图2.4 所示。求 x_1, x_2 至 y_1, y_2, y_3 的最大流。图中各边旁的数字为该边容量。

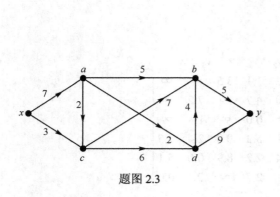

题图 2.3

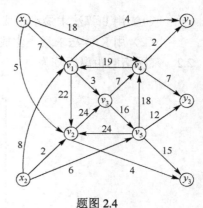

题图 2.4

2.8　题图 2.5 中网络的 x 和 y 间总流量 $f_{xy} = 6$，试对网络进行最佳流量分配。图中边旁的两个数字，前者为容量，后者为费用。

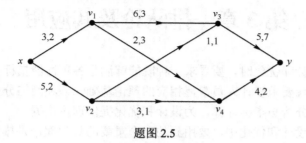

题图 2.5

2.9　在题图 2.6 中，各子系统均为不可修复系统，并且各部件相互独立，求系统的可靠度 R 和不可靠度 F（图中的字母表示各部件的可靠度）。

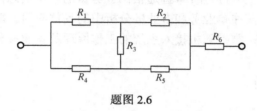

题图 2.6

2.10　两个可修复部件组成并联系统，已知可修复部件的 MTBF = 20 h，MTTR = 3 h，求两部件相互独立时系统的有效度。

第3章　排队论及其应用

在通信网规划设计和优化时，要寻求一种既能够满足各项性能指标要求又节省费用的设计或优化方案，这样就要求设计人员掌握相应的理论基础知识和网络分析的计算方法，以便对通信网的性能进行分析与指标计算，为设计和优化提供理论依据。

在通信网的规划设计和优化中，要用到的一个重要的数学理论是排队论。它起源于最早的电话系统，可应用于很多领域，目前通信网仍是其中一个重要的应用领域。

通过本章的学习，应重点掌握和理解排队论的基本概念、$M/M/m(n)$排队系统的模型分析方法，了解它们在网络中的实际应用；掌握通信网业务量的基本概念，理解、掌握和运用 Erlang B 公式和 Erlang C 公式及其在单业务和多业务分析中的具体应用；能够运用这些知识分析和计算实际网络的性能指标；掌握随机接入系统的工作原理及其业务分析方法。

3.1　排队论基础

排队论（Queuing Theory）是一个独立的数学分支，有时也把它归到运筹学中。排队论是专门研究由于随机因素的影响而产生的拥挤现象（排队、等待）的科学，也称为随机服务系统理论或拥塞理论（Congestion Theory）。它是在研究各种排队系统概率规律性的基础上，解决有关排队系统的最优设计和最优控制问题。

排队论起源于 20 世纪初。当时，美国贝尔（Bell）电话公司发明了自动电话以后，一方面满足了日益增长的电话通信需要，但另一方面也带来了新的问题，即如何合理配置电话线路的数量，以尽可能地减少用户重复呼叫次数的问题。1909 年，丹麦工程师爱尔兰（A. K. Erlang）发表了具有重要历史地位的论文"概率论和电话交换"，从而求解了上述问题。1917 年，A.K.Erlang 又提出了有关通信业务的拥塞理论，用统计平衡概念分析了通信业务量问题，形成了概率论的一个新分支。后经 C. Palm 等人的发展，由近代概率论观点出发进行研究，奠定了话务量理论的数学基础。经过通信、计算机和应用数学三个领域的研究学者的努力，排队论得到了迅速的发展和应用。例如，网络的设计和优化方法；移动通信系统中的切换呼叫的处理方法；随机接入系统的流量分析方法；业务流的数学模型及其排队分析方法等；这些都是排队论的具体应用。

通常，人们把相继到达"顾客"的到达时间间隔和服务时间都相互独立的排队论内容称为经典（或古典）排队论，经典排队论仍是新的排队论的基础，而且通信领域的许多问题可以用它来解决。

3.1.1　基本概念

1. 排队的概念

排队是日常生活中经常见到的现象。例如人们去超市购物，当收银台较少而顾客较多时就会出现排队交款的现象。通信网中也有类似的排队现象。当人们打电话时，如果电话交换机的中继线（或信道）均已被占用，用户就必须等待，这是一种无形的排队现象。又如在采用存储-转发方式的分组网络中，当信息到达网络节点并等待处理与传输时，就会形成排队。排队可以是有形的，也可以是无形的，这种排队现象是大量存在的。

在排队系统中，都存在要求服务的一方和提供服务的一方。对凡是要求服务的一方统称为"顾客"，如电话用户产生的呼叫和待传送的分组信息；把提供服务的一方统称为服务机构，如电话交换设备、传输设备等；而把服务机构内的具体设施统称为"服务窗口"或"服务员"，如中继线路、信道等。顾客到达的数目和要求提供服务的时间长短都是不确定的，这种由要求随机性服务的顾客和服务机构两方面构成的系统称为随机服务系统或排队系统。

顾客需求的随机性和服务设施的有限性是产生排队现象的根本原因。排队论就是利用概率论和随机过程理论，研究排队系统内服务机构与顾客需求之间的关系，以便合理地设计和控制排队系统，使之既能满足一定的服务质量要求又能节省服务机构的费用。

排队论是对通信网内的流量进行分析的数学工具。在通信时间内，对用户提供良好的服务，需要有足够的线路（信道）容量。线路容量不够，将导致拥塞现象，在电路域中，就意味着增加业务量损失（又称呼损）；在分组域中，就意味着增加信息延时。但从经济角度考虑，线路容量要有限制。利用排队论中的 Erlang B 公式和 Erlang C 公式，就可以计算出网络的呼损和时延，用它们来评估通信网的性能。

2．排队系统的组成

一个排队系统可以抽象地描述如下：为获得服务的顾客到达服务窗口前，窗口有空闲便立刻得到服务；若窗口不空闲，则要根据排队规则排队，或立即被拒绝离开窗口，或排队等待窗口出现空闲时再接受服务，服务完毕后离开系统。因此排队系统模型可用图 3.1 表示。

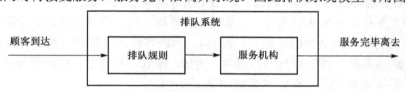

图 3.1　排队系统的基本组成

一个排队系统是由三个基本部分组成的，即输入过程、排队规则及服务机构。下面简单地介绍这三个过程。

输入过程

输入过程就是描述顾客按照怎样的规律到达排队系统的，包括以下三方面：

● **顾客总体数**：它是指顾客的来源（简称顾客源）数量，顾客源数可以是无限的，也可以是有限的。例如，根据实际情况，电话呼叫次数有时可以被认为是有限的，有时则被认为是无限的。

● **顾客到达方式**：描述顾客是怎样到达系统的，是成批（集体）到达（每批数量是随机的还是确定性的）还是单个到达。例如，当电话呼叫数被看成是无限时，则往往按照成批到达处理。而当电话呼叫数被看成是有限时，则往往按照单个到达处理。

● **顾客流的概率分布**（或顾客到达的时间间隔分布）：所谓顾客流，就是顾客在随机时刻一个个（或一批批）到达排队系统的序列。我们考虑的是相继到达的顾客（成批或单个）之间的时间间隔的分布或到达顾客流的概率分布。如常见的顾客流有电话呼叫流、列车到站流等。求解排队系统有关的运行指标问题，首先要确定顾客流的概率分布。即在一定的间隔时间内到达 k（$k = 1, 2, \cdots$）个顾客的概率是多大，或相邻两个顾客到达的时间间隔分布是什么。顾客流的概率分布一般有定长分布、二项分布、泊松流（最简单流）、Erlang 分布等。

排队规则

排队规则包括排队系统类型和服务规则两方面。

排队系统类型

排队系统一般分为拒绝系统和非拒绝系统两大类，表明服务机构是否允许顾客排队等待接受服务。

- 拒绝系统：又称拒绝方式、截止型系统。设 n 是系统允许排队的队长（也称截止队长），m 是窗口数。这可分为两种情况：
  - ✓ 一种是 $n = m$ 的系统，称为即时拒绝系统。此时，顾客到达后或立即被拒绝，或立即被服务，不存在排队等待服务的情况。电话网就是即时拒绝系统。
  - ✓ 另一种是 $m < n$ 的系统，称为延时拒绝系统。此时容许一定数量的顾客排队等待，当系统内顾客总数达到截止队长时，新来的顾客就被拒绝而离去。即当顾客到达系统时，系统中已有 k 个顾客（包括正在被服务的顾客），若 $k < n$，且 m 个窗口有空闲，就立即接受服务，如果 m 个窗口均被占满，则允许顾客排队等待服务；若 $k = n, m$ 个窗口必均被占满，则遭到拒绝，即不容许该顾客排队而离开系统。带有缓冲存储的数据通信、分组交换等就属于这一类。
- 非拒绝系统：又称非拒绝方式、非截止型系统。此类系统排队队长无限制，允许顾客排队等待（一般认为顾客数是无限的）。当顾客到达系统时，若所有的窗口都已被占用，顾客就加入排队行列等待服务。例如，排队等待售票、故障设备待修、公用电话等。但要求该类系统稳定性参数 ρ 满足 $\rho < 1$。

有时，称即时拒绝系统为立接制系统、损失制系统；称延时拒绝系统为混合制系统；称延时拒绝系统和非拒绝系统为等待制系统、缓接制系统。

服务规则

排队系统的性能不仅与顾客到达规律、排队系统类型有关，还与系统的服务规则（服务顺序）有关。服务规则通常有以下几种。

- 先到先服务（FCFS）或先入先出（FIFO）。按照顾客到达的先后顺序服务。这是最常见的情况，若无其他说明时，常按这种方式来分析。
- 后到先服务（LCFS）。这种不常见的情况也可能出现，如仓库中同品种的货物，出库时常是后进先出。计算机内的堆栈区域就是按此方式工作的。
- 优先制服务。对各类顾客分别事先赋予不同的优先级，优先级越高，越提前被服务。在通信网中，这种情况也较为常见。
- 随机服务。当窗口有空闲时，并不按照排队序列而是随意地指定一个顾客去接受服务。

通信网中一般是顺序服务，即按照顾客到达的先后顺序进行服务。但有的也采用优先制服务方式和随机服务方式。

服务机构

服务机构包括以下三方面内容。

窗口或服务员数量

- 当 $m = 1$ 时，称为单窗口排队系统。
- 当 $m > 1$ 时，称为多窗口排队系统。

服务方式及排队方式

服务方式是指在某一时刻系统内接受相同服务的顾客数，即是单个顾客接受服务（串列服务方式）还是成批顾客同时接受服务（并列服务方式）。

- 串列服务方式：m 个窗口的串列排队系统。此时，m 个窗口服务的内容互不相同，某一时刻只能有一个顾客接受其中一个窗口的单项服务，每个顾客要依次经过这 m 个窗口接受全部的服务。就像一个零件经过 m 道工序一样。
- 并列服务方式：m 个窗口的并列排队系统。此时，m 个窗口服务的内容相同，系统一次可以同时服务 m 个顾客。

排队方式包括混合排队和分别排队两种方式：

- 混合排队方式：顾客排成一个队列，接受任意一个空闲窗口的服务。
- 分别排队方式：顾客排成 m 个队列，同时分别接受 m 个窗口的相同服务。

当 $m = 1$ 时，在该系统中，如果允许排队，顾客则只能排成一列队列接受服务，如图 3.2(a)所示。

当 $m > 1$ 时，在该系统中，如果允许排队，则可有混合排队和分别排队两种排队方式。排队方式的选择取决于两种服务方式：

当系统为并列服务方式时，顾客可以采取分别排队方式（如图 3.2(b)所示）或混合排队方式（如图 3.2(c)所示）。

当系统为串列服务方式时，顾客需排 m 次队列（如图 3.2(d)所示）。而在实际中，可能是图 3.2(e)所示的情况，即采取多次混合（或分别）排队方式。

服务时间分布

服务时间和顾客到达时间一样，多数情况下是随机型的。为此，要知道它的经验分布或概率分布。一般说来，服务时间的概率分布有定长分布、指数分布、Erlang 分布等。

3．排队系统中常用的几个定义

- 系统状态：指一个排队系统中的顾客数（包括正在被服务的顾客数）。
- $N(t)$：在时刻 t 排队系统中的顾客数，即系统在时刻 t 的瞬时状态。
- $P_k(t)$：在时刻 t 系统中有 k 个顾客的概率。
- 稳定状态：当一个排队系统开始运转时，系统状态很大程度上取决于系统的初始状态和运转经历的时间。但过了一段时间后，系统的状态将独立于初始状态及经历的时间，这时称系统处于稳定状态。由于对系统的瞬时状态研究分析起来很困难，故排队论中主要研究系统处于稳定状态下的工作情况。由于稳定状态时工作情况与时刻 t 无关，这时 $P_k(t)$ 可写成 P_k，$N(t)$ 可写成 N。

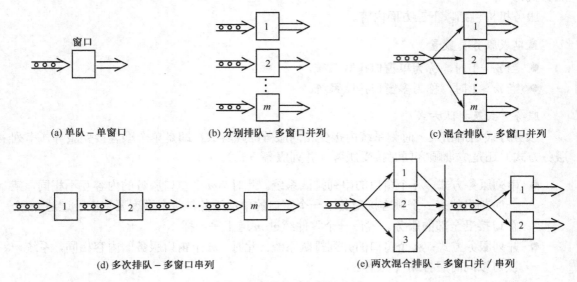

(a) 单队 – 单窗口　　　　(b) 分别排队 – 多窗口并列　　　　(c) 混合排队 – 多窗口并列

(d) 多次排队 – 多窗口串列　　　　(e) 两次混合排队 – 多窗口并 / 串列

图 3.2　服务方式与排队方式

4．排队系统的三个基本参数

任何排队系统都有三个基本参数 m、λ、μ，称为排队模型的三要素。

m 参数

m 参数称为窗口数或服务员数目，表征系统的资源量。它表示系统中有多少服务设施可同时向顾客提供服务。例如通信系统中的中继线路数、信道数等。当 $m=1$ 时，称为单窗口排队系统；当 $m>1$ 时，称为多窗口排队系统。

λ 参数

λ 参数是顾客到达率或系统到达率，即单位时间内到达系统的平均顾客数。其单位为个/时间或份/时间。λ 反映了顾客到达系统的快慢程度，也反映了需要服务的一方对提供服务的一方的需求。λ 越大，说明系统的负载越重。对于电话系统，λ 就是单位时间内发生的平均呼叫数；对于数据传输系统，λ 就是单位时间内输入的平均信息量。

λ 的倒数 $1/\lambda$ 称为平均到达时间间隔 $\overline{T}$，即 $\overline{T}=1/\lambda$。若在观察时间 t 内有 $N(t)$ 个顾客到达，在平衡的条件下，有

$$\lambda = \lim_{t \to \infty} \frac{N(t)}{t}$$

λ 不一定全部进入系统并接受服务，那么实际能够进入系统并接受服务的到达率，我们称之为系统的有效到达率，即单位时间内进入系统的平均顾客数，用 λ_e 表示，故有

$$\lambda_e = (1-P_n)\lambda \tag{3.1}$$

其中，P_n 为阻塞概率（或拒绝概率）。对于非拒绝系统，$P_n=0$，则 $\lambda_e = \lambda$。

　　式（3.1）是假设在无限顾客源的情况下，顾客的到达按集体到达方式考虑，系统到达率 λ 为常数。

　　如果是在有限顾客源的情况下，顾客的到达则应按单个到达方式考虑。设每个顾客的到达率 λ_0 相同，λ_0 是有限顾客源中每个顾客在单位时间内到达系统的平均数。设顾客源总数为 N，则系统外的顾客平均数为 $(N-L_s)$，L_s 是系统的平均队长。故此时系统的有效到达率为

$$\lambda_e = (N - L_s)\lambda_0 \cdot (1 - P_n) \tag{3.2}$$

　　定义 λ_k 为当系统中有 k 个顾客时，新到顾客的到达率（单位时间内新顾客的到达数）或系统到达率，即 k 状态的系统到达率。则有

$$\lambda_k = \begin{cases} \lambda & \text{无限顾客源，} k \geq 0, \lambda \text{为常数} \\ (N-k)\lambda_0 & \text{有限顾客源，} k \geq 0 \end{cases} \tag{3.3}$$

μ 参数

　　μ 参数是一个服务员（或窗口）的服务速率，即单位时间内由一个服务员（或窗口）进行服务并离开系统的平均顾客数。对于 $m=1$ 的单窗口系统，μ 就是系统的服务速率；对于多窗口系统，假设每个窗口的服务速率均为 μ，当系统内的顾客数 k 大于 m 时，系统服务率为 $m\mu$。

　　定义 μ_k 为当系统中有 k 个顾客时，整个系统的平均服务率（单位时间内服务完毕离去的平均顾客数），即 k 状态的系统服务率。则有

$$\mu_k = \begin{cases} \mu & m = 1 \\ k\mu & m > 1, k \leq m \\ m\mu & m > 1, k \geq m \end{cases} \tag{3.4}$$

　　μ 的倒数 $1/\mu$ 就是单个窗口对顾客的平均服务时间 $\overline{\tau}$，即 $\overline{\tau} = 1/\mu$，也是一个呼叫的平均持续时间。μ 可通过求随机服务时间的统计平均值得到。

　　三个基本参数之间的关系对排队系统的稳定性有很大的影响。通常令

$$\rho = \lambda / m\mu \tag{3.5}$$

称 ρ 为排队强度，又称稳定性参数。下面简要讨论一下 ρ 对系统稳定性的影响：

- 若 $\rho < 1$，即 $\lambda < m\mu$ 时，说明平均到达系统的顾客数小于平均离开系统的顾客数。这时系统是稳定的，可以采取非拒绝方式或拒绝方式。
- 若 $\rho \geq 1$，即 $\lambda \geq m\mu$ 时，说明平均到达系统的顾客数多于平均离开系统的顾客数。如果系统采取非拒绝方式，系统的稳定性就无法保证，因为系统内排队的顾客会越来越多，排队等待时间会越来越长，最终系统将无法正常工作。如果采用拒绝方式，则可人为地限制系统内的顾客数量，保证系统的稳定性。

5．排队系统分类的表示方法

　　目前较为广泛采用的分类表示方法是 D. G. Kendall 提出的分类方法。即根据输入过程时间分布、服务时间分布和窗口数量等特征为主来进行分类，并用字母符号来表示。即

$$X / Y / m(n, N)$$

其中：

　　X —— 表示顾客到达时间间隔分布

Y —— 表示服务时间分布

m —— 表示窗口或服务员数目（此处特指并列排队系统）

n —— 表示截止队长，省略这一项表示 $n \to \infty$，即为非拒绝系统

N —— 表示潜在的顾客总数，对于潜在的无限顾客源，即 $N \to \infty$ 时，可省去这一项

表示不同输入过程（顾客流）和服务时间分布的符号有

M —— 泊松（Poisson）流（或指数分布），两者都具有马尔可夫随机过程性质

D —— 定长分布

E_k —— k 阶 Erlang 分布

GI —— 一般相互独立的随机分布

G —— 一般随机分布

例如，M/M/1 系统是指顾客流为泊松流、服务时间为指数分布、单窗口排队系统。M/G/m 系统是指顾客流为泊松流、服务时间为一般随机分布、有 m 个窗口的排队系统。一般如没有特别说明，则认为顾客总体数是无限源、属于非拒绝方式的排队系统。

3.1.2 有关的概率模型及最简单流

1. 排队系统中常用的概率模型

通常，我们预先并不知道有关信息的到达时间及信息长度，二者都具有随机变化的性质，因此我们必须依靠概率的概念来分析排队的问题。

以信息长度为例，我们虽然不知道下次即将到达的信息的确切长度，但是根据以前长期对信息长度的统计，就可以知道出现各种信息长度的概率 P_k。下面介绍在本章排队系统中常用到的两种概率模型：泊松分布和指数分布。

泊松分布

设随机变量 X 所有可能取的值为 0, 1, 2, $\cdots$，而取各个值的概率为

$$P_k = P\{X = k\} = \frac{\lambda^k}{k!} \mathrm{e}^{-\lambda} \qquad k = 0, 1, 2, \cdots \tag{3.6}$$

其中 $\lambda > 0$，且为常数，则称 X 服从参数为 λ 的泊松分布。

其均值为

$$E(X) = \lambda \tag{3.7}$$

方差为

$$D(X) = \lambda \tag{3.8}$$

指数分布

若随机变量 t 的概率密度函数为

$$f(t) = \begin{cases} \lambda \mathrm{e}^{-\lambda t} & t > 0 \\ 0 & t \leqslant 0 \end{cases} \tag{3.9}$$

其中 $\lambda > 0$，且为常数，则称 t 服从参数为 λ 的指数分布，其分布函数 $F(t)$ 为

$$F(t) = \int_{-\infty}^{t} f(t)\,\mathrm{d}t = \int_{-\infty}^{t} \lambda \mathrm{e}^{-\lambda t}\mathrm{d}t = 1 - \mathrm{e}^{-\lambda t}$$

所以

$$F(t)=\begin{cases}1-\mathrm{e}^{-\lambda t} & t>0 \\ 0 & t\leqslant 0\end{cases} \tag{3.10}$$

$$E(t)=\int_{-\infty}^{\infty}tf(t)\mathrm{d}t=\int_{-\infty}^{\infty}t\lambda\mathrm{e}^{-\lambda t}\mathrm{d}t=\frac{1}{\lambda}$$

故其均值为

$$E(t)=\frac{1}{\lambda} \tag{3.11}$$

$$D(t)=E(t^2)-[E(t)]^2=\int_{0}^{\infty}t^2\lambda\mathrm{e}^{-\lambda t}\mathrm{d}t-\frac{1}{\lambda^2}=\frac{1}{\lambda^2}$$

故方差为

$$D(t)=\frac{1}{\lambda^2} \tag{3.12}$$

2. 最简单流

通常把随机时刻出现的事件组成的序列称为随机事件流，例如用 $N(t)$ 表示 $(0,t)$ 时间内要求服务的顾客人数就是一个随机事件流。

最简单流

如果一个事件流 $\{N(t),t>0\}$，这里以输入流为例，满足下述三个条件则称该输入流为最简单流：

● **平稳性**。在时间间隔 t 内，到达 k 个顾客的概率只与 t 有关，而与该间隔的起始时刻无关。即以任何时刻 t_0 为起点，(t_0,t_0+t) 时间内出现的顾客数只与时间长度 t 有关而与起点 t_0 无关。因此用 $N(t)$ 表示 (t_0,t_0+t) 内出现的顾客数，$P_k(t)$ 表示 $N(t)=k$ 的概率，则

$$P_k(t)=P(N(t)=k) \qquad k=0,1,2,\cdots$$

$$\sum_{k=0}^{\infty}P_k(t)=1$$

● **无后效性**。顾客到达时刻相互独立，即顾客各自独立地随机到达系统。此假设使顾客数 k 的随机过程具有马尔可夫性。即在 (t_0,t_0+t) 时间内出现 k 个顾客与 t_0 以前到达的顾客数无关。

● **稀疏性**。在无限小时间间隔 Δt 内，到达两个或两个以上顾客的概率可认为是零，并且在有限时间区间内到达的顾客数是有限的。即在充分小的时间区间 Δt 内，发生两个或两个以上事件的概率是比 Δt 高阶的无穷小量，即 $\Delta t\to 0$ 时，有

$$\underset{k\geqslant 2}{P}(\Delta t)=\sum_{k=2}^{\infty}P_k(\Delta t)=o(\Delta t)$$

$$P_1(\Delta t)=\lambda\Delta t, \qquad P_0(\Delta t)=1-\lambda\Delta t$$

在上述三个条件下，可以推出（过程略）：

$$P_k(t) = \frac{(\lambda t)^k}{k!} \mathrm{e}^{-\lambda t}, \qquad k = 0,\ 1,\ 2,\ \cdots \tag{3.13}$$

知道了 $P_k(t)$ 后，即可求在时间 t 内有 k 个顾客到达的均值和方差：

$$E(k) = \sum_{k=0}^{\infty} k P_k(t) = \sum_{k=0}^{\infty} k \frac{(\lambda t)^k}{k!} \mathrm{e}^{-\lambda t} = \lambda t \mathrm{e}^{-\lambda t} \sum_{i=0}^{\infty} \frac{(\lambda t)^i}{i!} = \lambda t \mathrm{e}^{-\lambda t} \mathrm{e}^{\lambda t} = \lambda t \tag{3.14}$$

其中 $i = k - 1$，

$$D(k) = \sum_{k=0}^{\infty} \{k - E\}^2 P_k(t) = \sum_{k=0}^{\infty} k^2 P_k(t) - \{E\}^2 = \sum_{k=0}^{\infty} k^2 \frac{(\lambda t)^k}{k!} \mathrm{e}^{-\lambda t} - (\lambda t)^2 \tag{3.15}$$
$$= \lambda t$$

由此可见，泊松分布的方差在数值上等于均值，由此得出

$$\lambda = \frac{E}{t} \tag{3.16}$$

可见，λ 就是顾客的到达率，即每秒平均到达的顾客数，这一参数在通信网设计中经常要用到。

注意，我们说 $P_k(t)$ 是在时间 t 内有 k 个顾客到达的概率，但也可以是一个排队系统中在时间 t 内有 k 个顾客在等待或正在处理的概率，也可以是总的 C 条信道中有 k 条信道被占用的概率等。

泊松过程的顾客到达时间间隔分布

有时候，我们对泊松过程中相邻顾客到达时间间隔的分布感兴趣，顾客到达时间间隔分布就是顾客到达的时间间隔小于 t 的概率，即 t 内有顾客的概率分布。两个相邻顾客到达的时间间隔是一连续型随机变量，用 T 表示。下面求时间间隔 T 的分布函数。由式（3.13）可以求出在 t 时间内没有顾客到达的概率为

$$P_0(t) = \frac{(\lambda t)^0}{0!} \mathrm{e}^{-\lambda t} = \mathrm{e}^{-\lambda t}$$

换而言之，$P_0(t)$ 就是在两个相邻顾客到达的时间间隔大于 t 的概率 $P(T > t)$。则 T 的分布函数为

$$F_T(t) = P(T \leqslant t) = 1 - P(T > t) = 1 - P_0(t) = 1 - \mathrm{e}^{-\lambda t} \tag{3.17}$$

由式（3.17）即可求得其概率密度函数：

$$f_T(t) = \frac{\mathrm{d} F_T(t)}{\mathrm{d} t} = \lambda \mathrm{e}^{-\lambda t} \tag{3.18}$$

即随机变量 t 服从指数分布，则顾客到达的平均时间间隔为

$$E(T) = \int_0^{\infty} t f(t) \mathrm{d} t = \frac{1}{\lambda} \tag{3.19}$$

顾客到达的平均时间间隔是顾客到达率的倒数，这是合乎逻辑的。

从上面的推导可知，一个随机过程为"泊松到达过程"或"到达时间间隔为指数分布"实际上是一回事。

可见最简单流与指数分布有着密切的关系。如果随机事件到达的间隔时间相互独立且服从同一指数分布，则这样的随机事件流就是最简单流。

服务时间分布

服务时间：也称为占用时间，指一个顾客接受服务时实际占用一个窗口的时间，也就是服务结束的间隔时间，用 τ 表示。在电话呼叫中，就是一个呼叫的平均持续时间。

服务过程：也就是顾客离去的过程。当一个服务完毕的顾客离开系统时，下一个顾客立即得到服务，服务完毕后离去，二者离去的间隔时间即为服务时间 τ。

由前面的推导可知，若顾客的离去过程也满足最简单流条件，则离去过程（即服务过程）也为泊松过程，即有

$$P_k(t) = \frac{(\mu t)^k}{k!} e^{-\mu t} \tag{3.20}$$

离去时间间隔分布（服务时间间隔分布）为指数分布，即服务时间间隔的概率密度函数 $f_\tau(t)$ 为

$$f_\tau(t) = \mu e^{-\mu t} \tag{3.21}$$

完成服务的平均时间：

$$E(\tau) = \int_0^\infty t f(t) \mathrm{d}t = \frac{1}{\mu} \tag{3.22}$$

即为平均服务速率的倒数。

例 3.1　设电话呼叫按 30 次/h 的泊松过程进行，求：5 分钟间隔内，（1）不呼叫的概率；（2）呼叫 3 次的概率。

解： 按题意，$\lambda = 30$ 次/h $= 0.5$ 次/min，

$$t = 5\text{min}, \quad k = 0 \text{ 及 } k = 3$$

（1）5 分钟不呼叫的概率为

$$P_0(5) = e^{-0.5 \times 5} = 0.082 = 8.2\%$$

（2）5 分钟内呼叫 3 次的概率为

$$P_3(5) = \frac{2.5^3}{3!} e^{-2.5} = 0.214 = 21.4\%$$

一般来说，大量的稀有事件流，如果每一事件流在总事件流中起的作用很小，而且相互独立，则总的合成流可以认为是最简单流。通信网中的信息流量，在有些系统中可以看做是最简单流，例如电话交换系统中的呼叫流。虽然呼叫流在白天和夜间的强度相差很多，但当考察的时间限制在某段时间范围时，例如最繁忙的一小时，可以认为呼叫流具有平稳性。对于无后效性和稀疏性，电话呼叫流也不可能完全满足。例如，如果用户的一次呼叫没有成功或被叫用户不在，则过一段时间后可能会出现重复呼叫。但是可以做一定的近似，使电话呼

叫流满足无后效性和稀疏性的条件，并且大量研究也表明，将电话呼叫当做最简单流处理，得到的分析结果是正确的。但是在很多通信系统中，信息流就不能假设为最简单流，因而不能套用上面的相关结论。例如，对于分组交换系统，服务时间是固定的；对于成批进行信息处理的系统，输入流服从 E_k 分布等。

最简单流满足的指数时间分布又称为 M 分布，因为这种分布使排队过程具有马尔可夫性。

3. 生灭过程

生灭过程是用来描述输入过程为最简单流、服务时间为指数分布的这一类最简单的排队模型，即 M/M/m (n, N) 过程的。它反映了一个排队系统的瞬时状态 $N(t)$ 将怎样随时间 t 而变化的。

生灭过程定义

设有某个系统，具有状态集 $S = \{0, 1, 2, \cdots\}$，若系统的状态随时间 t 变化的过程 $\{N(t); t \geq 0\}$ 满足以下条件，则称为一个生灭过程。

设在时刻 t 系统处于状态 k 的条件下，再经过长为 $\Delta t (\Delta t \to 0)$ 的时间，即当 $t \to t + \Delta t$ 时，有

● 转移到 $k+1$ （$0 \leq k < +\infty$）状态的转移概率为 $\lambda_k \Delta t + o(\Delta t)$。

● 转移到 $k-1$ （$1 \leq k < +\infty$）状态的转移概率为 $\mu_k \Delta t + o(\Delta t)$。

● 转移到 $S - \{k-1, k, k+1\}$ 状态的转移概率为 $o(\Delta t)$。

其中 $\lambda_k > 0$，$\mu_k > 0$，并且均为与时间 t 无关的固定常数。

当 S 仅包含有限个元素 $S = \{0, 1, 2, \cdots, n\}$，同时也满足以上条件时，则称为有限状态生灭过程。

生灭过程的例子有很多。例如，一地区人口数量的自然增减、细菌的繁殖与死亡、服务窗口前顾客数量的变化等都可看做或近似看做生灭过程。

概率分布

现在来讨论生灭过程在 t 时刻处于 k 状态的概率分布，或者说当 $t \to t + \Delta t$ 时，求解 $P_k(t + \Delta t)$（$\Delta t \to 0$），即求：

$$P_k(t) = P(N(t) = k), \quad k = 0, 1, 2, \cdots, \quad t \geq 0$$

这里 k 表示系统中的顾客数。

设系统在 $t + \Delta t$ 时刻处于 k 状态，根据上述生灭过程的定义，这一事件可分解为如下四个互不相容的事件之和：

● 系统在 t 时刻处于 k 状态，而在 $(t+\Delta t)$ 时刻仍处于 k 状态，则在 Δt 内，其转移概率为 $P_k(t)[(1 - \lambda_k \Delta t)(1 - \mu_k \Delta t) + \lambda_k \Delta t \mu_k \Delta t]$，进一步整理并将无穷小项 Δt^2 合并表示为 $o(\Delta t)$，得 $P_k(t)(1 - \lambda_k \Delta t - \mu_k \Delta t) + o(\Delta t)$。其物理意义为在 $(t, t+\Delta t)$ 时间间隔内既无顾客到达也无顾客离去或有一个顾客到达同时有一个顾客离去的概率。

● 系统在 t 时刻处于 $(k-1)$ 状态，而在 $(t+\Delta t)$ 时刻处于 k 状态，则在 Δt 内，其转移概率为 $P_{k-1}(t)\lambda_{k-1}\Delta t(1 - \mu_{k-1}\Delta t)$，进一步整理并将无穷小项 Δt^2 合并表示为 $o(\Delta t)$，得 $P_{k-1}(t)\lambda_{k-1}\Delta t + o(\Delta t)$，其物理意义为在 $(t, t+\Delta t)$ 时间间隔内有一个顾客到达而无顾客离去的概率。

● 系统在 t 时刻处于 $(k+1)$ 状态，而在 $(t+\Delta t)$ 时刻处于 k 状态，则在 Δt 内，其转移概率为

$P_{k+1}(t)\mu_{k+1}\Delta t(1-\lambda_{k+1}\Delta t)$，进一步整理并将无穷小项 Δt^2 合并表示为 $o(\Delta t)$，得 $P_{k+1}(t)\,\mu_{k+1}\Delta t+o(\Delta t)$，其物理意义为在$(t,\,t+\Delta t)$ 时间间隔内有一个顾客离去而无顾客到达的概率。

- 系统在 t 时刻处于其他的状态（即不是 $k-1$、k、$k+1$ 状态），而在$(t+\Delta t)$时刻处于 k 状态，其转移概率为 $o(\Delta t)$。上述状态转移示意图如图 3.3 所示。

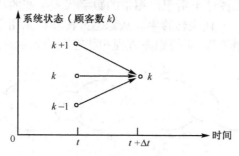

图 3.3　Δt 内状态转移示意图 $(\Delta t \to 0)$

由全概率公式，对 $k\neq 0$ 有

$$P_k(t+\Delta t)=P_k(t)(1-\lambda_k\Delta t-\mu_k\Delta t)+P_{k-1}(t)\lambda_{k-1}\Delta t+P_{k+1}(t)\mu_{k+1}\Delta t+o(\Delta t)$$

类似地，对 $k=0$ 有

$$P_0(t+\Delta t)=P_0(t)(1-\lambda_0\Delta t)+P_1(t)\mu_1\Delta t+o(\Delta t)$$

将上面两式右边不含 Δt 的项移到左边，并忽略 $o(\Delta t)$ 项，用 Δt 除两边，移项整理得

$$\frac{P_k(t+\Delta t)-P_k(t)}{\Delta t}=\lambda_{k-1}P_{k-1}(t)-(\lambda_k+\mu_k)P_k(t)+\mu_{k+1}P_{k+1}(t)$$

$$\frac{P_0(t+\Delta t)-P_0(t)}{\Delta t}=-\lambda_0 P_0(t)+\mu_1 P_1(t)$$

然后令 $\Delta t \to 0$，假设极限存在，就得到差分微分方程组：

$$\begin{cases} P_k'(t)=\lambda_{k-1}P_{k-1}(t)-(\lambda_k+\mu_k)P_k(t)+\mu_{k+1}P_{k+1}(t) \\ P_0'(t)=-\lambda_0 P_0(t)+\mu_1 P_1(t) \end{cases} \tag{3.23}$$

解出这组方程，即可得到时刻 t 系统的状态概率分布 $\{P_k(t)\,,k\in S\}$，即生灭过程的瞬时解。一般来说，解方程组(3.23)比较困难。

假设当 $t\to\infty$ 时，$P_k(t)$ 的极限存在：

$$\lim_{t\to\infty}P_k(t)=P_k \qquad k=0,\,1,\,2,\cdots$$

即

$$P_k'(t)=0 \quad \text{及} \quad \lim_{t\to\infty}P_0'(t)=0$$

这样方程组(3.23)两边对 t 取极限，就得到线性方程组

$$\begin{cases} \lambda_{k-1}P_{k-1}-(\lambda_k+\mu_k)P_k+\mu_{k+1}P_{k+1}=0 \qquad k=1,\,2,\cdots \\ -\lambda_0 P_0+\mu_1 P_1=0 \end{cases} \tag{3.24}$$

移项后，式（3.24）变成

$$\begin{cases} \lambda_{k-1}P_{k-1} + \mu_{k+1}P_{k+1} = (\lambda_k + \mu_k)P_k & k = 1,\ 2,\cdots \\ \lambda_0 P_0 = \mu_1 P_1 \end{cases} \qquad (3.25)$$

式（3.24）称为生灭过程的系统稳定状态方程（简称系统方程），由式（3.25）可以画出生灭过程的状态转移图，如图 3.4 所示。图中的数字代表系统的状态，箭头代表状态间的转移关系，箭头旁的参数 λ_k、μ_k 代表转移率。从稳态方程和状态图中可看出系统"进入某状态的概率等于离开该状态的概率"，系统稳定方程和状态图的表示意义是统一的。

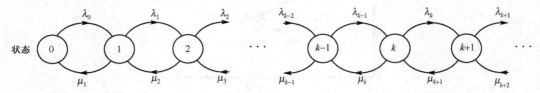

图 3.4　生灭过程的状态转移图

故有

$$\lambda_k P_k - \mu_{k+1}P_{k+1} = \lambda_{k-1}P_{k-1} - \mu_k P_k$$
$$= \lambda_{k-2}P_{k-2} - \mu_{k-1}P_{k-1} = \cdots = \lambda_0 P_0 - \mu_1 P_1 = 0$$

$$P_{k+1} = \frac{\lambda_k}{\mu_{k+1}}P_k = \frac{\lambda_k}{\mu_{k+1}}\frac{\lambda_{k-1}}{\mu_k}P_{k-1} = \cdots = \frac{\lambda_k \lambda_{k-1}\cdots\lambda_0}{\mu_{k+1}\mu_k\cdots\mu_1}P_0$$

假设

$$\sum_{k=0}^{\infty} \frac{\lambda_k \lambda_{k-1}\cdots\lambda_0}{\mu_{k+1}\mu_k\cdots\mu_1} < +\infty$$

由于 $\displaystyle\sum_{k=0}^{\infty} P_k = 1$，就能解出

$$\begin{cases} P_0 = \dfrac{1}{1 + \displaystyle\sum_{k=1}^{\infty} \dfrac{\lambda_{k-1}\lambda_{k-2}\cdots\lambda_0}{\mu_k\mu_{k-1}\cdots\mu_1}} \\[4mm] P_k = \dfrac{\lambda_{k-1}\lambda_{k-2}\cdots\lambda_0}{\mu_k\mu_{k-1}\cdots\mu_1}P_0 \qquad k = 1,\ 2,\cdots \end{cases} \qquad (3.26)$$

式（3.26）就是生灭过程在 $t \to \infty$ 时的稳定状态概率。在大多数实际问题中，当 t 很大时，系统会很快趋于统计平衡，所以，一般我们利用其稳态解来评价和分析系统的性能，这是可行的和合理的。

3.1.3　排队系统的主要性能指标

通过计算排队系统的一些性能指标，可以在此基础上进一步研究排队系统的最优化问题。最优化问题一般涉及两种类型：一类是研究排队系统的最优设计问题，它属于静态最优化问题。例如，蜂窝移动通信网络中的无线资源的配置，传输系统中的传输信道容量的配置等。另一类是研究排队系统的最优控制问题，它属于动态最优化问题。例如，固定电话网中的中继电路群数目的增加与否、无线信道中的信道分配策略等。

排队系统的性能指标描述了排队的概率规律性。在分析排队系统时，往往需要求解下列各项主要性能指标。

1. 排队长度 k

排队长度简称队长，是某观察时刻系统内滞留的顾客数，包括正在被服务的顾客数。显然，k 是非负的离散型随机变量，需用概率来描述。在研究排队系统时，首先要确定队长是属于何种分布。知道了队长分布，就可以确定队长超过某个数量的概率，从而能为设计排队空间的大小提供依据。其次要知道队长的平均值，有时候还要知道系统中排队等待服务的顾客数，它也是一个随机变量。

通常用来描述队长 k 的指标有两个：

（1）k 的概率分布 P_k，通常采用系统稳定状态下与时间无关的 P_k。

（2）k 的统计平均值 L_s 和平均等待队长 L_q。

k 的统计平均值 L_s，称为平均队长；系统内排队等待的平均顾客数称为平均等待队长 L_q。正在接受服务的平均顾客数（或平均占用窗口数）用 $\bar{r}$ 表示，则有下式成立：

$$L_s = L_q + \bar{r} \tag{3.27}$$

其中

$$L_s = \sum_{k=0}^{\infty} kP_k \qquad （非拒绝系统） \tag{3.28}$$

或

$$L_s = \sum_{k=0}^{n} kP_k \qquad （拒绝系统） \tag{3.29}$$

$$L_q = \sum_{k=m+1}^{\infty} (k-m)P_k \qquad （非拒绝系统） \tag{3.30}$$

或

$$L_q = \sum_{k=m+1}^{n} (k-m)P_k \qquad （拒绝系统） \tag{3.31}$$

2. 等待时间和系统逗留时间

等待时间

从顾客到达排队系统的时刻算起，到它开始接受服务的时刻为止，这段时间称为等待时间。它是一个连续型随机变量，通常用其统计平均值 W_q 来描述，W_q 称为平均等待时间。顾客希望 W_q 越小越好。在通信网中，W_q 是信息在网内的平均时延的主要部分。其他时延如传输时间、处理时间等一般均为常量，而且一般是较小的。

系统逗留时间

从顾客到达系统时刻算起，到它接受服务完毕离开系统时刻为止，这段时间称为系统逗留时间，也是一个连续型随机变量，通常用其统计平均值 W_s 来描述，W_s 称为平均系统逗留时间（或系统时间）。

服务时间 τ

服务时间 τ 是一个顾客被服务的时间，即顾客从开始被服务起到离开系统为止的时间间隔。τ 的统计平均值 $\bar{\tau}$ 称为平均服务时间，即

$$\bar{\tau} = \frac{1}{\mu} \tag{3.32}$$

显然，系统逗留时间等于等待时间加上服务时间，即有

$$W_s = W_q + \bar{\tau} \tag{3.33}$$

即

$$W_s = W_q + \frac{1}{\mu} \tag{3.34}$$

一个有效到达率为 λ_e 的排队系统，在平均的意义上，有

$$\lambda_e W_s = L_s \tag{3.35}$$

$$\lambda_e W_q = L_q \tag{3.36}$$

式（3.35）和式（3.36）称为 Little 公式，适用于任何排队系统。

3. 系统效率 η

设某时刻有 r 个窗口被占用，若共有 m 个窗口，则 r/m 就是窗口占用率。显然 r/m 是一个随机变量，它的统计平均值为平均窗口占用率 η，就是系统效率，即

$$\eta = \frac{\bar{r}}{m} \tag{3.37}$$

η 越大，服务资源的利用率就越高。

4. 空闲概率 P_0 和拒绝概率 P_n

P_0 为系统内无顾客的情况，即系统空闲状态概率。通过 P_0 可知系统的忙闲情况。拒绝系统 P_n（或 P_c）为系统内顾客已满、拒绝新到顾客进入系统的状态概率，也称为阻塞概率（或损失概率）。

对于一些特殊的排队系统，还有其固有的一些特殊指标。

3.2　M/M/m(n) 排队系统

3.2.1　M/M/1 排队系统

最简单的排队系统模型是 M/M/1 单窗口非拒绝系统。该系统的顾客到达为泊松流，设到达率为 λ；服务时间为指数分布，设平均服务率为 μ。

M/M/1 排队系统可以用图3.5(a)所示的排队系统模型来表示，这是最简单的排队系统，是

分析较复杂排队系统的基础。系统的状态转移图如图3.5(b)所示，图中的数字代表系统的状态，箭头代表状态间的转移关系，箭头旁的参数λ、μ代表转移率。

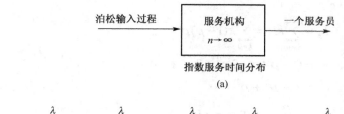

(a)

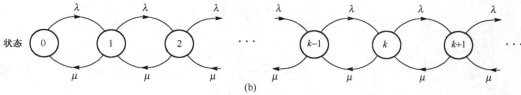

(b)

图 3.5 M/M/1 排队系统的系统模型和状态转移图

1. 求解 P_0、P_k

因为 M/M/1 系统也属于生灭过程，这里可以直接引用生灭过程的结论来求解 P_0、P_k。

对于 M/M/1 排队，有

$$
\begin{cases}
\lambda_k = \lambda & k \geq 0 \\
\mu_k = \mu & k \geq 1
\end{cases}
\tag{3.38}
$$

将 λ_k、μ_k 代入式（3.26）中，可以求得

$$
P_0 = \frac{1}{1 + \sum_{k=1}^{\infty} \frac{\lambda_{k-1}\lambda_{k-2}\cdots\lambda_0}{\mu_k\mu_{k-1}\cdots\mu_1}} = \frac{1}{1 + \sum_{k=1}^{\infty} \frac{\lambda^k}{\mu^k}} = \frac{1}{1 + \sum_{k=1}^{\infty} \rho^k} = 1 - \rho \quad \rho = \frac{\lambda}{\mu}, \quad \rho < 1
$$

$$
P_k = \frac{\lambda_{k-1}\lambda_{k-2}\cdots\lambda_0}{\mu_k\mu_{k-1}\cdots\mu_1} \cdot P_0 = \frac{\lambda^k}{\mu^k} P_0 = (1-\rho)\rho^k \qquad k \geq 1
$$

即

$$
\begin{cases}
P_0 = 1 - \rho & \rho < 1 \\
P_k = (1-\rho)\rho^k & k \geq 1
\end{cases}
\tag{3.39}
$$

$\rho = 0.5$ 时的概率分布如图 3.6 所示。

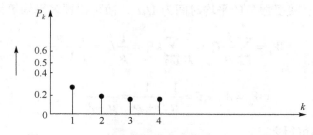

图 3.6 M/M/1 排队系统的状态概率分布（$\rho = 0.5$）

2. M/M/1 排队系统的主要性能指标

平均队长 L_s 和平均等待队长 L_q

$$L_s = \sum_{k=0}^{\infty} kP_k = \sum_{k=0}^{\infty} k(1-\rho)\rho^k$$
$$= (1-\rho)(\rho + 2\rho^2 + 3\rho^3 + \cdots)$$
$$= \rho + \rho^2 + \rho^3 + \cdots$$
$$= \frac{\rho}{1-\rho} \qquad 0 < \rho < 1$$

即

$$L_s = \frac{\lambda}{\mu - \lambda} \tag{3.40}$$

平均占用窗口数 $\bar{r}$ 为

$$\bar{r} = 1 - P_0 = 1 - (1-\rho) = \rho \tag{3.41}$$
$$L_q = L_s - \bar{r} = L_s - \rho = \frac{\lambda}{\mu - \lambda} - \frac{\lambda}{\mu} \tag{3.42}$$
$$= \frac{\lambda^2}{\mu(\mu - \lambda)}$$

L_s 与 ρ 的关系如图 3.7 所示。

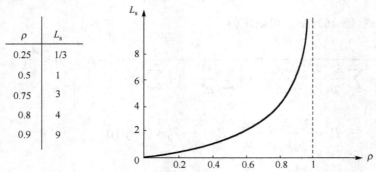

ρ	L_s
0.25	1/3
0.5	1
0.75	3
0.8	4
0.9	9

图 3.7　M/M/1 排队系统中平均队长 L_s 随 ρ 变化的关系

顾客平均等待时间 W_q 和系统时间 W_s

当某顾客进入系统时，如果系统内没有顾客就可立即接受服务，如果系统内已有 k 个顾客则需等待。一个顾客接受服务的平均时间为 $1/\mu$ ，故可得顾客平均等待时间：

$$W_q = \sum_{k=0}^{\infty} \frac{k}{\mu} P_k = \frac{1}{\mu} \sum_{k=0}^{\infty} kP_k = \frac{1}{\mu} L_s = \frac{1}{\mu} \frac{\rho}{1-\rho} \tag{3.43}$$

$$W_s = W_q + \bar{\tau} = \frac{1}{\mu} \frac{1}{1-\rho} = \frac{1}{\mu - \lambda} \tag{3.44}$$

当然，从 $\lambda_e W_s = L_s$ 亦可得之。

系统效率 η

由于 M/M/1 系统是单窗口系统，所以系统效率就是系统内有顾客的概率

$$\eta = \sum_{k=1}^{\infty} P_k = 1 - P_0 = \rho \qquad (3.45)$$

例 3.2　在某数据传输系统中，有一个数据交换节点。信息包按泊松流到达此节点。已知平均每小时到达 20 个信息包，此节点的处理时间服从指数分布，平均处理每个信息包需要 2.5 分钟，试求该节点的有关性能指标。

解：根据题意可知，这是一个 M/M/1 系统，并且已知 $\lambda = \dfrac{20}{60} = \dfrac{1}{3}$ 个/min，$\mu = \dfrac{1}{2.5}$ 个/min。故有

$$\rho = \frac{\lambda}{\mu} = \frac{5}{6}$$

系统有关的性能指标可计算如下。

- L_s：系统内信息包逗留平均数

$$L_s = \frac{\lambda}{\mu - \lambda} = \frac{\dfrac{1}{3}}{\dfrac{1}{2.5} - \dfrac{1}{3}} = 5 \text{ （个）}$$

- L_q：系统内信息包排队等待平均数

$$L_q = \frac{\lambda^2}{\mu(\mu - \lambda)} = \frac{\left(\dfrac{1}{3}\right)^2}{\dfrac{1}{2.5}\left(\dfrac{1}{2.5} - \dfrac{1}{3}\right)} = 4.166 \text{ （个）}$$

- W_s：每一信息包在系统内平均逗留时间

$$W_s = \frac{1}{\mu - \lambda} = \frac{1}{\dfrac{1}{2.5} - \dfrac{1}{3}} = 15 \text{ （min）}$$

- W_q：每一信息包在系统内平均排队等待时间

$$W_q = \frac{\lambda}{\mu(\mu - \lambda)} = \frac{\dfrac{1}{3}}{\dfrac{1}{2.5}\left(\dfrac{1}{2.5} - \dfrac{1}{3}\right)} = 12.5 \text{ （min）}$$

- P_0：

$$P_0 = 1 - \rho = 1 - \frac{5}{6} = \frac{1}{6} = 16.7\%$$

由以上计算可见，M/M/1 系统的主要参数均取决于排队强度 ρ。首先由于 $\rho = 1 - P_0$ 是

系统内有顾客的概率，即窗口忙的概率。对于单窗口情况，ρ 就是排队系统的效率 η。为了提高服务资源的利用率，就希望 ρ 选择得大一些。其次，由平均等待时间 W_q 可看出，ρ 的增大，将使 W_q 增大，这意味着顾客将等候较久才能被服务，亦即排队系统的服务质量将下降。从顾客的角度考虑，常希望 ρ 小一些。此外，当 $\rho \geqslant 1$ 时，以上公式都将不适用。实际上此时 L_s 和 W_q 均将趋于无限，或者说队长将不断增大，系统已不能稳定地工作，所以作为 M/M/1 系统的稳定参数，必须使 $\rho < 1$。

总之，ρ 的取值应兼顾系统效率、等待时间和稳定性等诸因素。由此可知，M/M/1 系统存在的主要问题是服务质量和系统效率之间的矛盾。

3.2.2　M/M/m (n) 排队系统

为解决 M/M/1 系统的服务质量与系统效率之间的矛盾，必须压缩排队长度、减少等待时间。为此，通常可采用以下两种措施：

- 增加窗口数。对于一定的顾客到达率 λ，增加窗口显然能减少等待时间，同时也能提高效率。这是一种积极的措施。在通信网中，增加信道数、扩大线路的传输带宽或提高传输速率和处理速率，都属于此类措施。当然，增加窗口数来提高总服务率也意味着投资加大。
- 截止排队长度，也就是采用拒绝型系统。这是一种消极措施。为保障被服务的顾客不会长时间地等待，当系统内顾客数已达到规定值时，新来的顾客即被拒绝。有顾客被拒绝当然也降低了系统质量，但这种代价可换取系统效率和稳定性。

以上两种措施可兼用，成为截止型多窗口排队系统。多窗口情况下一般可有两种排队方式：一种为混合排队方式，另一种为分别排队方式。以下讨论的 M/M/m(n)排队系统，采用的是混合排队方式。这种问题的解具有一般性，M/M/1 排队、M/M/m(m)排队和 M/M/m 排队都是它的特例。

1．M/M/m(n)排队系统

M/M/m(n)排队系统的模型如图 3.8(a)所示，条件为

- 顾客到达为泊松流，到达率为 λ。
- 有 m 个窗口，每个窗口对一位顾客的服务时间为指数分布，每个窗口的平均服务率为 μ，顾客采用混合排队方式。
- 系统采取拒绝方式，队列长度为 n，即系统内最多可有 n 个顾客。

可见，当系统内的顾客数 $k \leqslant m$ 时，有 k 个窗口在工作，系统的服务率为 $k\mu$；当系统内的顾客数 $m \leqslant k \leqslant n$ 时，m 个窗口均在工作，系统的服务率为 $m\mu$。

图 3.8(b)是 M/M/m(n)排队系统的状态转移图。图中共有 $n+1$ 种状态，即为单队—多窗口方式（并列）。窗口未占满时，顾客到达后立即接受服务；窗口占满时，顾客按照先到先服务规则等待，任意窗口有空即被服务；当队长（包括正在被服务的顾客）长达 n 时，新来的顾客即被拒绝而离去。

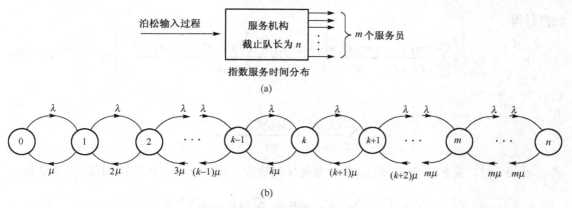

图 3.8　M/M/$m(n)$ 排队系统的系统模型和状态转移图

求解 P_0、P_k

因为 M/M/$m(n)$ 系统属于生灭过程，这里可直接引用生灭过程的结论来求解 P_0、P_k。

对于 M/M/$m(n)$ 排队系统，有

$$\lambda_k = \begin{cases} \lambda & 0 \leqslant k < n \\ 0 & k \geqslant n \end{cases} \tag{3.46}$$

$$\mu_k = \begin{cases} k\mu & 0 < k \leqslant m \\ m\mu & m \leqslant k \leqslant n \end{cases} \tag{3.47}$$

将 λ_k、μ_k 代入式（3.26）中，可以求得（过程从略）

$$P_k = \begin{cases} \dfrac{(m\rho)^k}{k!} P_0 & 0 \leqslant k \leqslant m \\ \dfrac{m^m}{m!} \rho^k P_0 & m \leqslant k \leqslant n \\ 0 & k > n \end{cases} \tag{3.48}$$

$$P_0 = \left[\sum_{k=0}^{m-1} \frac{(m\rho)^k}{k!} + \sum_{k=m}^{n} \frac{m^m}{m!} \rho^k \right]^{-1} = \left[\sum_{k=0}^{m-1} \frac{(m\rho)^k}{k!} + \frac{(m\rho)^m}{m!} \frac{1-\rho^{n-m+1}}{1-\rho} \right]^{-1} \tag{3.49}$$

对于 M/M/$m(n)$ 系统，当 $m=1$ 时为单窗口延时拒绝系统；当 $m=1$、$n\to\infty$ 时变为 M/M/1 系统；当 $m=n$ 时为多窗口即时拒绝系统；当 $n\to\infty$ 时为多窗口非拒绝系统；说明这些系统都是 M/M/$m(n)$ 系统的特例。

M/M/$m(n)$排队系统的主要性能指标

平均队长 L_s、平均等待队长 L_q 及正在被服务的平均顾客数 $\bar{r}$

$$L_s = \sum_{k=0}^{n} kP_k = \sum_{k=0}^{m-1} k \frac{(m\rho)^k}{k!} P_0 + \sum_{k=m}^{n} k \frac{m^m}{m!} \rho^k P_0$$

$$= \left[\sum_{k=1}^{m-1} \frac{(m\rho)^k}{(k-1)!} + \frac{m^m}{m!} \sum_{k=m}^{n} k\rho^k \right] P_0$$

经推导得

$$L_s = \left\{ \sum_{k=1}^{m-1} \frac{(m\rho)^k}{(k-1)!} + \frac{(m\rho)^m}{m!} \frac{m-(m-1)\rho-(n+1)\rho^{n-m+1}+n\rho^{n-m+2}}{(1-\rho)^2} \right\} P_0 \qquad (3.50)$$

其中

$$P_0 = \left[\sum_{k=0}^{m-1} \frac{(m\rho)^k}{k!} + \frac{(m\rho)^m}{m!} \frac{1-\rho^{n-m+1}}{(1-\rho)} \right]^{-1}$$

当 $m \leqslant k < n$ 时，第 $k+1$ 个顾客到达系统时需排队等待，共有 $(k-m)$ 个顾客在排队等待服务。

$$\begin{aligned}
L_q &= \sum_{k=m+1}^{n} (k-m)P_k = \sum_{k=m+1}^{n} kP_k - m \sum_{k=m+1}^{n} P_k \\
&= \sum_{k=0}^{n} kP_k - \sum_{k=0}^{m} kP_k - m \sum_{k=m+1}^{n} P_k \\
&= L_s - \left(\sum_{k=0}^{m} kP_k + m \sum_{k=m+1}^{n} P_k \right) = L_s - \bar{r}
\end{aligned} \qquad (3.51)$$

所以

$$\bar{r} = \sum_{k=0}^{m} kP_k + m \sum_{k=m+1}^{n} P_k \qquad (3.52)$$

其中，$\bar{r}$ 是正在被服务的平均顾客数或占用的平均窗口数。当 $k < m$ 时，只占用了 k 个窗口，占用概率为 P_k，故 $\sum\limits_{k=0}^{m} kP_k$ 即为 $k < m$ 时占用的平均窗口数。当 $k \geqslant m$ 时，m 个窗口均被占用，占用概率为 P_k，故 $m\sum\limits_{k=m+1}^{n} P_k$ 即为 $k \geqslant m$ 时占用的平均窗口数。

下面推导 $\bar{r}$ 的结果：

$$\begin{aligned}
\bar{r} &= \sum_{k=0}^{m} kP_k + m \sum_{k=m+1}^{n} P_k = \sum_{k=0}^{m} k \frac{(m\rho)^k}{k!} P_0 + m \sum_{k=m+1}^{n} \frac{m^m}{m!} \rho^k P_0 \\
&= m\rho \sum_{k=0}^{m} \frac{(m\rho)^{k-1}}{(k-1)!} P_0 + m\rho \sum_{k=m+1}^{n} \frac{m^m}{m!} \rho^{k-1} P_0 \\
&= m\rho \left[\sum_{k'=0}^{m-1} \frac{(m\rho)^{k'}}{k'!} P_0 + \sum_{k'=m}^{n-1} \frac{m^m}{m!} \rho^{k'} P_0 \right] \\
&= m\rho \left[\sum_{k=0}^{n} P_k - P_n \right] \\
&= m\rho(1-P_n) = \frac{\lambda}{\mu}(1-P_n) = \frac{\lambda_e}{\mu}
\end{aligned}$$

即

$$\bar{r} = m\rho(1-P_n) = \frac{\lambda}{\mu}(1-P_n) = \frac{\lambda_e}{\mu} \qquad (3.53)$$

顾客平均等待时间 W_q 和系统时间 W_s

顾客平均等待时间 W_q：

$$W_q = \sum_{k=m}^{n-1} \frac{k-m+1}{m\mu} P_k = \sum_{k=m}^{n-1} \frac{k-m+1}{m\mu} \frac{m^m}{m!} \rho^k P_0$$

$$= \frac{m^m}{m!}\left[\frac{1}{m\mu}\rho^m + \frac{2}{m\mu}\rho^{m-1} + \cdots + \frac{n-m}{m\mu}\rho^{n-1}\right] P_0 \qquad (3.54)$$

$$= \frac{m^{m-1}}{m!}\frac{P_0}{\mu}\rho^m \frac{1-(n-m+1)\rho^{n-m}+(n-m)\rho^{n-m+1}}{(1-\rho)^2}$$

系统时间 W_s：

$$W_s = W_q + \frac{1}{\mu}$$

其中，$\dfrac{1}{\mu}$ 为系统的服务时间。

系统效率 η

$$\eta = \frac{\bar{r}}{m} = \frac{1}{m}m\rho(1-P_n) = \rho(1-P_n) = \frac{\lambda}{m\mu}(1-P_n) = \frac{\lambda_e}{m\mu} \qquad (3.55)$$

2．M/M/m(m)排队系统

当系统中的顾客数等于窗口数时，新到的顾客就遭到拒绝，这种系统就是 M/M/m(m)即时拒绝系统。电话通信网一般采用即时拒绝系统方式。

求 P_0、P_k

令式（3.48）和式（3.49）中 $n=m$，由此可求出系统状态概率：

$$\begin{cases} P_k = \dfrac{(m\rho)^k}{k!}P_0 = \dfrac{a^k}{k!}P_0 & 0 \leqslant k \leqslant m \\[2mm] P_0 = \left[\displaystyle\sum_{k=0}^{m}\dfrac{(m\rho)^k}{k!}\right]^{-1} = \left[\displaystyle\sum_{k=0}^{m}\dfrac{a^k}{k!}\right]^{-1} \end{cases} \qquad (3.56)$$

式中 $a = \lambda/\mu$，是电话通信网中的流入话务量强度。

当顾客到达即时拒绝系统时，如果 $k<m$，则立即接受服务；如果 $k=m$，就被拒绝立即离去，因此不需要求顾客等待时间，平均队长 L_s 也变为平均处于忙状态的窗口数量。

M/M/m(m)排队系统的主要性能指标

平均队长 L_s 和平均等待队长 L_q

$$L_s = \sum_{k=0}^{m} k\frac{(m\rho)^k}{k!}P_0 = \frac{\displaystyle\sum_{k=0}^{m} k\frac{(m\rho)^k}{k!}}{\displaystyle\sum_{k=0}^{m} \frac{(m\rho)^k}{k!}} \qquad (3.57)$$

$$= m\rho(1-P_m) = a(1-P_m)$$

即

$$L_s = \overline{r}$$

所以

$$L_q = 0$$

系统时间 W_s 和顾客平均等待时间 W_q

由 Little 公式：

$$W_s = \frac{L_s}{\lambda_e}$$

及

$$\lambda_e = \lambda(1 - P_m)$$

有

$$W_s = \frac{L_s}{\lambda_e} = \frac{a(1 - P_m)}{\lambda(1 - P_m)} = \frac{a}{\lambda} = \frac{1}{\mu} = \overline{\tau}$$

即

$$W_s = \overline{\tau}$$

所以

$$W_q = 0$$

顾客被拒绝的概率

$$P_n = P_m = \frac{a^m / m!}{\displaystyle\sum_{k=0}^{m} a^k / k!} \tag{3.58}$$

式（3.58）就是话务量理论中的 Erlang B 呼损公式，其中 $a = \lambda / \mu$ 为流入话务量强度，m 代表交换机出线容量。P_m 也称为呼损（率），一般用 P_c 表示。Erlang B 呼损曲线见图 3.9。

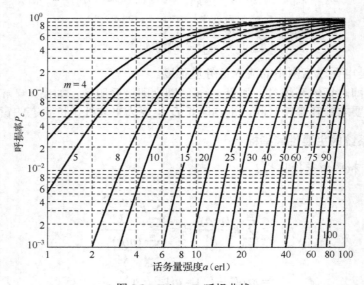

图 3.9　Erlang B 呼损曲线

系统效率 η

$$\eta = \sum_{k=0}^{m} \frac{k}{m} P_k = \frac{1}{m} \sum_{k=0}^{m} k P_k = \frac{L_s}{m} = \frac{a(1-P_m)}{m} \tag{3.59}$$

例 3.3 有一条电话线，平均每分钟有 0.8 次呼叫，即 $\lambda = 0.8$ 次/min，如果每次通话时间平均需要 1.5 分钟，则 $\mu = 1/1.5 = 0.667$ 次/min。求该条电话线每小时能接通多少次电话，又有多少次因呼叫不通而挂断？

解： 由题意可知，这是一个 M/M/1(1) 损失制系统，其 $\lambda = 0.8$ 次/min，$\mu = 0.667$ 次/min。

所以

$$P_0 = \frac{\mu}{\mu + \lambda} = \frac{0.667}{0.667 + 0.8} = 0.455 = 45.5\%$$

即说明系统处于无顾客状态的概率为 45.5%，换句话说，可以接通电话的概率为 45.5%。因每分钟平均呼叫 0.8 次，故每分钟可以接通的次数为

$$0.8 \times 0.455 = 0.364 （次）$$

每小时能接通的次数为

$$60 \times 0.364 = 21 （次）$$

又电话线损失概率为

$$P_{损} = P_1 = 1 - P_0 = 1 - 0.455 = 0.545 = 54.5\%$$

故每分钟不能接通的次数为

$$0.8 \times 0.545 = 0.436 （次）$$

每小时不能接通的次数为

$$60 \times 0.436 = 27 （次）$$

3.3 通信业务量分析

当前，通信业务已经由原来单一的传统电话业务发展到了包括语音、数据、视频等多业务的情况，对通信业务量的分析也就相应地有了变化，采用的排队模型由典型的肯达尔（Kendall）模型发展到了扩展的肯达尔模型。本节以典型的排队模型(M/M/$m(n, N)$)为例介绍排队模型在通信业务量（包括单业务和多业务这两种情况）分析中的应用。

3.3.1 通信业务量基本理论

进入通信网送到通信设备和线路上进行传输的语音、数据等输入信息，统称为通信呼叫，简称呼叫。这些在网中传送的信息量，称为通信业务量，也称为流量。到达网络接入点的呼叫对应前面提到的顾客，其长度（呼叫持续时间）对应前面提到的服务时间。网中的呼叫源即是网内的所有用户。呼叫按其通信的内容、形式或目的的不同，具有不同的性质，故对各种不同类型的输入事件，可归纳为几种不同的典型的排队模型来进行分析和处理。

在网内流通的业务量取决于网内用户所产生的呼叫。设计和建设一个通信网（及所配置的设备）是以全网业务量为主要依据的。

1. 呼叫的发生过程

下面是通信网中呼叫的发生过程的几种情况。

纯随机呼叫的情况

满足以下条件的呼叫，称为纯随机呼叫：

- 呼叫源无限多，即能够发生呼叫的用户数很大；
- 处于占线状态（占用信道）的呼叫源数目相对较少，可不考虑；
- 用户（呼叫）之间相互独立；
- 呼叫的发生和交换网（或信道）的阻塞状态可分别考虑。

这种情况，实际上对应排队论中潜在的顾客（用户）数 N 为无穷大，顾客（用户）之间相互独立的情况。即潜在顾客数 $N \to \infty$，若每个用户的呼叫率为 λ_0，而且很小趋于零，则系统总的呼叫率为 $\lambda = \lim\limits_{N \to \infty} N\lambda_0 =$ 常数。若同时又满足最简单流条件，即可表示为 M/M/$m(n)$ 排队系统模型。

在拒绝系统中，当用户遇到占线或阻塞情况，即某次呼叫被拒绝，通常用户会再次呼叫，即重呼。在阻塞很少发生的交换系统中，由于占线率低，重呼不成问题。在用户足够多、重呼不厉害时，可将重呼视为新的呼叫，仍按纯随机呼叫处理，只是呼叫率 λ 增大而已。

准随机呼叫的情况

满足以下条件的呼叫，称为准随机呼叫：

- 呼叫源有限；
- 用户之间仍相互独立。

这时用户数 N 为有限数，若每个用户的呼叫率为 λ_0，则当有 k 个用户正在通信时，此时系统总的呼叫到达率 $\lambda = (N-k)\lambda_0$。当呼叫很多时，信道中的空闲状态数 $(N-k)$ 很小，致使单位时间内平均呼叫数 $(N-k)\lambda_0$ 变小。

实际通信网中的顾客（用户）数总是有限的，所以不存在严格的纯随机呼叫，而多属于准随机呼叫。准随机呼叫对应排队论中潜在的用户数为有限的情况。若同时又满足最简单流条件，即可表示为 M/M/$m(n, N)$ 排队系统模型。显然，当 N 很大时（$N \gg k$），或用户数非常多时，准随机呼叫可近似当做纯随机呼叫处理。N 越大，这种近似越合理。

呼叫合成发生的情况

设有两个相互独立的呼叫源，各自按呼叫发生率 λ_1、λ_2 呈泊松分布，其呼叫发生概率分别为

$$P_k^1(t) = \frac{(\lambda_1 t)^k}{k!} e^{-\lambda_1 t}$$

$$P_k^2(t) = \frac{(\lambda_2 t)^k}{k!} e^{-\lambda_2 t}$$

则合成呼叫发生数为 k 的概率为

$$P_k(t) = \frac{[(\lambda_1 + \lambda_2)t]^k}{k!} e^{-(\lambda_1 + \lambda_2)t} \tag{3.60}$$

显然，两个呼叫发生率分别为 λ_1、λ_2 的泊松分布的合成等于呼叫发生率为 $(\lambda_1+\lambda_2)$ 的泊松分布。由此可推广为一般的情况。若有 m 个各自任意速率为 λ_1，λ_2，$\cdots$，λ_m 的独立泊松流，则复合流本身也为泊松过程，其速率为

$$\lambda=\sum_{i=1}^{m}\lambda_i \tag{3.61}$$

这个特性极为有用，在通信网中有许多信息源结合在一起，每个信源以一种泊松速率产生呼叫或分组，这时就是一种泊松过程的合成现象。

2. 业务量和呼叫量

流量的特性

通信网中的流量受到各种因素的影响，如人们的生活习惯、用户的成分、地区的差异、季节的变化、政治经济的形势、突发事件等。因此，信息流量处在经常的变化之中。图 3.10 就是测得的某市上网流量的变化曲线，七条曲线对应七天（每天 24 小时）的观测结果。从图中曲线可看出，一天中的数据流量随时间不断地变化，具有波动性。不同天对应的七条曲线各不相同，说明流量的波动具有随机性，可以用随机过程来描述。从图中还可看出，七条曲线虽不相同，但都遵从某种相同的规律，如都是白天上午流量少而下午至夜间流量大，出现流量高峰、低谷的时间大致相同，说明流量的波动又具有周期性。

流量的波动性和波动的随机性与周期性是研究通信网内业务流量各种问题的出发点。各种不同的业务，都有各自的流量特性，这里就不一一讲述了。

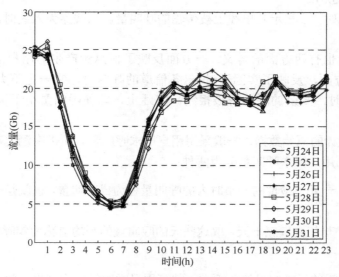

图 3.10 某市上网流量曲线

业务量和呼叫量的定义

业务量

业务量是在指定观察时间内各个线路（或信道）可能被占用的时间之和即占用的总时间。这些时间可以是重叠的或不重叠的。

若某线路有 m 条信道，第 i 条信道被占用 Q_i 秒，则 m 条信道或该线路上的业务量 Q 为

$$Q = \sum_{i=1}^{m} Q_i \tag{3.62}$$

业务量的量纲是时间。若一个信道代表一个电话话路，则业务量或话务量的单位是秒·话路。观察时间可以是一小时或一天等。

Q 具有两方面的含义：一方面反映了信息源所发生的用户需求业务量，这时，Q 可能大于 mT；另一方面，反映了通过 m 条信道的实际的通信业务量，此时，Q 一定不大于 mT。

呼叫量

业务量的强度通常称为呼叫量。它可定义为线路（或信道）可能占用的时间与观察时间之比，即呼叫量 a 为

$$a = \frac{\text{业务量}}{\text{观察时间}} = \frac{Q}{T} \text{(erl)} \tag{3.63}$$

通常取 T 为一小时。a 是没有量纲的，通常使用"小时呼"或"爱尔兰（erl）"表示它的单位。

一个 erl 表示一小时一个完全被占用的信道的呼叫量（即单位小时的呼叫时长）。

根据定义，呼叫量也可表示为

$$a = \lambda \overline{\tau} \tag{3.64}$$

也就是 3.2.2 节中的 λ / μ。

当线路为出线时，a 表示其出线上被传输的呼叫量。当线路为入线时，则 a 表示其入线上被施加的呼叫量。

同样，呼叫量也有两方面的含义：一方面反映了信息源产生的用户需求呼叫量，它可以大于 m；另一方面，反映了实际通过 m 条信道的呼叫量，它一定不大于 m。当用户需求呼叫量大于 m 时，多余的呼叫将被拒绝。实际上，即使呼叫量小于 m，有时也可能被拒绝。

作为通信网设计的原始数据，一般采用用户需求呼叫量。所以在测定呼叫量时，应认为信道数 m 足够大。用户需求呼叫量分为两种：

● 日呼叫量：一天中最忙的一小时内的呼叫量称为日呼叫量，也就是一天中最大的小时呼叫量。

● 年呼叫量：一年内取三十天，取这些天的呼叫量的平均值称为年呼叫量，亦称基准呼叫量。

有的网一年四季的日呼叫量变化不大，就可用日呼叫量作为网设计的依据。有的网日呼叫量变化较大，就取年呼叫量作为设计依据。一般而论，小网多属于前者，而大网往往属于后者。

话务量的定义与计算

电话网是通信网中的一个重要的网络，电话网中的业务量称为话务量。

话务量用来反映电话用户的通话频繁程度和通话时间的长短。电话用户进行通话时，必

然要占用交换设备和线路设备。通话的次数多少和每次通话时间的长短反映了占用设备的程度，同时也反映了用户对电话网设备的需求，从数量上表示这种程度或需求的参数就是话务量 Y，它可以用下式表示：

$$Y = \lambda ST \tag{3.65}$$

式中：λ——单位时间内的呼叫次数，即呼叫强度（次/h）

S——一次呼叫的平均占用时长（h/次）

T——计算话务量的时间范围（h）

这里的 λ 对应排队论中的系统到达率 λ，S 对应平均服务时间 $\bar{\tau}$。

定义单位时间内的话务量为话务量强度 a（即电话网中的呼叫量），即

$$a = \lambda S \tag{3.66}$$

单位为"小时呼"或"erl"。

通常所说的话务量一般指话务量强度 a，只不过为了方便省略了"强度"二字。

由于电话呼叫的随机性，一天中话务量强度 a 的数值是不同的，平常人们所说的话务量和工程设计中使用的话务量，都是指系统在 24 小时中最繁忙的一个小时内的平均话务量，称为忙时话务量。

话务量强度 a 既反映了用户对通话设备的需求程度，也反映了用户占用通话设备的程度。因此话务量强度可以分为流入话务量强度和完成话务量强度两种。

流入话务量强度

流入话务量强度等于在平均占用时长内话源发生的平均呼叫次数。流入话务量强度又称为话源话务量强度。

这里，话源发生的平均呼叫次数就是系统到达率，故此时式（3.65）中的 λ 应为系统到达率。

例 3.4 设有呼叫强度 $\lambda=1800$ 次/h，平均占用时长 $S = \dfrac{1}{30}$ h/次，求话源话务量强度。

解： 根据式（3.65），有

$$a = \lambda S$$
$$= 1800 次/h \times \frac{1}{30} h/次$$
$$= 60 （erl）$$

完成话务量强度

一组设备的完成话务量强度等于该组设备在平均占用时长内发生的平均占用次数。

这里平均占用次数就是系统的有效到达率 λ_e，故此时式（3.66）中的 λ 应为 λ_e，则完成话务量强度的计算公式为

$$a = \lambda_e S \tag{3.67}$$

例 3.5 假设在 60 条线的中继线群上，平均占用次数为 1200 次/h，平均占用时长为 $\dfrac{1}{30}$ h/次，求该中继线群上的完成话务量强度。

解：已知：$\lambda = 1200$ 次/h，$S = \dfrac{1}{30}$ h/次。

由式（3.67）得

$$
\begin{aligned}
a &= \lambda_e S \\
&= 1200 \text{次/h} \times \frac{1}{30} \text{h} / \text{次} \\
&= 40 \text{（erl）}
\end{aligned}
$$

如果某条中继线在最繁忙的一小时中被占用 30 次，平均每次占用时间为 2 分钟，则可得话务量强度为 $a = 30 \times \dfrac{2}{60} = 1 \text{ erl}$，这说明该中继线在这一小时内一直被占用着。

通过量 $\bar{a}_c$ 和信道利用率 η

用户产生的呼叫，有一部分可能会被拒绝，其他的才实际通过网络。通常把在单位时间内通过网络的呼叫量称为通过量，即通过量 $\bar{a}_c$ 为

$$
\bar{a}_c = a(1 - P_c) \quad \text{（erl）} \tag{3.68}
$$

其中 a 是呼叫量 λ/μ，P_c 是呼损。$\bar{a}_c$ 对应完成话务量强度或平均占用窗口数。有时也用单位时间内通过的呼叫次数作为通过量，即

$$
\bar{a}'_c = \lambda(1 - P_c) \quad \text{（次/s）} \tag{3.69}
$$

如无特别说明，一般的通过量是指前者，即 $\bar{a}_c$。而 $\bar{a}'_c$ 实际上对应前面所讲的 λ_e。

信道数 C 或线路容量相当于窗口数 m，则信道利用率为

$$
\eta = \frac{\bar{a}_c}{C} = \frac{a(1 - P_c)}{m} \tag{3.70}
$$

这与 3.2 节中的定义一致。对于纯随机呼叫，P_n 是与 P_c 一样的。

例如，数字信道数为 C，信道上传输速率为 R（b/s），信息传输速率为 r（b/s），则有

$$
C = R / r \tag{3.71}
$$

时延

时延是通信网的一个重要服务质量指标。一般来说，时延是指消息进入网内后直到被利用完毕所需的时间。这包括等待时间、服务时间、处理时间和传输时延。传输时延一般是较小的；处理时间与消息内容有关，一般可从技术上缩短，所占的份额不一定太大，而且往往是恒定的。

可见，时延的主要部分是系统时间，即等待时间和服务时间。在延迟拒绝系统中尤其如此，数据传输和计算机通信等非实时性业务常采用这种方式。不过只要各节点的存储区容量足够大，就几乎可以做到不拒绝，近似于非截止型的排队系统。

对于实时性业务，如固定电话网通信，常采用即时拒绝方式，则等待时间几乎为零，呼损就会出现得较多，被拒绝的用户可能就要重复呼叫。为了减少呼损，也可采用延迟拒绝方式，如蜂窝移动通信系统。

3．服务等级及服务系统

简单地说，业务量理论就是利用 Erlang B 公式或 Erlang C 公式，即业务量、中继线（或

信道）数量和阻塞概率（或呼叫等待概率）之间的关系式，在一定的服务等级和已知业务量预测值的条件下，确定中继电路数、长途电路数，或求移动网中核心网的电路数、无线网的信道配置等。不管是哪一种情况，业务量理论就是用来设计在一定的服务等级上，能够处理一定呼叫容量的服务系统，目的是使固定数量的中继线路或信道可为一个数量更大的、随机的用户群体服务。

例如，在固定电话网中，就是利用 Erlang B 呼损公式确定交换线群（中继线群）的数目；在移动通信系统中，根据呼叫处理方案的不同，采用不同的排队方法，利用 Erlang B 呼损公式或 Erlang C 公式进行新呼叫和切换呼叫的不同接续处理，即合理分配无线信道，以保存正在请求通话的用户信息，直到有空闲信道为止。移动通信系统中的信道分配策略对整个系统的容量有很大的影响。

要注意的是，这里所讲的 Erlang B 公式或 Erlang C 公式是针对单业务情况而言的。那么，对于多业务的情况，需要对 Erlang B 公式或 Erlang C 公式进行一定的变换后或采用其他的方法，才能够正确地分析其业务情况。

服务等级（GoS）

服务等级（Grade of Service，GoS）：表示拥塞的量。定义为呼叫阻塞概率，或是呼叫延迟时间大于某一特定排队时间的概率。呼叫阻塞概率也称为呼叫阻塞率。

在实际的通信网及其子系统中，为了工作的稳定性，多为截止型的排队系统。阻塞率是指拒绝状态占全部状态的百分比。当系统处于拒绝状态时，系统是阻塞的，即从用户角度来看将出现呼损。阻塞率可有两种定义，即时间阻塞率和呼叫阻塞率。

时间阻塞率是总观察时间内阻塞时间所占的百分比，即

$$P_B = \frac{\text{阻塞时间}}{\text{总观察时间}} \tag{3.72}$$

这个时间阻塞率 P_B 就是本章 3.1 节介绍的截止队长为 n 时的拒绝概率 P_n，也就是系统处于 n 状态或已排满队而不容许再排入的阻塞时间占全部时间的百分比。以后我们就用 P_n 来表示时间阻塞率。

呼叫阻塞率定义为被拒绝的呼叫次数占总呼叫次数的百分比，即

$$P_c = \frac{\text{被拒绝的呼叫次数}}{\text{总呼叫次数}} \tag{3.73}$$

通常称为呼损的就是这个呼叫阻塞率 P_c，即为 Erlang B 呼损公式（参见式（3.58））。从排队角度来看，P_n 相当于随机时刻观察系统处于状态 n 的概率；而 P_c 相当于顾客到达时刻观察系统处于状态 n 的概率。一般来说，由于阻塞期间内可能没有顾客到达，则 $P_c \leqslant P_n$。在纯随机呼叫情况下，若顾客以泊松流到达，则 $P_c = P_n$。

考虑用户数为有限值 N 的准随机呼叫的情况。令 λ_0 为每个用户单位时间内的平均呼叫次数，截止队长为 n。当 k 个用户已被接受排队服务时，系统到达率将为 $(N-k)\lambda_0$，则呼叫阻塞率为

$$P_c = \frac{(N-n)\lambda_0 P_n}{\sum_{k=0}^{n}(N-k)\lambda_0 P_k} \tag{3.74}$$

其中分子是被阻塞的呼叫次数，而分母是总呼叫次数。

当$N \to \infty$时，所有k与N相比均可忽略，且$\lambda = \lim\limits_{N \to \infty} N\lambda_0$，则式（3.74）成为

$$P_c = \frac{\lambda P_n}{\sum\limits_{k=0}^{n} \lambda P_k} = P_n \tag{3.75}$$

当N有限时，$P_c \leqslant P_n$。由式（3.74）可见，当$N \gg n$时，P_c和P_n差别不大。从统计测量来说，用P_c比P_n方便，因而在$N \gg n$的情况下，通常就可不分辨P_c和P_n，准随机呼叫可近似看成纯随机呼叫。

服务系统

按处理阻塞呼叫（未接续的呼叫）的方式不同，通信网中通常用到两种服务系统：阻塞呼叫清除系统和阻塞呼叫延迟系统。

阻塞呼叫清除系统

该系统不对阻塞呼叫请求进行排队，即放弃阻塞呼叫的接续。此系统对应前面所讲的即时拒绝系统 M/M/m(m)（或 M/M/m(m, N)）。这种系统又称为阻塞系统或损失制系统、立接制系统。

假设前提条件为

● 用户数量为无限大，呼叫服从泊松分布。

● 呼叫请求的到达无记忆性，意味着所有的用户，包括阻塞的用户，都可以在任何时刻要求分配一个信道。

● 用户占用信道时间服从指数分布，那么根据指数分布，长时间通话的情况发生的可能性就很小。

● 可用的信道数目有限。此处用C表示信道数。通常，5个或以上的信道数才可认为是有足够大量的信道。

满足以上条件的系统，即为 M/M/C(C) 系统，是基本的阻塞呼叫清除系统。该类系统的 GoS 用呼叫阻塞概率P_c表示。

P_c由 Erlang B 呼损公式即式（3.58）求得

$$P_c = \frac{\dfrac{a^C}{C!}}{\sum\limits_{k=0}^{C} \dfrac{a^k}{k!}}$$

其中，C是信道数，a是流入话务量。

Erlang B 公式提供了一个保守的 GoS 估算，当用户为有限时，阻塞呼叫清除系统的模型为 M/M/m(m, N)，此时通常会产生更小的阻塞概率。

阻塞呼叫延迟系统

其前提条件同上。不同的只是该服务系统用一个队列缓冲器来保存阻塞呼叫，以等待接续。如果不能立即获得一个信道，呼叫请求就一直延迟，直到有空闲信道或被拒绝接续为止。

它包括了延时拒绝系统（M/M/$m(n)$）和非拒绝系统（M/M/m）两类，也可称为等待制系统、缓接制系统。

该系统的 GoS 定义为呼叫在队列中需等待 t 秒以上的概率 $P_W[$延迟 $> t]$。

到达系统的呼叫没有立即获得信道的概率（呼叫等待概率 $P_W[$延迟 $> 0]$）由 Erlang C 公式获得

$$P_W[\text{延迟} > 0] = \frac{a^C}{a^C + C!\left(1 - \dfrac{a}{C}\right)\displaystyle\sum_{k=0}^{C-1}\dfrac{a^k}{k!}} \qquad (3.76)$$

如果呼叫到达时没有空闲信道，则该呼叫被延迟。需等待 t 秒以上的概率，就等于呼叫等待概率和等待队列中等待延迟时间大于 t 秒的条件概率的乘积。故该服务系统的 GoS 为

$$\begin{aligned}
P_W[\text{延迟} > t] &= P_W[\text{延迟} > 0]\,P_W[\text{延迟} > t \mid \text{延迟} > 0] \\
&= P_W[\text{延迟} > 0]\exp(-(C-a)t/\bar{\tau})
\end{aligned} \qquad (3.77)$$

其中，$\bar{\tau}$ 为呼叫的平均持续时间。

在实际应用中，固定电话网通常采用阻塞呼叫清除系统；对于蜂窝移动通信系统，则两种方式都采用；而数据网、计算机网等采用阻塞呼叫延迟系统。

通信业务量分析主要包括以下两方面性能指标的研究：

● GoS 指标。呼损或呼叫等待 t 秒以上的概率。
● 排队队长概率和等待时间。

3.3.2 单业务分析

排队论主要用于分析通信网中各节点的业务流量，继而对网络进行控制和优化。

在 3.3.1 节中介绍的通信业务量的基本理论是建立在单业务的前提下的。下面依然针对单业务进行分析。

1. 阻塞呼叫清除系统的业务分析

足够多用户的情况

这是一种纯随机呼叫发生的情况。

此处以固定电话网为例，如图 3.11 所示。系统的用户线数极多，能发生呼叫的用户数很大，并且用户间相互独立。图中，λ_0 为每个用户的呼叫率，呼叫为泊松流；用户呼叫占中继线的时长服从均值为 $1/\mu$ 的指数分布；截止队长 $n = m$。交换系统中共有 m 条中继线，用户线通过完全线群交换网与其进行交换。完全线群交换网的出线是完全等同的，只要有空闲，出线就给以接续；若用户呼叫时 m 条出线均已被占用，新的呼叫就被拒绝，成为呼损，故不会出现排队现象。该系统的排队模型即为 M/M/$m(m)$，是基本的阻塞呼叫清除系统。

该系统的 GoS 即为由 Erlang B 公式得到的 P_c：

$$P_c = \frac{a^m / m!}{\displaystyle\sum_{k=0}^{m} a^k / k!}$$

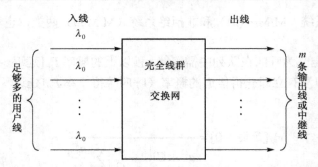

图 3.11　固定电话网中基本的阻塞呼叫清除系统 M/M/$m(m)$模型

有限用户的情况

这是准随机呼叫发生的情况。系统模型为 M/M/$m(m, N)$，与基本的阻塞呼叫清除（M/M/$m(m)$）系统的唯一区别就是用户数有限。

仍以固定电话网为例，如图 3.12 所示。实际中的电话交换系统的用户数总是有限的。N 个有限用户各自独立地以呼叫率 λ_0 发生准随机呼叫，总呼叫率 $\lambda = (N-k)\lambda_0$，呼叫为泊松流。

因 $N \leq m$ 时，无损失，故在交换线群中只讨论入线数 N 大于出线数 m（$N > m$）的情况。系统的状态转移图如图 3.13 所示，因只考虑 $N > m$ 的情况，故系统共有 $m+1$ 种状态。

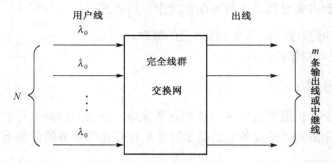

图 3.12　固定电话网中的阻塞呼叫清除系统 M/M/$m(m, N)$模型

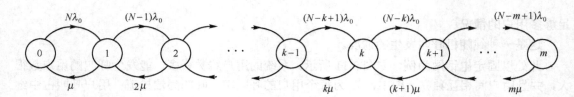

图 3.13　电话交换即时拒绝系统 M/M/$m(m, N)$的状态转移图

因 M/M/$m(m, N)$亦属于生灭过程，由图 3.13 可得

$$\lambda_k = \begin{cases} (N-k)\lambda_0 & 0 \leq k < m-1 \\ 0 & k \geq m \end{cases} \tag{3.78}$$

$$\mu_k = \begin{cases} k\mu & 0 < k \leq m \\ 0 & k > m \end{cases} \tag{3.79}$$

将 λ_k、μ_k 代入式（3.26）中，即可求得（过程从略）

$$P_0 = \left[\sum_{k=0}^{m} \binom{N}{k} \left(\frac{\lambda_0}{\mu} \right)^k \right]^{-1} \tag{3.80}$$

$$P_k = \frac{N(N-1)(N-2)\cdots(N-k+1)}{k!} \left(\frac{\lambda_0}{\mu} \right)^k P_0$$

记为二项式形式，可得

$$P_k = \binom{N}{k} \left(\frac{\lambda_0}{\mu} \right)^k P_0 \tag{3.81}$$

可根据式（3.81），求得时间阻塞率 P_n，即

$$P_n = P_m = \frac{\binom{N}{m} \left(\dfrac{\lambda_0}{\mu} \right)^m}{\displaystyle\sum_{k=0}^{m} \binom{N}{k} \left(\dfrac{\lambda_0}{\mu} \right)^k} \tag{3.82}$$

由于是有限用户的准随机呼叫，呼叫阻塞率要根据式（3.73）的定义求得。

当系统处于 k 状态时，用户呼叫率为 $(N-k)\lambda_0$，全部用户均在的情况下呼叫率为

$$\sum_{k=0}^{n} (N-k)\lambda_0 P_k = (N - L_S)\lambda_0$$

只有系统的全部出线均被占用时才会发生呼叫阻塞。这时的用户呼叫率为 $(N-m)\lambda_0$，被拒绝的呼叫率为 $(N-m)\lambda_0 P_m$，故有呼叫阻塞率：

$$P_c = \frac{(N-m)\lambda_0 P_m}{\displaystyle\sum_{k=0}^{m}(N-k)\lambda_0 P_k} = \frac{(N-m)\binom{N}{m}\left(\dfrac{\lambda_0}{\mu} \right)^m}{\displaystyle\sum_{k=0}^{m}(N-k)\binom{N}{k}\left(\dfrac{\lambda_0}{\mu} \right)^k} = \frac{\binom{N-1}{m}\left(\dfrac{\lambda_0}{\mu} \right)^m}{\displaystyle\sum_{k=0}^{m}\binom{N-1}{k}\left(\dfrac{\lambda_0}{\mu} \right)^k} \tag{3.83}$$

还可推得系统效率：

$$\eta = \sum_{k=0}^{m} \frac{k}{m} P_k = \frac{N}{m} \frac{\lambda_0}{\mu} \frac{\displaystyle\sum_{k=0}^{m-1}\binom{N-1}{k}\left(\dfrac{\lambda_0}{\mu} \right)^k}{\displaystyle\sum_{k=0}^{m}\binom{N}{k}\left(\dfrac{\lambda_0}{\mu} \right)^k} \tag{3.84}$$

当 $N \to \infty$ 时，$\displaystyle\lim_{N\to\infty}(N-k)\frac{\lambda_0}{\mu} = N\frac{\lambda_0}{\mu} = a$，可得

$$P_c = \lim_{N\to\infty} \frac{\binom{N-1}{m}\left(\dfrac{\lambda_0}{\mu} \right)^m}{\displaystyle\sum_{k=0}^{m}\binom{N-1}{k}\left(\dfrac{\lambda_0}{\mu} \right)^k} = \frac{a^m / m!}{\displaystyle\sum_{k=0}^{m} a^k / k!}$$

$$\eta = \lim_{N \to \infty} \left[\frac{N\lambda_0}{m\mu} \frac{\sum_{k=0}^{m-1} \binom{N-1}{k} \left(\frac{\lambda_0}{\mu}\right)^k}{\sum_{k=0}^{m} \binom{N}{k} \left(\frac{\lambda_0}{\mu}\right)^k} \right] = \frac{a(1-P_m)}{m}$$

可见，当 $N \to \infty$ 时，准随机呼叫变为纯随机呼叫，所得结果与 M/M/$m(m)$ 排队系统的结果相同。在实际交换系统中，当 $N \gg m$ 时，即可将用户的呼叫看做是纯随机呼叫过程。

Erlang B 公式为阻塞呼叫清除系统提供了一个保守的 GoS 估算，对于有限用户的 M/M/$m(m, N)$ 系统，通常会产生更小的阻塞概率。

在实际网络设计时，一般是预先给定呼损指标，然后根据流量的预测值即流入话务量强度 a 求出应设置的出线数，Erlang B 公式曲线见图 3.9。为了工程上使用方便准确，人们已将其制成表以供查找（如表 3.1 所示）。

表 3.1　Erlang B 呼损表

m ＼ P_c ＼ a	0.005	0.01	0.05	0.1	0.2	0.3
1	0.005	0.010	0.053	0.111	0.250	0.429
2	0.105	0.153	0.381	0.595	1.000	1.499
3	0.349	0.455	0.899	1.271	1.930	2.633
4	0.701	0.869	1.525	2.045	2.945	3.891
5	1.132	1.361	2.218	2.881	4.010	5.189
6	1.622	1.909	2.960	3.758	5.109	6.514
7	2.157	2.501	3.738	4.666	6.230	7.857
8	2.730	3.128	4.543	5.597	7.369	9.213
9	3.333	3.783	5.370	6.546	8.522	10.579
10	3.961	4.461	6.216	7.511	9.685	11.953

例 3.6　某电话总机系统有 5 条中继线。设电话呼叫按泊松流发生，平均每分钟呼叫 1.5 次，并且通话时间服从指数分布，平均每次通话时间为 2.5 分钟，试求：

（1）系统空闲的概率。

（2）一条线路被占用的概率。

（3）呼叫损失的概率。

解：根据题意可知，此系统为一 M/M/5(5) 损失制系统，$\lambda = 1.5$ 次/min，$\mu = \dfrac{1}{2.5} = 0.4$ 次/min，故

$$a = \frac{1.5}{0.4} = 3.75$$

（1）系统空闲的概率 P_0 为

$$P_0 = \left[\sum_{k=0}^{5} \frac{1}{k!} \left(\frac{\lambda}{\mu}\right)^k \right]^{-1} = \left[1 + \frac{3.75}{1!} + \frac{3.75^2}{2!} + \frac{3.75^3}{3!} + \frac{3.75^4}{4!} + \frac{3.75^5}{5!} \right]^{-1}$$

$$= [1 + 3.75 + 7.03 + 8.79 + 8.24 + 6.18]^{-1} = [34.99]^{-1}$$
$$= 0.029 = 2.9\%$$

（2）系统有一条线路被占用的概率 P_1 为

$$P_1 = \frac{1}{1!}\left(\frac{\lambda}{\mu}\right)P_0 = 1 \times 3.75 \times 0.029 = 0.109 = 10.9\%$$

（3）呼叫损失的概率 $P_{损}$ 为

$$P_{损} = P_5 = \frac{1}{5!}\left(\frac{\lambda}{\mu}\right)^5 P_0 = \frac{1}{5!}3.75^5 \times 0.029 = 0.179 = 17.9\%$$

例 3.7　在一区域内有一无线蜂窝系统，系统中有 400 个蜂窝小区，每个小区有 25 个信道，呼叫阻塞概率为 2%，每个用户每小时平均拨打 1 个电话，每个电话平均通话时间为 1.5 分钟。求该系统所能支持的用户数。

解：已知小区内的信道数 $C = 25$ 个，$\lambda = 1/h = \frac{1}{60}$ 个/min，$1/\mu = 1.5\text{min}$，$P_c = 2\% = 0.02$。

则每个用户的话务量强度：$a_0 = \lambda/\mu = \frac{1}{60} \times 1.5 = 0.025$（erl）

可利用呼损公式计算或查 Erlang B 呼损表，得到该系统的一个小区所承载的总话务量强度为 $a = 17.51$（erl）。

因此，该系统的一个小区所能支持的用户数为 $N_0 = a/a_0 = 17.51/0.025 = 700$（个）。

该系统所能支持的用户数为 $N = 700 \times 400 = 280\,000$（个）。

例 3.8　当电路数 $m=8$、服务质量等级 $P_c=0.01$ 时，利用查表法求该系统最大能承担的话务量。

解：查表 3.1，当 $m=8$、$P_c=0.01$ 时，可查得该系统最大能承担的话务量 $a = 3.128$（erl）。

2. 阻塞呼叫延迟系统的业务分析

该类系统主要应用于以数据终端为呼叫源的非实时性的数据通信中，可以有效地利用信道和交换设备，节省网络的建设费用。移动网中的切换呼叫处理，亦可采用阻塞呼叫延迟（M/M/$m(n)$）方式。

这里以分组网为例，如图 3.14 所示。其入线数无限多，出线 m 条，缓冲器容量为 n；呼叫按泊松分布随机发生，总发生率为 λ；服务时间呈指数分布，服务率为 μ，按 FIFO 方式服务。当出线全部被占用时，发生的呼叫排队等待，直至出线空闲，因此不会丢失，其最大等待呼叫数为 n；当缓冲器中已有 n 个呼叫时，再发生的呼叫就做呼损处理。该系统的排队模型即为 M/M/$m(n)$，是基本的阻塞呼叫延迟系统。

由式（3.49），有

$$P_0 = \left[\sum_{k=0}^{m-1}\frac{a^k}{k!} + \sum_{k=m}^{n}\frac{m^m}{m!}\left(\frac{a}{m}\right)^k\right]^{-1} = \left[\sum_{k=0}^{m-1}\frac{a^k}{k!} + \frac{a^m}{m!}\frac{1-\left(\frac{a}{m}\right)^{n-m+1}}{1-\frac{a}{m}}\right]^{-1}$$

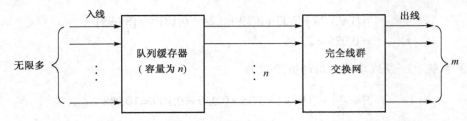

图 3.14 基本的阻塞呼叫延迟系统 M/M/m(n)模型

由式（3.48），任意时刻 k 个用户同时接续的概率 P_k 为

$$P_k = \begin{cases} \dfrac{a^k}{k!}P_0 & 0 \leqslant k \leqslant m \\[2mm] \dfrac{m^m}{m!}\left(\dfrac{a}{m}\right)^k P_0 & m \leqslant k \leqslant n \\[2mm] 0 & k > n \end{cases}$$

其中，$a = \lambda/\mu$ 为所施加的呼叫量。

在设计时，通常使所施加的呼叫量 a 小于可能传送的最大呼叫量 m，即 $a < m$。对数字通信来说，信道数 m 就代表了传送量。因为实际上，信道数等于所传总信息量与传输速率之比。

例如，总信息量为 400Kb/s，而传输速率为 40Kb/s，则信道数为 400/40=10。

下面求解该系统的 GoS——呼叫需等待 t 秒以上的概率 $P_W[延迟 > t]$。

Erlang C 公式——呼叫等待概率

Erlang C 公式定义为到达的呼叫需等待的概率，用 $P_W[延迟 > 0]$ 表示。当队列中呼叫数 k 为 $m \leqslant k \leqslant n-1$ 时，再到达的呼叫就需存在缓冲器中等待延迟一段时间。由定义可知

$$P_W[延迟 > 0] = P[m个信道忙] = \sum_{k=m}^{n-1} P_k = \sum_{k=m}^{n-1} \frac{m^m}{m!}\left(\frac{a}{m}\right)^k P_0$$

$$= \frac{m^m}{m!}P_0 \sum_{k=m}^{n-1}\left(\frac{a}{m}\right)^k = \frac{a^m}{m!}\frac{1-\left(\dfrac{a}{m}\right)^{n-m}}{1-\dfrac{a}{m}}P_0 \tag{3.85}$$

当 $k = n$ 时，即缓冲器存满后，再到达的呼叫就被拒绝。此时，拒绝概率 P_n 为

$$P_n = \frac{m^m}{m!}\left(\frac{a}{m}\right)^n P_0 \tag{3.86}$$

若缓冲器容量无限大，即 $n \to \infty$，且 $a < m$，则有

$$P_0 = \left[\sum_{k=0}^{m-1}\frac{a^k}{k!} + \frac{a^m}{m!}\frac{m}{m-a}\right]^{-1} \tag{3.87}$$

$$P_k = \begin{cases} \dfrac{a^k}{k!}P_0 & 0 \leqslant k < m \\[2mm] \dfrac{m^m}{m!}\left(\dfrac{a}{m}\right)^k P_0 & k \geqslant m \end{cases} \tag{3.88}$$

$$P_n = 0$$

此时，有

$$P_W[\text{延迟} > 0] = \frac{a^m}{m!} \frac{m}{m-a} P_0 = \frac{a^m}{m!} \frac{m}{m-a} \left[\sum_{k=0}^{m-1} \frac{a^k}{k!} + \frac{a^m}{m!} \frac{m}{m-a} \right]^{-1} \tag{3.89}$$

将式（3.87）代入上式，可得

$$P_W[\text{延迟} > 0] = \frac{a^m}{a^m + m! \left(1 - \dfrac{a}{m}\right) \displaystyle\sum_{k=0}^{m-1} \dfrac{a^k}{k!}} \tag{3.90}$$

式（3.90）称为 Erlang C 公式。用 P_W 表示 $P_W[\text{延迟} > 0]$，其曲线图见图 3.15。

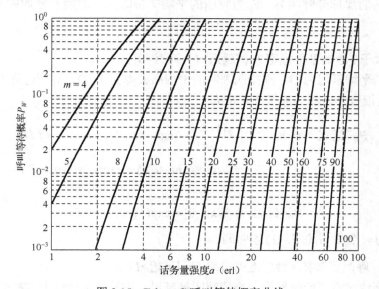

图 3.15　Erlang C 呼叫等待概率曲线

下面讨论等待概率 $P_W[\text{延迟} > 0]$ 与所有呼叫的平均等待时间 W_q 的关系：

$$W_q = \sum_{k=m}^{n-1} \frac{k-m+1}{m\mu} P_k = \sum_{k=m}^{n-1} \frac{1}{m\mu}(k-m+1) \frac{m^m}{m!} \left(\frac{a}{m}\right)^k P_0$$

经运算得

$$W_q = \frac{1}{m\mu} \left[\frac{m}{m-a} - \frac{(n-m)a^{n-m}}{m^{n-m} - a^{n-m}} \right] \cdot P_W[\text{延迟} > 0]$$

下面用 P_W 表示 $P_W[\text{延迟} > 0]$，上式可写成

$$W_q = \frac{1}{m\mu} \left[\frac{m}{m-a} - \frac{(n-m)a^{n-m}}{m^{n-m} - a^{n-m}} \right] P_W \tag{3.91}$$

当 $n \to \infty$ 时，则有

$$W_q = \frac{1}{\mu(m-a)} P_W \tag{3.92}$$

则排队呼叫（即到达时没有空闲信道，需要排队的那部分呼叫）的平均延迟 D 为

$$D = \frac{1}{\mu(m-a)} = \frac{\overline{\tau}}{m-a} = \frac{1}{m\mu-\lambda} \tag{3.93}$$

此时，拒绝概率 $P_n \to 0$，当被传送的最大呼叫量 m 几乎等于所施加的呼叫量 a 时，有

$$\eta = \frac{a(1-P_c)}{m} = \frac{a(1-P_n)}{m} \to 1$$

由上面的分析可见，在 $\eta \to 1$ 处，$W_q \to \infty$，$P_W = \dfrac{a^m}{m!} \dfrac{m}{m-a} P_0$ 收敛为 1。

注意，$\overline{\tau}$ 为一个呼叫的平均持续时间（一个呼叫的服务时间）；D 为排队呼叫的平均延迟（不包括不排队的那部分呼叫）；W_q 为呼叫的平均等待时间（对所有呼叫的平均）。显然，$W_q < D$。

等待延迟时间大于 t 秒的条件概率 P_W[延迟>t| 延迟>0]

排队呼叫的平均延迟为 D，则排队呼叫的平均离去率为 $1/D$。等待延迟时间大于 t 秒，意味着在 t 秒内没有排队呼叫被接续。故有

$$P_W[延迟 > t|\ 延迟>0] = \frac{(t/D)^k}{k!} \exp(-t/D) \Big|_{k=0} = \exp(-t/D)$$

$$= \exp(-\mu(m-a)t) = \exp(-(m-a)t/\overline{\tau})$$

故

$$P_W[延迟>t|\ 延迟>0] = \exp(-(m-a)t/\overline{\tau}) \tag{3.94}$$

其中，$\overline{\tau} = 1/\mu$ 为一个呼叫的平均持续时间。

该系统的 GoS：呼叫需等待 t 秒以上的概率 P_W[延迟>t]

如果呼叫到达时没有空闲信道，则该呼叫被延迟，需等待 t 秒以上的概率，就等于呼叫等待概率和等待延迟时间大于 t 秒的条件概率的乘积。

故该服务系统的 GoS 为

$$P_W[延迟>t] = P_W[延迟>0]P_W[延迟>t|\ 延迟>0] \tag{3.95}$$

将 $P_W[延迟>t|延迟>0]$ 代入得

$$P_W[延迟>t] = P_W[延迟>0]P_W[延迟>t|\ 延迟>0]$$

$$= P_W[延迟>0]\exp(-(m-a)t/\overline{\tau}) \tag{3.96}$$

例 3.9 在一个无线蜂窝系统内，有 60 个小区，每个小区有 20 个信道，每个用户的话务量强度为 0.05erl，平均每小时呼叫两次。该系统是呼叫等待概率为 5% 的 Erlang C 系统。求：

（1）该系统可支持多少用户数？

（2）一个被延迟的呼叫等待 10 秒以上的概率？

（3）一个呼叫被延迟 10 秒以上的概率？

解： 已知 C = 20 个，呼叫等待概率 P_W = 5% = 0.05，每个用户的话务量强度为 a_0 = 0.05 erl。

（1）利用 Erlang C 公式可得，一个小区内的承载话务量强度 = 13（erl）。

所以，一个小区内可支持的用户数为 $N_0 = 13/0.05 = 260$（个）。

则该系统可支持的总的用户数为 $N = 260 \times 60 = 15600$（个）。

（2）已知：$\lambda = 2$ 次/h，每个用户的话务量强度为 $a_0 = 0.05$erl。

所以，呼叫的平均持续时间 $\overline{\tau} = a_0/\lambda = 0.05/2 = 0.025$（h）$= 90$（s）。

一个被延迟的呼叫等待 10 秒以上的概率为

$$P_W[\text{延迟}>10|\text{延迟}>0] = \exp(-(C-a)t/\overline{\tau}) = \exp(-(20-13)10/90) = 46\%$$

（3）$P_W = 5\% = 0.05$。

一个呼叫被延迟 10 秒以上的概率为

$$P_W[\text{延迟}>10] = P_W[\text{延迟}>0]\, P_W[\text{延迟}>10|\text{延迟}>0] = 0.05 \times 46\% = 2.3\%$$

3．蜂窝移动网中的呼叫处理排队方案

GSM 蜂窝移动网络中的呼叫处理策略就是采用了排队的方法，以便更加合理地分配无线信道，提高信道利用率和服务质量，降低掉话率。

下面简单介绍一下在 GSM 网络呼叫切换处理中常用的三种典型的越区切换方案：无优先级方案、切换呼叫排队方案和信道预留方案。

无优先级方案

- 小区中所有的 C 个信道均被新呼叫和越区切换呼叫所共享。
- 基站处理以上两种呼叫的方法完全相同。
- 任意一种呼叫，如在其到达的时刻基站内没有空闲信道，那么到达的呼叫都将被系统阻塞。

可见，处理新呼叫和切换呼叫的排队模型为 M/M/C(C) 即时拒绝系统。

切换呼叫排队方案

- 小区中所有的 C 个信道同样被新呼叫和越区切换呼叫所共享。
- 当上述两种呼叫同时到达，并且小区中的信道全被占用时，将对切换呼叫进行排队，并阻塞新呼叫。
- 如果在最大排队时间内无空闲信道可用时将阻塞切换呼叫。

可见，处理新呼叫的排队模型为 M/M/C(C) 即时拒绝系统；处理切换呼叫的排队模型为 M/M/C(N) 延时拒绝系统。

信道预留方案

- 系统专门为越区切换呼叫预留了部分信道。预留信道数为 $C-S_c$。
- 剩余信道 S_c 则由新呼叫和越区切换呼叫所共享。
- 当新呼叫到达小区时，如果基站中剩余的空闲信道数小于或等于预留信道数，就阻塞该呼叫请求。
- 当切换呼叫请求到达小区时，如果基站中没有空闲信道，就将其阻塞。

可见，处理新呼叫的排队模型为 $M/M/S_c(S_c)$；处理切换呼叫的排队模型为 M/M/C(C)。

通过 MATLAB 仿真，对新呼叫阻塞概率和切换失败概率的结果分析如下：

- 无优先级方案的新呼叫阻塞概率和切换呼叫的失败概率是一样的。
- 比较无优先级方案和切换呼叫排队方案，后者的新呼叫阻塞概率要高于前者，但其切换失败概率明显低于前者。
- 随着预留信道数的增加，新呼叫的阻塞概率增大，而切换失败概率降低。但预留信道数量对新呼叫阻塞概率的影响相对较小，对切换失败概率的影响较大。

可得出以下结论：

- 预留信道方式是降低切换失败概率的一种有效方法，但它影响了信道利用率。
- 切换失败概率的降低都是以新呼叫阻塞概率的升高为代价的。

4. 提高网效率的一些措施

针对保证通信质量和充分利用网络资源，也就是如何提高信道利用率和降低呼损，可采取四个措施：大群化效应、延迟效应、综合效应和迂回效应。

大群化效应

在保证一定通信质量指标的前提下，变分散利用信道为集中利用信道，可增加信道的利用率，传送更多的业务量，从而提高网络效率，这种规律就是大群化效应。在满足同样呼损或系统时间的要求下，用大业务量、多窗口的集中系统比用小业务量、少窗口的分散制多系统，即采用集中业务量进行大容量的信道传输，可以在很大程度上提高系统效率，而且节省了网络资源。业务量越大，这种效应就越明显。

不论是即时拒绝的电路交换系统，还是非拒绝的分组交换系统，采用集中器来尽量多地集中业务量，尽可能多地共用信道，都可使信道利用率提高。在延时拒绝系统或非拒绝系统中，系统的主要质量指标是时延或系统时间。

考虑到集中器和大容量信道本身可能出故障，并且信道越集中，故障的影响面也越大，会使网络的可靠性下降；而且当业务量变化时，过高的效率会使信道对负荷的适应能力下降。当然还应考虑费用问题和用户的分散情况。一般来说，比较分散的用户集中起来也不一定合理。

组建通信网应在兼顾业务量、呼损、时延、可靠性和发展性等因素的情况下，尽量利用大群化效应。

延迟效应

一般电话网中所用的即时拒绝系统等待时间为零，但将出现呼损。在非拒绝系统中，呼损为零，但将有一定的平均等待时间。对于延时拒绝系统，由于延时的存在，可提高系统效率和降低呼损，这就是延迟效应。可见延时、呼损和效率之间有一定的关系，适当利用这类关系，可取得较好的综合指标。

通信网内的非实时性业务如数据、电邮等，采用延时拒绝或非拒绝系统是有利的，采用即时拒绝方式则不合理。其实，为了简化分析计算，分组交换中所常用的非拒绝模型一般仍是延时拒绝系统。因为存储器容量总是有限的，当队长超过额定存储容量时，分组将被丢失，也相当于呼损。这时也有如何调整时延和呼损的问题。

对于实时性业务,如电话,也可采取呼叫信令的排队等待方式。这样就可以取得降低呼损的效果。例如在电话网中,采用公共信道信令方式,此时信令系统与话路分开,可通过合理的通信协议实现延时拒绝方式。

综合效应

综合一般是指将不同性质的业务综合起来在同一网内或同一条线路上传输,例如把宽带与窄带、或实时的与非实时的业务等综合起来一起传输,以实现大容量信道的大群化效应。即可利用信道综合来提高信道利用率或降低呼损,如目前采用分组承载网来传送多业务;或在信源处综合也可以。实际上,在业务综合的同时,也需要技术的综合,所以综合应该包括业务的综合和技术的综合。

迂回效应

最短径一般作为节点间业务传输的首选路由,其他径可以作为迂回路由。这些迂回路由除了在首选路由发生故障时被采用之外,还用来转接首选路由中的溢出业务。由于业务流的随机性或其他因素,在某些时间内所要求的业务量可能超出首选路由的信道数,超出部分就是溢出业务。所谓迂回效应就是利用网中最短径以外的迂回路由来传送超负荷随机业务流的溢出部分,以减少首选路由中业务量的呼损。当迂回路由中本来已有业务流时,这些迂回路由中的业务流的呼损就会增加,但总的网指标将有所提高。即采用迂回路由方式可提高网络的接通率,降低呼损,减小时延,这就是迂回效应。

值得一提的是,由于迂回路由中串接的电路数为两个或两个以上,占用的网络资源比直达路由多,故采用迂回效应是有一定前提条件的。当网络内业务流不过载的情况下,采用迂回路由比较有效。而在网络业务流过载的情况下,采用迂回路由,即增加一个多链路的迂回呼叫,就会有阻塞几个潜在的直达呼叫的可能。此时,不但不能降低网络的呼损,反而会加重网络的拥塞现象。在这种情况下,应对自动迂回路由的选择加以一定的控制,而对直达路由的业务流给以优先。

3.3.3　多业务分析

排队论一直是用来分析和评价通信网络系统性能的主要方法。因这种方法具有求解简单、费用低等特点,它在性能评价领域中占有重要地位。对于不同的业务,可用不同的排队模型进行描述。通过对业务容量的分析,进而对多业务资源的需求进行合理的配置。

现在通信网的现状是多业务共存的情况,而前面讲述的 Erlang B 和 Erlang C 公式有其适用的局限性:

- 用户对资源的请求需满足泊松分布,即其方差等于其均值。
- 只适用于单业务的情况,不适合多业务(混合业务)的场景。

对于多业务的情况,就需要采用改进的方法来分析通信业务量。混合业务与单业务相比,最大的区别是不同业务的到达率和业务服务时间的多样化,以及对服务窗口数的需求不同。原来某个业务用一个窗口即可完成服务,现在新的业务可能需要 2 个或更多的窗口才能完成。

例如,对于语音业务,业务到达时间间隔大致服从指数分布,同时其激活状态和静默状态都服从指数分布,可以用 M/M/m(m)排队模型进行较为准确的描述。即假设业务的到达是一个无记忆的过程,服务时间服从指数分布,服务窗口数量为 m,系统容量为 m。

　　而视频和数据业务因其不再服从上述语音业务的特征，且具有明显的多时间尺度特征和自相似特征，因此业务到达时间间隔大致服从重尾分布。

　　除此之外，根据不同业务的各自特性，对语音和视频业务来说，可以建模成 M/G/1(n)；对数据业务来说，可以建模成 2-M/G/1(n)，或者 M/P/1(n)。

　　3G/4G 系统是多业务混合的情况，不同业务的资源配置方案是需要关注的首要问题。在实际应用中，由于不同业务具有不同的行为模式和业务需求，每一种都对应不同的 QoS 类型标识，包括优先级、可接受丢包率和数据包时延等参数。在业务请求时，系统会根据不同业务的属性为其配置不同的承载属性，建立不同的数据承载。根据不同的业务特征采用不同的排队模型，可以分析无线网络业务不同方面的特性。

　　例如，在 3G/4G 系统中，通信业务量的分析即容量估算是指在一定业务配置的前提下，使用某种方法估算支持这些业务所需要的站点规模（即小区数目）。

　　在对 3G/4G 系统进行业务容量分析和资源配置时，一般可采用以下两种方法：

- 一种是以某种业务作为参考基准业务，进行多业务资源需求的配置等效计算。比如以传统语音业务作为基准，设其业务资源强度为 1，根据不同业务相对于语音业务的资源强度来度量其他业务的资源需求情况。例如假设以 12.2kb/s 的语音业务为基准业务，可计算出 64kb/s 的数据业务的资源强度为 5.25。
- 另一种方法是将 3G/4G 系统建模成一个多服务器形式，每一个服务器对应一个不同的有限容量的排队模型。对于语音、视频及数据等业务，根据其业务特征、优先级别和基本速率的不同进行不同的排队模型设置，分配至不同服务速率的服务器中进行处理。通过设置不同的参数分析网络服务质量，最后对业务容量做出分配。

　　基于第一种方法的常用的混合业务容量的估算方法主要有以下几种：

- 等效爱尔兰（Equivalent Erlang）法
- 后爱尔兰（Post Erlang B）法
- 坎贝尔（Campbell）法
- 随机背包（Stochastic Knapsack，SK)法

1. 等效爱尔兰法

　　等效爱尔兰法的基本原理：在处理多业务时，选择其中一种业务作为参考基准业务，将其他业务折算等效成基准业务，然后计算出等效的总业务量，再查 Erlang B 表进行计算。该方法是先等效合并业务量，之后再查 Erlang B 表。

　　该方法采用的参考基准不同，计算出来的结果也不同。如果以低速业务作为基准，算得的所需资源数少，那么投资就少；以高速业务作为基准，算得的所需资源数多，那么投资就大。在实际应用中，应根据具体情况选择参考基准。

　　举例如下：假设，语音业务需要 1 个信道资源/每个连接，其业务量为 150erl；数据业务需要 4 个信道资源/每个连接，其业务量为 60erl。试计算这两种业务共需的小区数目。

- 若采用语音业务作为基准业务来进行等效计算，则总业务等效为 $150 + 4 \times 60 = 390$erl 语音业务，若服务等级 GoS = 2%，查 Erlang B 表，共需要 345 个语音信道。若单小区能提供 72 个语音信道，则为满足这两种业务共需要 345/72 ≈ 5 个小区。

● 若采用数据业务作为基准业务来进行等效计算,则总业务等效为 150/4+60＝97.5erl 数据业务,若服务等级 GoS＜2%,查 Erlang B 表,共需要 110 个数据信道(相当于 440 个语音信道)。若单小区能提供 18 个数据信道,则为满足这两种业务共需要 110/18≈7 个小区。

2. 后爱尔兰法

后爱尔兰法的基本原理:先分别计算每种业务满足容量要求所需要的信道资源数(先各自查 Erlang B 表),再将所需的各信道资源数等效相加,得出满足混合业务容量所需要的信道资源总数。该方法是先分别查 Erlang B 表,之后再合并业务量。

该方法估算结果相对保守,高估了所需的信道资源数,不能充分利用信道,总体效率低。

举例如下:假设,语音业务需要 1 个信道资源/每个连接,其业务量为 150erl;数据业务需要 4 个信道资源/每个连接,其业务量为 60erl。试计算这两种业务共需的小区数目。

按 GoS＝2%,分别查 Erlang B 表,语音业务需要 164 个语音信道,数据业务需要 71 个数据信道(相当于 71×4＝284 个语音信道)。两种业务共需要 164＋284＝448 个语音信道。若单小区能提供 72 个语音信道,则为满足这两种业务共需要 448/72≈7 个小区。

3. 坎贝尔法

坎贝尔法的基本原理:以其中某一种业务作为参考基准业务,综合考虑所有的业务,构造一个等效的业务(又称为中间业务或虚拟业务),据此求出它的单小区的等效业务量(虚拟业务量)及等效资源(虚拟信道数)需求,再查 Erlang B 表,然后得到混合业务的容量计算值。该方法比较好地计算出了接近真实的容量需求。

举例如下:假设,语音业务需要 1 个信道资源/每个连接,其业务量为 150erl;数据业务需要 4 个信道资源/每个连接,其业务量为 60erl。GoS＝2%。试计算这两种业务共需的小区数目。

计算过程如下:

① 计算各种业务的资源强度。

此处以语音业务作为基准业务。语音业务资源强度:1;数据业务资源强度:4/1＝4。

② 计算均值(m_E)、方差(var_E)和容量因子(c)。

$$m_E = \frac{1}{n}\sum_i A_i \times E_i = \frac{1}{n}(1 \times 150 + 4 \times 60) = \frac{390}{n} \tag{3.97}$$

其中,n 为所需的小区数目;A_i 为第 i 种业务的资源强度;E_i 为第 i 种业务的业务量。

$$var_E = \frac{1}{n}\sum_i A_i^2 \times E_i = \frac{1}{n}(1^2 \times 150 + 4^2 \times 60) = \frac{1100}{n} \tag{3.98}$$

$$c = \frac{var_E}{m_E} = \frac{111}{39} \tag{3.99}$$

③ 计算单小区的虚拟业务量(*OfferedTraffic*)和虚拟信道数(*Capacity*)。

单小区的虚拟业务量:

$$OfferedTraffic = \frac{m_E}{c} = \frac{390 \times 39}{n \times 111} \approx \frac{137.03}{n} \tag{3.100}$$

若单小区能提供 72 个语音信道,则以语音业务作为基准业务,计算单小区的虚拟信道数为

$$Capacity = \frac{C_i - A_i}{c} = \frac{72 - 1}{111/39} \approx 25 \qquad (3.101)$$

其中，C_i 为作为基准业务的第 i 种业务的单小区信道总数。

④ 查 Erlang B 表，求得单小区的虚拟业务量和所需的小区数目。

按照 2% 的 GoS，查 Erlang B 表，得到单小区的虚拟业务量为 17.50，代入单小区虚拟业务量计算公式，即式（3.100）：

$$OfferedTraffic \approx \frac{137.03}{n} = 17.50$$

可得所需的小区数目：$n \approx 8$。

4. 随机背包法

随机背包法（也称为多维 Erlang B 算法）源于 ATM 领域的容量分析，随后在其他分组交换网络中也得到了一定的应用。

随机背包法的基本原理：假定一个固定的信道容量，计算出在此条件下，多种业务的不同服务等级（GoS）需求是否都能满足。如果所有的业务的 GoS 需求都能满足，则该信道容量就已足够；如果某些业务的 GoS 需求无法满足，则需要增大信道容量，然后重复该过程，直到信道容量满足 GoS 需求。

上述 4 种混合业务容量的估算方法的比较见表 3.2。

表 3.2　不同的混合业务容量的估算方法的比较

方　法	特　点	优　点	缺　点
等效爱尔兰	先等效，再叠加，后查表	简单直接，易于应用	只适用于 CS 域；采用的参考基准不同，计算出来的结果也不同，如以低业务为基准等效时，算得的所需资源数就少
后爱尔兰	先查表，再等效，后叠加	简单直接，易于应用	只适用于 CS 域；分开核算放弃了中继业务；高估了资源的需求
坎贝尔	在 CS 域、PS 域中分别利用 Erlang B 和 Erlang C 公式；寻找中间等效业务的方法	较为简单，易于应用；适用于 CS 域和 PS 域；预算结果适度；比较好地接近真实容量需求	不能直接区分不同业务对 QoS 要求的不同，仅对业务做了 CS 域与 PS 域的区分；业务混合后，无法对不同业务的资源占用进行进一步的区别计算
随机背包	通过解调门限和负载因子计算业务资源占用来间接表现不同业务对 QoS 的要求	适用于 CS 域和 PS 域；沿用 ATM 网络流量计算和管道共享概念，分析不同 QoS 要求的分组数据的传输	ATM 中信道容量固定的前提与 3G 系统稍有不符，需要改良；该算法信道共享的特点，潜在要求分组小的数据占用无线资源的概率大，使得算法并不能完全遵循不同业务的 QoS 要求；未体现不同业务的时延要求；计算量大，比较复杂

3.4　随机接入系统业务量分析

随机接入系统可以看做是 M/M/1 系统，利用基于排队论的概率模型，就可以对其性能进行分析和比较，以便更好地采取相应的措施以减小冲突，提高系统的吞吐量。

3.4.1　概述

1. 多址通信与随机接入技术

在一个网络中，如果每个网络节点在绝大部分时间里不产生数据，则一旦出现数据业务需要传输，那么所传送的业务就具有明显的突发性和间歇性，并要求能够立即以信道总带宽所允许的最高速率发送出去。在此模式下，共享信道可以由所有的网络节点完全随机地使用。

多址通信就是指网络中多个节点（或多个用户终端）共享公共通信资源（信道）、实现连接访问。多址通信采用多址接入技术实现用户间的通信。多址接入技术是网络传输技术的一部分。它的实现机制将直接影响到网络的吞吐量、时延、业务能力、用户数、信道利用率等多方面性能。多址接入技术的实现主要是通过数据链路控制层的协议来完成的。多址接入协议的选择主要受到三方面的影响：业务要求，网络资源，信道环境。

多址通信的信道环境是多址接入协议应用的一个重要影响因素。典型的信道环境包括地面无线信道环境、局域网环境和卫星信道环境。这三种信道环境具有各自不同的信道特点，所采用的多址接入协议也就不同。

例如，在卫星通信环境中，最重要的影响参数是传输时延，典型值是 0.25s，这通常比传输一个分组的时间长度还长。而在地面无线信道环境中，传输时延通常比分组传输时间小，但要考虑信号功率的覆盖范围，而且地面无线信道中存在多径的影响。在局域网信道环境中，信号传输距离短，要求传输速率高。所以，要根据不同的传输环境，选择合适的多址接入协议，尽可能让用户高效地共享公共信道。

多址接入方式包括固定分配信道接入和动态分配信道接入两种方式。在动态分配接入策略的动态 FDMA、TDMA、CDMA 方式中，动态 TDMA 成为动态分配方式的首选。动态 TDMA 方式又分为三种分配调度算法：基本的随机接入方式，基于监听的随机接入方式，基于预约机制的随机接入方式。

随机接入方式是一种竞争访问信道技术，也称为分组无线电（Packet Radio，PR）技术。该技术可用于公共信道传输，其好处在于能向大量的终端提供服务，同时分组中只需要很短的信头。在该方式中，用户可以根据自己的意愿随机地发送信息。当两个或两个以上用户同时向同一信道发送信息时，就会产生冲突（Collision），又称为碰撞，使得数据发送失败，故双方都需重发。这与排队系统中被拒绝的情况相似，只是被拒绝或被破坏的已不止一个信息。可见，随机接入系统可以看成是 M/M/1 系统。设计网络时，利用基于排队论的概率模型去分析、预测时隙的可用度是解决冲突的有效途径。目前已经制定了多种解决碰撞的网络协议。

较早的随机接入系统称为阿罗华（ALOHA）系统，于 20 世纪 70 年代产生于夏威夷大学。该系统的用户通过无线信道来使用中心计算机。无线信道相当于一个公共媒质，一个（数据）站或用户送出的信息可以被许多站同时接收，而每个站都是随机发送数据的。ALOHA 是 Additive Link On-line Hawaii System 的缩写，亦为夏威夷方言"你好"。ALOHA 系统问世以后，接着产生了多种改进系统，出现了性能更完善的访问协议。改进的 ALOHA 协议的一个思路是限制用户使用信道的随机性，从而减小碰撞，提高信道的通过率。例如，载波监听多址访问（CSMA）就是其中的一种，现已成为局域网标准接入协议。

随机接入方式的发展过程有以下四个基本阶段：

- 纯 ALOHA（P-ALOHA）技术。
- 时隙 ALOHA（S-ALOHA）技术。
- 载波监听多址访问（Carrier Sense Multiple Access，CSMA）技术。
- 带有冲突检测的载波监听多址访问（CSMA with Collision Detection，CSMA/CD）技

术及带有冲突避免的载波监听多址访问（CSMA with Collision Avoidance，CSMA/CA）技术。

基本的随机接入方式，即基于 ALOHA 的接入方式，包括 P-ALOHA 和 S-ALOHA 两种接入方式；基于监听的随机接入方式，即基于 CSMA 的接入方式，包括了 CSMA、CSMA/CD 及 CSMA/CA。

2. 性能标准

通常根据多址通信系统的性能参数来评价一个多址系统。多址通信系统的主要性能参数是：平均通过量、平均分组时延和稳定性。

平均通过量 $\bar{a}_c$

在本章的 3.3.1 节中，已给出了通过量 $\bar{a}_c$ 的定义计算式（3.68）和式（3.69）。根据其定义，多址通信的平均通过量可以定义为：在每个发送周期 T_0 时间内，成功发送的平均分组数（即数据帧数）。或更准确地应定义为：在很长时间间隔内，成功发送的分组数与信道上连续传输的最大发送分组数之比。可见平均通过量是一种长时间接入信道能力的百分比量度。

因此，在稳定状态下，平均通过量 $\bar{a}_c$ 等于网络负荷（全部呼叫量）a 与分组成功发送概率 $P_{成功}$ 的乘积，即

$$\bar{a}_c = a \cdot P_{成功} \tag{3.102}$$

式中，$P_{成功} = 1 - P_c$，P_c 为呼损。可见，式（3.102）与式（3.68）的意义完全相同。显然，只有在不发生碰撞的情况下，即当 $P_{成功} = 1$ 或 $P_c = 0$ 时，$\bar{a}_c$ 才等于 a。为简单起见，后面简称平均通过量为通过量。

下面介绍两个归一化参数：吞吐量 S 和网络负载 G。

● **吞吐量 S**：又称为吞吐率，等于在帧的发送时间 T_0 内成功发送的平均帧数。显然

$$0 \leqslant S \leqslant 1$$

在稳定的情况下，在时间 T_0 内到达且能够进入系统的平均帧数（即输入负载）应等于吞吐量 S。

● **网络负载 G**：从网络角度来看，等于在 T_0 内总共发送的平均帧数（平均分组数），包括发送成功的帧和因冲突而重发的帧及发送不成功的帧。即

$$G = \lambda T_0 \tag{3.103}$$

显然

$$G = a \tag{3.104}$$

且有 $G \geqslant S$，当不发生冲突时，$G = S$。

在稳定状态下，有

$$S = G \cdot P_{成功} \tag{3.105}$$

通过量（有时也称通过率）$\bar{a}_c$ 定义为

$$\bar{a}_c = \frac{\text{平均成功发送的数据帧所占的时间}}{\text{观察时间}} = \frac{T_0 \text{内成功发送的数据帧数} \cdot T_0}{T_0} \qquad (3.106)$$

$$= T_0 \text{内成功发送的数据帧数} = S$$

即通过量 $\bar{a}_c$ 等于吞吐量 S。

平均分组时延

一个分组进入信道所需的时间，称为分组时延或响应时间。具体地说，分组时延为一个分组从信源发出时刻开始，到达信道，直至最后成功地被接收的时刻为止的这段时间。平均分组时延定义为一个很长时间间隔内分组的总时延与间隔内分组数之比。

稳定性

系统工作的稳定性是至关重要的，我们总希望在较长时间段内，其通过量和延迟特性基本保持不变。某些多址接入方案，其性能参数在短期内可以令人满意，然而在较长时间间隔内观察却十分不理想，那么这些接入方案也是不稳定的。为了使系统能稳定地工作，必须采用一定的控制措施，使其性能参数基本保持不变。

多址接入系统的性能有时还要用另外一些特性来进行描述。在某些情况下，将涉及关于系统的接入能力，即要求具有能支持可变信息长度和不同延迟特性的不同类型业务的能力。

本节重点讨论几种随机接入系统的通过量 $\bar{a}_c$ 及延迟对系统性能的影响。

3.4.2　基本的随机接入系统业务分析

1．纯 ALOHA（P-ALOHA）系统

设有无限个用户共用一个信道，这些用户的总呼叫到达率为 λ，为泊松流到达。当任一用户有信息要发送时，立即以定长信息包的形式发送到信道上，也就是以纯随机方式抢占信道。若有两个或两个以上的信息包在信道上发生碰撞，则这些发生碰撞的信息包之后将被纯随机地重发。这就是最原始的 ALOHA 系统，通常称为纯 ALOHA(P-ALOHA)。P-ALOHA 可以工作在无线信道，也可以工作在总线型网络中。为讨论其工作原理，这里采用图 3.16 所示的模型，它可以代表上述的两种情况。

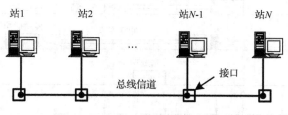

图 3.16　ALOHA 系统的基本模型

P-ALOHA 的工作原理

P-ALOHA 技术又称为随机争用技术，其工作原理如下：

● **纯随机方式抢占信道**：某数据站（用户）有信息要发送时，立即发送。若在规定的时

间内收到确认信号 ACK，表示发送成功；若收到否认信号 NAK，表示发生了碰撞。若未收到 ACK 或 NAK 信号，表示未能成功发送，则该站需重发此信号。

● **发生碰撞或发送失败后的重发**：每个用户是纯随机地发送信息的，若在同一时间有两个或两个以上的用户同时发送，则发生碰撞而产生冲突，数据可能会全部或部分重叠，使这两个信息不能正确被接收。当冲突现象发生后或未能成功发送，则数据站隔一段随机时间重发该信息。

　　这是一种多个用户共用同一频率带宽的多址接入方式，不同用户通过接入信道时刻的不同来实现各自对信道资源的占用。

数学模型

　　设有无限多个用户共用一个信道，这些用户的总呼叫到达率为 λ（包括新发的数据帧和重发的数据帧），为泊松流到达。为简单起见且不失一般性，用信息包长度来代表发送这个信息包的时间，并做如下假设。

　　设信息包（或数据帧）都采用纠错编码，其长度为定长，即帧长固定，用 P 表示帧长；λ 为到达率；T_0 为服务时间，即发送一帧占用信道的时间，则有 $P = T_0$；a 为呼叫量，$a = \lambda T_0$。

　　则 t 内有 k 个呼叫或信息包发送到信道的概率为

$$P_k(t) = \frac{(\lambda t)^k}{k!} \mathrm{e}^{-\lambda t} \tag{3.107}$$

　　t 内无包发送的概率为

$$P_0(t) = \frac{(\lambda t)^0}{0!} \mathrm{e}^{-\lambda t} = \mathrm{e}^{-\lambda t} \tag{3.108}$$

性能分析

　　由前面的叙述，我们知道在 P-ALOHA 系统中，必然会存在信息包（或数据帧）的碰撞及碰撞后帧的重发问题，如图 3.17 所示。

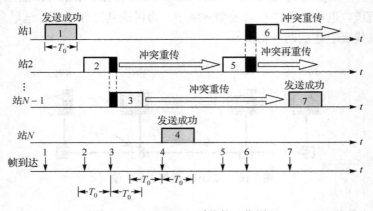

图 3.17　P-ALOHA 系统的工作原理

　　下面的讨论均假设帧的到达服从泊松分布，这种假设是一个近似合理的情况，可以使 ALOHA 系统的分析大为简化。

发送成功的概率（无碰撞的概率）

如一个帧欲发送成功，必须在该帧发送时刻之前和之后各一段 T_0 时间内（一共有 $2T_0$ 的时间间隔），没有其他的帧发送。否则，必会产生冲突而导致发送失败。所以一个帧发送成功的条件，就是该帧与该帧前后的两个相邻帧的到达时间间隔大于 T_0。

因此，一个数据帧发送成功的概率为

$$P[\text{成功概率}] = P[\text{连续两个到达时间间隔} > 2T_0] = (P[\text{到达时间间隔} > T_0])^2$$

用 T 表示两个帧的到达时间间隔，则有

$$P_{\text{成功}} = P(T > 2T_0) = [P(T > T_0)]^2 = P_0^2(T_0) = (\mathrm{e}^{-\lambda T_0})^2 = \mathrm{e}^{-2\lambda T_0} = \mathrm{e}^{-2G} \qquad (3.109)$$

根据概率的归一性，发生碰撞的概率为

$$P = 1 - \mathrm{e}^{-2\lambda T_0} = 1 - \mathrm{e}^{-2G} \qquad (3.110)$$

通过量 $\overline{a}_c$（或吞吐量 S）

$$P_{\text{成功}} = \mathrm{e}^{-2G} = \mathrm{e}^{-2a} \qquad (3.111)$$

所以

$$\overline{a}_c = S = G \cdot P_{\text{成功}} = G \cdot \mathrm{e}^{-2G} = a\mathrm{e}^{-2a} \qquad (3.112)$$

对其求极值（求 a 或 G 的导数），可得最大通过量 $\overline{a}_{c\max}$：

$$G = a = 1/2 \text{ 时，} \quad \overline{a}_c = \overline{a}_{c\max} = \frac{1}{2} \cdot \mathrm{e}^{-1} = 0.184 = 18.4\%$$

P-ALOHA 系统的通过量 $\overline{a}_c$（或吞吐量 S）与网络负荷 a（或网络负载 G）的关系曲线示于图 3.18。

也就是说，P-ALOHA 系统最多只能有 18.4% 的时间能成功地发送信息而不发生碰撞，实现正常通信，其他时间处于碰撞或空闲状态，显然效率是很低的。但是，这种方式基本上不用控制设备，碰撞也可以不去检测，只是在久无回答后就重发即可；而且当 a 较小时，$\overline{a}_c \approx a$，也就是说基本上可以顺利通信。

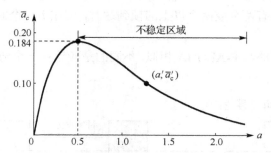

图 3.18　P-ALOHA 系统的通过量与网络负荷 a 的关系曲线

当 $a > 0.5$ 时，成功发送的帧数减小，重发频繁，使得网络的 a 进一步增大，系统将趋于不稳定。积压的数据帧数会无限增加，恶性循环下去，通过量逐渐下降直至零，这就是 P-ALOHA 系统的最大缺点。其实，前述的 a 包括新发的帧和重发部分，不稳定性已在新负载小于 0.5 时出现。由此可知，在 P-ALOHA 系统中，为使系统能够稳定工作，网络负荷 a（或

网络负载 G）一定不能大于 0.5。在实际中为了安全起见，P-ALOHA 系统的通过量只能在 10% 左右。

帧的时延和重发

　　碰撞后的数据帧如何重发是影响稳定性的主要因素。倘若规定过了固定时间没有收到确认信号 ACK 就重发，将使碰撞一直发生下去。因为已碰撞的数据帧将几乎同时重发，就会又发生碰撞，再重发又是如此，这样不但不能解决碰撞，反而可能加剧了碰撞，如图 3.19 所示。

　　重发帧采用间隔一个随机时间再发送的策略。这个随机时间是由采用的随机退避延时算法决定的，不同的算法对系统的性能有不同的影响。

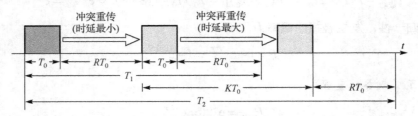

图 3.19　重传帧的时延时间

2．时隙 ALOHA（S-ALOHA）系统

　　降低碰撞的一种有效措施是在信道上分时隙。网内所有的用户都与主时钟同步，有通信要求的用户只能在主时钟规定的等长时隙内将信息送到信道上去，也就是到达信道的时刻只能是各时隙的起始时刻。主时钟的同步信息要向所有用户广播。这种方式称为时隙 ALOHA（S-ALOHA）系统，它是 P-ALOHA 的一种改进形式。

S-ALOHA 的工作原理

- S-ALOHA 系统把时间分成一段段等长的时隙（Slot），记为 T_0，并规定不论帧何时产生，每个用户只能在每个时隙的前沿发送信息。
- T_0 长度的确定：每个帧正好在一个时隙内发送完毕。当一个帧到达后，一般都要在缓冲器中等待一段时间（小于 T_0），到下一个时隙的前沿到来时才发送出去。
- 当在一个时隙内有两个或两个以上的帧到达时，则在下一个时隙将产生冲突，两组数据完全重叠。
- 冲突后重发的策略与 P-ALOHA 相似，不同的是应该在一个随机整数倍的时隙时延后重发。

具体工作原理流程可见图 3.20。

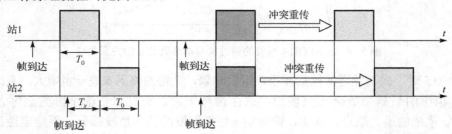

图 3.20　S-ALOHA 系统的工作原理

性能分析

为了简化分析，假设条件与 P-ALOHA 系统相同。

发送成功的概率

如果在 T_0 内无两个或两个以上的帧到达，则在一个 T_0 内可成功发送一个数据帧。因为若在该帧发送时隙内有新包到达，必须等到下一个时隙才可发送。则发送成功的概率为

$$P_{成功} = P(T > T_0) = P_0(T_0) = \frac{(\lambda t)^k}{k!} e^{-\lambda t} \bigg|_{k=0,\, t=T_0} = e^{-\lambda T_0} = e^{-G} \tag{3.113}$$

即在 T_0 内除了该帧之外，无其他帧到达。T 为两个帧的到达时间间隔。发生碰撞的概率为 $1 - e^{-G}$。

通过量 $\bar{a}_c$（或吞吐量 S）

$$\bar{a}_c = S = G \cdot P_{成功} = G \cdot e^{-G} = a e^{-a} \tag{3.114}$$

$$\bar{a}_{c\max} = G \cdot e^{-G} \big|_{G=1} = a \cdot e^{-a} \big|_{a=1} = 0.368 = 36.8\%$$

而对于 P-ALOHA 系统：

$$\bar{a}_{c\max} = 18.4\%$$

可见，S-ALOHA 比 P-ALOHA 的通过量提高了一倍（见图 3.21），这种提高是以全网同步控制为代价而换取的。

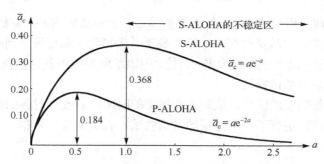

图 3.21　S-ALOHA 与 P-ALOHA 系统的通过量曲线

例 3.10　假定许多异步终端通过多点线路连到主机，线路的数据率为 4800b/s，设每份报文有 60 个字符。而用户用键盘输入一份报文需 2 分钟。每个字符用 10 比特进行编码，则每个终端的平均数据率仅有 5b/s[(60×10bit) / (2×60s) = 5b/s]。试问：（1）采用 P-ALOHA 方式，取 $\bar{a}_c = 0.1$，该系统一共可容纳多少个交互式用户？（2）采用 S-ALOHA 方式呢？

解：（1）根据题意，采用 P-ALOHA 方式，取 $\bar{a}_c = 0.1$，即仅利用信道容量的 10%。

则信道的总数据率为：$0.1 \times 4800\text{b/s} = 480$（b/s）。

此时该系统一共可容纳的交互式用户数为：$(480\text{b/s}) / (5\text{b/s}) = 96$（个）。

（2）采用 S-ALOHA 方式，取 $\bar{a}_c = 0.368$。

信道的总数据率为：$0.368 \times 4800\text{b/s} = 1766.4$（b/s）。

此时系统一共可容纳的交互式用户数为：$(1766.4\text{b/s})/(5\text{b/s}) = 353$（个）。

3. 基本的随机接入方式的应用

基本的随机接入方式，即基于 ALOHA 的接入方式，实现简单，但吞吐量低，适合于具

有突发性、负荷较低的数据业务，适用于网络覆盖较大的情况，如在广域网中的应用。现多用于无线网络及卫星通信系统中。

　　基本的随机接入方式通常用于链路的建立阶段，即用户初次接入多址接入系统的时候。例如，在 GSM 系统中，上行链路的控制信道中的随机接入信道（Random Access Channel，RACH）的接入就采用了 S-ALOHA 协议。RACH 用于移动用户（MS）发起一次呼叫时发送接入申请，基站通过下行链路的允许接入信道（Access Grant Channel，AGCH）对移动用户发出的呼叫请求做出响应，发送接入允许信息，在呼叫建立期间为用户分配一个无冲突的业务信道，即一个 TDMA 子信道作为通话期间的固定话路。

3.4.3　基于监听的随机接入系统业务分析

　　进一步提高通过量的有效方法是载波监听多址访问（接入）方式，又称为载波侦听多点访问，简称 CSMA。这是 ALOHA 系统的一种改进形式，适用于延时较小的网络。

1.　CSMA 的工作原理及监听方式

CSMA 的工作原理

　　CSMA 与 ALOHA 技术的主要区别是每个用户终端（数据站）多了一个附加的硬件装置，称为载波监听装置，它的功能是每个数据站在发送数据前先监听信道，以是否接收到信息来判断信道上的忙闲状态，各用户只能在信道空闲时启动发送数据。

- **监听发送过程**：用户（数据站）无数据发送，则不监听信道；有数据发送，则在发送数据前，先监听信道是否空闲，监听装置以接收到信息与否来判断信道的忙闲状态。如果空闲，则该站可以发送数据；若忙，则该站就暂时不发送数据，而是按某种算法，隔一段时间后再尝试发送。
- **重发过程**：数据发送以后，该站点在规定的时间内若收到对方的确认信号 ACK，则发送成功，可以进行下一个数据的发送尝试，否则重发该数据。

CSMA 的监听方式

　　早期的 ALOHA 系统的无线电发射机工作在超高频（UHF）频段，因此各站可以监测到其他各站发出的载波。后来发展到总线型局域网，若采用基带传输，则不存在载波，但各站可以检测到其他站所发送的二进制代码，习惯上仍称这种检测为"载波监听"。

　　在 CSMA 协议中，检测时延和传输时延是两个重要的参数。检测时延是终端（站）用来监听信道是否空闲所需的时间。在蜂窝移动通信系统中，传输时延是一个分组在基站与移动终端之间传送所需的时间；在总线型局域网中，是信道上单程最大的端到端的传输时延 τ（即取总线上靠两端的两个端点间的传输时延，是最坏的情况）。

　　发生碰撞的原因有两个：

- 两个站或多个站同时监听到信道空闲，同时发送数据造成冲突。
- 电磁波在信道上总是以有限的速率传播的。由于传输时延 τ 的存在，当某个站监听到信道是空闲时，也可能信道并非真正是空闲的。故使得在 τ 时间内，监听装置可能检测不到信道上信息包的存在而发送数据。

监听方式分为非坚持监听 CSMA 和坚持监听 CSMA 两类，见图 3.22。

- **非坚持监听 CSMA（CSMA-NP）**：用户监听到信道"忙"状态信号（即发现有其他站在发送数据）或发送信号失败后，停止监听。在重新发送分组之前，根据协议的算法延迟一个随机时间后再重新监听，直到听到信道"闲"状态信号后再发送数据。
- **坚持监听 CSMA（CSMA-P）**：用户一直连续在监听，一旦发现信道空闲就以不同方式发送数据。该方式又分为 1-坚持监听和概率 p 坚持监听两种方式。
  - ✓ **1-坚持监听（CSMA-1）**：用户（站）有数据要发送，则先一直连续监听信道并等待发送，当监听到信道忙时，仍坚持监听，一旦监听到信道空闲，就以概率 1 立即发送数据。
  - ✓ **概率 p 坚持监听（CSMA-p）**：当监听到信道空闲时，就以概率 p 在第一有效时隙内发送数据，或以概率 $(1-p)$ 延迟一段时间 τ，重新监听信道，开始下一次的发送尝试。任意节点以 $(1-p)$ 的概率主动退避，放弃发送分组的机会，即信道空闲也可能不发送数据，因而可以进一步减小数据的碰撞的概率。可用于分时隙的信道。

可以通过以下方法确定 p：

- p 事先给定，根据信道上的通信量的多少设定。
- 若信道空闲，在 $[0, 1]$ 区间选择一个随机数 I，若 $I \leq p$，则发送数据；否则，延时 τ 后再重新监听信道。

CSMA 技术的优点是通过采用先听后送技术减少了冲突，从而提高了整个系统的吞吐量。CSMA-NP 的最大通过率可达 80% 以上，但由于退避的原因，时延性能较差；CSMA-P 方式在发送数据前进行载波监听，减少了冲突的机会，但由于传输时延 τ 的存在，冲突不可避免；CSMA-1 毫无退避措施，最大通过率只有 53%；CSMA-p 是 1-坚持 CSMA 的改进型。

尽管有载波监听装置，但因监听方式和不可避免的信道传输时延，仍有可能多个用户同时发送信息包，致使数据帧发生碰撞。为此，尚有一种除监听外同时还进行冲突检测的方式，称为 CSMA/CD。

根据监听方式、控制方式和检测方式的不同可以归纳出 CSMA 技术的分类情况，如图 3.22 所示。

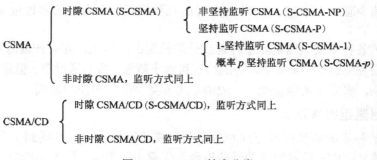

图 3.22　CSMA 技术分类

载波监听多址接入系统是一种完全分散控制的方式，通信的收发进程和信息格式均由通信协议保证。

2．CSMA/CD 多址接入系统

为了提高信道利用率，CSMA 可采用冲突检测方式，就是边发送边监听。一旦监听到发生冲突（碰撞），则冲突的双方或多方都必须停止发送数据，以使信道不致无效地继续被占用。这就是冲突检测功能，可以进一步提高通过量和信道利用率。我们将这种方式称为带有冲突检测的载波监听多址接入（访问）（CSMA/CD）系统。

这种情况要求用户支持同时进行发送和接收操作。对于单个无线信道，通过中断发送来监听信道；对于双工系统，可以使用完全双工收发信机。

CSMA/CD 系统的工作原理如下：

● 用户监听到信道空闲就发送数据帧。
● 在发送数据帧后继续监听，进行冲突检测。一种可行的冲突检测方法是：在发送帧的时候也同时进行接收，将从信道上接收到的数据与本站发送的数据逐比特进行比较。若不一致，则说明发生了冲突。
● 如果两个或多个终端同时开始发送数据，那么就会检测到碰撞。一旦检测到冲突，就立即停止发送数据，而不等这个数据发完，并发送一简短的阻塞信号，使所有的站点都知道已发生了冲突，停止发送数据，转入闲期。
● 在发送阻塞信号后，该站延迟一段随机时间，然后采用 CSMA 方式再次尝试发送。

阻塞信号可以通过发送若干比特的人为干扰信号而产生。

3．性能分析

基于监听的随机接入方式，其监听机制减小了发送的盲目性，提高了信道利用率，但限制了网络的覆盖范围。因为随着传输时延 τ 的增大，所监听到的信道状态已不能说明是否已有其他用户的数据帧在发送。不准确或不及时的监听结果会使其接入性能恶化，最大通过量 $\bar{a}_{c\max}$ 将急剧减小。当 $\tau \to \infty$ 时，所有这些方式的通过量都将趋向于零，所以载波监听只在小时延（即短距离）情况下有效。

从最大通过量的值来看，有冲突检测的方式比没有的好，这是通过增加设备复杂度换来的，但这种好处在时延加大后也将逐渐消失。

为了进一步改善系统性能，CSMA 系统可以采用概率 p 发送数据帧的方式，或采用优先制发送数据帧的方式，即某些站点主动退避，来减少冲突的可能性；还可采用分时隙的方式，也能减少碰撞。图 3.23 为 $\tau = 0.01$ 时的几种随机接入方式的通过量 $\bar{a}_c$ 与网络负荷 a 的关系曲线。

以上所讲的各种系统或随机竞争性地或分散控制占用信道，在有传输时延 τ 的情况下，都不可避免地会发生碰撞。采用更复杂的协议可减小碰撞，提高通过率，但最大通过量愈高，设备也将愈复杂。要完全消除碰撞，一般需采用非竞争的集中控制方式。

4．随机退避延时算法

前面讲到的基本的随机接入方式和基于监听的随机接入方式都提到了重发过程中的随机延时，该退避延时的取值对系统的性能也会产生重大的影响。因为它影响了重发分组的随机性。不同的随机退避算法有不同的传输效率。

常用的随机退避延时算法主要有均匀随机数退避法、二进制指数退避法、线性增量退避法和顺序退避法。

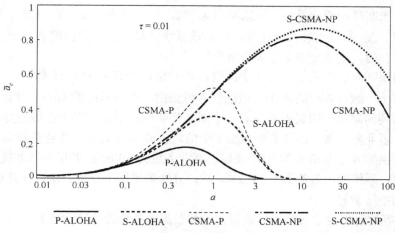

图 3.23 $\tau = 0.01$ 时的几种随机接入方式的通过量 $\overline{a}_c$ 与网络负荷 a 的关系曲线

4. 基于监听的随机接入方式的应用

基于监听的随机接入方式，即基于 CSMA 的接入方式，因采用监听方式，减少了冲突，改进了系统的吞吐性能和时延性能，从而提高了信道利用率。虽然该方式在性能上优于 ALOHA，但仍没有完全消除冲突，而且传输时延越大，影响越大。所以，该类协议更适合用于网络覆盖较小的情况，如计算机局域网的接入，现主要应用于短距离数据业务的多址接入。

如 IEEE 802.3 以太网（Ethernet）采用了 CSMA/CD 协议机制，IEEE 802.11 无线局域网（WLAN）采用了 CSMA/CA 协议机制。

习题

3.1 某交换机平均每小时有 20 个用户打电话，其过程满足最简单流条件。求用户打电话的时间间隔在 5 分钟以内的概率和在 10 分钟以内的概率。

3.2 设某网络的节点为 M/M/1 系统，平均每小时服务 30 份信息。
（1）设平均每小时到达 25 份信息，计算系统排队的平均队长。
（2）若将平均队长减少一份，服务时间减少多少？

3.3 假设在 100 条线的中继线群上，平均每小时发生 2100 次占用，平均占用时长为 1/30h。求该中继线群上的完成话务量强度。

3.4 已知某组设备的流入话务量是 2erl，呼叫的平均占用时长是 2 分钟，求每小时的平均呼叫数。

3.5 在忙时测得三条中继线的占用时长分别为 300 秒、40 分钟和 0.8 小时，其相应的呼叫数分别为 3、18、20，试计算这三条中继线上的总话务量强度和呼叫的平均占用时长。

3.6 在一个移动通信系统中，只有一个小区，每个用户平均每小时呼叫 2 次，每次呼叫平均持续 3 分钟，系统的阻塞率为 1%。计算：（1）有 10 个信道时，系统支持的用户数。（2）有 20 个信道时，系统支持的用户数。（3）有 20 个信道时，如果系统中的用户数为（2）计算结果的两倍，计算此时的阻塞率。

3.7　有一阻塞呼叫清除系统，阻塞概率为 2%，$\lambda = 1$ 次呼叫/h，$\bar{\tau} = 105\mathrm{s}$。当分别有 4 个信道、20 个信道时，请计算：（1）该系统的最大话务量强度和每个信道的话务量强度。（2）该系统能支持多少用户？

3.8　一阻塞呼叫延迟系统，有 4 个信道，$\bar{\tau} = 105\mathrm{s}$。当延迟大于 15 秒时，呼叫被清除。利用上一题计算出的 4 个信道的话务量强度，求该系统的 GoS，并比较一个 15 秒的队列的阻塞呼叫延迟系统和一个阻塞呼叫清除系统，哪个性能更好？

3.9　有一多业务系统，语音业务需要 1 个信道资源/每个连接，其业务量为 150erl；数据业务需要 4 个信道资源/每个连接，其业务量为 100erl；若单小区能提供 72 个语音信道，系统的服务等级 GoS=2%，求：分别采用以下三种方法，计算这两种业务共需的小区数目。
①　等效爱尔兰法（分别以语音业务和数据业务作为基准业务）
②　后爱尔兰法
③　坎贝尔法（以语音业务作为基准业务）

3.10　若干个终端采用 P-ALOHA 随机接入协议与远端主机通信，信道速率为 4800b/s，每个终端平均每 3 分钟发送一个帧，帧长为 500 比特，问终端数目最多允许为多少？若采用 S-ALOHA 协议，其结果又如何？

3.11　在 P-ALOHA 协议中，若使系统工作在 $G = 0.5$ 的状态，问信道上发送成功的概率为多少？

3.12　10 000 个终端争用一条公用的 S-ALOHA 信道，平均每个终端每小时发送帧 18 次，时隙长度为 125μs。试求：信道负载 G 为多少？

3.13　一 S-ALOHA 信道的时隙长度为 40ms，大量用户同时工作，使网络每秒平均发送 50 个帧（包括重发的）。试计算：发送即成功的概率和通过量 $\bar{a}_c$，现在系统是否过载？

3.14　若 S-ALOHA 系统有 10%的时隙是空闲的，试问：网络负荷 a 和通过量 $\bar{a}_c$ 各等于多少？现在系统是否过载？

第4章 核心网

根据第1章通信网的分层结构，从水平角度通信网可分为用户驻地网、接入网和核心网。其中核心网是为业务提供承载和控制的网络，在通信网中的地位尤为重要，其技术和结构非常繁杂。

通过本章的学习，应掌握核心网的概念及结构，理解各种信令、协议、规程及其在核心网中的应用；掌握核心网的电路域、分组域和IMS（IP Multimedia Subsystem）域的原理、结构及特点。

4.1 核心网的结构

核心网是将业务提供者与接入网，或者将某一接入网与其他接入网连接在一起的网络。在通信网中的作用主要是提供呼叫连接、用户管理及承载连接，作为承载网络，核心网提供到外部网络的接口。用户连接的建立包括呼叫管理、交换/路由、移动性管理，录音通知（结合智能网业务完成到智能网外围设备的连接关系）等。用户管理包括用户的描述、用户通信记录、安全性（包括用户认证和访问鉴权）等。承载连接包括 PSTN、电路数据网、分组数据网、Internet 和 Intranet 及其他各种应用与服务设备。

核心网构架在传送网及 IP 承载网之上，并承载业务网，其架构如图 4.1 所示。核心网包括电路交换域（Circuit Switching Domain，CS）、分组交换域（Packet Switching Domain，PS）和 IMS 域三部分，其中电路交换域简称电路域，分组交换域简称分组域。

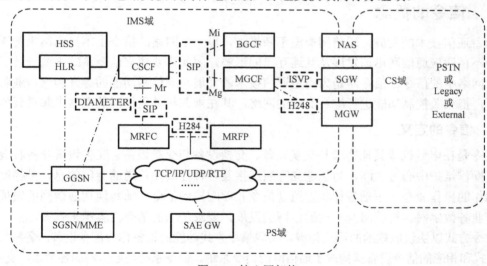

图 4.1　核心网架构

电路域

电路域采用电路交换技术，能为固定用户、移动用户提供语音和短信等会话业务。电路域需要的功能部件包括软交换设备和各种网关等。

分组域

分组域采用分组交换技术，需要的功能部件包括分组无线业务（General Packet Radio Service，GPRS）、网关 GPRS 支持节点（Gateway GPRS Support Node，GGSN）、服务 GPRS 支持节点（Severing GPRS Support Node，SGSN）、系统架构演进网关（System Architecture Evolution Gateway，SAE GW），以及其他一些寄存器和服务器等。

分组域分为 2G/3G 分组域和 LTE/EPC（Long Term Evolution/Evolved Packet Core）分组域两种，其中 2G/3G 分组域为移动用户提供彩信、WAP 浏览等低速数据业务，LTE/EPC 分组域为移动用户提供高带宽、低时延、永远在线等移动互联网类高速数据业务。分组域向 2G/3G/EPC 及 WLAN 融合组网的方向演进，并承担起对接 IMS 承载 VoLTE 语音的任务。

IMS 域

IMS 域面向固定类用户（集团客户、家庭客户）接入，提供多媒体及融合类业务，并与电路域网络共存互通，全面支持 VoLTE 高清语音。

IMS 域的功能部件包括呼叫会话控制功能（Call Session Control Function，CSCF）、出口网关控制功能（Breakout Gateway Control Function，BGCF）、媒体网关控制功能（Media Gateway Control Function，MGCF）、多媒体资源处理器（Multimedia Resource Function Processor，MRFP）和多媒体资源控制器（Multimedia Resource Function Controller，MRFC）等。

4.2　信令

通信网是一个巨大的高级复杂实体，要实现不同网络、不同制造商设备在不同层次上的互连，整个通信网必须要有信令、协议及规范的支持。

4.2.1　信令的概念

随着通信技术的发展，通信网类型不断增加，每一个网络的信令由本身网络来传送和处理已经不再适应通信网迅速发展及互连互通的形势，因此需要建立信令系统来统一传送和处理各种网络中的信令。信令网是为满足通信技术的发展、通信网功能的提升和通信业务扩展等需要，把相关控制功能进行综合而成的网络，其在规范相关通信网的发展中起重要作用。

1．信令的定义

信令是在电话机或其他终端与交换设备、交换设备与交换设备、交换设备与各种业务控制点及操作维护中心等之间，为了建立呼叫连接及各种控制而传送的专门信息，是控制交换设备动作的操作命令，包括各种状态监视信令和呼叫控制信令。随着现代通信网的发展，包括综合业务数字网、智能网及移动通信网的发展，要求传送的信令内容越来越多。

信令方式以协议或规约的形式体现，实现信令方式功能的设备称为信令设备。各种特定的信令方式和相应的信令设备就构成了通信网的信令系统。信令系统在通信网的各节点（交换机、用户终端、操作中心和数据库等）之间传输控制信息，以便建立和终止各设备之间的连接。

2．信令的分类

信令可以按照工作区、传送信道和功能分为不同的类别。

按信令工作区域分类

按信令的工作区域，信令可分为用户线信令和局间信令：

- 用户线信令是用户和交换设备之间的信令，在用户线上传送，主要包括用户向交换机发送的监视信号和选择信号，以及交换设备向用户发送的铃流和忙音等信号。用户线信令一般较少，而且简单。
- 局间信令是交换设备之间使用的信令，在局间中继线上传送，用来控制呼叫接续和拆线。局间信令又可分为具有监视功能的线路信令和具有选择、操作功能的记发器信令。局间信令相对较多，而且复杂。

按信令传送信道分类

按信令的传送信道，信令可分为随路信令和公共信道信令：

- 随路信令是与语音在同一条话路上传送的信令。在随路信令方式中，由于信令和语音在同一条通路上传送，因此信令和语音不能同时传送。
- 公共信道信令是指以时分复用方式在一条与话路分开的专门的高速信令链路上集中传送的信令。一条信令链路传送一群话路的信令。在公共信道信令方式中，由于信令链路和话路是分开的，因此信令和语音可以同时传送。公共信道信令传递速度快，具有提供大容量信令的潜力，具有改变或增加信令的灵活性，便于开发新业务。因此，公共信道信令得到了越来越广泛的使用。

按信令功能分类

按信令的功能，信令可分为管理信令、线路信令和路由信令：

- 管理信令具有操作功能，用于对电话通信网进行管理和维护。
- 线路信令用于监视主、被叫的摘、挂机状态及通信设备忙闲状态，即提供对各种状态的监视功能。
- 路由信令指主叫所拨的被叫号码，用于选择通信的路由。

4.2.2 No.7 信令系统

No.7 信令系统是国际标准化的公共信道信令系统，能满足目前和未来呼叫控制、遥控、管理和维护等信令传递要求的通信网，并能在多种业务网中实现多方面的应用，它不仅适用于国际通信网，也适用于国内通信网。作为一个具有广泛应用前景的公共信道信令，No.7 信令是目前通信网中使用的主流信令。

1. No.7 信令系统的主要优点

No.7 信令系统在现代通信网中得到了广泛的应用，具有如下优点。

- **信令传送速度快**：信令数据链路上通常采用的 PCM 传输系统中一个时隙的速率为 64kb/s。
- **信令容量大**：一条信令数据链路能传送几百甚至上千条话路的信令。
- **灵活性大**：根据通信网的发展，在需要通信网增加新功能时，可以根据通信网和用户的具体要求改变信令内容。

- **安全可靠性好**：No.7 信令对送出的信息采用循环冗余校正，可发现传输过程中的任何错误，能极大地提高信息传输的可靠性。
- **适用范围广**：No.7 信令系统不仅适用于电话通信网及电路交换的数据网，而且适用于综合业务数字网。特别在适应增值业务方面，No.7 信令系统具有较大的灵活性和相关优势。
- **网络集中服务功能**：No.7 信令系统可以在交换设备和各特种业务服务中心（如运行、管理、维护中心和业务控制点）之间传递与电路无关的数据信息，以实现网络的运行、管理、维护和提供多种用户补充服务（如 800 号呼叫和信用卡等业务）。

2．No.7 功能级结构

No.7 信令系统采用了紧凑的四级功能结构，该功能级结构由消息传递部分（Message Transfer Part，MTP）和用户部分（User Part，UP）组成，MTP 部分又可以分为三级，分别是信令数据链路级（MTP-1）、信令链路功能级（MTP-2）和信令网功能级（MTP-3）。这三级与 UP 一起构成 No.7 信令方式的四级结构，如图 4.2 所示。

MTP 的功能是作为一个公共传送系统在相应的两个 UP 之间可靠地传递信令消息。因此在组织一个信令系统时，MTP 是必不可少的。UP 是使用 MTP 传送能力的功能实体。每个 UP 都包含其特有的用户功能或其他有关的功能。

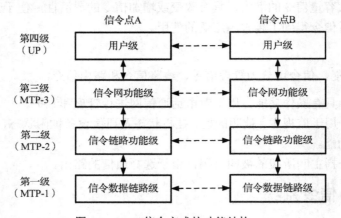

图 4.2　No.7 信令方式的功能结构

第一级（MTP-1）

MTP-1 是信令数据链路级，为信令传输提供一条双向数据通路，它规定了一条信令数据链路的物理、电气、功能特性和接入方法。采用数字传输通道时，各方向的传输速率为 64kb/s。

第二级（MTP-2）

MTP-2 是信令链路功能级，它规定了在一条信令链路上传送信令消息的功能及相应的程序。第二级和第一级共同保证信令消息在两个信令点之间的可靠传送。

第三级（MTP-3）

MTP-3 是信令网功能级，它由信令消息处理和信令网管理两部分组成。信令消息处理功能根据消息信号单元中的地址消息（即路由标记），将信令传至合适的信令点或用户部分。信令网管理功能对信令路由和信令链路进行监视，当遇到故障时，完成信令网的重新组合；当遇到拥塞时，完成信令流量控制，以保证信令消息仍能可靠传送。

第四级（UP）

UP 由不同的用户部分组成，每个用户部分定义了实现某一类用户业务所需的相关信令功能和过程。

4.2.3　No.7 信令网

No.7 信令是目前最先进、应用前景最广泛的一种国际标准化公共信道信令系统。该系统将一组话路所需的各种控制信号通过一条与话路分开的公共信号数据链路进行传输。

1．No.7 信令网的组成

No.7 信令网由三个基本部分组成：信令点（Signaling Point，SP）、信令转接点（Signaling Transfer Point，STP）和信令链路。

- **信令点**。SP 是处理控制消息的节点，它可以是各种交换设备（如电话交换设备、数据交换设备和 ISDN 交换设备）和各种服务中心（如操作维护管理中心、信令转换点和业务控制点等）。
- **信令转接点**。通常把能将信令消息从一条信令链路转发到另一条信令链路的信令节点称为 STP。STP 可以只具有 MTP 的功能（称为独立的 STP），也可以包括 UP 功能（即 SP 和 STP 合在一起，称为综合的 STP）。
- **信令链路**。在两个 SP 之间传输信令消息的链路称为信令链路。直接连接两个 SP 的一束信令链路构成一个信令链路组。由一个信令链路组直接连接的两个 SP 称为邻近 SP，非直接连接的 SP 称为非邻近 SP。信令链路由 No.7 信令功能级中的第一级、第二级（即信令数据链路级和信令链路功能级）组成。

2．No.7 信令网的容量

信令网容量是指信令网内所能容纳的信令点的数量。信令网容量除了与信令网结构及信令转接点设备容量有关，还与所选取的信令网的冗余度有关。

二级信令网的容量

二级信令网冗余度结构图如图 4.3 所示。

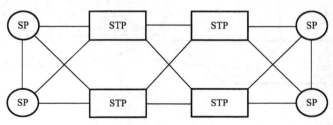

图 4.3　二级信令网冗余度结构示意图

假设采用 4 倍冗余度（即每个信令点连接两个信令转接点，每个链路组包括两条信令链路）；信令转接点 STP 的数目为 n_2；每个 STP 所允许连接的最大信令链路数为 l。则该二级

信令网所能容纳的信令点的数目 n_1，即二级信令网的容量应为

$$n_1 = n_2 \frac{l - 2n_2 + 2}{4} \tag{4.1}$$

三级信令网的容量

一个典型的三级信令网冗余度结构如图 4.4 所示。

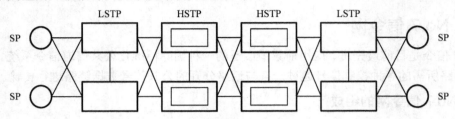

图 4.4 三级信令网冗余度结构示意图

若三级信令网的结构为：HSTP（High Signal Transfer Point）间为网状连接；LSTP（Low Signal Transfer Point）与 HSTP 间及 SP（Signal Point）至 LSTP 间均为星形连接；信令网采用 4 倍冗余度，而每个 SP 要与两个 LSTP 相连，每个 LSTP 要连至两个 HSTP，并且每个信令链路组要包含两条信令链路。每个 HSTP 和 LSTP 可连接的信令链路数均为 l；SP，LSTP、HSTP 数量分别为和 n_1、n_2 和 n_3，则三级信令网所能容纳 SP 的总数，即信令网的容量为

$$n_1 = \frac{n_3(l-6)}{4} = \frac{n_2(l-6)(l-2n_2+2)}{16} \tag{4.2}$$

4.2.4 我国信令网的基本结构

我国地域广阔、交换局多，根据实际网络情况，确定我国信令网采用三级结构。如图 4.5 所示，第一级是信令网的最高级，称为高级信令转接点 HSTP；第二级是低级信令转接点 LSTP；第三级为信令点 SP。

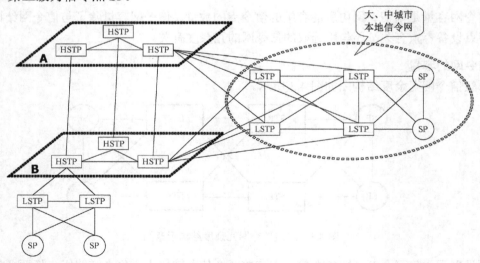

图 4.5 我国信令网等级结构示意图

1. 第一级 HSTP 间的连接方式

第一级 HSTP 采用 AB 平面连接方式。AB 平面连接方式是网状连接方式的简化形式，如图4.6所示。图4.6(a)为网状连接方式，图4.6(b)为 AB 平面连接方式。A 和 B 平面内部各个 HSTP 为网状连接，A 和 B 平面间成对的 HSTP 相连。在正常情况下，同一平面内 STP 间的连接不经过 STP 转接，只是在有故障的情况下需要经由另一平面的 STP 转接时，才经由 STP 转接。这种连接方式对于第一水平级需要较多 STP 的信令网是比较节省的链路连接方式。由于两个平面间的连接比较弱，因而从第一水平级的整体来说，可靠性要比网状连接时略有降低。但只要采取一定的冗余措施，也是完全可以的。

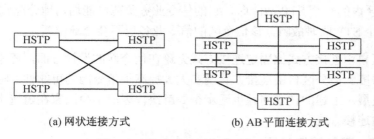

(a) 网状连接方式　　　　(b) AB平面连接方式

图 4.6　第一级 HSTP 间的连接方式

2. 第二级 LSTP 间的连接方式

第二级 LSTP 到 LSTP、未采用二级信令网的中心城市本地网中的第三级 SP 到 LSTP 间的连接方式采用分区固定连接方式。大、中城市两级本地信令网的 SP 到 LSTP 可采用按信令业务量大小连接的分区自由连接方式，也可采用分区固定连接方式。

分区固定连接方式是指本信令区内的 SP 必须连接至本信令区的两个 STP，采用准直连工作方式，如图 4.7(a)所示。其特点是：

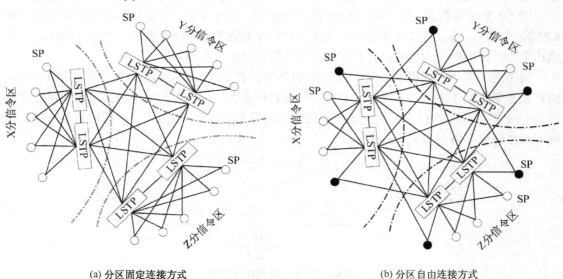

(a) 分区固定连接方式　　　　(b) 分区自由连接方式

图 4.7　分区固定连接方式和分区自由连接方式

- 本信令区内 SP 间的准直连连接必须经由本信令区的两个 STP。
- 两个信令区之间的 SP 间的准直连连接至少经过两次 STP 转接。
- 信令区内一个 STP 出现故障时，它的信令业务负荷全部倒换至本信令区内的另一个 STP。如果两个 STP 同时出现故障，则该信令区的业务会全部中断。

分区自由连接方式是随机地按信令业务量大小自由连接的方式，如图 4.7(b) 所示。其特点是

- 本信令区内的 SP 可以根据它到各个 SP 的业务量的大小自由连接到两个 STP（本信令区的或其他信令区的）。
- 按照这种连接方式，两个信令区间的 SP 可以只经过一个 STP 转接。
- 当信令区内的一个 STP 故障时，它的信令业务负荷可能均匀地分配到多个 STP 上，即使两个 STP 同时故障，该信令区的信令业务也不会全部中断。

显然，分区自由连接方式比固定连接方式无论在信令网的设计方面，还是信令网的管理方面都要复杂得多。但分区自由连接方式确实大大提高了信令网的可靠性。特别是近年来随着信令技术的发展，上述的技术问题也逐步得到解决，因而不少国家在建造本国信令网时都采用了分区自由连接方式。

3. 我国信令网的等级设置

我国信令网等级结构示意图如图 4.5 所示。我国信令网由长途信令网和大、中城市本地信令网组成。

在长途信令网中，第一级 HSTP 采用 AB 平面连接，A 和 B 平面间为网状连接。我国的主信令区是以直辖市和省行政区划分的，主信令区内的 SP 或 LSTP 按业务量大小连接时基本是连到本主信令区的两个 HSTP。长途 SP 和 STP 的连接，采用分区固定连接方式。第二级 LSTP 至少连接到本信令区内的两个 HSTP，每个信令点至少连至两个 STP（LSTP 或 HSTP）。第一级 HSTP 设在各省、自治区及直辖市，成对设置，负责转接它所汇接的第二级 LSTP 和第三级 SP 的信令消息。第二级 LSTP 设在地级市，成对设置，负责转接它所汇接的第三级 SP 的信令消息。第三级 SP 是信令网传送各种信令消息的源点或目的点，各级交换局、运营维护中心、网管中心和单独设置的数据库均分配一个信令点编码。

实际上，大、中城市本地信令网中的 STP 相当于全国长途三级信令网的第二级 LSTP。STP 的数量取决于本地网中 SP 的数量。考虑到我国大、中城市的本地通信网通常需设置汇接局，SP 数量在十个以上，因此原则上将汇接局设为 LSTP。我国大、中城市信令网结构采用本地二级信令网，如图 4.8 所示。

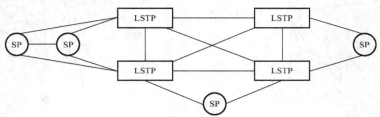

图 4.8 本地二级网络示意图

LSTP 采用网状连接，每个 SP 根据业务量大小随机连接到两个 STP。为保证信令网的可靠性，每个信令链路组至少应包含两条信令链路。

由于分区自由连接方式是按 SP 和 LSTP 间话务量的大小来确定的,通常一条信令链路应连接到本汇接区内的 SP,另一条信令链路则按话务量大小连接到其他汇接区内的某一 LSTP。这种连接方法可提高信令链路效率,同时分散负荷,信令区通信业务全部中断的概率小,因此我国大、中城市的本地二级信令网采用分区自由连接方式。

4.3 协议及规程

各种数据设备在网络中通信,必须遵循给定的协议和规程才能正确收发和理解彼此的信息,由此可见,协议和规程是通信网不可或缺的重要组成部分。

通信网中的协议有很多,不同的协议用于不同的网络。例如 TCP/IP 协议用于在数据通信网中传递分组;Diameter 协议主要在移动网络中为应用程序提供本地和漫游场景下的认证、鉴权等;SIP 协议用于建立、修改和终止 IP 网上的双方或多方多媒体会话;H.323 协议是分组网上提供实时音频、视频和数据通信的标准;H.248 协议提供控制媒体的建立、修改和释放,同时也可携带某些随路呼叫信令,支持传统网络终端的呼叫。以上各种协议在通信网中的应用见图 4.1。

4.3.1 OSI 参考模型

通信网络的协议主要由语法、语义和同步三个要素组成。语法描述数据信息与控制信息的结构或格式规范,这种结构或格式规范是协议双方制定的语义能够被双方正确理解的保证。语义用于说明为实现某种信息传递需要发出何种控制信息、完成何种动作以及做出何种应答。同步描述事件实现的详细说明及严格的同一时刻通信问题。

国际标准化组织(International Standard Organization,ISO)提出了开放系统互连(Open System Interconnection,OSI)参考模型。图 4.9 所示为具有一个中继节点的标准 OSI 参考模型。

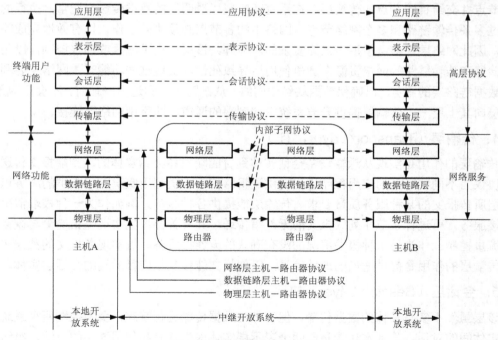

图 4.9　OSI 参考模型基本概念

OSI 模型分成七个顺序工作的功能层，每一层都完成某些特定的功能。每一层要为其高层提供一定的服务。因此，在每一层的某些特定功能中，有的是新增加的功能，有的则是为增强低层的功能。

1．物理层（Physical Layer，PhL）

物理层的主要功能是利用物理传输介质为数据链路层提供物理连接，以便透明地传送比特流。其主要功能是保证要传送的信息比特逐个从链路一端进入物理介质，到达链路的另一端。在发送端，它将从高层接收的比特流变成适合于物理信道传输的信号；在接收端，它再将该信号恢复成所传输的比特流。物理信道包括电缆、光缆，无线信道、卫星信道等。物理层的特性包括机械特性、功能特性、电气特性和过程特性。前面两个特性为传输介质提供物理结构，并规定比特流在物理链路上的传输特性，如信号电压幅度和比特宽度等；后面两个特性则规定物理链路的建立、保持和解除的方法。

2．数据链路层（Data link Layer，DL）

数据链路层的作用是在两个直连节点的传输链路上传送帧或信息块。在此层将数据分成帧，插入帧定位信息以指示帧的边界，同时也在帧的头部插入控制与地址信息，并在帧内插入校验位以实现传输差错恢复与流量控制。数据链路层屏蔽物理层，为网络层提供一个数据链路的连接，在一条有可能出差错的物理连接上进行无差错的数据传输。本层指定拓扑结构并提供硬件寻址。

3．网络层（Network Layer，NL）

网络层的功能是提供经通信网的分组数据传送，其任务是为终端选择合适的路由，将发送站的传输层所传来的分组数据从源节点通过一个或多个通信网（数据网或电话网等）送到目的节点并交给目的节点的传输层，在系统间实现"透明"的数据传送。通常，执行的路由要通过多条传输链路和多个网络节点。网络中的各节点必须协同工作，以有效地完成路由的选择，因此网络层是参考模型中最为复杂的。另外，该层还提供流量或拥塞控制，以防止节点存储器和传输链路等网络资源在竞争使用后导致死锁。实现这些功能时，网络层要利用其下面数据链路层的服务，以确保数据块经由网络，从链路一端到达另一端时，不会出现差错，网络层向其上层——传输层提供开放系统中端到端的通道，即所谓网络层连接。

4．传输层（Transport Layer，TL）

传输层的作用是实现从源端设备会话实体到目的端设备会话实体的端到端报文传送。传输层协议为不同主机上的应用程序进程提供逻辑通信。该层利用底层网络提供的服务以满足会话层所传报文的某种服务质量要求。传输层能提供各种服务，例如作为一种极端情况的面向连接服务，可进行字节序列或报文的无差错传送，其有关协议能实现差错检测与恢复、排序和流量控制；作为另一种极端情况的没有确认的无连接服务，可实现各报文的独立传送，此时传输层的作用是提供适当的地址信息，以便报文能传到相应目的端的会话层实体。

5．会话层（Session Layer，SL）

该层虽然不参与具体的数据传输，但它却对数据传输进行管理，负责控制两个系统的表示层实体间的对话。其基本功能是向两个表示层实体提供建立和使用连接的方法，组织、协调其交互。这种表示层之间的连接就叫做会话。此外，会话层通过对话控制增强传输层所提供的可靠传输服务，利用该层可控制数据交换方式。例如，某些应用需在两用户间进行半双工信息传送；还有些应用需要引入同步点，用于标记交互进程及启动差错恢复，这类服务可用来传送很长的文件。

6. 表示层（Presentation Layer，PL）

表示层的作用是使应用层能独立于不同数据表示方式。表示层负责定义信息的表示方法。其作用是管理和转换终端用户间交换的数据单元，提供数据结构的控制功能，便于通信时选择适当的数据结构（编码、加密、压缩等）来进行数据的收发。表示层应首先将一个应用提供的与设备有关的信息转换为与设备无关的形式，然后再转换成适合于另一个应用的与设备有关的形式。例如，不同的计算机在表示字符与整数时采用不同的编码方式，对二进制数表示的第一位还是最后一位作为最高有效位都有不同的规定。

7. 应用层（Application Layer，AL）

这一层直接向用户提供服务，为用户进入 OSI 环境提供窗口。应用层协议给交换的信息提供恰当的语义和含义，处理应用进程之间收发数据中所含的信息内容，以确保网络两端合作进行信息处理的两个应用进程能够相互理解。该层的通信功能有文件传送、存取、数据库访问、电子邮件存取等资源利用功能和开放系统，以及物理介质故障管理、网络结构管理等网管功能。应用层协议包括文件传送、虚终端（远程登录）、电子邮件、域名服务、网络管理等应用程序。

在 OSI 模型的七层结构中，每层都要为从上一层接收的服务数据单元（Service Data Unit，SDU）加上头部，也可能还要加上尾部。图 4.10 表示一个应用数据块从第一层到第七层加头部和尾部的情况。到达目的端，每层读其相应的头部，以确定应进行的动作，最后将去掉头部和尾部后的 SDU 送到其上层。

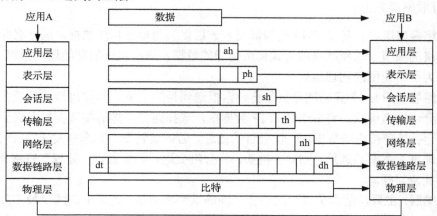

图 4.10　OSI 网络数据单元的格式

4.3.2　TCP/IP 协议

1. TCP/IP 网络体系结构

TCP/IP 网络体系结构是一组允许经过多个异构网络进行通信的协议。该体系结构的出现源于当初为实现 ARPANET 分组交换网、分组无线网和分组卫星网而进行的研究。这项针对军事应用的研究非常重视其网络故障的鲁棒性和在异构网络中工作的灵活性，从而使得这组协议具有相当高的效率，可在许多不同类型的计算机系统与网络中实现通信。它促使互联网成为互连全世界计算机的基础结构。

TCP/IP 体系模型是计算机网络的事实标准。图 4.11 为 TCP/IP 网络体系结构示意图。

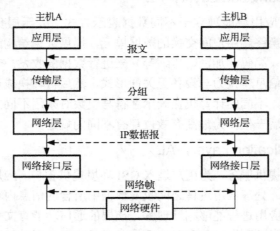

图 4.11　TCP/IP 体系结构

该体系结构有四层。TCP/IP 的应用层整合了 OSI 模型的高三层的功能，其应用层程序可直接运行于传输层之上，传输层提供两种基本类型的服务：传输控制协议（Transport Control Protocol，TCP），为字节流提供面向连接的可靠传输；用户数据报协议（User Datagram Protocol，UDP），为各个消息提供尽力而为的无连接传输。但 TCP/IP 模型不要求严格的分层，如图 4.11 所示，应用层协议可以直接运行于传输层之上，也可以选择绕过中间各层，直接运行于互联网层之上。

- **网络接口层**：它是 TCP/IP 的最低层，该层以帧为单位传送数据，因此必须知道低层网络的细节，以便准确地格式化所传送的数据。该层执行的功能还包括将 IP 地址映射为网络使用的物理地址。
- **网络层（IP）**：主要功能是负责将数据报送到目的主机。具体包括：处理来自传输层的分组发送请求，将分组装入 IP 数据报，选择路径，然后将数据报发送到相应数据线上；处理接收的数据报，检查目的地址，若需要转发，则选择发送路径转发，若目的地址为本节点地址，则除去报头，将分组交送传输层处理；处理互联网路径、流控与拥塞问题。
- **传输层**：主要功能是负责应用进程之间的端到端通信。该层中的两个最主要的协议是 TCP 协议和 UDP 协议。TCP 协议是一种可靠的面向连接的协议，它允许将一台主机的字节流无差错地传送到目的主机。TCP 同时要完成流量控制功能，协调收发双方的发送与接收速度以达到正确传输的目的。UDP 协议提供无连接报文传送，这种服务没有差错恢复或流量控制机制，分组传输顺序检查与排序由应用层实现。UDP 一般用于要求速度快但不一定要求可靠传送的场合。
- **应用层**：是 TCP/IP 协议族的最高层，它规定了应用程序怎样使用互联网。它包括远程登录协议（TELecommunication NETwork，TELNET）、文件传输协议（File Transfer Protocol，FTP）、电子邮件协议（Simple Mail Transfer Protocol，SMTP）、域名服务协议（Domain Name System，DNS）及超文本传送协议（Hypertext Transfer Protocol，HTTP）等。

TCP/IP 协议族通常不仅仅是指两个众所周知的协议，即 TCP 和 IP，同时也包括其他相关的协议，例如 UDP、互联网控制消息协议（Internet Control Massage Protocol，ICMP）及一些基本的应用，如 HTTP、TELNET、FTP 等。TCP/IP 协议族的基本结构如图 4.12 所示。

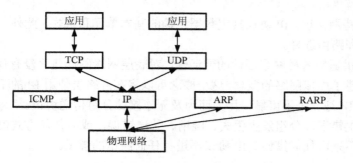

图 4.12 TCP/IP 协议族的基本结构

2. 用户数据报协议（UDP）

UDP 是一个不可靠的无连接的传输层协议，它是一个非常简单的协议，只提供除 IP 范围外的两种额外服务：解复用和数据差错检查。前面曾提到，IP 知道如何将一个分组送到一个主机，但是不知道怎样将它送到主机的一个特定应用。UDP 增加了可以区分一个主机中多个不同应用的机制。前面还曾提到，IP 只能检查它的报头的正确性，而 UDP 可以随意检查整个 UDP 数据报的正确性。使用 UDP 的应用包括简单的 FTP、DNS、SNMP（Simple Network Management Protocol）以及实时传送协议（Real-time Transport Protocol，RTP）。

UDP 数据报的格式如图 4.13 所示，目的地端口允许给定主机的 UDP 模块对数据报解复用，并将数据传递给相应正确的应用程序。源端口标识源主机中为接收应答的特定应用。UDP 长度字段以字节为单位，它表示 UDP 数据报的长度（包括报头和数据）。

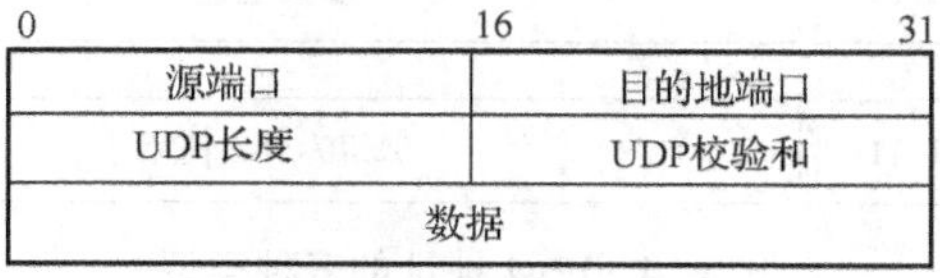

0	16	31
源端口	目的地端口	
UDP长度	UDP校验和	
数据		

图 4.13 UDP 数据报

3. 传输控制协议（TCP）

TCP 和 IP 是互联网的主要承担者。TCP 在 IP 的基础上提供可靠的面向连接的流服务，为了能够做到这点，TCP 使用了选择性重发 ARQ（Automatic Repeat-reQuest）。TCP 协议传送数据包括连接的建立、数据的传送和连接终止三个步骤。

- **连接的建立**：在发送数据之前，必须建立一个连接。TCP 使用三次握手过程来建立连接。

- **数据传送**：为给应用提供可靠的传递服务，TCP 采用肯定确认的选择性重发 ARQ 协议，并用滑动窗口的方法来实现这个协议。这里的窗口滑动以字节为计算依据，而不是以分组为计算依据。通过动态地通报窗口尺寸，TCP 还可以在连接上应用流量控制。
- **TCP 连接终止**：TCP 规定每个方向上的连接是独立终止的。当应用告诉 TCP 已经没有数据要发送时，TCP 则启动终止连接。

4．IP 协议

IP 协议是因特网协议。IP 协议规定数据传输的基本单元和格式。此外，IP 协议还定义数据包的递交办法和路由选择。

IP 协议能提供适应各种网络硬件的灵活性，对底层网络硬件几乎没有任何要求，隐藏底层物理网络并创建了虚拟网络的概念，这个概念可以将在网络层使用 IP 的不同类型的物理网络看做 IP 网络。IP 是一个不可靠、尽力而为及无连接的分组传送协议。"尽力而为"意味着如果某些方面发生错误及分组发生丢失、混淆、传送错误，或以任何方式没有到达它想去的目的地，则网络不采取任何措施。IP 协议不进行任何纠错的尝试。

IPv4 协议

IPv4 是第四版的 IP 协议，其寻址由网络部分和主机部分组成。IPv4 使用 32 位地址，分为两个部分：前面的部分代表网络地址，后面部分代表局域网地址。IP 地址的五种类型如图 4.14 所示。

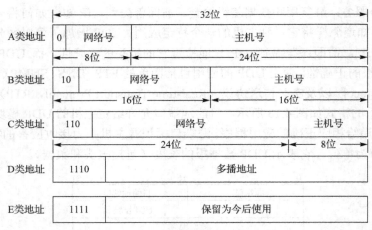

图 4.14　IPv4 地址的五种类型

IPv4 并不区分作为网络终端的主机和网络中间设备（如路由器）之间的差别。每台计算机可以既作为主机又可以作为路由器。路由器用来连接不同的网络。所有用路由器联系起来的这些网络的总和就是互联网。IPv4 技术既适用于局域网也适用于广域网。一个 IP 包从发送方出发到接收方收到，往往要通过路由器连接的许多不同的网络。每个路由器都拥有如何传递 IP 包的路由表。路由表中记录不同网络的路径，在这里每个网络都被看成一个目标网络。路由表中的记录由路由协议管理，记录可以是静态的，也可以是动态的。常用的路由协议有：路由信息协议（Routing Information Protocol，RIP）、开放式最短路径优先协议（Open Shortest

Path Fast，OSPF)、中介系统对中介系统协议(Intermediate System-Intermediate System，IS-IS)、
边界网关协议（Border Gateway Protocol，BGP)、ICMP。

IPv4 在地址容量、选路、划分子网、无类域间选路、网络地址翻译、网络管理与配置、
服务类型、IP 选项和安全性等方面都存在问题，由此引发研究人员对 IP 协议的进一步研发，
进而产生了 IPv6 协议。

IPv6 协议

与 IPv4 相比，IPv6 具有简化的报头和灵活的扩展包头、层次化的地址结构、即插即用
的联网方式、网络层的认证与加密、服务质量的满足、对移动通信支持得更好等优点。

IPv6 的地址体系采用多级体系，其地址格式如图 4.15 所示，地址的大小是 128 比特。
图 4.15(a)是基于提供者的全局单播地址，用来为全世界连接在 Internet 上的主机分配单播地址。

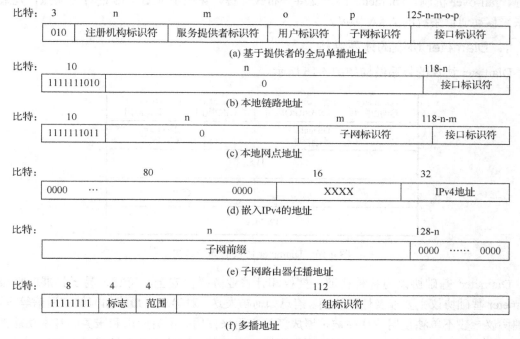

图 4.15　IPv6 地址格式

图 4.15(b)和(c)分别是本地链路和本地网点地址。

推广使用 IPv6 的一个重要问题就是要和 IPv4 兼容。向 IPv6 过渡的过程很长，因此 IPv6
和 IPv4 会长期共存。过渡采用的方法是将 32 比特的 IPv4 地址嵌入到 IPv6 地址中的低 32 比
特，其前缀或者是 96 个 0（这叫做 IPv4 兼容的 IPv6 地址)，或者是 80 个 0 后面跟上 16 个 1
（这叫做 IPv4 映射的 IPv6 地址)。图 4.16(d)就是嵌入 IPv4 的地址。

图 4.15(e)是任播地址的一种特殊形式。子网前缀字段（例如，可以是图 4.16(a)的前 5 个
字段）标识一个特定的子网，而最后的接口标识符字段置为零。所有发送到这样的地址的数
据包将交付到该子网上的某一个路由器，最后再将一个正确的接口标识符写入到最后一个字
段以形成一个完整的单播地址。

图 4.15(f)是多播地址。标志字段目前只有两种情况，0000 表示一个永久性的多播地址，

而 001 表示临时性的多播地址。范围字段的值为 0～15，用来限定主机组的范围。现在已分配的值是：1 本地节点，2 本地链路，5 本地网点，8 本地组织，14 全球范围。

4.3.3　Diameter 协议

Diameter 协议被 IETF 的 AAA 工作组作为下一代的 AAA 协议标准。Diameter 是远程身份验证拨入用户服务协议（Remote Authentication Dial In User Service，RADIUS）的升级版本。该协议包括基础协议、网络访问协议（Network Access Service，NAS）、移动 IP 协议（Mobile IP，MIP）、编码消息语法协议（Code Message Syntax，CMS）等。Diameter 协议支持移动 IP、NAS 请求和移动代理的认证、授权和计费工作。协议的实现和 RADIUS 类似，也是采用 AVP（Attribute Length Value）属性值对（采用三元组形式）来实现的，但是其中详细规定了错误处理、fail-over 机制。Diameter 协议支持分布式计费，克服了 RADIUS 的许多缺点，是最适合未来移动通信系统的 AAA 协议。

1．Diameter 协议的体系结构

Diameter 协议的体系结构如图 4.16 所示。

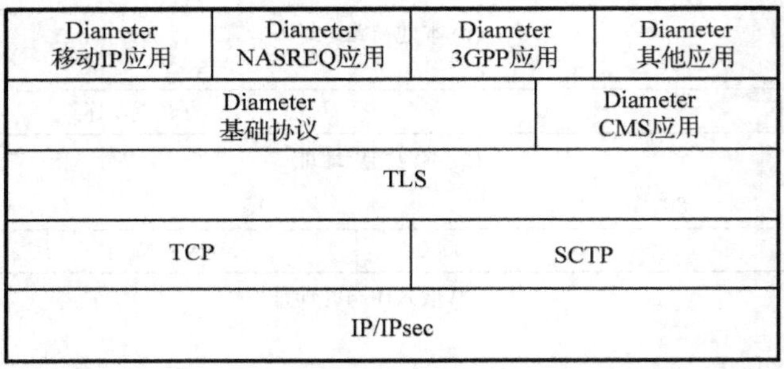

Diameter 移动IP应用	Diameter NASREQ应用	Diameter 3GPP应用	Diameter 其他应用
Diameter 基础协议			Diameter CMS应用
TLS			
TCP		SCTP	
IP/IPsec			

图 4.16　Diameter 协议的体系结构

Diameter 基础协议为各种认证、授权和计费业务提供安全、可靠、易于扩展的框架。Diameter 基础协议主要涉及性能协商、消息如何被发送、对等双方最终如何结束通信等方面。基础协议一般不单独使用，往往被扩展成新的应用来使用。所有应用和服务的基本功能都在基础协议中实现，应用特定功能则是由扩展协议在基础协议的基础上扩展后实现的。

2．Diameter 基础协议

Diameter 基础协议设定通信是以对等的模式进行的，而不是客户/服务器模式，其注重能力协商、消息发送及对等端如何最终被拒绝。同时，基础协议还制订了特定规则来进行 Diameter 节点之间所有的信息交换。Diameter 基础协议旨在提供一个 AAA 框架以用于各种应用。其主要的设计思想为

- 保持基础协议的轻巧和简单，易于实现协议。
- 能同时支持大量的请求。
- Diameter 网络节点运行在 TCP 上，能够提供可靠传输并具有重传机制，由传输层来提供可靠性。
- 具有能快速检测出不可到达对等端的能力，并有很好的故障切换机制。

- Diameter 协议要求代理链上的每一个节点响应或确认每一个请求，代理链上的每一个节点有责任对没有响应的消息进行重传。所有的消息都要有应答，而不能被无声丢弃。
- Diameter 协议是对等模式的协议，允许主动地将消息发送到接入服务器。
- 每一个认证/授权流有一个与之对应的会话，会话通过一个会话标识符来标识，该标识符在给定时间内是全局唯一的，所有后续的 Diameter 事务（如计费）必须包含这个会话标识，以用来引用这个会话。
- 支持重定向服务。

3. Diameter 节点

在 Diameter 协议中，包括多种类型的 Diameter 节点。除了 Diameter 客户端和 Diameter 服务器外，还有 Diameter 中继、Diameter 代理、Diameter 重定向器和 Diameter 协议转换器。

- **Diameter 中继**：能够从 Diameter 请求消息中提取信息，再根据 Diameter 基于域的路由表的内容决定消息发送的下一跳 Diameter 节点。Diameter 中继只对过往消息进行路由信息的修改，而不改动消息中的其他内容。
- **Diameter 代理**：根据 Diameter 路由表的内容决定消息发送的下一跳 Diameter 节点。此外，Diameter 代理能够修改消息中的相应内容。
- **Diameter 重定向器**：不对消息进行应用层的处理，它统一处理 Diameter 消息的路由配置。当一个 Diameter 节点按照配置将一个不知道如何选路的请求消息发给 Diameter 重定向器时，重定向器将根据其详尽的路由配置信息，把路由指示信息加入到请求消息的响应里，从而明确地通知该 Diameter 节点的下一跳 Diameter 节点。
- **Diameter 协议转换器**：主要用于实现 RADIUS 与 Diameter 之间的协议转换。

上述各种 Diameter 节点通过配置建立一对一的网络连接，共同组成一个 Diameter 网络。UMTS/IMS/EPC 等核心网络都会用到 Diameter 信令。使用 Diameter 的场景包括 EPC 漫游、计费、控制策略及 HSS（Home Subscriber Server）接入等。EPC 中的 Diameter 信令组网如图 4.17 所示。

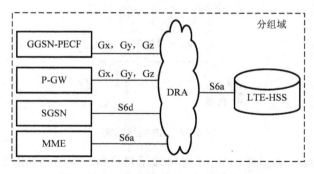

图 4.17　EPC 中的 Diameter 信令组网

EPC 漫游场景主要使用在 MME（Mobile Manage Equipment）与 HSS 之间的 S6 接口上。在 EPC 建网初期，就应设置 Diameter 信令转接节点、转接漫游地SGSN、MME 与归属地 HSS 之间的 Diameter 信令，以实现 EPC 用户的鉴权和移动性管理功能。

4.3.4　SIP 协议

1．SIP 定义

SIP（Session Initiation Protocol）是一个应用层的信令控制协议，用于创建、修改和释放包含一个或多个参与者的会话。这些会话可以是 Internet 多媒体会议、IP 电话或多媒体分发。会话的参与者可以通过组播、网状单播或两者的混合体进行通信。SIP 是类似于 HTTP 的基于文本的协议。SIP 可以减少高级应用的开发时间。

SIP 既不是会话描述协议，也不提供会话控制功能。为了描述消息内容的负载情况和特点，SIP 使用 Internet 的会话描述协议来描述终端设备的特点。SIP 自身也不提供服务质量保证，它与负责语音质量的资源保留设置协议互操作。它还与负责定位的轻型目录访问协议、负责身份验证的 RADIUS 及负责实时传输的 RTP 等多个协议进行协作。SIP 的一个重要特点是它不定义要建立的会话的类型，而只定义应该如何管理会话。有了这种灵活性，也就意味着 SIP 可以用于众多应用和服务，具体包括交互式游戏、音乐和视频点播，以及语音、视频和 Web 会议。SIP 消息是基于文本的，因而易于读取和调试。新服务的编程更加简单，对于设计人员而言更加直观。对 SIP 的扩充易于定义，可由服务提供商在新的应用中添加，不会损坏网络。网络中基于 SIP 的旧设备不会妨碍基于 SIP 的新服务。

SIP 使用 UDP 和 TCP 将独立于底层基础设施的用户灵活地连接起来。SIP 支持多设备功能调整和协商。

2．SIP 网络结构

SIP 网络结构如图 4.18 所示。

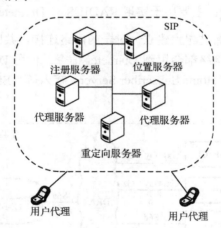

图 4.18　SIP 网络结构

- **用户代理**（User Agent，UA）：是终端用户设备，其核心功能是代表用户发起/终止会话邀请请求。如用于创建和管理 SIP 会话的移动电话、多媒体手持设备、PC、PDA 等。用户代理客户机发出消息，用户代理服务器对消息进行响应。
- **代理服务器**（Proxy Server）：其核心功能是作为服务器接受用户的会话请求，查询注册服务器获取收件方 UA 的地址信息，完成用户请求的接入鉴权和选路，之后作为客户机转发用户的会话请求，最后将会话邀请信息直接转发给收件方 UA（UA 位于同一域中）或代理服务器（UA 位于另一域中）。

- 注册服务器（Registrar Server）：包含域中所有用户代理位置的数据库，其核心功能是接收并处理用户的注册、查询、注销请求，对用户的请求进行鉴权，为位置服务器中登记、查询、取消用户提交的实际使用地址建立绑定关系，维持实际地址绑定关系的生存周期。如果用户超过生存周期没有再次注册以刷新绑定关系，则认为用户撤销了该绑定。在 SIP 通信中，这些服务器会检索参与方的 IP 地址和其他相关信息，并将其发送到 SIP 代理服务器。

- 重定向服务器（Redirect Server）：其核心功能是作为服务器接受用户的会话请求，完成用户请求的路由，之后将路由结果作为响应反馈给用户。这个响应反馈提供的是多个备选地址，可以是用户的实际地址，也可以是路由发出的最可能提供服务的地址等。重定向服务器允许代理服务器将 SIP 会话邀请信息定向到外部域。

SIP 能够连接任何 IP 网络（有线 LAN 和 WAN、公共 Internet 骨干网、移动 2.5G、3G 和 Wi-Fi）和任何 IP 设备（电话、PC、PDA、移动手持设备）的用户，从而出现了众多利润丰厚的新商机，改进了企业和用户的通信方式。基于 SIP 的应用（如 VoIP、多媒体会议、按键通话、定位服务、在线信息）即使单独使用，也会为服务提供商、网络设备供应商和开发商提供许多新的商机。不过，SIP 的根本价值在于它能够将这些功能组合起来，形成各种更大规模的无缝通信服务。

4.3.5 H.323 协议

H.323 协议是 1996 年提出的一套在分组网上提供实时音频、视频和数据通信的标准；是 ITU-T 制定的在各种网络上提供多媒体通信的系列协议 H.32x 的一部分；是在分组网上支持语音、图像和数据业务的最成熟的协议。采用这个协议，各个不同厂商的多媒体产品和应用可以进行相互操作，用户不必考虑兼容问题。该协议为商业用户和个人用户基于 LAN、MAN 的多媒体产品协同开发奠定了基础。

1．H.323 的体系结构

H.323 的体系结构如图 4.19 所示。

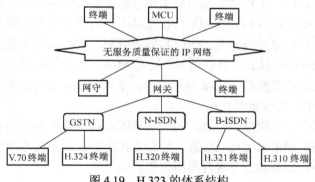

图 4.19　H.323 的体系结构

H.323 是一个框架性建议，它涉及终端设备、视频/音频和数据传输、通信控制、网络接口方面的内容，还包括了组成多点会议的多点控制单元（Multi-point Control Unit，MCU）、多点控制器（Multi-point Controller，MC）、多点处理器（Multi-point Processor，MP）、网关及网守等设备。它的基本组成单元是域。所谓域是指一个由网守管理的网关、MCU、MC、MP 和所有终端组成的集合。一个域最少包含一个终端，而且必须有且只有一个网守。H.323系统中各个逻辑组成部分称为 H.323 的实体，其种类有终端、网关、MCU、MC、MP。其中终端、网关和 MCU 是 H.323 的终端设备，是网络中的逻辑单元。终端设备可以作为主叫或被叫，而有些实体是不能作为被叫的，如网守。H.323 包括了 H.323 终端与其他终端之间通过不同网络的端到端连接。

　　H.323 协议提供了系统及组成部分的描述、语音及视像编码、呼叫方式及呼叫信令规程等，但不提供服务质量保证。1998 年 H.323 V2 中增加了补充业务（H.450.1～H.450.3）、系统控制（H.225.0/H.245）及安全（H.235）等内容。H.323 V3 中又增加了呼叫保持、呼叫暂停和代答、呼叫等待、消息等待、识别服务及忙时呼叫完成（H.450.4～H.450.8）等内容。H.323 制定了无 QoS 保证的分组网络上的多媒体通信系统标准，这些分组网络主宰了桌面系统，包括基于 TCP/IP 和国际分组交换（Internet Packet Exchange ，IPX）的以太网、快速以太网、令牌网等技术。H.323 标准为 LAN、WAN、Internet 上的多媒体通信应用提供了技术基础和保障。在 H.323 体系结构中的 H.320 是在 N-ISDN 上进行多媒体通信的标准，H.321是在 B-ISDN 上进行多媒体通信的标准，H.322 是在有服务质量保证的 LAN 上进行多媒体通信的标准，H.324 是在普通电话网和无线网络上进行多媒体通信的标准。

2．H.323 协议栈

H.323 协议栈是一个有机的整体，根据功能可以将其分为 4 类协议，包括：

- H.323：系统的总体框架
- H.263：视频编解码
- H.723.1：音频编解码
- H.225：数据流的复用

4.3.6　H.248 协议

1．H.248 协议介绍

H.248 协议是 2000 年由 ITU-T 第 16 工作组提出的媒体网关控制协议，它是在早期的MGCP（Media Gateway Control Protocol）协议基础上，结合其他媒体网关控制协议特点改进而成的。H.248 提供控制媒体的建立、修改和释放机制，同时也可携带某些随路呼叫信令，支持传统网络终端的呼叫。H.248 协议是用于连接 MGC 与 MG 的网关控制协议，应用于媒体网关与软交换之间及软交换与 H.248 终端之间，是软交换应支持的重要协议，在构建开放和多网融合的 NGN 中发挥着重要作用。

　　H.248 协议是网关分离概念的产物。网关分离的核心是业务和控制分离，控制和承载分离。这样使业务、控制和承载可独立发展，运营商在充分利用新技术的同时，还可提供丰富多彩的业务，通过不断创新的业务提升网络价值。

2．H.248 协议的功能

H.248 协议的功能可概括为以下几点：

- 完成IP 电话互通，将 PSTN 用户的话音进行编码、打包后在 IP 网上传输，同时将 IP 网传来的数据包解包、解码后交给 PSTN 用户。
- 处理信令消息。
- 负责网关内部资源管理及呼叫连接过程的管理。

4.4 电路域

在图 4.1 所示的核心网结构中，电路域的各种网络的执行部分由接续设备完成，而控制部分都由软交换设备负责。

4.4.1 电路交换技术

1．电路交换原理

电路交换技术是出现最早的一种交换方式，是一种以电路连接为目的的实时交换方式。电路交换起源于电话交换系统，现已有一百多年的历史，主要应用于电话网中，也可用于数据通信。电路交换就是在两个用户之间建立一条临时专用的电路（路径）作为这两个用户之间的通信线路。即暂时连接、独占一条路径并保持到连接释放为止。电路交换是一种面向连接的交换，其通信过程为：电路建立→消息传送→电路释放三个阶段。

- **电路建立**：在通信之前，在两个用户之间建立一条专用的物理通信路径，该通路一直维持到通话结束。
- **消息传送**：当通路建立后，两用户就可进行实时的、透明的消息传送（即在交换节点处不存储和处理信息，连续传送）。
- **电路释放**：当通话完毕，一方或双方要求拆除此连接，该通路即被释放。

电路交换方式可分为空分交换和时分交换：

- 空分交换是入线在空间位置上选择出线并建立连接的交换。n 条入线通过 $n \times m$ 接点矩阵选择到 m 条出线或某一指定出线，但接点同一时间只能为一次呼叫使用，直到通信结束才释放。
- 时分交换基于同步时分复用技术，通过时隙交换网络完成信息的时隙交换，从而做到入线和出线间信息的交换。

2．电路交换特点

电路交换采用同步时分复用和同步时分交换技术，其特点如下。

电路交换的主要优点

- 信息传输时延小，电路交换适用于交互式实时的话音通信。信息的传输时延主要包括经过交换节点的时延和链路上的传输时延。在电路交换中，前者为零（在节点处不需缓冲存储），后者可以忽略，故传输时延小。
- 对数据信息的格式和编码类型没有限制，只要通信双方类型一致即可。
- 交换机对用户信息不进行存储和处理，信息在电路中"透明"传输，用户信息中不必附加控制信息，故交换机处理开销小，传输效率较高。

- 硬件实现较容易。电路交换完成的功能相当于 OSI 模型的第一层功能，即只完成电路连接，在物理层交换，对信息不处理，不需要使用网络协议，降低了软件的复杂性。

电路交换的缺点

- 信道利用率低。两用户通信过程中，通信双方要一直独占一条通信线路或同步时分复用线上的一个信道，固定分配带宽资源（带宽固定），即使占用期间无信息在传输，电路也一直被占用，直至通信结束，因而信道利用率低；计费是根据通话时间进行的，由于信道专用，占用时间长，不适合于传送突发性的数据业务。
- 电路的接续时间较长。建立及拆除电路连接要占用一定的时间。
- 存在呼损。由于采用固定分配信道的方式，当一方用户忙或过载时呼叫被阻塞（拒绝继续呼叫），即会产生呼损。
- 不同类型的用户终端之间不能相互通信。在传输速率、信息格式、编码类型、同步方式及通信规程等方面通信双方应一致，即无速率和码型、协议的变换。这就要求通信双方类型一致。
- 通信双方必须同时处于激活可用状态，方可完成通信。

根据电路交换的特点可知，电路交换适合于通信量大、用户确定、连续占用信道的情况，如话音传送、中低速文件传送、传真业务等，不适合于具有突发性、断续占用信道、对差错敏感的数据业务。在实现固话业务的网关中接续部分采用的是电路交换，而其控制部分是由软交换技术来完成的。

4.4.2　软交换技术

软交换的概念最早起源于美国。当时在企业网络环境下，用户采用基于以太网的电话，通过一套基于 PC 服务器的呼叫控制软件，实现用户级交换机（Private Branch eXchange，PBX）功能。

根据国际软交换论坛的定义，软交换是基于分组网，利用程控软件提供呼叫控制功能和媒体处理相分离的设备和系统。因此，软交换的基本含义就是将呼叫控制功能从媒体网关（传输层）中分离出来，通过软件实现基本呼叫控制功能，从而实现呼叫传输与呼叫控制的分离，为控制、交换和软件可编程功能建立分离的平面。软交换主要提供连接控制、翻译和选路、网关管理、呼叫控制、带宽管理、信令、安全性和呼叫详细记录等功能。与此同时，软交换还将网络资源、网络能力封装起来，通过标准开放的业务接口和业务应用层相连，可方便地在网络上快速提供新的业务。

软交换的核心是一个采用标准化协议和应用编程接口的开放体系结构，体系结构的重要特性还包括应用分离、呼叫控制和承载控制。

1．软交换技术的基本要素

软交换有三个基本要素，分别是：生成接口、接入能力和支持系统。

- **生成接口**：软交换提供业务的主要方式是通过应用编程接口与应用服务器配合以提供新的综合网络业务。与此同时，为了更好地兼顾现有通信网络，它还能与智能网中已有的 SCP 配合以提供传统的智能业务。

- **接入能力**：软交换可以支持众多的协议，以便对各种各样的接入设备进行控制，最大限度地保护用户投资并充分发挥现有通信网络的作用。
- **支持系统**：软交换采用了一种与传统操作管理维护系统完全不同的、基于策略的实现方式来完成运行支持系统的功能，按照一定的策略对网络特性进行实时、智能、集中式的调整和干预，以保证整个系统的稳定性和可靠性。

作为分组交换网络与传统 PSTN网络融合的全新解决方案，软交换将 PSTN 的可靠性和数据网的灵活性很好地结合起来，是新兴运营商进入语音市场的新的技术手段，也是传统语音网络向分组语音演进的方式。

2．基于软交换技术的网络结构

软交换是下一代网络的核心设备之一，各运营商在组建基于软交换技术的网络结构时，必须考虑到与其他各种网络的互通。基于软交换技术的网络结构如图 4.20 所示。

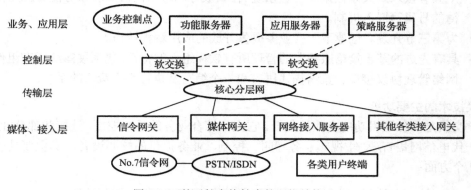

图 4.20　基于软交换技术的网络结构

由图 4.20 可以看出，软交换位于网络控制层，它实现了基于分组网利用程控软件提供呼叫控制和媒体处理相分离的功能。

软交换与业务、应用层之间的接口提供访问各种数据库、第三方应用平台、功能服务器等功能，实现对增值业务、管理业务和第三方应用的支持。其中软交换与应用服务器间的接口可采用SIP，提供对三方应用和增值业务的支持；软交换与策略服务器间的接口对网络设备工作进行动态干预，可采用 COPS（Common Open Policy Service）协议；软交换与运营支撑系统间的接口实现网络管理，采用 SNMP 协议；软交换与智能网SCP之间的接口实现对智能网业务的支持，采用智能网应用协议（Intelligent Network Application Protocol，INAP）。

软交换技术主要用于处理实时业务，如语音业务、视频业务、多媒体业务等。软交换机与其他固网、移动等设备间的交互，可采用 SIP-T、H.323 或 BICC 协议。

软交换的目标是在媒体设备和媒体网关的配合下，通过计算机软件编程的方式实现对各种媒体流进行协议转换，并基于分组网络的架构实现 IP 网、ATM 网、PSTN 网等的互连，以提供和电路交换机具有相同功能并便于业务增值和灵活伸缩的设备。

3．软交换技术的主要特点和功能

软交换技术的主要特点

- 支持各种不同的 PSTN、ATM 和 IP 协议等网络的可编程呼叫处理系统。

- 可方便地运行在各种商用计算机和操作系统上。
- 高效灵活性。例如：
  - ✓ 软交换加上一个中继网关便是一个长途/汇接交换机的替代，在骨干网中具有 VoIP 功能。
  - ✓ 软交换加上一个接入网关便是一个语音虚拟专用网/专用小交换机中继线的替代，在骨干网中具有VoIP功能。
  - ✓ 软交换加上一个远程访问服务（Remote Access Service，RAS），便可利用公用承载中继来提供受管的调制解调器的业务。
  - ✓ 软交换加上一个中继网关和一个本地性能服务器便是一个本地交换机的替代，在骨干网中具有 VoIP 功能。
- 开放性。通过一个开放、灵活的号码簿接口便可以利用智能网业务。例如，它提供一个具有接入到关系数据库管理系统、轻量级号码簿访问协议和事务能力应用部分号码簿的号码簿嵌入机制。
- 为第三方开发者创建下一代业务提供开放的应用编程接口。
- 具有先进的基于策略服务器的管理所有软件组件的特性。包括展露给所有组件的简单网络管理协议接口、策略描述语言和一个编写及执行客户策略的系统。

软交换技术的主要功能

软交换是多种逻辑功能实体的集合，它提供综合业务的呼叫控制、连接和部分业务功能，是下一代电信网语音/数据/视频业务呼叫、控制、业务提供的核心设备。其主要功能表现在以下几个方面：

- 呼叫控制和处理，为基本呼叫的建立、维持和释放提供控制功能。
- 协议功能，支持相应标准协议，包括 H.248、SCTP、H.323、SNMP、SIP 等。
- 业务提供功能，可提供各种通用的或个性化的业务。
- 业务交换功能，控制各种业务的交换。
- 互通功能，可通过各种网关实现与响应设备的互通。
- 资源管理功能，对系统中的各种资源进行集中管理，如资源的分配、释放和控制。
- 计费功能，根据运营需求将话单传送至计费中心。
- 认证/授权功能，可进行认证与授权，防止非法用户或设备接入。
- 地址解析功能和语音处理功能。

4.4.3　电路域核心网举例

1. 基于软交换的 PSTN 网

PSTN 是公共交换电话网络，包括本地网和长途网两部分。在图 4.21 所示的基于软交换的 PSTN 网络中，软交换设备包括本地软交换设备和长途软交换设备，分别负责控制本地话务和长途话务的接续。

TG（Tandem Gateway）为长途中继网关，负责长途话务的中继接入，与软交换及信令网关配合实现传统的长途局的功能，一般放置在长途局的位置。

MGW（Media Gateway）为媒体网关，负责本地话务的中继接入，与软交换及信令网关配合实现传统的本地局的功能，一般放置在本地局的位置。

SG（Signaling Gateway）为信令网关，负责 PSTN 网络与 IP 网络间信令的互通。

AG（Access Gateway）为接入网关，是用户网络接入软交换核心的入口。负责大容量密集用户或各种接入网用户的综合接入。

PSTN 与软交换部分是通过 IP 网承载进行信令及控制信息的传递的。

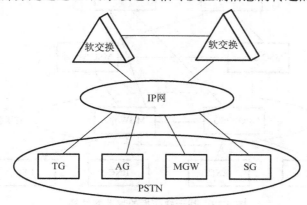

图 4.21　基于软交换的 PSTN 网

2．基于软交换的移动通信网

基于软交换的移动网遵循 R4 规范。R4 核心网实现了移动软交换服务器（MSC Server）和 MGW 的物理分离。R4 无线网络技术规范中没有网络结构的改变，而是增加了一些接口协议的增强功能和特性。

R4 的主要变化在于将 R99 的 CS 中的 MSC 分解成两个功能实体，即 MSC Server 与其控制的 MGW。其中，MSC Server 主要用来完成对信令和呼叫的控制，而 MGW 则主要进行媒体流的处理。在这一模式中，MSC Server 与 MGW 之间采用 H.248 协议，MSC Server 之间采用 BICC 协议。可以由同一 MSC Server 来控制分布在各本地网的多个小容量 MGW，MSC Server 相对于 R99MSC 具有更大的容量，交换局少、网络规模小，可通过 MSC Server 间直连实现扁平化。网络 MSC Server 处于一个平面，采用扁平化的全网状连接，每一个 MSC Server 都和其他 MSC Server 存在直接信令联系，只要相关信令通过 MSC Server 协商完成就可以建立端到端承载。采用扁平的话路网结构，无须话路汇接，在网络规模较小的情况下，MSC Server 个数相对较少，每一个 MSC Server 配置到其他 MSC Server 的直接信令数据并不复杂，单平面路由方式就可以满足组网要求，而且不需要设置 TMSC Server，这样也降低了建网成本和网络复杂度。但是单平面路由要求全网 MSC Server 都必须了解全网的路由结构，当增加或减少任意 MSC Server 时，所有的其他 MSC Server 都必须进行相应的路由数据的修改。

R4 在核心网上的主要特性为

- 电路域的呼叫与承载分离：将 MSC 分为 MSC Server 和 MGW，使呼叫控制和承载完全分开。
- 核心网内的 No.7 信令传输中支持 No.7 信令在两个核心网络功能实体间以基于不同网络的方式来传输，如基于 MTP、IP 和 ATM 网传输。

- R4 在业务上对 99 版本做了进一步的增强，可以支持电路域的多媒体消息业务，增强紧急呼叫业务、MexE、实时传真（支持 3 类传真业务）及由运营商决定的阻断（允许运营商完全或根据要求在分组数据协议建立阶段阻断用户接入）。

R4 规范下基于软交换的移动网如图 4.22 所示。

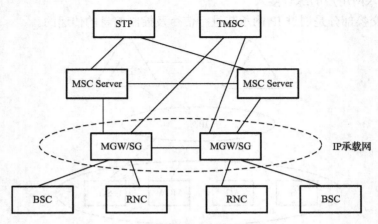

图 4.22　基于软交换的移动网结构

MSC Server 为移动软交换服务器，负责所有的呼叫控制，如呼叫建立、呼叫转移、位置更新、路由、切换、计费、话务统计等。

TMSC（Tandem Mobile Switching Center）为汇接移动交换中心，在软交换前同时处理信令面/用户面，在软交换后分为两部分：TMSC Server 和 TMG，前者处理信令面，后者处理用户面。

RNC（Radio Network Controller）为无线网络控制器，是无线网络中的主要网元，是接入网络的组成部分，负责移动性管理、呼叫处理、链路管理和移交机制。

BSC（Base Station Controller）为基站控制器，是基站收发台和移动交换中心之间的连接点，也为基站收发台和操作维修中心之间交换信息提供接口。

MGW 为媒体网关，负责移动话务的中继接入，与软交换及信令网关配合实现传统的移动局的功能。

SG 为信令网关。

4.4.4　电路域的发展

随着中国 3G 和 4G 牌照的发放，整个通信网都向着扁平化发展。电路域核心网主要承载语音业务，传统的固定 TDM 交换机与固定软交换将被 IMS 网络替代；移动 TDM 交换机将被移动软交换设备替代。随着 IP 化改造的全面部署，核心网电路域承载将逐步退出历史舞台。电路域在承载方面的最终发展目标是话路和信令全 IP 承载。

承载基于 IP 组网可以实现承载层 MGW 的完全扁平化。MGW 不需要分层组网，即 TMSC Server 不需要控制 MGW，不需要分级，语音传送时直接进行 MGW 的端到端寻址和数据包发送。同时，可应用免（无）声码器操作（Transcoder Free Operation，TFO）技术，减少语音编解码次数，提高通信质量。

控制层方面，网络规模小的情况下采用单平面网络，网络规模大的情况下采用分级路由。

1. 固网方面

3GPP R7 标准从 2005 年 3 月启动，在引入新业务，如 CSI、VCC、E2EQoS、PCC、IMS 拓展到固网领域等方面开展了更深入的研究。

狭义上的 NGN 就是指以软交换为呼叫控制核心、在分组交换网上提供实时语音和多媒体业务的软交换网络。业界也把软交换网络称为第三代固网（也叫固网 3G）。如果采用移动 3G 中提出的IMS思路，对软交换中的功能模块进一步分解和标准化，软交换就成为了固网 IMS。

2. 移动网方面

移动核心网电路域普遍采用 2G/3G 共核心网的方式。在移动网的发展过程中相继出现了 3GPP 的 R 系列规范。其中：

- R5 规范完成对 IMS 的定义，R5 的完成为转向全 IP 网络的运营商提供一个开始建设的依据。由于 IMS 是 R5 的一个主要特性，3GPP 技术标准组对其进行了多次讨论与研究。IMS 定位在完成电路域未能为运营商提供的多媒体业务，而不是代替已成熟的电路域业务，从而更好地兼容 99 版本以完成系统平滑演进的过程。
- R6 规范对核心网系统架构未做大的改动，主要是对 IMS 技术进行了功能增强，尤其是对 IMS 与其他系统的互操作能力做了完善，如 IMS 和外部 IMS、与 CS、与 WLAN 之间的互通等，并引入了策略控制功能实体 PCRF 作为 QoS 规则控制实体。业务方面，增加了对广播多播业务的支持；对 IMS 业务，如 Presence 业务、多媒体会议业务、一键通业务等进行了定义和完善。
- R7 规范继续对 IMS 技术进行增强，提出了语音连续性、CS 域与 IMS 域融合业务等课题，在安全性方面引入了 Early IMS 技术，以解决 2G 卡接入 IMS 网络的问题；提出了策略控制和计费的新架构。在业务方面，R7 对组播业务、IMS 多媒体电话、紧急呼叫等业务进行了严格定义，使整个系统的业务能力进一步丰富。
- R8 规范是 LTE 的第一个版本，重点针对 LTE/SAE。R8 的 LTE 是一种 3.9G 或准 4G 标准，它以 OFDM、MIMO 等先进的物理层技术为核心，改进并增强了 3G 空中接口技术。在 2×2 MIMO、20MHz 频谱带宽下能够提供下行 100Mb/s 与上行 50Mb/s 的理论峰值速率（在采用 4×4 MIMO 时，下行峰值速率甚至可达 326Mb/s）；支持 FDD 和 TDD 两种工作方式，并支持高达 500km/h 的高速移动。
- R9 版本成为 LTE-A（LTE-Advanced）的初始版本，在 R10 中得以完善。
- R10 是 R8 的增强版本，兼容 R8，其理论峰值速率分别达到了下行 1Gb/s、上行 500Mb/s 的水平，因此被称为 LTE-A，也就是所谓的 4G 技术。

4.5 分组域

在图 4.1 所示的核心网结构中，分组域的功能是由路由器及各种网关实现的。

4.5.1　分组交换技术

数据通信与语音通信不同，其特点是具有突发性、信息断续占用信道、不要求实时通信、要求误码率低等。因此在分组域中采用具有存储转发机制的分组交换技术。

1．存储－转发方式

存储－转发方式是指当某一交换节点收到要求转换到另一交换节点去的某一信息（报文或分组），但该线路或其他设施都已被占用，该信息需在此交换节点存储起来排队，等输出线路空闲时再被转发至下一个节点。在下一节点再存储－转发，直至到达目的地。

此方式的优点是线路利用率高，缺点是由于信息需在交换节点处存储排队等待，故时延大，它适用于突发性的数据传送。当数据传送要求低误码率而对实时性无要求时，可不太考虑时延的影响。

2．报文交换

报文交换（Message Switching）的基本原理

报文交换是根据电报的特点提出来的。报文传送不要求实时连接，但交换节点要有差错控制功能，能够进行检错、纠错。

报文交换采用统计时分复用和存储－转发方式，交换的逻辑单位是报文。报文由三部分组成：报头（或标题）、正文和报尾，如图 4.23 所示。

报文：指用户拟发送的完整数据。报文交换中，报文始终以一个整体的结构形式在交换节点处存储，然后根据目的地转发。

报头：包含发送源地址、目的地址及其他辅助信息。

正文：要传送的报文数据。

报尾：包括报文的结束标志和误码检测。

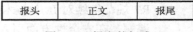

图 4.23　报文的组成

报文交换过程

报文交换的过程分为以下几个步骤：

- 将信息分成报文，报文的长短由消息本身确定，不受其他限制。如计算机文件、电报、电子邮件等。
- 报文的存储－转发：包括路由选择、识别报头和报尾。信息的传送不需要事先在源点和目的端之间建立一条专用的物理通信的路径。当一个报文送到一个交换节点，节点把报文信息存储起来，并根据报文中的目的端地址，确定路由，经自动处理，再将信息送到待发的线路上去排队，一旦输出线空闲，立即将该报文转发到下一个交换节点，最后送到终点用户。
- 差错控制和完成网络拥塞处理、报文的优先处理等功能。
- 报文交换节点可以是一台有足够内存的专用计算机，或是报文交换机。

报文交换的特点

报文交换的主要优点包括：

- 线路利用率高。采用统计时分复用方式，通信双方不需独占一条链路。每一份报文在其传送时才占用信道，在其他时间，该信道可由其他用户的报文所占用，即不同用户的报文可以在同一条线路上进行分时多路复用，提高了线路利用率。

● 无须事先呼通对方就可通信，没有呼损。

● 可进行速率和码型的转换，实现不同类型终端间的通信。用户信息要经由交换机进行存储和处理，报文以存储—转发方式通过交换机，即各节点彼此独立地传送报文，故其输入/输出电路的速率、码型格式等可以有差异，节点之间可以使用不同的数据速率和数据格式、码型，节点可对数据的速率和码型进行转换，因而很容易实现各种不同类型终端间的相互通信，并且可防止呼叫阻塞。

● 不需要收、发两端同时处于激活状态。

● 可实现一点多址传输。同一报文可由交换机转发到多个收信站，即实现所谓同报文通信。

● 可建立报文优先级别。在报文交换中，依其重要性确定优先级别。

报文交换的主要缺点包括：

● 非实时性。时延大且变化也大，不利于实时通信和较高速率的数据通信。显然不能利用报文交换实现实时对话通信。

● 对设备要求高。要求交换机有高速处理能力和大存储容量，故设备费用高。

● 报文交换适用于电报类数据信息的传输，可用于公众电报和电子信箱等业务。

3．分组交换

分组交换技术的研究是从 20 世纪 60 年代开始的，当时电路交换技术已得到了极大的发展。但随着计算机技术的发展，人们越来越希望多个计算机之间能够实现资源共享。

分组交换（Packet Switching，PS）原理

分组交换将一份较长的报文信息分成若干个较短的、按一定格式组成的等长度的数据段，再加上包含有目的地址、分组编号、控制比特等的分组头（即分组首部），如图 4.24 所示，形成一个统一格式的交换单位，称为"分组"（Packet），作为分组交换的交换单位。采用统计时分复用和存储—转发方式，将这些分组传送到下一个交换节点。同一报文的不同分组，在传输中作为独立的实体，既可以沿同一路径传送（虚电路方式），也可以沿不同路径传送（数据报方式）；收端可按分组编号重新组装成原始信息。

一般的复用是指在物理链路或数据链路上的复用，即在物理层或数据链路层上的复用。如电路交换中的同步时分复用就是在物理层上的复用，而分组交换中的统计时分复用是在网络层上的复用。

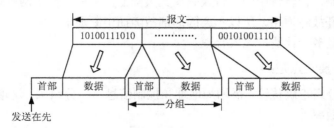

图 4.24　分组的概念

分组交换的基本思想是以信息转发为目的，最大地实现通信资源共享。分组长度固定且较短（比报文短得多），格式统一，便于交换机存储、分析和快速转发，进行数据的快速交换；网中任意一对终端间存在多条通路，同一报文信息的各分组可沿不同路由并行传输，大大缩短了信息通过网络的时间，从而满足了要求快速反应的语音通信之类的实时通信业务的电路交换特性，并且又具备报文交换的线路利用率高的特性。分组交换的实质是依靠高处理能力的计算机充分利用宝贵的通信信道资源。

分组交换过程如下：

- 打包：即数据分组过程。将整个要发送的报文信息划分成一个个统一规格的较短的数据块（分组）。
- 分组的存储—转发：即传送过程。中间节点交换机接收到分组后，进行信息的存储。根据其携带的地址信息在交换节点输出链路缓冲区中进行排队等待并转发到下一站。同一报文的不同分组的传送彼此独立，可经过同一路由（虚电路方式），按顺序到达目的地；也可经过不同的路由、不同的次序传送到目的地（数据报方式）。
- 重发：即检错、纠错过程。根据差错检测及重发策略，若某节点发现接收的分组有错，即可要求上一节点重发。
- 拆包：即数据重组过程。接收节点（最终目的节点）将收到的一个个分组按其原来的分组顺序重新排队组合，恢复成原来的完整的报文信息形式，送给用户终端。

每一个用户终端要对其发送的消息进行拆包和打包。对一般用户终端而言，拆包、打包功能要由分组装/拆设备（Packet Assembler /Disassembler，PAD）完成，即完成数据包与原始数据间的转换。数据终端分为分组型终端和非分组型终端。分组型终端是以分组的形式发送和接收信息，非分组型终端发送和接收报文，由 PAD 完成报文和分组的转换。

分组交换的主要优点：

- 具有不同速率、不同格式、不同码型、不同的同步方式和不同的通信控制规程的不同类型数据终端之间可以进行通信。
- 信道利用率高。由于采用统计时分复用（在网络层上复用），按需分配信道，一条物理线路可以同时提供多条信息通路，中继线和用户线的利用率都很高。
- 信息的传输时延小，并且变化范围不大，易较好地满足交互式实时通信的要求。分组进入交换机进行排队和处理的时间很短，一旦确定了新的路径，就立即被转发到下一个交换机或用户终端，分组通过一个交换节点的平均时延比报文小得多。
- 可靠性高。每个分组在网中传输时，可以在用户线和中继线上分段独立实施差错控制和流量控制，使传输中的比特误码率大大降低；另外，由于网中传输信息路由可变，能自动避开故障通路，所以不会因局部故障而中断通信。
- 按数据流量多少计费，比较合理。

分组交换的主要缺点是：

- 为了保证分组正确传输，需增加地址和控制信息——分组头，这增大了开销，从而降低了传输效率。
- 分组交换技术复杂，并且要求交换机有较高的处理能力。传统的分组交换采用 X.25

协议，完成 OSI 模型的低三层，即物理层、数据链路层和网络（分组）层功能。数据链路层采用完整的差错控制（包括帧定位、差错检验和纠正），交换在第三层实现。由于交换节点处理较复杂，转发速率较低，很难满足宽带高速通信的要求。

分组交换是数据通信与计算机相结合的产物，分组交换网节点就是一台专用计算机。因此，计算机速度足够快时，分组处理传输时间就非常短，可以进行实时通信。一般分组通过网的时间，可以做到小于 0.2s。

传统的分组交换是在早期的低速、高出错率的电缆传输线基础上发展起来的，传输质量差。为了保证数据可靠传输，交换节点要运行复杂的协议，进行节点之间逐段的差错控制和流量控制，从而加大时延。这种传统的分组交换主要用于数据通信，很难用于实时多媒体通信。

虚电路和数据报

分组交换采用统计时分复用方式，断续地占用一段又一段链路，即通过非专用的许多链接的逻辑子信道，感觉上好像是一直占用了一条端到端的物理链路，这种连接称为虚连接。分组交换有虚电路和数据报两种模式。虚电路是面向连接的分组网络，数据报是无连接的分组网络。

虚电路（Virtual Circuit，VC）

经呼叫后，在两个数据站之间为整个消息建立一条逻辑连接电路——虚电路 VC，每个分组中包含这个逻辑电路的标识符，见图 4.25(a)。

将传输信道划分成一个个的子信道，这些子信道称为逻辑（子）信道。每个逻辑信道可用相应的号码表示，称为逻辑信道号。虚电路与逻辑信道既密切相关，又不等同。虚电路是由多个不同链路的逻辑信道连结起来的，是连结两个 DTE（Data Terminal Equipment）的通路。逻辑信道是 DTE 与 DCE（Data Circuit-terminating Equipment）之间的一个局部实体，它始终存在，可以分配给一条或多条虚电路，也可以处于空闲状态。虚电路是两个 DTE 之间端到端的连接。对于一条虚电路，至少要使用两条逻辑信道，即主、被叫用户侧各一条。永久虚电路是两个 DTE 之间永久地独占一个逻辑信道，适用于业务繁忙的两用户。

数据报（Datagram）

自带寻址信息的独立处理的分组称为数据报，见图 4.25(b)。这里独立处理是指同一消息的各个分组走不同的路径。

数据报无呼叫建立过程，同一报文被分成若干个分组，不需要为整个报文的传送建立一条逻辑连接。每个分组被单独处理，因此传输效率高，时延小，保密性好。

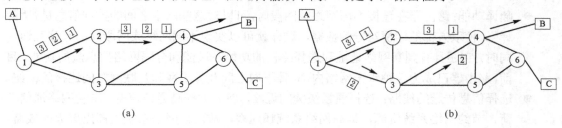

图 4.25 (a) 虚电路服务；(b) 数据报服务

每个分组必须携带完整的地址信息（源地址、目的地址）。每个节点有路由表。交换节点独立地处理每个分组，根据网中的流量分布，为每个分组寻找最佳路径。同一报文的分组不一定选择同一路由。分组在各个节点之间灵活传送，按存储—转发方式传送分组，不必等待报文的所有分组全部到齐后再转发，即每个分组独立发送。除目的地外的其他节点，只能窃取到部分信息，不可能得到全部的信息，有利于信息的保密。在目的地，根据分组的序号重新排序，组成原来的报文。

数据报不保证顺序交付，不保证无差错、不丢失和不重复。在此模式中，由主机承担端到端的差错控制及端到端的流量控制，即端到端的差错控制和流量控制功能放在传输层协议实现。

若某个分组传送错误，重发该分组即可。某个节点发生故障，后续分组可另选路由。

数据报适用于交换一些短时的、独立的消息及需保密或具有某些灵活性的报文，如适用于军事通信、广播通信，具有迅速、经济等特点。IP 网采用数据报方式。

虚电路与数据报的对比见表 4.1。

表 4.1　虚电路与数据报的对比

	虚　电　路	数　据　报
端到端的连接	必须有	不要
目的端地址	仅在连接建立阶段使用	每个分组都有目的端的全地址
分组的顺序	总是按发送顺序到达目的端	到达目的端时可能不按发送顺序
端到端的差错控制	由通信子网负责	由主机负责
端到端的流量控制	由通信子网负责	由主机负责

4.5.2　路由器

路由器是一种用于连接多个网络或网段的网络设备。这些网络可以是几个使用不同协议和体系结构的网络（比如互联网与局域网），也可以是几个不同网段的网络（比如大型互联网中不同部门的网络）。数据信息从一个部门网络传输到另一个部门网络时，可以用路由器实现。现在，家庭局域网也越来越多地采用路由器宽带共享的方式上网。

路由器的分类有不同的标准，按照其在网中所处的位置来分，路由器分为核心路由器和边缘路由器两种，核心路由器又称为骨干路由器，是位于网络核心的路由器。位于网络边缘的路由器称为边界路由器或接入路由器，用于不同网络路由器的连接。核心路由器和边界路由器是相对概念。它们都属于路由器，但是有不同的大小和容量。某一层的核心路由器可能是另一层的边缘路由器。

1．路由器的功能

● 翻译功能：路由器在连接不同网络或网段时，可以对这些网络之间的数据信息进行"翻译"，使双方都能读懂对方的数据，这样就可以实现不同网络或网段间的互联互通。同时，它还具有判断网络地址和选择路径的功能及过滤和分隔网络信息流的功能。目前，路由器已成为各种骨干网络内部、骨干网之间及骨干网和互联网之间连接的枢纽。

● 选择信息传送的线路：选择通畅快捷的近路，能大大提高通信速度，减轻网络通信负荷，节约网络系统资源，提高网络系统畅通率，从而让网络系统发挥出更大的效益。

● 自动发现复杂网络（即第三层）的拓扑结构，并且根据数据帧或分组头信息中所包含的网络地址把帧或包传送到目的地。

路由器利用路由协议来计算所有可以到达节点的最优路径，并利用这些路径来掌握网络的变化情况。为了完成选择最佳路径的工作，路由器中保存着各种传输路径的相关数据——路由表，供路由选择时使用。路由表中保存着子网的标志信息、网中路由器的个数和下一个路由器的名字等内容。路由表可以是由系统管理员固定设置好的，也可以由系统动态修改，可以由路由器自动调整，也可以由主机控制。由系统管理员事先设置好固定的路由表称之为静态路由表，一般是在系统安装时就根据网络的配置情况预先设定，它不会随未来网络结构的改变而改变。动态路由表是路由器根据网络系统的运行情况而自动调整的路由表。路由器根据路由选择协议提供的功能，自动学习和记忆网络运行情况，在需要时自动计算数据传输的最佳路径。

从过滤网络流量的角度来看，路由器的作用与交换机和网桥非常相似。但是与工作在网络物理层、从物理上划分网段的交换机不同，路由器使用专门的软件协议从逻辑上对整个网络进行划分。例如，一台支持 IP 协议的路由器可以把网络划分成多个子网段，只有指向特殊 IP 地址的网络流量才可以通过路由器。对于每一个接收到的数据包，路由器都会重新计算其校验值，并写入新的物理地址。因此，使用路由器转发和过滤数据的速度往往要比只查看数据包物理地址的交换机慢。但是，对于那些结构复杂的网络，使用路由器可以提高网络的整体效率。路由器的另外一个明显优势就是可以自动过滤网络广播。

2．路由器的组成要素

路由器具有四个组成要素：输入端口、输出端口、交换开关和路由处理器。

输入端口是物理链路和输入包的进出口。端口通常由线卡提供，一块线卡一般支持 4、8 或 16 个端口。一个端口具有许多功能：进行数据链路层的封装和解封装；在转发表中查找输入包目的地址，从而决定目的端口（称为路由查找），路由查找可以使用一般的硬件来实现，或者通过在每块线卡上嵌入一个微处理器来完成；为了提供 QoS，端口要将收到的包分成几个预定义的服务级别；端口可能需要运行数据链路级协议（如串行线网际协议和点对点协议）和网络级协议（如点对点隧道协议）。一旦路由查找完成，必须用交换开关将包送到其输出端口。

在包被发送到输出链路之前由输出端口存储。输出端口可以实现复杂的调度算法以支持优先级等要求。与输入端口一样，输出端口同样要能支持数据链路层的封装和解封装及许多较高级协议。

交换开关可以使用多种不同的技术来实现。迄今为止使用最多的交换开关技术是总线、交叉开关和共享存储器。

路由处理器计算转发表，实现路由协议，并运行对路由器进行配置和管理的软件。同时，它还处理那些目的地址不在线卡转发表中的包。

4.5.3　分组域核心网举例

1．数据通信网

路由器和服务器之间的相互连接就可以组成不同等级数据通信网，用于传送各种数据业务及分组业务。我国数据通信网结构如图 4.26 所示。

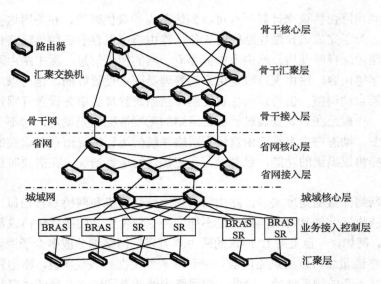

图 4.26　数据通信网层次结构

数据通信网的分层

如图 4.26 所示，我国数据网分为骨干网、省网和城域网三级。骨干网按照地域分为北京、上海、广州 3 大片区，3 片大区又细分为 8 个大区。北京片区包括北京大区、沈阳大区、西安大区；上海片区包括上海大区、南京大区、武汉大区；广州片区分为广州大区、成都大区。 省数据通信网分为省网核心层和省网接入层。城域网分为城域核心层、业务接入控制层和汇聚层。

数据通信网骨干网各层的功能

骨干网负责省际业务的汇接和转接，负责与国际、国内其他网络互连。骨干网按功能分为骨干核心层、骨干汇聚层和骨干接入层。

- 骨干核心层包括北京、上海、广州三个节点及其相连的链路，负责片区间数据的转接交换，并负责全网与 Internet 的互联。
- 骨干汇聚层负责汇接各省到骨干网的连接，并负责本大区内省份流量的转接交换。
- 骨干接入层负责本省省际数据业务和出网数据业务。

数据通信省网各层的功能

- 省网核心层负责省内业务的汇接和转接。
- 省网接入层负责与城域网的互联。

城域网各层的功能

- 核心层：为汇聚层业务提供高速的数据交换。
- 业务接入控制层：完成业务接入的控制和 IP 交换处理。
- 汇聚层：完成各种业务的汇聚。

图 4.26 中，各层路由器负责完成所在层的相应功能。在这里主要说一下城域业务接入控制层各部件的功能。

BRAS（Broadband Remote Access Server）为宽带远程接入服务器，位于城域网边缘层，完成用户的 IP/ATM 网的数据接入,实现商业楼宇及小区住户的宽带上网、基于 IPSec(IP Security Protocol)的 IP VPN 服务、构建企业内部 Intranet。BRAS 是宽带接入网和骨干网之间的桥梁,提供基本的接入手段和宽带接入网的管理功能。提供宽带接入服务、实现多种业务的汇聚与转发,能满足不同用户对传输容量和带宽利用率的要求,因此是宽带用户接入的核心设备。BRAS 主要完成两方面功能:一是网络承载功能,负责连接、汇聚用户的流量;二是控制实现功能,与认证系统、计费系统和客户管理系统及服务策略控制系统相配合,实现用户接入的认证、计费和管理功能。

SR(Service Router)为全业务路由器,位于城域网的边缘层,其功能与 BRAS 类似,用来终结和管理用户的 PPPoE/IPoE 会话。BRAS 为传统的互联网业务的入口,SR 为新业务的入口。

2. 2G/3G 移动核心网

移动通信系统经历了 1G、2G、3G、4G 的发展阶段,每一个阶段的网络结构都有变化。其中 2G/3G 移动核心网结构如图 4.27 所示。

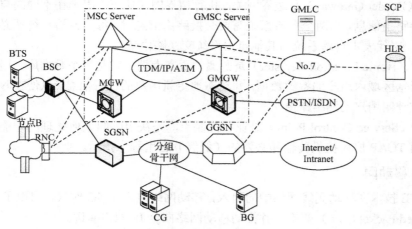

图 4.27　2G/3G 移动核心网结构

图 4.27 中的各种网元的功能分别为

● GMSC Server(Gateway Mobile Switching Center Server)是关口局服务器,主要实现汇接功能。例如网内用户拨打其他运营商用户的电话时,由端局 MSC 将呼叫选路至 GMSC Server,再由 GMSC Server 将呼叫选路至相应运营商的 GMSC Server。如果有其他运营商拨打本网用户,则呼叫由该运营商 GMSC Server 建立至本网 GMSC Server,再由本网关口局至相应 HLR(Home Location Register)获得漫游号,关口局根据漫游号将呼叫路由至相应端局。有些地方的关口局没有寻址功能,那就将外网进来的呼叫路由至本地端局,由本地端局寻址。

● GMLC(Gateway Mobile Location Center)是网关移动定位中心,负责定位信息的管理,支持被定位用户的隐私控制及鉴权。

● GMGW(Gateway MGW)是关口局承载设备,主要由 MGW 担当。MGW 作为关口局提供 Mc 接口、Nb 接口、Ai 接口,如果 Nb 接口由 AAL2(ATM Adaptation Layer 2)承载,则 GMGW 还提供接入链路控制应用协议(Access Link Control Application Protocol,ALCAP)的承载控制信令。

- RNC 用于提供移动性管理、呼叫处理、连接管理和切换机制。
- BSC 是基站控制器，是基站收发台和移动交换中心之间的连接点，也为基站收发台和操作维修中心之间交换信息提供接口。
- MGW 的主要功能是用于完成媒体资源处理、媒体转换、承载控制功能，以支持各种不同呼叫相关业务的网络实体。
- SGSN（Serving GPRS Support Node）作为移动通信网核心网分组域设备的重要组成部分，主要完成分组数据包的路由转发、移动性管理、会话管理、逻辑链路管理、鉴权和加密、话单产生和输出等功能。
- GGSN（Gateway GSN，网关 GSN）主要是起网关作用，它可以和多种不同的数据网络连接，如 Internet、Intranet 等。
- CG（Charging Gateway）是计费网关，主要完成话单收集、合并、预处理工作，并提供与计费中心之间的通信接口。
- BG（Border Gateway）是边界网关，执行边界网关协议，用于在不同的自治系统之间交换路由信息。当两个自治系统需要交换路由信息时，每个自治系统都必须指定一个 BG，来代表本自治系统与其他自治系统交换路由信息。
- HLR（Home Location Register）是归属位置寄存器。它是一个数据库，用于存储和记录所辖区域内用户的签约数据，并动态地更新用户的位置信息，以便在呼叫业务中提供被呼叫用户的网络路由。
- SCP（Service Control Point）是业务控制点，是决定呼叫如何处理的智能网要素，它利用 TCAP 协议提供传输和必要的（低级）应用程序指示。

3．4G 移动网

随着 LTE 技术在移动无线网络中的引入，移动网络进入了 4G 时代，出现了 LTE 核心网 EPC（Evolved Packet Core）架构，并推动移动网络向全 IP 网络演进。

EPC 核心网如图 4.28 所示，主要由移动性管理设备（Mobile Manage Equipment，MME）、服务网关（Serving Gateway，SGW）、分组数据网关（PDN Gateway，PGW）及存储用户签约信息的 HSS 和策略控制单元（Policy and Charging Rules Function，PCRF）等组成。

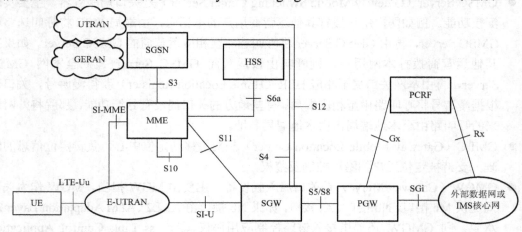

图 4.28　EPC 核心网结构示意图

EPC 核心网构架秉承了控制与承载分离的概念,将 2G/3G 分组域中 SGSN 的移动性管理、信令控制功能和媒体转发功能分离出来,分别由不同网元来完成,其中:

- MME 是信令实体,主要负责移动性管理、信令处理、承载管理、用户的鉴权认证、SGW 和 PGW 的选择等功能。
- SGW 终结和 E-UTRAN(Evolved Universal Terrestrial Radio Access Network)的接口,主要负责用户面处理,负责数据包的路由和转发等功能,支持 3GPP 不同接入技术的切换,发生切换时作为用户面的锚点。
- PGW 终结和外面数据网络(如互联网、IMS 等)的 SGi 接口,负责管理 3GPP 和非 3GPP 间的数据路由,管理 3GPP 接入和非 3GPP 接入(如 WLAN、WiMAX 等)间的移动,还负责策略执行、计费等功能。
- HSS 的职能与 HLR 类似,但功能有所增加。
- PCRF 主要负责计费、QoS 等。

EPC 架构中各功能实体间的接口协议均采用基于 IP 的协议,部分结构协议是由 2G/3G 分组域标准演进而来,部分协议则是新增加的,如 MME 与 HSS 间 S6 接口的 Diameter 协议等。

EPC 核心网及与无线网络间的接口均基于 IP 承载,所有网元均可经 IP 承载网直接互通,组成一个扁平网络。

4.5.4 分组域核心网发展

Internet 的巨大成功和对可裁剪性的要求,使得将 IP 作为未来通信网系统基础的需求大大增加,3GPP 已经开始在 Release2000 的标准中使用全 IP 的 WCDMA 和 EDGE 网络。推动发展全 IP 网络的主要因素是成本和灵活性。对于运营商来说,他们非常需要一种能降低成本的系统,这些成本包括设备成本、网络部署成本、维持和升级成本,这些要求的实现可以通过独立的模块,在网络边缘引入智能和自动配置来实现;而灵活性可以分为两类,一个是提供服务的灵活性,一个是将来升级的灵活性。基于 IP 的网络提供了一个开放的平台,可以很灵活地增加各种服务。这种灵活性体现在将应用与下层的网络相分离,服务的增加可以独立于无线接入网。升级的灵活性体现在将整个结构分层,提供开放的接口以能够支持不同的协议和网络的子系统。全 IP 网络同时也提供了一个通用的提供各种服务的平台,将电路交换业务和分组交换业务都纳入到同一个分组交换的网络中。

1. 全 IP 网络的发展目标

3GPP 的标准化组织已经提出了一系列的对全 IP 网络的目标要求。一些其他的组织也做出了一些贡献,如 3G.IP、无线 Internet 论坛和 UNTS 论坛。这些目标包括:

- 建立一个能快速地增加服务的灵活环境。
- 端到端的 IP 连接(指用户到用户)。
- 能够承载实时业务,包括多媒体业务。
- 规范化和可裁剪性。
- 接入方式的独立性、无缝连接的服务、公共服务扩展、专用网和公用网的共用、固定移动汇聚能力。

- 将服务、控制和传输分离。
- 将操作和维护集成。
- 在不降低质量和性能的前提下，减少 IP 技术的成本。
- 具有开放的接口，能够支持多厂家的产品。
- 至少能够达到目前的安全水平。
- 至少能够达到目前的 QoS 水平。

2. 全 IP 结构

全 IP 结构基于分层结构，图 4.29 为全 IP 网络的参考结构。其中：

- CSCF 为呼叫状态控制功能设备，用来实现呼叫控制，如呼叫建立、释放等。
- HSS 为归属用户服务器，负责认证和计费及用户移动管理等功能。
- SG 为信令网关，主要功能是中继信令消息。
- MGCF 为媒体网关控制设备，是 PSTN 的连接点。它提供了将 PSTN 网络与全 IP 网络相连的协议覆盖。
- MGW 为媒体网关，是 PSTN 的传输终结点，用来提供 PSTN 与全 IP 网络的接口。
- GMSC Server 是网关移动交换中心服务器，其功能为查询被叫当前的漫游号码，并根据此信息选择路由。
- MRF（Media Resource Function）为媒体资源功能设备，用来提供媒体处理服务，例如会议，代码转换与提示/收集等。
- SCP（Service Control Point）是业务控制点，是决定呼叫如何处理的智能网要素。

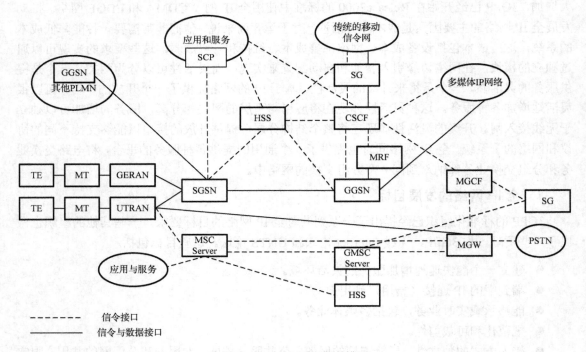

图 4.29　全 IP 网络参考模型

4.6 IMS 域

在图 4.1 所示的核心网结构中，IMS 域的功能是由各种网关、处理器和功能部件实现的。

4.6.1 IMS 概述

1. IMS 定义

IMS 是 IP 多媒体子系统，是一种全新的多媒体业务形式，它能够满足终端客户更新颖、更多样化的多媒体业务需求。IMS 被认为是下一代网络的核心技术，也是解决移动与固网融合，引入语音、数据、视频三重融合等差异化业务的重要方式。

IMS 是由朗讯提出的下一代通信网（NGN）实现大融合方案的网络架构，贝尔实验室在 IMS 关键领域的创新——业务增强层的各种专利技术，决定了朗讯 IMS 融合解决方案的先进性。IMS 解决方案相对于软交换的解决方案有着非常多的优势，在 NGN 市场正占据越来越重要的角色。IMS 不仅可以实现最初的 VoIP 业务，更重要的是 IMS 将更有效地对网络资源、用户资源及应用资源进行管理，提高网络的智能化，使用户可以跨越各种网络并使用多种终端，感受融合的通信体验。IMS 作为一个通信架构，开创了全新的电信商业模式，拓展了整个信息产业的发展空间。

本质上说 IMS 是一种网络结构。该项技术根植于移动领域，最初是 3GPP 为移动网络定义的，而在 NGN 的框架下，IMS 应同时支持固定接入和移动接入。

在 NGN 的框架中，终端和接入网络是多样化的，而其核心网络只有一个 IMS，它的核心特点是采用 SIP 协议和与接入的无关性。

顺应网络 IP 化的趋势，IMS 系统采用 SIP 协议进行端到端的呼叫控制。IP 技术在互联网上的应用已经非常成熟，是 Internet 的主导技术，它能方便而灵活地提供各种信息服务，并能根据客户的需要快捷地创建新的服务。IP 技术的一个最突出特性就是"尽力而为"，在数据传输的安全性和计费控制方面，却显得力不从心，而且只考虑固定接入方式。传统的基于电路交换的移动网络，虽然具有接入的灵活性，可以随时随地进行语音的交换，但由于无法支持 IP 技术，所以只能形成一种垂直的业务展开方式，不同业务应用的互操作性较低，而且需要较多的业务网关接入移动通信网络。不同的业务分别进行业务接入、网络搭建、业务控制和业务应用开发，甚至包括业务计费等主要的网络单元也必须建立独立的运营系统。不论是移动网还是固定网均在向基于 IP 的网络演进，已经成为必然趋势。

然而要将 IP 技术引入到电信领域，就必须考虑到运营商实际网络运营的需求，需要 IMS 网络从网元功能、接口协议、QoS 和安全、计费等方面全面支持固定的接入方式。SIP 具有简单性、兼容性、模块化设计和第三方控制性，从而成为基于 Internet 的通信市场的主流协议。所以基于 SIP 的 IMS 框架通过最大限度重用 Internet 技术和协议、继承蜂窝移动通信系统特有的网络技术和充分借鉴软交换网络技术，使其能够提供电信级的 QoS 保证、对业务进行有效而灵活的计费，并具有了融合各类网络综合业务的强大能力。这样，利用 IMS 系统，电信运营商可以低成本地进入其向往已久的移动领域，而移动运营商则可以在保证其原有的语音和短信业务质量不受影响的前提下，轻松引入全新的丰富的多媒体业务，即所谓的全业务运营。

IMS 借鉴软交换网络技术，采用基于网关的互通方案，包括 SG、MGW、MGCF 等网元，而且 MGCF 及 MGW 也采用 IETF 和 ITU-T 共同制订的 H.248/MEGACO 协议。这样的设计使得 IMS 系统的终端可以是移动终端，也可以是固定电话终端、多媒体终端、PC 等，接入方式也不限于蜂窝射频接口，而可以是无线的 WLAN，或者是有线的 LAN、DSL 等技术。另外，由于 IMS 在业务层采用软交换网络的开放式业务提供构架，可以完全支持基于应用服务器的第三方业务提供，这意味着运营商可以在不改变现有的网络结构、不投入任何设备成本的条件下，轻松地开发新的业务，进行应用的升级。

2．IMS 的主要特征

- **接入无关**：IMS 支持多种固定/移动接入方式的融合。从理论上说，不论你使用什么设备、在什么地方，都可以接入 IMS 网络。
- **归属地控制**：IMS 采用归属地控制，区别于软交换的拜访地控制，和用户相关的数据信息只保存在用户的归属地。用户鉴权认证、呼叫控制和业务控制都由归属地网络完成，从而保证业务提供的一致性，易于实现私有业务的扩展，促进归属运营商积极提供吸引用户的业务。
- **业务提供能力**：IMS 将业务层与控制层完全分离，有利于灵活、快速地提供各种业务应用，更利于业务融合。IMS 的业务还可以通过开放的应用编程接口提供给第三方，可以为广大的用户开发出更加丰富多彩的应用。
- **安全机制**：IMS 网络部署了多种安全接入机制、安全域间信令保护制以及网络拓扑隐藏机制。
- **统一策略控制**：IMS 网络具有统一的 QoS、安全和计费策略控制机制。

3．IMS 的主要应用

IMS 的应用主要集中在以下几个方面：

- 在移动网络中的应用，主要是在移动网络的基础上用 IMS 来提供即时消息、视频共享等多媒体增值业务。
- 在固网中的应用，主要是通过 IMS 为企业用户提供融合的企业应用，以及向固定宽带用户提供 VoIP 应用。
- 在融合方面的应用，主要体现在 WLAN 和 3G 的融合，以实现语音业务的连续性。在这种方式下，用户拥有一个 WLAN/3G 的双模终端，在 WLAN 的覆盖区内，一般优先使用 WLAN 接入，因为这种方式下用户使用业务的资费更低，数据业务的带宽更充足。当离开 WLAN 的覆盖区后，终端自动切换到 3G 网络，从而实现语音在 WLAN 和 3G 之间的连续性。
- 4G 与 IMS 的融合体现在基础架构的设计方面，本着通信即服务的理念，以 IMS 网络和能力开放的 API 平台为基础，支持向上和向下的能力开放。向上能力开放支持一站式开发管理和高度抽象的 API，可以与企业 OA、CRM（Customer Relationship Management）、ERP（Enterprise Resource Planning）等系统集成，第三方开发时使用简单的语句即可完成。向下能力开放支持 Windows、Android、IOS、Linux OS 等，支持集成到各种智能终端，提供端到端 QoS/QoE（Quality of Experience）保障。

4.6.2 IMS 系统架构

IMS 系统构架如图 4.30 所示。

1. IMS 系统架构的组成

IMS 系统构架由业务层、控制层、互通层、接入和承载控制层、运营支撑及接入网络 6 个部分组成。

- **业务层**：业务层与控制层完全分离，主要由各种不同的应用服务器组成，除了在 IMS 网络内实现各种基本业务和补充业务外，还可以将传统的窄带智能网业务接入 IMS 网络中，并为第三方业务的开发提供标准的开放的应用编程接口，从而使第三方应用提供商可以在不了解具体网络协议的情况下，开发出丰富多彩的个性化业务。
- **控制层**：完成 IMS 多媒体呼叫会话过程中的信令控制功能，包括用户注册、鉴权、会话控制、路由选择、业务触发、承载面 QoS、媒体资源控制及网络互通等功能。
- **互通层**：完成 IMS 网络与其他网络的互通功能，包括 PSTN、公共陆地移动网、其他 IP 网络等。
- **接入和承载控制层**：主要由路由设备及策略和计费规则功能实体组成，实现 IP 承载、接入控制、QoS 控制、用量控制、计费控制等功能。
- **运营支撑**：由在线计费系统、计费网关、网元管理系统、域名系统及归属用户服务器组成，为 IMS 网络的正常运行提供支撑，包括 IMS 用户管理、网间互通、业务触发、在线计费、离线计费、统一的网管、DNS 查询、用户签约数据存放等功能。
- **接入网络**：提供 IP 接入承载，可由边界网关（A-SBC）接入多种多样的终端，包括 PSTN/ISDN 用户、SIP 终端设备、光纤接入局域网及 WLAN 等。

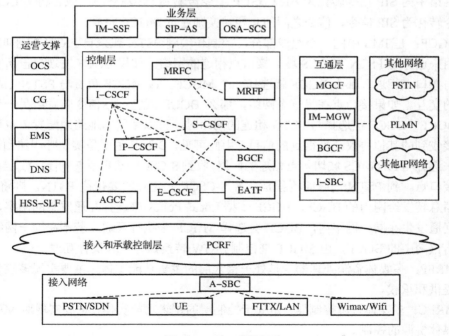

图 4.30　IMS 系统架构

2.　IMS 系统中涉及的主要网元及功能实体

- HSS 在 IMS 中作为用户信息存储的数据库，主要存放用户认证信息、签约用户的特定信息、签约用户的动态信息、网络策略规则和设备标识寄存器信息，用于移动性管理和用户业务数据管理。它是一个逻辑实体，物理上可以由多个物理数据库组成。

- 呼叫会话控制功能（Call Session Control Function，CSCF）：CSCF 是 IMS 的核心部分，主要用于基于分组交换的 SIP 会话控制。在 IMS 中，CSCF 负责对用户多媒体会话进行处理，可以看成是 IETF 架构中的 SIP 服务器。根据各自的功能不同，CSCF 主要分为代理呼叫会话控制功能 P-CSCF（Proxy CSCF）、问询呼叫会话控制功能 I-CSCF（Interrogation CSCF）和服务呼叫会话控制功能 S-CSCF（Serving CSCF）。三个功能在物理上可以分开，也可以独立。

- MRF：主要完成多方呼叫与多媒体会议功能。MRF 由 MRFC 和 MRFP 构成，分别完成媒体流的控制和承载功能。MRFC 解释从 S-CSCF 收到的 SIP 信令，并且使用媒体网关控制协议指令来控制 MRFP 完成相应的媒体流编解码、转换、混合和播放功能。

- 网关功能：网关功能主要包括 BGCF、MGCF、MGW 和 SG 等。

- SCF：是 IMS 内部的功能实体，是整个 IMS 网络的核心。主要负责处理多媒体呼叫会话过程中的信令控制。它管理 IMS 网络的用户鉴权、IMS 承载面 QoS、与其他网络实体配合进行 SIP 会话的控制，以及业务协商和资源分配等。

- MGCF：是使 IMS 用户和 CS 域用户之间可以进行通信的网关。所有来自 CS 域用户的呼叫控制信令都指向 MGCF，它负责进行 ISDN 用户部分或承载有关呼叫控制与 SIP 协议之间的协议转换，并且将会话转发给 IMS。IMS 和 CS 网络的上层应用协议不同，如果两个网络的用户需要进行相互通信，那么必须要有一个中间人，即把 IMS 网络中的 SIP 信令转化为 BICC/ISUP 信令传输到 CS 网络中，或者将 BICC/ISUP 信令转化为 SIP 信令，信令之间的互相转换则通过 MGCF 完成。

- BGCF：是 IMS 中的一个组成部分，控制传输到 PSTN 或来自 PSTN 的呼叫。BGCF 用来选择与 PSTN（或 CS 域）接口点相连的网络。如果 BGCF 发现自己所在的网络与接口点相连，那么 BGCF 就选择一个 MGCF，该 MGCF 负责与 PSTN（或 CS 域）的交互。如果接口点在另一个网络，那么 BGCF 就把会话信令转发给另一个网络的 BGCF。BGCF 在选择与 PSTN 相连的网络时，可以使用本地路由配置，也可使用其接收到的其他协议交换得到的信息。由此可见，BGCF 主要是实现呼叫路由功能，用来选择与 PSTN/CS 域切入点相连的网络，收到 S-CSCF 请求，为呼叫选择适当的 PSTN 接口点。到 PSTN 的呼叫流程是：若 S-CSCF 判定呼叫要传往 PSTN，则将 INVITE 消息转发给网内的 BGCF，BGCF 依据 Local Policy 来选择互通发生的网络，若判断互通发生在同一网络内，BGCF 会选择 MGCF 来执行互通，若不在同一网络内，传给该网中的 BGCF，由 MGCF 来控制 MGW 转换媒体，并执行互通。

- MRFP：多媒体资源处理器，是处于接入层的逻辑功能实体，主要实现多媒体资源的提供和承载。

- MRFC：多媒体资源控制器，是处于控制层的逻辑功能实体，主要实现对 MRFP 中多媒体资源的控制。

- 紧急接入切换功能实体（Emergency Access Function Entity，EATF）将起呼域网元发送的呼叫进行锚定，并将呼叫选路到紧急呼叫会话控制功能（Emergency CSCF，E-CSCF）。
- IP 多媒体网关（IP Multimedia Media Gateway，IM-MGW）负责 IMS 与 PSTN/CS 域之间的媒体流互通，提供 CS 域和 IMS 之间的用户平面链路，支持电路域 TDM 承载和 IMS 用户 IP 承载的转换（即 IP 媒体流与 PCM 媒体流之间的编解码转换）。在 IMS 终端不支持 CS 端编码时，IM-MGW 完成编解码的转换工作。IM-MGW 也可在 MGCF 的控制下完成呼叫的接续。
- 会话边界控制器（Session Border Controller，SBC）是 IMS 网络中一个重要的网络节点，其位于 IMS 网络的边界，起着将终端用户接入到 IMS 核心网的重要作用。它的主要功能包括接入许可控制、网络拓扑隐藏、网络地址转换（Network Address Translation，NAT），以及 NAT 穿越、QoS 与带宽策略和网络安全机制等。

4.6.3　IMS 用户到 PSTN 用户呼叫举例

在这里我们以 IMS 用户到 PSTN 用户呼叫为例，介绍一下 IMS 域的通信过程。IMS 用户到 PSTN 用户的呼叫流程如图 4.31 所示。

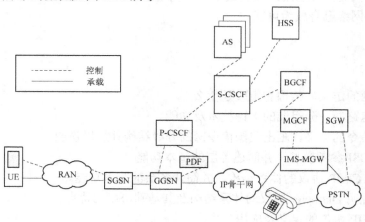

图 4.31　IMS 用户到 PSTN 用户的呼叫示意图

① 主叫用户通过已经建立的信令连接，向拜访网络的 P-CSCF 发出邀请消息（会话建立请求，该请求中携带了媒体建立参数）。

② 拜访网络的 P-CSCF 根据用户注册期间已建立的信令路径，将该邀请转发到主叫归属域的 S-CSCF。

③ 如果主叫签约了去话业务，S-CSCF 将触发相应的应用服务器。

④ S-CSCF 判定这是去往 PSTN 的呼叫请求，将邀请转发至本网内的 BGCF。

⑤ BGCF 判断 PSTN 的出口点在本网络，于是选择本地合适的 MGCF，并向其转发邀请请求来执行互通。

⑥ MGCF 选择 IMS-MGW，并根据 IMS-MGW 的媒体能力与发端协商媒体参数，请求资源授权和预留，之后 UE 和 IMS-MGW 就可以建立媒体连接。

⑦ MGCF 将 SIP 格式的邀请转换成 ISUP IAM 消息发送给 SGW，SGW 将 IAM 消息发送到 PSTN 网络，由 PSTN 接续到被叫终端。

⑧ CS 网络向被叫振铃，在被叫摘机应答后，向 IMS 网络反馈被叫应答信号，并由 MGCF 转换成 SIP 响应后返回主叫 UE。

⑨ 主叫用户设备发送 ACK 确认响应，此后主叫和被叫之间就可以通话了。

4.6.4　IMS 的发展

随着通信网络的发展与演进，融合是不可避免的主题，融合并不意味着必须是物理网络的融合，而是注重在网络体系结构和相应的标准规范方面的融合。这些标准可以用来支持固定业务、移动业务及固定移动混合的业务。固定移动融合的一个重要特征是，用户的业务签约和享用的业务，将从不同的接入点和终端上分离开来，以允许用户从任何固定或移动的终端上，通过任何兼容的接入点访问完全相同的业务，包括在漫游时也能获得相同的业务。

IMS 进一步发扬了软交换结构中业务与控制分离、控制与承载分离的思想，进行了比软交换更充分的网络分离，网络结构更加清晰合理。网络各个层次的不断分离是电信网络发展的总体趋势。网络层次的分离使得垂直业务模式被打破，这有利于业务的发展；另外，不同类型网络的分离也为网络在不同层次上的重新聚合创造了条件。这种重新聚合，就是网络融合的过程。IMS 同时为移动用户和固定用户所共用，这就为同时支持固定和移动接入提供了技术基础，使得网络融合成为可能。

习题

4.1　核心网的定义、结构和组成是什么？

4.2　说明电路域、分组域的关键技术及功能。

4.3　解释信令的含义，画出我国信令网的分级结构并加以说明。

4.4　画出 OSI 参考模型，并简述各层的基本功能。

4.5　画出 TCP/IP 协议的体系结构，并简述各层的基本功能。

4.6　画图说明 Diameter 协议的体系结构及其基础协议的特点。

4.7　说明 SIP 协议的定义及应用。

4.8　画图说明 SIP 网络结构及各部分功能。

4.9　画图说明 H.323 协议的体系结构。

4.10　说明软交换的定义、功能及其基本要素。

4.11　画图说明基于软交换技术的 PSTN 网络结构。

4.12　画图说明基于软交换技术的移动网络结构。

4.13　解释分组交换的原理。

4.14　说明路由器的功能及组成要素。

4.15　画图说明我国数据通信网的层次结构。

4.16　画图说明 2G/3G 移动核心网结构。

4.17　画图并说明 EPC 网络结构。

4.18　说明 IMS 的定义、特征及主要作用。

4.19　画图说明 IMS 系统架构。

第 5 章　宽带接入网

本章主要介绍宽带接入网技术的基本概念和标准，并重点介绍了当前通信网中的几种主要的宽带接入技术，包括无线局域网接入技术、光纤接入网接入技术及 IP RAN 接入技术等。

通过本章的学习，应理解宽带接入网的基本概念，理解和掌握无线局域网、光纤接入网及 IP RAN 等宽带接入技术的基本概念、工作原理与技术特点，了解它们在实际网络中的具体应用。

5.1　概述

5.1.1　接入网概念

1. 传统的用户环路

在第 1 章中已讲到，用户通过接入网接入核心网络。接入网是由传统的用户环路（用户线路）发展而来的。

传统用户环路的结构如图 5.1 所示。用户线路是指用户终端到端局交换机之间的线路。用户线路分为三段：馈线段、配线段和用户引入线段。

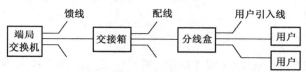

图 5.1　传统的用户环路结构图

用户线路的各个线缆段由光纤及铜线电缆组成。馈线段（采用光纤）部分是用户线路的主干线路，完成由端局交换机配线架到交接箱之间的连接，一般为 3～5km（很少超过 10km）；从交接箱至分线盒之间为配线段（采用光纤/电缆），完成配线区的分布，一般为数百米；由分线盒通过一对芯径为 0.3～0.5mm 的双绞线连接到用户终端的线路段为用户引入线，一般为数十米左右。

随着网络的不断发展，用户的需求也在不断变化，通信业务已由单一的语音业务发展到集语音、数据、图像和视频在内的多媒体综合数字业务，这就要求传输技术能够提供相应的平台，以实现高速信息的传送。在整个接入和传输线路中，通信主干网络越来越完善，功能越来越强，能够提供的业务也越来越多。目前传送网已经实现了数字化、宽带化和光纤化，并朝着全 IP 承载方向发展。但在接入线路中，即被称为"最后一公里"的用户线路段，由于原有的接入方式以直连的铜缆结构为主，造成了整个网络的瓶颈，因此限制了高速宽带信息的传送。随着新的接入技术的引入，如各种复用设备、数字交叉连接设备、用户环路传输设备、无源光网络等技术的引入，用户环路已由原来的只具有点对点的简单的线路结构，发展到具有交叉连接、复用、传输和管理等网络结构，进而演变成接入网形式。

目前，通信网络正朝着宽带化、IP 化、高速化及融合化方向发展。而接入网也向着宽带化、高速化、光纤化、IP 化的全业务接入方向发展。未来的网络是一个移动融合的网络，能够承载更多的业务。接入网要能够区分不同的业务和用户，提供不同的 QoS 保障，实施差异化接入承载。

随着国内三网融合的快速推进，全业务接入网主要有以下几点需求。

① 多业务的承载需求：接入网能够承载全业务，提供开放的业务接口，允许业务提供商快速地提供业务。

② 差异化的接入需求：满足用户不同的接入带宽、接入业务、QoS 和保护性能等需求，具体包括：

- **强大的网络能力**。能够灵活组网；支持有线宽带和无线宽带的统一接入；支持点对点和点对多点的光纤接入。
- **强大的 IP 功能**。以 IP/MPLS 为核心，提供灵活的低成本扩展能力。
- **强大的业务功能**。能快速提供业务，具有强大的业务分类和处理、业务承载和转发能力，具备 IP、TDM（Time-Division Multiplex）等多业务的承载。
- **高 QoS 保障功能**。能提供静态和动态的 QoS 调度能力，实现对不同业务的 QoS 保障。
- **高安全性和高可靠性**。具有很强的业务安全性和用户接入安全性，设备和组网可靠性高。
- **强大的维护管理能力**。提供端到端的业务管理能力；提供集中的维护和测试系统。

根据国际电信联盟（International Telecommunication Union，ITU）的接入网标准的制定，接入网标准分为电信接入网（ITU-T G.902 建议）和 IP 接入网（ITU Y.1231 建议）。

2．电信接入网

电信接入网的定义

1995 年 11 月，ITU-T SG13（第 13 研究组）正式提出用户接入网的概念，简称接入网（Access Network，AN），发布了接入网的第一个总体标准 ITU-T G.902 建议，即电信接入网标准，从接入网的体系结构、功能、业务节点（Service Node，SN）、接入类型、管理等方面描述了接入网。

电信接入网定义：电信接入网是由业务节点接口（Service Node Interface，SNI）和相关用户网络接口（User Network Interface，UNI）之间的一系列传送实体（例如线路设施和传输设施）组成的，为传送电信业务提供所需传送承载能力的实施系统，可经由 Q3 接口进行配置和管理。其主要功能是交叉连接、复用和传输功能，一般不包括交换功能，而且应独立于交换机。接入网不解释用户信令，即传送对用户信令是透明的，不做处理。接入网可以实现的 UNI 和 SNI 的类型与数量原则上没有限制。

接入网是指本地交换机与用户终端设备之间的实施网络（包括实施设备和线路），有时也称为用户网（User Network，UN）。接入网是一种公共基础设施，在通信网中的位置如图 5.2 所示，图 5.2 描述了目前国际上流行的一种通信网的划分方式。从图 5.2 中可看出，接入网处于通信网的末端，直接与用户连接。

在图 5.2 中，用户驻地网（Customer Premises Network，CPN）是指从用户终端到用户网络接口（UNI）之间所包含的机线设备，是属于用户自己的网络。CPN 可以大至公司、企业或大学校园的网络，由局域网络的所有设备组成；也可小至普通居民住宅内的网络，仅由一部话机和一对双绞线组成。核心网包含电路域、分组域、IMS 域和干线（省际/省内）/城域骨干传送网的功能。

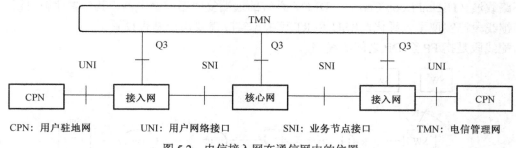

CPN：用户驻地网　　　　UNI：用户网络接口　　　　SNI：业务节点接口　　　　TMN：电信管理网

图 5.2　电信接入网在通信网中的位置

接入网包含了核心网和用户驻地网之间的所有实施设备与线路，主要完成交叉连接、复用和传输功能，一般不包括交换功能，应独立于交换机。它提供开放的 V5 标准接口，可实现与任何种类的交换设备的连接。接入网的投资比重占整个电信网的 50%左右，在接入网中，完成上述功能的是接入设备。接入设备主要解决业务节点到用户驻地网之间的信息传送，根据所采用的技术的不同，有多种选择类型，包括非对称数字用户线路（Asymmetric Digital Subscriber Line，ADSL）设备、PON 设备、无线接入设备、SDH/MSTP、PTN、IP RAN 等。

电信接入网的定界

在实际使用中，电信接入网所覆盖的范围可由 3 个接口定界，即网络侧经业务节点接口（SNI）与业务节点（SN）相连；用户侧经用户网络接口（UNI）与用户相连；管理侧经 Q3 接口与电信管理网（TeleCommunication Management Network, TMN）相连，通常需经协调设备再与 TMN 相连。如图 5.2、图 5.3 所示。

SN 属于核心网部分，是提供业务的实体，是一种可以接入各种交换型或永久连接型电信业务的网络单元，例如本地交换机、IP 路由器、租用线业务节点或特定配置情况下的视频点播和广播电视业务节点等。

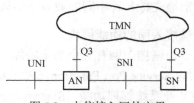

图 5.3　电信接入网的定界

AN 允许与多个 SN 相连，既可以接入多个分别支持不同特定业务的 SN，也可以接入支持相同业务的多个 SN。其中 SNI 可通过协调指配功能来实现 AN 和 SN 的联系，以及对 SN 分配接入的承载能力。

电信接入网的物理参考模型

电信接入网的物理参考模型如图 5.4 所示。通过图 5.4，我们可以对接入网的实际划分有更清楚的了解。接入网一般是指端局本地交换机（Switch，SW）或远端交换模块（Remote Switch Unit，RSU）至用户终端之间的实施系统。远端交换模块相当于把交换机的用户级延伸到靠近用户的地方并常常含有一定的交换功能（主要是本地交换功能），从而能够利用数字复用传输技术，用一对双绞线或光纤来代替大对数的音频电缆，达到节约投资、节省管道空间和延长距离的目的。

灵活点（Flexible Point，FP）和分配点（Distribution Point，DP）在接入网中是两个非常重要的信号分路点，大致对应传统用户网中的交接箱和分线盒。

馈线部分是指端局到灵活点之间的线路段。远端设备（Remote Terminal，RT）可以是数字环路载波（Digital Loop Carrier，DLC）系统的远端复用器或集中器，其位置比较灵活。目前，馈线段已实现了光纤化，RSU 和 RT 可根据实际需要决定是否设置。

配线段是指 FP 至 DP 之间的线路。

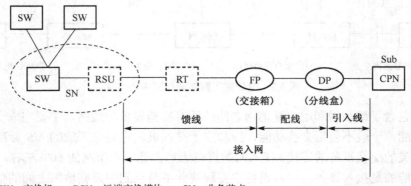

SW：交换机　　RSU：远端交换模块　　SN：业务节点
RT：远端设备　　FP：灵活点　　DP：分配点

图 5.4　电信接入网的物理参考模型

引入线是 DP 至 CPN 之间的线路。在实际应用时，具体的物理配置根据情况可有不同程度的简化，如用户距离端局不远时，可采用用户与端局直连的方式，这就是最简单的情况。

接入网可使用不同的传输媒质，将各种不同的用户终端设备接入到网络业务节点，从而灵活地支持各种不同的业务或多媒体业务。

电信接入网的功能模块

电信接入网有五个基本功能，包括用户端口功能（User Port Function，UPF）、业务端口功能（Service Port Function，SPF）、核心功能（Core Function，CF）、传送功能（Transport Function，TF）及系统管理功能（System Management Function，SMF），如图 5.5 所示。

用户端口功能

是将特定的 UNI 要求与核心功能和管理功能相适配。其主要功能包括：

● 终结 UNI。
● A/D 转换和信令转换。
● UNI 的激活/去激活。
● 处理 UNI 承载通路及容量。
● UNI 的测试和 UPF 的维护。
● 管理和控制功能。

业务端口功能

将特定 SNI 规定的要求与公用承载通路相适配，以便核心功能进行处理；选择有关信息，以便在 AN 系统管理功能中进行处理。其主要功能包括：

- 终结 SNI。
- 将承载要求、时限管理和操作运行映射进核心功能组。
- 特定 SNI 所需要的协议映射。
- SPF 的测试和 SPF 的维护。
- 管理和控制。

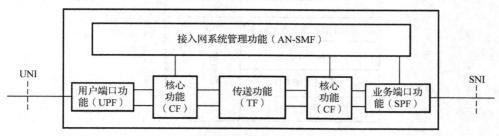

图 5.5　电信接入网的功能结构模块

核心功能

将各个用户接口承载要求或业务接口承载要求适配到公共传送承载体之中，包括对协议承载通路的适配和复用处理。其主要功能包括：

- 接入承载通路的处理。
- 承载通路的集中。
- 信令和分组信息的复用。
- ATM 传送承载通路的电路模拟。
- 管理和控制。

传送功能

为接入网中不同地点之间公共承载通路提供传输通道，并进行所用传输媒质的适配。其主要功能包括：

- 复用功能。
- 交叉连接功能（包括疏导和配置）。
- 管理功能。
- 物理媒质功能。

系统管理功能

是对 UPF、SPF、CF 和 TF 功能进行管理，如配置、运行、维护等，进而通过 UNI 与 SNI 来协调用户终端和业务节点的操作。其主要功能包括：

- 配置和控制。
- 业务协调。
- 故障检测与指示。
- 用户信息和性能数据的采集。
- 安全控制。
- 通过 SNI 协调 UPF 和 SN 的时限管理与运行要求。
- 资源管理。

电信接入网的分层结构

电信接入网的功能结构分层如图 5.6 所示。

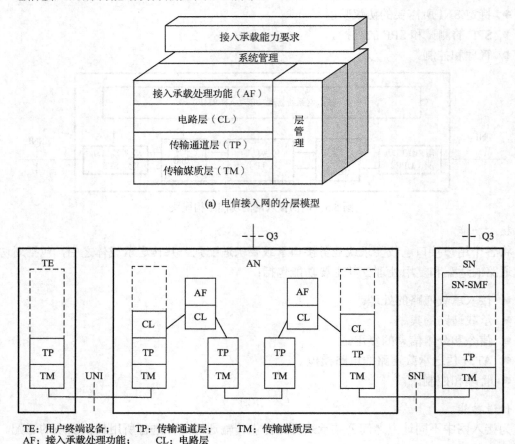

(a) 电信接入网的分层模型

TE：用户终端设备；　　TP：传输通道层；　　　TM：传输媒质层
AF：接入承载处理功能；　CL：电路层

(b) 电信接入网的功能结构分层

图 5.6　电信接入网的功能结构分层框图

如图 5.6 所示，电信接入网的功能分层模型有四层：接入承载处理功能（Access Function，AF），电路层（Circuit Layer，CL），传输通道层（Transport Path，TP），传输媒质层（Transport Media，TM）。其中，电路层、传输通道层和传输媒质层构成了传送层，每层都具备适配、终接和交叉连接功能。三层之间相互独立，有自己独立的操作和维护功能。相邻两层之间的关系是服务和被服务之间的关系，例如，通道层既是媒质层的客户，又是电路层的服务者。

下面简单介绍一下传送层各层的功能。

● **电路层**：该层直接为用户提供通信服务，如电路交换业务、分组业务和租用线业务等。按照提供业务的不同来区分不同的电路层网络。电路层网络的设备包括用于各种交换业务的交换机和用于租用线业务的交叉连接设备。

● **传输通道层**：该层为上层的电路层网络节点（如交换机）提供透明的传输通道（即电路群），通道的建立由交叉连接设备完成。

● **传输媒质层**：该层与实际的物理传输媒质（如双绞线、同轴电缆、光纤、微波、卫星等）有关，为通道层提供点到点的信息传输。该层可以支持一个或多个通道层，它们可以是 SDH 通道或 PDH 通道。

电信接入网的各层功能对应的内容见表 5.1。

表 5.1　电信接入网的功能分层

功　能　层		内　容
接入承载处理功能（AF）		电话、数据、视频、多媒体
电路层（CL）		N×64kb/s，分组，帧中继，ATM
传输通道层（TP）		PDH，SDH，ATM，模拟通道
传输媒质层（TM）	系统	有线（电缆、光纤等）系统、无线系统
	媒质	双绞线、同轴电缆、光纤、微波、卫星等

ITU-T G.902 建议存在以下不足：

● 因为不解释用户信令，不具备交换功能。用户不能通过用户信令控制 UNI 和 SNI 之间的连接，不能动态地选择业务。使用多种业务时，需要在 UNI 和 SNI 之间逐一建立连接，即业务是由 SN 提供的。UNI 和 SNI 之间的连接是静态指配的。
● 通过 Q3 接口与 TMN 连接，没有考虑到其他的管理协议。

随着通信网络的迅猛发展以及基于 IP 化的全业务化的发展趋势，上面的不足在接入网的发展和应用中受到了局限，在后来的 IP 接入网中都得到了改进。

3．IP 接入网

IP 接入网的定义

ITU Y.1231 建议于 2000 年 11 月通过，命名为"IP 接入网体系结构"。

IP 接入网定义：由网络实体组成提供所需接入能力的一个实施系统，用于在一个"IP 用户"和一个"IP 服务提供者"之间提供 IP 业务所需的承载能力。IP 用户也称为 IP 使用者。"IP 用户"和"IP 服务提供者"都是逻辑实体，它们终止 IP 层和 IP 功能，并可能包括低层功能。

这里的"IP 服务提供者"并不是通常指的互联网服务提供商（Internet Service Provider, ISP）或 IP 网络运营商，而是一个抽象的逻辑概念，它可以是一个服务器或服务器群，甚至可以是服务器中提供业务的一个进程。

图 5.7 描述了 IP 接入网在 IP 网络中的位置。从图中可以看出，IP 接入网位于用户驻地网（CPN）和 IP 核心网之间，IP 接入网与 CPN 和 IP 核心网之间的接口均为通用的参考点（Reference Point，RP）。

图 5.7　IP 接入网在 IP 网络中的位置

CPN：覆盖用户驻地小区的网络。在 IP 接入网中，用户接口侧的 RP 即可以接入一个用户（各种单个的用户 IP 设备，如 PC、IP 电话及其他终端），也可以接入多个用户（即多台用户驻地设备 CPE，通过 CPN 小区联网的用户）。

RP：IP 接入网具有承载 IP 业务的传送能力，这种承载能力与业务相对独立，IP 业务不是由 IP 核心网的节点提供的，即接入网、核心网、业务可以相对独立。RP 是一个统一的抽象逻辑接口，IP 接入网不管是与用户驻地网接口、核心网接口还是管理接口相连，都是用 RP 接口（见图 5.8）。RP 替代了电信接入网中的 UNI、SNI 和 Q3 接口，使接入网的接口更加抽象和统一。在某种特定网络中，RP 并不对应于特定网络的物理实现。

IP 接入网功能模型

图 5.8 为 IP 接入网功能参考模型。从图中可以看出，IP 接入网包括了三个功能：接入网传送功能、IP 接入功能（IP-AF）和 IP 接入网系统管理功能。

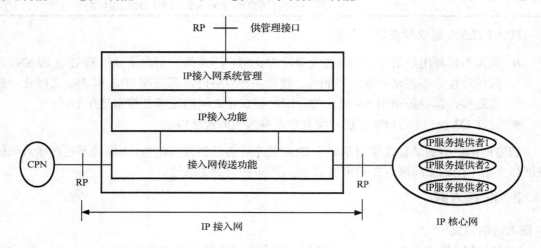

图 5.8 IP 接入网功能分层结构

与电信接入网对比，增加的 IP 接入功能（IP-AF）是用户接入的管理控制功能，是 IP 接入网与电信接入网的最大区别。此功能可以由一个实体完成，也可以在接入网中分布完成。IP 接入网提供的接入能力不仅仅是传送承载能力，还提供"IP 接入能力"，即对用户接入进行控制的能力，主要是使用了点到点协议（Point-to-Point Protocol，PPP）来完成动态选择多个 ISP、动态分配 IP 地址、动态地址翻译、认证、授权接入、加密、计费和服务器的交互等功能。IP 接入网允许的接入类型很多，只要运行 IP 协议的物理接口均可接入。

IP 接入网的传送功能与业务无关，可以采用多种传输技术手段及组网结构实现不同业务的传送，比如各种无线接入（固定无线接入、移动接入、卫星接入、WLAN 接入），PON 接入，PTN 接入，IP RAN 接入，OTN 接入，等等。

IP 接入方式

IP 接入网的接入方式可分为五类：直接接入方式，第二层隧道协议（Layer 2 Tunnel Protocol，L2TP）方式，IPsec（Internet Protocol Security）隧道方式，路由方式，多协议标签交换（Multi-Protocol Label Switching，MPLS）方式。

- **直接接入方式**：是指用户直接接入 IP，IP 接入网只有两层，即仅有一些级联的传送系统，没有 IP 和 PPP 等处理功能，如租用线方式。
- **L2TP 隧道方式**：是从 CPN 处的 RP 至 ISP 处使用 L2TP 构成一个 PPP 会话隧道。该方式是一种仿真连接方式，用户通过 PPP 层选择 ISP。该方式不提供任何安全保障，仅提供较弱的安全机制。该方式支持多种协议网络。
- **IPsec 隧道方式**：是第三层隧道协议，是安全的 IP 隧道模式，允许对 IP 负载数据进行加密，然后封装在 IP 包头中通过企业 IP 网络或公共 IP 网络发送。通过第三层协议传输数据，在 IP 层提供安全保障。该方式只能支持使用 IP 协议的目标网络。
- **路由方式**：接入点可以是一个三层路由器，该路由器负责 IP 包的路由选择及转发。如以太网接入。
- **MPLS 方式**：采用 MPLS 网络对 IP 数据进行传送。

目前在 2G/3G/4G 的移动回传系统中，采用 MPLS 技术与 VPN（Virtual Private Network）技术相结合的技术体系作为其基础架构的接入技术被广泛地应用，如 PTN 和 IP RAN 接入技术。

4．IP 接入网与电信接入网的区别

- 电信接入网仅仅为用户提供承载业务的传送功能，包括复用、交叉连接和传输等，一般不包括交换功能和控制功能；IP 接入网除此之外还包括交换功能和 IP 接入（控制）功能，以及以 AAA 为中心的网络管理功能，并且能够提供业务。
- 电信接入网中，接入网与业务节点不能完全分开；IP 接入网提供传送功能，可以独立于业务，即 IP 接入网、核心网、业务可以相对独立。
- 在电信接入网中，UNI、SNI 是通过相关 SN 的静态指配建立连接的，每种接口只能接入一种业务，用户不能动态地选择 ISP；IP 接入网解释用户信令，具有交换功能，这使得用户端口可以动态地选择 ISP，改变了电信接入网中每种接口只能接入一种业务的限制。IP 接入网中，使用统一的逻辑接口 RP 替代了电信接入网中的 UNI、SNI 和 Q3 接口，使接入网的接口更加抽象和统一，顺应了全业务的发展趋势。

5.1.2　接入网的分类和拓扑结构

1．接入网及接入技术的分类

接入网及接入技术可从不同方面进行分类，如有线接入和无线接入，或固定接入和移动接入，或宽带接入和窄带接入等，大致上接入网的分类及对应的接入技术见表 5.2。

2．接入网的物理接口

根据接入业务的不同，可以将接入网的传输系统的物理接口分为：TDM 业务接口（如 E1 接口），ATM 业务接口，以太网（Ethernet）业务接口等。不同的业务和不同的接口形式，可以采用不同的接入方式和组网结构。

3．接入网的组网拓扑结构

接入网的基本网络拓扑结构有 4 种：星形、树形、总线型和环形结构。在实际中，可能会根据具体情况，采用不同的组合结构。例如，铜线接入网多以网形、星形和复合型为主；

光纤接入网以总线型、星形、环形、树形为其基本结构；HFC 接入网以树形为主；无线接入网中有网状网和星形网两种结构。

表 5.2 接入网及接入技术的分类

接入网	有线接入网	铜线接入技术	高比特率数字用户线（HDSL） 非对称数字用户线（ADSL） 甚高速率数字用户线（VDSL）	
		LAN 接入技术		

		光纤接入技术：
		  光纤到路边（FTTC）
		  光纤到大楼（FTTB）
		  光纤到户（FTTH）
			无源光网络（GPON，EPON）
			有源光网络（SDH/MSTP，以太网）

		混合光纤/同轴电缆（HFC）接入技术	
	无线接入网	固定无线接入技术	微波一点多址（DRMA） 无线本地环路（WLL） 直播卫星（DBS） 多点多路分配业务（MMDS） 本地多点分配业务（LMDS） 甚小型天线地球站（VSAT） WLAN
		移动接入技术	陆地移动通信（2G/3G/4G） 卫星通信
	融合接入网	FTTx+xDSL/LAN/WLAN/2G/3G/4G	

5.2 WLAN 接入网技术

5.2.1 WLAN 概述

1. 无线宽带接入网概况

随着通信网络的宽带化、移动化的发展，无线接入技术已经成为接入网络的一个重要组成部分。有着不同传输距离的无线宽带接入技术在网络移动融合的发展中，成为了一种不可替代的重要的接入手段。

无线网络按照无线覆盖距离的远近，可以分为 4 种：无线个域网（Wireless Personal Area Networks，WPAN），无线局域网（Wireless Local Area Networks，WLAN），无线城域网（Wireless Metropolitan Area Networks，WMAN），以及无线广域网（Wireless Wide Area Networks，WWAN）。其中，WPAN 提供超近距离的无线高速率数据传输通信，例如，蓝牙（覆盖半径约 15m）就是典型的 WPAN 技术；WLAN 提供近距离的覆盖和高速率数据传输通信，例如，WiFi（Wireless Fidelity）（覆盖半径约 100m）就是 WLAN 技术；WMAN 提供城域覆盖和高速率数据传输通信，例如，WiMAX、移动通信系统（2G/3G/4G）就是 WMAN 技术；WWAN 提供广覆盖、高移动性和高速率数据传输通信。

根据用户终端在通信中是否可移动，无线接入技术可分为固定无线接入和移动无线接入技术两大类。WiFi 就是一种典型的固定无线宽带接入技术，被广泛应用于无线局域网中，故一般也称为 WLAN。我们熟知的 GSM、WCDMA、cdma2000、TD-SCDMA、LTE 及 WiMAX 系统，就属于移动无线接入技术。

WLAN 和移动通信网络（3G/4G）都是无线宽带接入技术，本节重点介绍 WLAN 接入技术，移动通信网络无线接入部分请查阅移动通信方面的相关书籍，此处就不介绍了。移动通信网络中的回传系统部分的有线接入技术在本章 5.4 节的 IP RAN 接入技术中介绍。

2. WLAN 概念

使用无线信道作为公共传输媒质的局域网称为无线局域网（WLAN）。WLAN 提供有线局域网的功能，是计算机网络和无线通信技术相结合的产物，是有线网络的扩展和补充，是目前广泛应用的宽带无线接入技术之一。WLAN 在 IP 接入网中的位置见图 5.9。

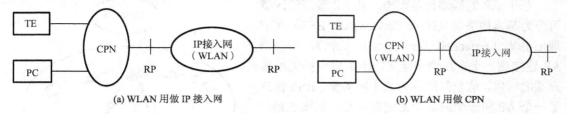

(a) WLAN 用做 IP 接入网　　　　　　　　　　　(b) WLAN 用做 CPN

图 5.9　WLAN 在 IP 网络中的位置

3. WLAN 结构

WLAN 的基本结构分为基础设施架构（或称中心结构，基于 AP 的拓扑结构）和独立网络（或称对等结构）。

基础设施架构

此结构是基于中心点 AP（Access Point）控制的结构，由接入点 AP、用户终端（站点）等组成，如图 5.10 所示。有线网络通过网线与固定接入点 AP 连接，AP 再通过无线方式与用户终端连接。AP 一般称为网络桥接器或接入点，是一个无线基站。每个用户终端（站点）装有无线网卡用于无线通信，也称为无线客户端。各用户站点需通过接入点 AP 进行相互之间的通信，以及与有线网络（LAN 或 WAN）的通信并分享其资源。根据无线网卡使用的标准的不同，WLAN 的带宽也不同。

基于 AP 网络结构的缺点是抗毁性差，一旦 AP 出现故障就会导致整个网络的瘫痪。同时 AP 的加入会增加网络成本。

对等结构网络

此结构没有中心点，节点（网络中配有无线网卡的通信终端）之间可以通过单跳或多跳方式进行通信，该网络也可以称为无线自组织网络（Ad hoc），如图 5.11 所示。对等结构网络的优点是建网容易，费用较低，网络抗毁性好。缺点是网络中的站点布局受环境限制较大，而且当站点数量增多时，网络性能会下降。

WLAN 覆盖的区域称为服务集（Service Set，SS）。服务集用来描述一个可操作的完全无线局域网的基本组成。在服务集中需要采用服务集标识（Service Set Identification，SSID）作为 WLAN 的网络名，由区分大小写的 232 个字符组成，包括文字和数字。

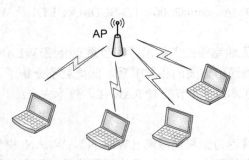

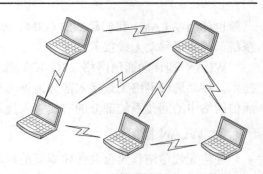

图 5.10　WLAN 的基础设施架构（基于 AP 的中心方式）　　图 5.11　WLAN 的对等结构

基于 AP 的基础设施架构，其 AP 覆盖的区域可分为基本服务集（Basic Service Set，BSS）和扩展服务集（Extended Service Set，ESS）。当一个 AP 连接到一个有线局域网（LAN）或一些无线客户端的时候，这个网络称为基本服务集。BSS 包括了一个 AP 和一个或多个无线客户端，见图 5.12。扩展服务集是由通过一个普通分布式系统连接的两个或多个基本服务集组成，见图 5.13。图中门桥的作用类似于网桥。

对于对等结构网络，其覆盖的服务区称为独立基本服务区（Independent Basic Service Set，IBSS）。

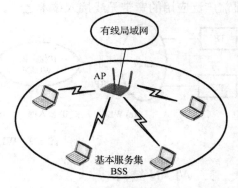

图 5.12　基于 AP 结构的基本服务集（BSS）

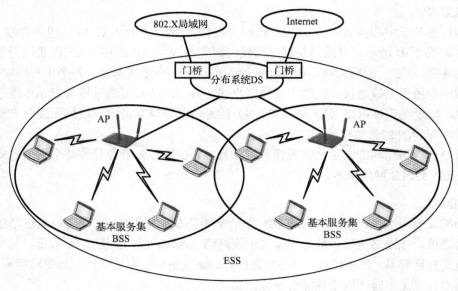

图 5.13　基于 AP 结构的扩展服务集（ESS）

5.2.2　WLAN 的协议标准

WLAN 使用无线电广播频段通信，使用的是免许可证的 2.4GHz 及 5.8GHz 频段，使用的技术规范是 802.11 标准系列。1997 年 6 月，IEEE 制定了第一个 WLAN 标准——IEEE 802.11 协议，全称是无线局域网媒质访问控制和物理层规范，具有 802.11 标准的 WLAN 和无线设备之间可以互连通信。随后，IEEE 陆续推出了一系列协议，具体详见表 5.3。

表 5.3 IEEE 802.11 标准系列

协议	发布日期	频带范围	数据速率（Mb/s）	数据速率（平均）（Mb/s）	覆盖范围（室内）	覆盖范围（室外）
802.11a	1999 年	5GHz	54	25	约 30m	约 45m
802.11b	1999 年	2.4～2.5GHz	11	6.5	约 30m	约 100m
802.11g	2003 年	2.4～2.5GHz	54	25	约 30m	约 100m
802.11n	2009 年	2.4GHz 或 5GHz	540	200	约 50m	约 300m
802.11p	2010 年	5.86～5.925GHz	27	3	约 300m	约 1000m

802.11 系列协议主要工作在 OSI 协议的最低两层，物理层和媒质访问控制层（Media Access Control，MAC），涉及所使用的频率范围、空中接口通信协议等技术规范和技术标准，并在物理层上进行了一些改动，加入了高速数据传输的特性和连接的稳定性，见图 5.14。

WLAN 的站点可以是局部范围内固定的、便携式的、安装在车辆上的、以步行或自行车速率移动的用户终端。由于站点具有可移动性，因移动带来的问题由 802.11 的 MAC 层来解决。WLAN 在信道访问控制上（MAC 子层）采用 CSMA/CA 协议。WLAN 的 MAC 子层支持基于 AP 和 Ad hoc 两种方式的网络拓扑结构，其主要包括接入控制机制、MAC 帧结构及 MAC 管理子层结构。

图 5.14 WLAN 在 TCP/IP 体系中的位置

接入控制机制是 MAC 子层的核心。802.11 标准定义了两种：分布式协调功能（Distributed Coordination Function，DCF）和点协调功能（Point Coordination Function，PCF）。

● DCF：是一种分布式控制的竞争性共享媒质方式，采用 CSMA/CA 技术，是默认的节点（站点）工作方式。该方法比较简单，稳健性好，应用广泛。
● PCF：是一种集中式无竞争的控制方式。在基础设施架构中，设置一个协调点（接入点位置）采用轮询机制控制各站点对信道的访问。

在 WLAN 中，在基于 AP 的组网结构中，DCF、PCF 两种方式都可以采用，但通常不同时采用这两种方式。如果采用 DCF 方式，AP 就和其他的站点一样，要采用 CSMA/CA 竞争访问信道，但不负责信道分配，但用户接入和管理还是需要由 AP 来完成。在对等结构网络中，通常采用 DCF 方式。

5.2.3 WLAN 的应用

1. WLAN 的应用

WLAN 因其接入方式和应用的简单，具有不需布线、建立快速、价格经济、可移动性等特点，作为无线宽带接入技术已经在家庭、企业内部和热点地区覆盖的公共接入中得到了广泛的应用，如工业控制、医疗护理、政府机关、酒店、机场、金融证券等领域，可以作为以太网、xDSL 及 2G/3G/4G 系统的宽带接入的补充。

随着 WLAN 的 IP 语音业务的发展和蜂窝移动通信网络技术的发展，WLAN 和蜂窝移动通信网络之间是既为互补，又存在着竞争的共存关系。蜂窝移动通信网络具有覆盖广、高移动性和接入带宽小为中低传输速率，又具备完善的鉴权和计费制度等特点，而 WLAN 具备高速数据传输速率（11Mb/s～300Mb/s），但传输距离有限（覆盖半径为 100m），数据安全性差。这样，WLAN 作为蜂窝移动通信网络的补充，即可弥补蜂窝移动通信网络的速率受限的不足，又可利用其安全和计费机制，二者结合，实现 WLAN 和蜂窝网络的融合。

2．WLAN 接入 IP 网络的方式

从信道访问控制的角度，按照 WLAN 的两种基本结构（对等结构和基于 AP 的结构）形式，对应地，WLAN 接入 IP 网络可以分为两种方式：对等方式和基于 AP 的方式。

在对等方式中，各节点（无线站点）通过无线路由器（Wireless Router，WR）与有线网络相连，各无线站点之间可以直接通信，不需通过 WR，见图 5.15。在基于 AP 的方式中，各节点之间通过 AP 相互通信，并通过 AP 与有线网络相连。此时，AP 就是一个简单的无线路由器（WR），它的网络层支持 IP 接入网所需的各种功能，见图 5.16。

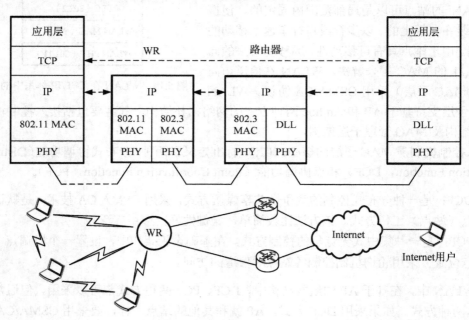

图 5.15　对等方式的 WLAN 的接入

在基于 AP 的 WLAN 接入方式中，主要包括 FAT AP（胖 AP）和 FIT AP（瘦 AP）两种方式。胖 AP 方式中的 AP 将 WLAN 的物理层功能、用户数据加密、用户认证、QoS、网络管理、漫游技术及其他应用层的功能集一身。胖 AP 的配置复杂，在 AP 发生故障时需重新配置，故不适合于大规模网络。瘦 AP 中的 AP 只有加密、射频功能，不能独立工作。瘦 AP 的结构是无线控制器（Access Controller，AC）+AP 的工作方式。

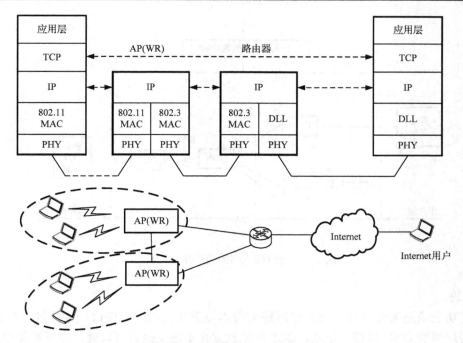

图 5.16　基于 AP 方式的 WLAN 的接入

5.3　光纤接入网技术

5.3.1　光纤接入网概述

1. 光纤接入网定义

光纤接入网（Optical Access Network，OAN）是指在接入网中采用光纤作为主要传输媒质的接入网或者说是采用光纤传输技术的接入网，泛指本地交换机与用户之间采用光纤通信或部分采用光纤通信的系统。

按照光在光纤中的传输模式，光纤分为多模光纤和单模光纤。二者相比，多模光纤容量不大，传输距离短，价格低。单模光纤价格较高，性能也很高，适用于长距离通信。

光纤的不同波长区的损耗不同，具有不同的传输性能。在光纤接入网中，采用单模光纤及 1310nm（1260～1360nm）和 1550nm（1480～1580nm）传播波长。

ITU-T G.982 建议给出了一个与业务和应用无关的光纤接入网的功能参考配置，该结构是基于电信接入网的概念提出来的，见图 5.17。

光纤接入网的定义：共享同样网络侧接口和光接入传输系统的一系列接入链路，它由光线路终端（Optical Line Termination，OLT）、光分配网（Optical Distribution Network，ODN）、光网络单元（Optical Network Unit，ONU）及适配功能（Adaption Function，AF）组成，可能包含若干与同一光线路终端相连的光配线网。光接入传输系统是使用光纤作为接入链路的传输系统。

各功能块功能如下。

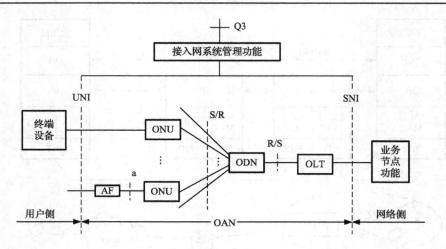

图 5.17　光纤接入网的功能参考配置

OLT 功能块

OLT 功能块是为光纤接入网提供网络侧与本地交换机之间的接口，并经过一个或多个 ODN 与用户侧的 ONU 通信。通常，OLT 可以设置在本地交换机接口处，也可设置在远端，物理上可以是独立设备，也可以和其他功能设备集成在一起。OLT 的内部由业务部分、核心部分和公共部分组成，其功能块组成见图 5.18。其各部分功能如下所述。

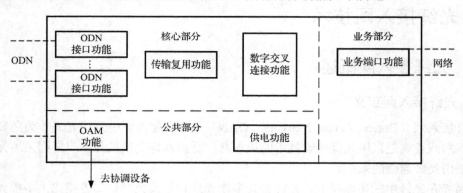

图 5.18　OLT 功能块组成

① 业务部分功能：提供业务端口功能，至少能够提供 ISDN 的基群速率接口，并能配置成至少提供一种业务或能同时支持两种以上不同的业务。

② 核心部分功能

● 数字交叉连接功能。

● 传输复用功能。

● ODN 接口功能：根据 ODN 的各种光纤类型提供一系列的物理光接口，并实现电/光和光/电变换。

③ 公共部分功能

● 供电功能。

● OAM（Operation Administration and Maintenance）功能：通过相应的接口实现对所有功能块的运行、管理与维护，以及与上层网管的连接。

ONU 功能块

ONU 功能块位于 ODN 和用户之间，ONU 的网络侧具有光接口，用户侧是电接口，具有电/光和光/电变换功能，并能实现对各种电信号的处理与维护管理功能。ONU 可灵活地设置在用户所在地或设置在路边。其功能块组成见图 5.19。其各部分功能如下所述。

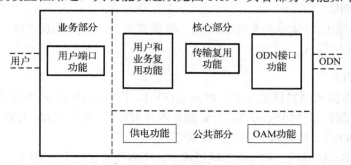

图 5.19　ONU 功能块组成

① 业务部分功能：提供用户端口功能，包括 N×64kb/s 适配、信令转换等。

② 核心部分功能

● ODN 接口功能：提供一系列的物理光接口，与 ODN 相连接，并实现电/光和光/电变换。
● 传输复用功能：用于相关信息的处理和分配。
● 用户和业务复用功能：对来自或送给不同用户的信息进行组装和拆卸。

③ 公共部分功能

● 供电功能。
● OAM 功能：通过相应的接口实现对所有功能块的运行、管理与维护及与上层网管的连接。

ODN 功能块

ODN 功能块为 ONU 和 OLT 之间提供光传输媒质作为其物理连接以实现光传输功能，主要由光连接器和/分光器组成，分光器完成光信号功率的分配和光信号的分、复接功能。

根据传输设施 ODN 中是否采用有源器件，光纤接入网可分为有源光网络（Active Optical Network，AON）和无源光网络（Passive Optical Network，PON）。有源光网络中的传输设施 ODN 中含有光放大器等有源器件，无源光网络中的传输设施 ODN 由无源器件组成。

接入网系统管理功能块

该功能块对光纤接入网进行维护管理，包括配置管理、性能管理、故障管理、安全管理及计费管理。

AF 为 ONU 和用户终端设备提供适配功能，具体物理实现可完全独立，也可包含在 ONU 内。

2. 光纤接入网的分类

根据传输设施 ODN 中是否采用有源器件，光纤接入网分为有源光网络（AON）和无源光网络（PON）。

有源光网络（AON）

AON 实质上是主干网传输技术在接入网中的延伸。AON 由 OLT、ONU、ODN 和光纤传输线路组成，传输设施 ODN 采用有源器件，如光放大器，或有源复用设备或远端集中器等有源器件。

AON 是点到点的接入系统，有两种方式，一种是 SDH/MSTP 点到点的接入系统，另一种是基于点到点的有源以太网接入。现在主要是采用 SDH 或基于 SDH 的 MSTP 技术，网络结构大多为环形结构。

AON 和 PON 相比，优点是传输距离远，传输容量大，业务配置灵活；缺点是成本高，需要供电系统，维护复杂。

无源光网络（PON）

PON 是专门为接入网发展的技术。PON 由 OLT、ONU、ODN 和光纤传输线路组成，传输设施 ODN 由无源光器件组成。ODN 的无源光器件有光纤、光连接器、无源光分路器（Passive Optical Splitter，POS）（分光器）和光纤接头等。

PON 是点到多点的系统。信号在传输过程中，不需要再生放大，直接由无源分光器传送至用户，实现透明传输，信号处理全由局端和用户端设备完成。与 AON 相比，由于分光器降低了光功率，PON 的覆盖范围和传输距离相对要小，但由于户外无有源设备，提高了抗干扰能力，可靠性高且价格低。PON 结构简单，易于安装、扩容和维护。根据所采用的技术不同，PON 又可以分为 APON〔ATM PON，基于 ATM 的 PON，后更名为宽带 PON（Broadband PON，BPON）〕、EPON（Ethernet PON，基于以太网的 PON）及 GPON（Gigabit PON，BPON 的一种扩展）。

3. 光纤接入网的拓扑结构

光纤接入网所采用的基本结构有星形、树形、总线型和环形。无源光网络通常由一个 OLT 到多个 ONU 形成点到多点的结构，其拓扑结构一般采用星形、树形和总线型，下面将分别加以介绍。

星形结构

星形结构包括单星形结构和双星形结构。单星形结构是指每一个 ONU 分别通过一根或一对光纤与 OLT 相连，形成以 OLT 为中心的星形辐射结构，OLT 输出的光信号通过一个分光器均匀分到各个 ONU，见图 5.20(a)。该结构在光纤连接中不使用分光器，故不存在由分光器引入的光信号衰减，网络覆盖面积大；由于线路中没有有源器件，线路维护简单；每个 ONU 采用独立的光纤线路，彼此互不影响且保密性好，易于升级；但光纤需要量大，故成本高，适合于用户均匀分散在 OLT 附近的情况。

双星形结构是单星形结构的改进，多个 ONU 均连接到一个分光器上，然后通过一根或一对光纤再与 OLT 相连，见图 5.20(b)。该结构适合于覆盖范围更广的网络，具有维护费用低、易于扩容升级、业务变化灵活等优点，是被广泛采用的一种拓扑结构，通常我们说的星形结构指的就是这种结构。

树形结构

树形结构是星形结构的扩展，见图 5.21。该结构采用了多级分光器，每一级与下一级之间呈星形结构。

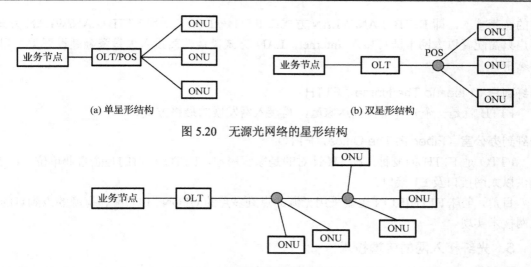

图 5.20　无源光网络的星形结构

图 5.21　无源光网络的树形结构

树形结构中的分光器可以采用均匀分光（即等功率分光）和非均匀分光（即不等功率分光）。该结构线路维护容易，不存在雷电及电磁干扰，可靠性高。由于采用了多级分光器给较多个 ONU 分配功率，而光源的功率有限，故连接的 ONU 的数量和传输距离都受到限制。

总线型结构

总线型结构如图 5.22 所示。在该结构中，分光器通常采用非均匀分光沿线状排列。这种结构适合于沿街道、公路线状分布的用户环境。

该结构下，非均匀的分光器只给总线引入少量的光损耗，并且只从光总线中分出少量的光功率；由于光纤线路存在损耗，使得在靠近 OLT 和远离 OLT 处接收到的光信号强度有较大的差别，因此，对 ONU 中光接收机的动态范围要求较高。

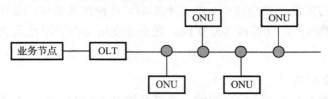

图 5.22　无源光网络的总线型结构

4．光纤接入网的应用类型

根据接入网中 ONU 设置的位置不同，光纤接入网可以分为以下几种主要的应用类型。

光纤到路边（Fiber To The Curb，FTTC）

FTTC 是一种基于优化 xDSL（x Digital Subscriber Line，各种数字用户环路）技术的宽带接入方式，采用光纤到路边、铜线到户的宽带接入方式，即 FTTC+xDSL。

还有一种光纤到节点（Fiber To The Node，FTTN），这个节点是指交接箱处。FTTN 与 FTTC 类似，比较适合于农村市场。

光纤到大楼（Fiber To The Building，FTTB）

FTTB 是一种基于优化高速光纤局域网技术的宽带接入方式，采用光纤到大楼，网线到户的宽带接入，即 FTTB+LAN/WLAN 方式或 FTTB+xDSL。采用 FTTB+LAN/WLAN 方式，用户只需配置以太网卡即可接入 Internet，LAN 方式需运营商投入大量资金铺设五类线到用户家中。

光纤到户（Fiber To The Home，FTTH）

FTTH 就是一个光纤直接到达家庭，是接入网发展的最终方式。

光纤到办公室（Fiber To The Office，FTTO）

FTTO 是 FTTH 的变种，FTTH 针对的是家庭用户，FTTO 针对的是企事业单位。FTTO 提供以太网接口及 E1 接口。

目前，全球 FTTH/FTTx 主要采用无源的点到多点的 GPON、EPON 和有源的点到点的以太网技术实现。

5．光纤接入网的传输技术

光纤接入网的传输技术实现 OLT 与 ONU 之间的连接。从 OLT 到 ONU 方向称为下行信道，从 ONU 到 OLT 方向称为上行信道。光纤接入传输技术分为双向传输技术（上下行双工传输技术）和多址接入传输技术（区分多 ONU 的上行传输技术）。

双向传输技术

采用不同的光复用技术，可以在单根光纤或双根光纤上进行光信号的双向传输。主要采用的光复用技术包括光空分复用（Optical Spatial Division Multiplexing，OSDM）、光波分复用（Optical Wavelength Division Multiplexing，OWDM）、时间压缩复用（Time Compression Multiplexing，TCM）和光副载波复用（Optical Sub-Carrier Multiplexing，OSCM）4 种。

光空分复用（OSDM）

光空分复用就是双向通信的每一个方向各使用一根光纤的通信方式，即单根单工方式，如图 5.23 所示。此方式的优点是两个方向互不影响，传输性能最佳，设计最简单，但需要一对光纤和分光器及跳线和活动连接器来实现。光空分复用适合于近距离的通信，传输距离较长时不经济。

光波分复用（OWDM）

当光源发射光功率不超过一定门限时，光纤传输处于线性状态，不同的光波长信号只要有一定的间隔在同一根光纤上传输时就不会发生相互干扰，类似于电信号的频分复用。光波分复用就是在一根光纤上把两个方向的光信号分别调制在不同的波长上同时传输而采用的复用方式以实现单纤双向传输，也称为异波长双工方式，如图 5.24 所示。

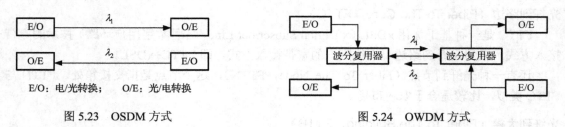

图 5.23　OSDM 方式　　　　　　　图 5.24　OWDM 方式

该方式的优点是双向通信只使用一根光纤，节省了光纤用量、光纤放大器、再生器和光终端设备。但需要在两端设置波分复用器，从而引入至少 6dB（2×3dB）的损耗，使用光纤放大器也会因反射和散射而产生多径干扰。

时间压缩复用（TCM）

时间压缩复用方式又称为光乒乓传输，原理类似于电信号的半双工方式，在一根光纤上双向时分复用，用一根光纤实现双向传输。如图 5.25 所示，每个方向传送的信息首先放在发送缓冲器中，然后每个方向在不同的时间段将信息发送到同一根光纤上，即以脉冲串的形式发送，接收端收到时间压缩的信息后在接收缓冲器中解除压缩。该方式中，上下行方向可以采用相同的工作波长。

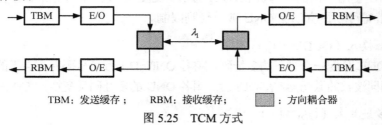

TBM：发送缓存；　　　RBM：接收缓存；　　　■：方向耦合器

图 5.25　TCM 方式

该方式的优点是节约了光纤、分光器和活动连接器，故障检测比较容易。缺点是两端的耦合器各有 3dB 的损耗，并且 OLT 和 ONU 电路比较复杂。

光副载波复用（OSCM）

光副载波复用如图 5.26 所示，首先将两个方向传送的信号分别调制到不同频率的射频上去（电信号处理，频分复用），然后对两个方向的调制信号再各自调制到一个光载波上去（可以使用一个波长，光信号处理），之后送入同一根光纤进行传送。在接收端，使用光/电探测器解调光信号，得到两个方向的各自的射频信号，对电信号再解调就得到了两个方向的信号。这里，光载波是主载波，射频载波是副载波。

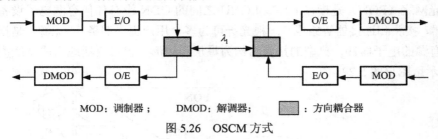

MOD：调制器；　　　DMOD：解调器；　　　■：方向耦合器

图 5.26　OSCM 方式

该方式的优点是上下行信号占用不同的频段，干扰少，电路简单。缺点是对信号的电处理采用了模拟频分，会导致信噪比恶化。

多址接入传输技术

典型的无源光网络，是点到多点的结构，即 OLT 到 ONU 是点对点的连接。多点用户 ONU 的上行接入，是多点到点，需要采用光多址接入技术。

光多址接入技术，主要包括光时分多址接入（Optical Time-Division Multiple Access，OTDMA）、光波分多址接入（Optical Wavelength Division Multiple Access，OWDMA）、光码分多址接入（Optical Code Division Multiple Access，OCDMA）和光副载波多址接入（Optical Sub-Carrier Multiple Access，OSCMA）等技术。

光时分多址接入（OTDMA）

将上行传输时间分为若干时隙，每个时隙安排一个 ONU 发送信号，各 ONU 按 OLT 规定的时间顺序依次发送分组信息。因为每一个 ONU 与 OLT 距离不同，会产生传输时延差，从而导致在 OLT 处信道复用同步时会发生信号重叠。为了避免这种情况，OLT 要有测距功能，即能够精确测量每一个 ONU 与 OLT 之间的传输时延，之后给每一个 ONU 发送补偿时延，控制每一个 ONU 调整发送时间，使得在 OLT 处信道复用同步时不致产生信号重叠。

光波分多址接入（OWDMA）

每一个 ONU 使用不同的工作波长，OLT 接收端通过分波器来区分来自不同的 ONU 的信息。此方式的带宽可以很宽，但 ONU 数目受到限制。

光码分多址接入（OCDMA）

给每一个 ONU 分配一个唯一的多址码，将各 ONU 的上行信号码元与自己的多址码进行模二加，再调制相同波长的激光器。在 OLT 处，用各 ONU 的多址码反变换，恢复各 ONU 的信号。

光副载波多址接入（OSCMA）

在 ONU 处，采用模拟调制技术，对各个 ONU 的上行信号分别用不同的调制频率进行电信号的调制，然后将此调制模拟射频信号分别调制各 ONU 激光器，再把波长相同的各模拟光信号传输至分光器后再耦合到同一个馈线光纤传送到 OLT 处。在 OLT 处经过光/电探测器后输出的电信号通过不同的滤波器和鉴相器就分别得到了各 ONU 的上行信号。

目前，光纤接入网主要采取的多址接入技术是 OTDMA 技术。

5.3.2　PON 接入技术

1. PON 的组成及各部分功能

无源光网络（PON）是指在 OLT 和 ONU 之间的 ODN 没有任何有源电子设备，仅由光纤、分光器、接头和连接器等组成，一根光纤可为多个用户提供服务。"无源"是指不需要任何电源和有源的电子器件，典型的拓扑结构为星形和树形，也可灵活地组成总线型和环形。PON 组网示意图见图 5.27。

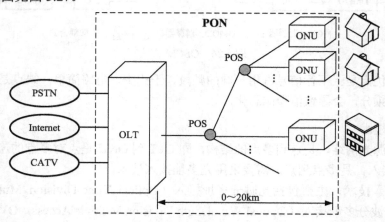

图 5.27　PON 组网示意图

PON 各部分的功能如下所述。

① OLT：用于连接主干光纤的局端设备，一般放置在服务提供商的中心机房。其主要功能如下：

- 向 ONU 以广播方式发送数据。
- 发起并控制测距过程，并记录测距信息。
- 为 ONU 分配带宽：即控制 ONU 发送数据的起始时间和发送窗口大小。

② ONU：广义的 ONU 是指装有包括光接收机、上行光发射机、多端口桥接器的网络设备，一般放置在用户端。狭义的 ONU 就是指局端设备到用户终端设备之间的中间设备，通过 ONU 下挂用户终端设备（Terminal Equipment，TE）。有时，用广义的 ONU 泛指狭义的 ONU 和 TE。其主要功能如下：

- 选择接收 OLT 发送的广播数据。
- 响应 OLT 发出的测距及功率控制命令，并做出相应的调整。
- 对用户的以太网数据进行缓存，并在 OLT 分配的发送窗口中发送上行数据。

③ ODN：为 OLT 和 ONU 之间提供光传输通道。从功能上分，可以分为馈线、配线、入户线和终端 4 部分子系统。

POS 位于点到多点拓扑中的分路点，用于分离光信号。一般分光比有 1:2、1:8、1:32、1:64。POS 的设置：

- ODN 网络一般采用树形结构，宜采用一级或二级分光，原则上不采用多级分光。
- 一级分光容易测试和维护，光功率衰减少；同时分光器的利用率较高，节点少，成本相对低。
- 两级分光节省配线段光缆，网络的灵活性、可扩展性较好，适用于用户较分散的场合。
- 大范围内用户点呈链状分布时，可考虑采用链形结构、多级分光的组网模式。
- 一般设置在用户区域的中心位置。

2. PON 采用的技术及特点

PON 采用的技术有

- 单纤双向传输技术。
- 下行采用广播方式，上行采用 TDMA 方式。
- 测距和时延补偿技术。由于各个 ONU 与 OLT 之间的距离不同，导致每个 ONU 发出的信息到达 OLT 的时间不同，会影响到 TDMA 的复用同步。故需要准确测量 OLT 到 ONU 之间的距离，用于调整 ONU 的发送时延。
- 突发信号的快速同步。OLT 接收到的 ONU 信号是突发信号，OLT 需在很短的时间内（几个 bit）实现和发送 ONU 之间的相位同步，从而正确接收数据。故 ONU 的光器件应能支持突发发送，OLT 的光器件能支持突发接收。

PON 的优点：

- PON 为无源网络，系统可靠性高，维护成本低。
- 业务透明性好，带宽较宽。

- 节省光纤，采用点对多点技术+单纤双向传输，减少了光纤占用。
- ODN 用户共享，成本较低。
- 节约光口成本，适合大量用户的接入。

PON 的缺点：

- 一次性投资较高。
- 常用的树形拓扑使用户的保护功能成本较高。
- 保密性、安全性有待提高。
- 时钟的漂移有待提高。

PON 系统作为一种低成本的星形组网系统，特别适合末端接入层面的组网环境，是当前 FTTx 接入的主要技术手段，而且 OLT 有丰富的接口，可承载 TDM 到 IP 分组等多种业务，带宽吞吐能力巨大。

PON 大多采用星形结构进行接入，因此不适于解决基站 IP 化接入问题，但是在综合接入业务及集团客户业务大规模发展的情况下，PON 完全可用于解决家庭客户的接入、综合接入及大客户专线接入等需求。

目前得到业界认可并有潜力广泛应用的 PON 技术主要有以以太网技术为传输平台的 EPON 和以通用帧结构为传输平台的 GPON；EPON 系统被日本的 NTT、SoftBank、KDDI 及韩国部分运营商大规模部署，GPON 系统则在北美、欧洲、亚太已开始大规模商用。

5.3.3　GPON 接入技术

1. GPON 的概念

由于网络 IP 化的快速发展和 ATM 技术的逐步萎缩（ATM 成本高、速率低、系统复杂，并且在传输 IP 数据时要进行协议和格式的转换），导致基于 ATM 的 APON/BPON 技术的商用化和实用化严重受阻。在这种背景下，替代 APON 的 GPON 产生了。GPON 是 APON/BPON 的扩展。GPON 保留了 APON 的优点，更高效、高速，支持多业务，提供明确的服务质量和服务等级，具有电信级的网络监测和业务管理能力。

GPON 的相关标准是 ITU G.984.x 系列标准规范，目前已发展到 ITU G.984.1～ITU G.984.6 共 6 个标准。

GPON 技术的特点

- 具有全业务接入功能，支持不同 QoS 要求的业务。具有丰富的用户接口，可以提供 64kb/s 业务、E1 电路业务、ATM 业务、以太网业务、IP 业务和 CATV 等在内的全业务接入能力。GPON 采用 GEM（GPON Encapsulation Method）方式封装各种业务。GEM 支持对以太网、TDM（E1、STM-1、STM-4 等）、SDH、IP、MPLS 等多种用户数据帧的封装，支持对用户数据帧的分段。
- 传输速率高和传输距离长，能灵活提供对称和非对称速率。
- 带宽分配灵活，保证服务质量。GPON 采用 DBA（Dynamic Bandwidth Allocation, DBA）算法，动态调整分配用户带宽，可以保证不同用户的服务质量。
- 具有保护机制和强大的 OAM 功能。

- 具有丰富的 ONU 管理控制接口（Operation Management Center Interface，OMCI）功能。
- 安全性高。下行采用高级加密标准 AES 加密算法对用户信息加密，可以有效防止信息被非法 ONU 用户截取。同时，系统会随时维护和更新每个 ONU 的密钥。
- 系统扩展容易。
- 技术相对复杂，设备成本较高。

GPON 的主要技术指标

① GPON 系统的速率包括下行 2.5Gb/s、上行 1.25Gb/s 的非对称和上下行 2.5Gb/s 对称两种，目前通常是采用非对称速率。

ITU G.984.2 定义了 GPON 的传输线路速率为 8kHz 的倍数，其标称速率等级（下行/上行）有多种，具体如下：

- 下行 1244.16Mb/s，上行 155.52Mb/s。
- 下行 1244.16Mb/s，上行 622.08Mb/s。
- 下行 1244.16Mb/s，上行 1244.16Mb/s。
- 下行 2488.32Mb/s，上行 155.52Mb/s。
- 下行 2488.32Mb/s，上行 622.08Mb/s。
- 下行 2488.32Mb/s，上行 1244.16Mb/s。
- 下行 2488.32Mb/s，上行 2488.32Mb/s。

目前，在实际应用中，下行 2488.32Mb/s、上行 1244.16Mb/s 成为唯一的标称速率。GPON 的上下行线路编码均采用 NRZ 码。

② GPON 支持的最大逻辑传输距离为 60km，支持的最大物理传输距离为 20km，支持的最大距离差是 20km。可支持 1:64 的分光比，最大支持 1:128 的分光比，见图 5.28。

③ GPON 采用波分复用技术实现单纤双向传输，上行波长范围为 1260～1360nm（标称波长为 1310nm），下行为 1480～1500nm（标称波长为 1490nm），传送 CATV 业务时使用的波长为 1540～1560nm（标称波长为 1550nm），见图 5.29。

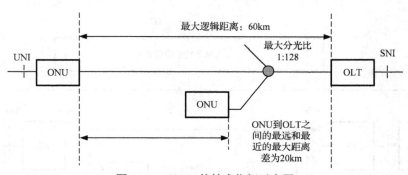

图 5.28　GPON 的技术指标示意图

2．GPON 的协议层次模型

自 2003 年 3 月起，ITU-T 陆续颁布了 G.984.1～G.984.6 标准，描述了 GPON 的功能模型。

GPON 的协议层次模型主要包括 3 层：物理媒质层（Physical Media Dependent，PMD 层）、

传输汇聚层（Transmission Convergence，TC 层）和系统管理控制接口层（OMCI 层），
见图 5.30。

各层的功能如下所述。

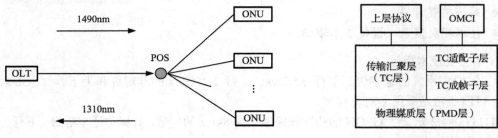

图 5.29　GPON 的单纤双向传输　　　　　　　　图 5.30　GPON 的协议层次模型

物理媒质层（PMD 层）

提供了在 GPON 物理媒质上传输信号的手段，规定了光接口的规范，包括上下行速率、
工作波长、双工方式、线路编码、链路预算及光接口的其他详细要求，详见 G.984.2 标准。

传输汇聚层（TC 层）

规定了帧结构、DBA、ONU 激活、OAM 功能及安全性等方面的要求，TC 层又分为成
帧子层、适配子层，详见 G.984.3 标准。

系统管理控制接口层（OMCI 层）

提供了对 ONU 进行远程控制和管理的手段，详见 G.984.4 标准。

3．GPON 的系统结构

GPON 系统也是由 OLT、ODN、ONU 组成，GPON 系统的参考配置见图 5.31。GPON
可以有树形、星形、总线型等拓扑结构，典型结构为树形结构。在需要提供业务保护和通道
保护时，可加上保护环，对 ONU 提供保护功能。

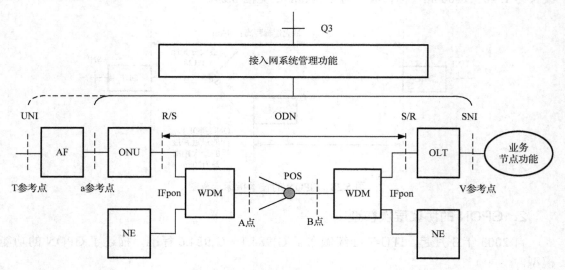

图 5.31　GPON 系统的参考配置

GPON 的各部分功能如下所述。

① OLT：位于局端中心机房，是 GPON 的核心部件，具体功能如下：

- 向上提供广域网接口，包括千兆以太网、ATM、OC-3/STM-1 和 DS-3 接口等，向下对 PON 提供 1.244Gb/s 或 2.488Gb/s 的光接口。
- 集中带宽分配，控制 ODN。
- 光/电、电/光转换。
- 实时监控、运行维护管理光网络系统。

② ONU：位于用户侧，具体功能如下：

- 为用户提供 10/100Base-T、T1/E1 和 DS-3 等应用接口。
- 光/电、电/光转换。
- 可以兼有适配功能。

③ ODN：是连接 OLT 和 ONU 的无源设备，其中最重要的部件是分光器。

4．GPON 的工作原理

GPON 的上下行传输工作原理

GPON 系统使用符合 ITU-T G.652 标准的单模光纤，采用波分复用技术实现单纤双向传输。

下行方向采用 TDM+广播方式。OLT 以广播方式将数据帧经由无源光分路器发送给所有的 ONU。下行帧长为 125μs，每一个 ONU 都能收到相同的数据帧，然后通过 ONU ID 区分过滤接收属于自己的数据信息，见图 5.32。

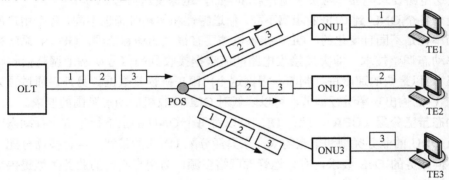

图 5.32 GPON 的下行传输工作原理

由于多个 ONU 共享从分光器到 OLT 段的信道，因此上行方向采用了基于统计复用的 TDMA 的方式。每个 ONU 被分配给一个上行时隙来发送自己的数据而不会发生数据的冲突，见图 5.33。

GPON 的关键技术

- **测距和时延补偿技术**。在 GPON 中，每个 ONU 到 OLT 的距离不同，最短可以几米，最长可达 20km。不同的距离造成的传输时延不同，这样每个 ONU 发送的信号到达公用光纤处的时间就不同。GPON 上行采用 TDMA 方式，即每个 ONU 的上行信号在分光器处要汇合插入指定的时隙而不发生信号的重叠。故 OLT 要精确测定其到每一个 ONU 的距离（即测距），以准确知道数据在 OLT 和每一个 ONU 之间的传输往返时间（RTT），以便控制每个 ONU 发送上行信号的时刻。OLT 将时延通知每个 ONU。每个 ONU 按照不同的补偿时延调整自己的发送时刻，使得所有的 ONU 到达 OLT 的时刻都相同。G.983.1 建议要求测距精度为±1bit。

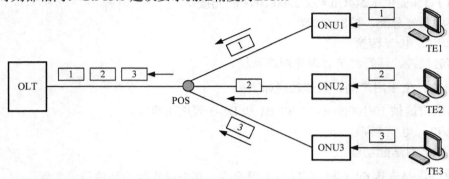

图 5.33　GPON 的上行传输工作原理

- **快速比特同步**。在采用测距机制控制 ONU 上行数据的发送时刻后，因为会受到一些其他因素的影响，上行信号会有一定的相位漂移。在 GPON 的上行帧的 PLOu（上行物理层开销）字段，用于 OLT 快速同步，并正确接收 ONU 的数据。
- **突发信号的收发**。在采用 TDMA 的上行接入中，各个 ONU 必须在指定的时间区间内完成信号的发送，以免与其他信号发生冲突。为了实现突发模式，ONU 的光突发发送电路要求能够非常快速地开启和关断，迅速发送信号。
  由于各个 ONU 到 OLT 的距离不同，信道特性和传输时延也不同，各个用户的信号光功率也是不同且变化的，OLT 接收机需要有很大的动态范围，GPON 系统采用光功率动态调整技术，即突发接收电路能够根据接收到的信号动态地调整接收电平（门限），以最快的速度进行判断，根据这个门限正确恢复数据。另外，通过预先对每个 ONU 的输出功率进行调节，可以降低对 OLT 接收机的动态范围的要求。
- **动态带宽分配**（DBA）。就是 OLT 可以对每个 ONU 的上下行带宽进行动态管理，按照 ONU 的业务类型和带宽需求，来灵活分配 ONU 的带宽，实行按需分配。即支持不同业务的 QoS 要求，有效地管理网络资源，为用户不同的业务类型提供满足要求的连接。
- **安全性和可靠性**。GPON 系统可以对上下行数据进行加密，每个 ONU 可采用专用的密钥并可以定期更新以保证其安全性。GPON 系统具有维护和故障分析功能，可采用双系统方式保证其可靠性。

根据 GPON 技术的特点和目前全业务接入网的发展需求，GPON 技术适合于构建综合业务接入网，在适当的场景下，也能用于移动网中的基站回传网的构建。

5.3.4　AON 接入技术简介

有源光网络（AON）传输设施 ODN 中采用有源器件，传输体系一般采用简化的 SDH 技术或 MSTP 技术。

1．SDH 技术简介

SDH 网是由一些 SDH 的网络单元（Network Element，NE）组成的，在光纤上进行同步信息传输、复用、分插和交叉连接的网络。SDH 中不包含交换设备，它只是交换机之间的传输手段。SDH 网的特点如下：

- 有全世界统一的网络节点接口（NNI）。简化了信号的互通及传输、复用和交叉连接等过程。
- 有一套标准化的信息结构等级，称为同步传递模块。有丰富的开销比特用于 OAM 功能。
- 有一套特殊的复用结构，具有兼容性和广泛的实用性。
- 大量采用软件进行网络配置和控制，方便增加新功能。
- 具有标准的光接口，允许不同厂家的设备在光路上互通。
- SDH 的基本网络单元有 4 种：终端复用器（Terminal Multiplexer，TM）、分插复用器（Add Drop Multiplexing，ADM）、再生中继器（Regenerative Repeater，REG）和同步数字交叉连接设备（Synchronous Digital Cross Connector，SDXC）。
- SDH 的网络拓扑结构有 5 种：线形、星形、树形、环形和网状网。

SDH 系统是为传输 TDM 业务而设计的，是一种典型的 TDM 传输设备。它不适合于传送以太网业务，也不适合于大量作为接入最终用户使用。SDH 主要应用于点对点大容量专线企业用户、局间或汇接点间的通信。随着以太网技术的发展，引入了 MSTP 技术。

2．MSTP 技术简介

MSTP（Multiple Service Transport Platform，多业务传送平台）是基于 SDH 技术之上的、同时实现 TDM、ATM、以太网及 IP 等业务的接入、处理和传送，提供统一网管的多业务传送平台。它将 SDH 的高可靠性、严格的 QoS 和 ATM 的统计复用及 IP 网络的带宽共享等特征集于一身，可以针对不同的 QoS 业务提供最佳传送方式。

MSTP 以 SDH 为基础，并充分利用 SDH 技术，特别是其保护恢复功能和确保的延时功能，将传送节点和各种业务节点物理上融合在一起构成多业务节点或称之为融合的网络节点。具体实施时，可以将 ATM 边缘交换机、IP 边缘路由器、终端复用器、分插复用器、数字交叉连接设备节点和 DWDM 设备结合在一个物理实体上，以便统一控制和管理。

基于 SDH 的 MSTP 设备的功能主要包括标准的 SDH 功能、ATM 处理功能、IP/以太网处理功能等，即：

- 支持 TDM 业务功能。
- 支持 ATM 业务功能。
- 支持 IP/以太网业务功能。

MSTP 的优点如下：

- 继承了 SDH 的诸多优点，并兼容现有技术。
- 支持多种物理接口，满足新业务的快速接入。MSTP 设备可以实现多种业务的接入、汇聚和传输，具有的物理接口有：TDM 接口（T1/E1，T3/E3），SDH 接口（OC-N/STM-M），以太网接口（10/100BASE-T，GE）及 POS 接口等。

- 支持多种协议。
- 提供集成的数字交叉连接设备。
- 具有动态带宽分配和链路高效建立功能。
- 能提供综合网络管理功能。
- 可以支持多种网络结构，包括网状网、树形、星形、环形等组网方式。
- 传输的高可靠性和自动保护恢复能力。MSTP 继承了 SDH 的保护特性，具有小于 50ms 的自动保护，以保证用户对服务的满意程度。

MSTP 的缺点如下：

- 带宽利用率较低。
- 最大提供的带宽有限。
- 主要实现二层功能，以及较为简单的三层功能。
- 灵活提供业务能力不够。

MSTP 主要应用在局间或汇接点间的通信，以及大型企事业用户的点到点的通信。

5.4   IP RAN 接入技术

5.4.1   PTN 概念

1．PTN 概念

分组传送网络（Packet Transport Network，PTN）是新一代基于分组的、面向连接的、承载电信级以太网业务为主，兼容 TDM、ATM 等业务，支持类 SDH 端到端性能管理的多业务统一传送技术。

PTN 继承了基于 SDH 的 MSTP 网络的多业务、高可靠、可管理和时钟等方面的优势，又具备以太网的低成本和统计复用的特点，具有标准化、灵活扩展性、严格的 QoS 和完善的 OAM 等基本属性；具有良好的组网、保护和可运营能力，又利用 IP 化的内核提供了完善的弹性带宽分配和差异化服务能力，能为以太网、TDM 和 ATM 等业务提供丰富的客户侧接口，非常适合于高等级、小颗粒业务的灵活接入、汇聚收敛和统计复用。对于移动和专线业务，TDM 和 IP 化接口需求将长期存在，采用 MSTP 到 PTN 的演进是一种低成本和稳妥的过渡阶段。PTN 和光传送网络（Optical Transport Network，OTN）/WDM 是全 IP 化的核心技术。

2．PTN 的技术实现

目前，PTN 的技术实现可以分为以下两类：

- 从 IP/MPLS 发展来的 MPLS-TP（Transport Profile for Multi-Protocol Label Switching）技术。该技术抛弃了基于 IP 地址的逐跳转发，增强了 MPLS 面向连接的标签转发能力，从而具有确定的端到端的传送路径，增强了网络保护、OAM 和 QoS 能力。
- 从以太网逐步发展而来的 PBB+PBB-TE 技术。

由于 MPLS-TP 技术具有和核心网 IP/MPLS 互通的技术优势，已成为 PTN 的最主流的实现技术。

3．PTN 的应用

PTN 技术是 IP/MPLS、以太网和传送网三种技术相结合的产物，具有面向连接的传送特征，适用于电信运营商的移动回传网络、以太网专线、L2VPN（Layer 2 VPN）及个性化互动电视 IPTV（Interactive Personality TV）等高品质的多媒体数据业务的传送。PTN 支持具有不同服务需求的业务，能够区分出不同的业务类型，并为其提供相应的等级服务。

PTN 为解决分组业务的高效传送和电信级质量提供了一个较好的解决方案。城域传送网在逻辑上可分为核心层、汇聚层和接入层。核心层以大颗粒数据业务的点到点的传送为主。汇聚层和接入层 IP 化业务量大、突发性强，PTN 可以有效地完成大量小颗粒业务的收敛和传输，非常适合于城域网汇聚接入层上的全业务的接入、传送问题。

移动网络 IP 化承载可分为核心网和无线接入网两个层面。核心网层面主要是通过新建移动软交换系统来完成移动语音业务的 IP 化承载；接入网层面主要是完成移动回传网络（基站到基站控制器间）的 IP 化承载，可采用 PTN 或 IP RAN（Radio Access Network）技术来实现。

PTN 和 IP RAN 均是基于分组交换的 IP 化承载传送技术的分组网络。但从狭义的概念来讲，PTN 是指采用 MPLS-TP 标准的分组传送网，而 IP RAN 是指基于 IP/MPLS 技术的多业务承载分组网络。

5.4.2　IP RAN 接入技术

1．承载网络的现状

目前，不同业务的承载网络各自独立组网，而同时承载在宽带网络上的多种业务又缺乏差异化的服务策略。具体现状如下：

- 以 TDM 为基础的 PSTN 固定电话网已经逐步演进到以 IP 为基础的软交换网络，但由于 IP 承载网络尚不能满足语音业务的实时性和高业务保障的要求，故通常采用传统的传输网络如 SDH/MSTP 等环形组网进行承载。
- 早期的移动网络，是以语音业务为主的，采用了独立的承载网络。早期的基站分组业务回传的 IP 承载均采用 MSTP 方式。传统的 MSTP 是基于 2M 或 155M 大颗粒的刚性管道调度方式。
- 现在的宽带互联网业务、视频业务等则共同承载在宽带网络上，其骨干层设备由路由器、宽带接入服务器组成，接入层则向着光纤+PON 接入方式发展。
- 以 SDH 为主的基础数据网络也演进为以 IP 为主的承载网络。

上面描述的是一种业务一个承载网的建设模式，已不能满足三网合一、全业务发展的需要。

2．IP RAN 概念

传统的 MSTP 承载网络由于存在不支持流量统计复用、承载效率低、无法承载点到多点的业务、业务承载扩展性差等缺点，无法满足 4G 大突发流量及基站间的通信需求。

IP RAN 网络是为满足基站回传等承载需求而建立的基于 IP 协议的接入网，可基于现有的 IP 城域网扩展并纳入城域网网管统一管理，是 IP 城域网的延伸。目前，IP RAN 主要用于承载 2G、3G 及 4G 的基站无线数据回传业务。

IP RAN 网络具有以下特点：

● 支持流量统计复用，承载效率较高，能满足大宽带业务承载的需求。
● 能够提供端到端的 QoS 策略服务，提供差异化的服务需求。
● 能满足点到点、点到多点、以及多点到多点的灵活组网，具有良好的扩展性。
● 能提供时钟同步（包括时间同步和频率同步），满足 3G 和 4G 基站的时钟同步需求。
● 能够提供基于 MPLS 和以太网的 OAM，提升故障定位的精确度和故障恢复能力。

目前，在移动网络中，PS 域、端局、汇接局基本完成 IP 化，CS 域和移动回传是 IP 化的重点。移动承载网主要分为 Backhaul（回传）和 Backbone（骨干）两部分，如图 5.34 所示。2G/3G 网络的 Backhaul 和 Backbone 的分界点是 BSC/RNC（基站控制器），BSC/RNC 下行承载部分称为移动回传网（Backhaul），BSC/RNC 上行承载部分称为移动核心承载网（Backbone）。LTE 网络是以 SGW（Serving Gateway）作为 Backhaul 和 Backbone 的分界点的。目前，3G 的 Backbone 部分分组化已经完成，采用了路由器和波分/OTN 协同组网的方式实现。而 Backhaul 部分主要存在 PTN 和 IP RAN 两种选择：PTN 技术以 MPLS-TP 为技术基础，IP RAN 以 IP/MPLS 为技术基础。

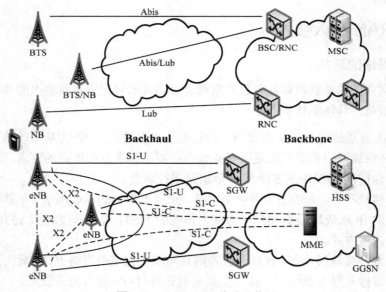

图 5.34　2G/3G/4G 移动承载网

在移动网络业务承载中保证 QoS 是非常重要的技术要点。衡量 QoS 的基本要素有

● **带宽/吞吐量**：网络的两个节点之间特定应用的业务流的平均速率。互动游戏、流媒体等是属于速率敏感业务。
● **时延**：数据包在网络的两个节点之间传送的平均往返时间。语音、可视电话等是属于时延敏感业务。
● **时延抖动**：时延的变化。

- **丢包率**：在网络传输过程中丢失数据包的百分比。数据业务是属于丢包率敏感业务。
- **可用性**：网络可以为用户提供服务时间的百分比。

2G 时代，移动网络承载主要以语音业务为主，数据业务较少。语音业务对时延和时延抖动的要求很高，对带宽要求不高，基站接口以 E1 居多。2G 网络结构是汇聚型的，业务从基站汇聚到 BSC，基站之间没有通信要求，采用 SDH（刚性带宽、静态配置）传送可以满足业务的承载需求。

3G 网络中的业务主要是大量的 IP 业务和少量的 TDM 业务。数据业务对时延和时延抖动的要求不高，对带宽要求很高，接口逐渐由 E1 向 FE 演变。网络结构还是汇聚型的，业务从 NodeB 汇聚到 RNC，基站之间没有通信要求。随着 PTN、IP RAN 等技术的出现，基本上朝着网络 IP 化的方向发展。

到了 4G 时代，移动业务进一步向数据化、视频化方向发展，高速手机上网、高清手机视频、手机电视等宽带业务成为主流，业务对带宽的需求越来越大。而 LTE 的网络结构也发生了很大的变化，BSC/RNC 取消，取而代之的是 SGW 和 MME（Mobility Management Entity）；同时，基站 eNB 之间也可以进行通信，出现了 X2 接口。传统的刚性带宽、静态二层承载方式已经不能满足需求。

由于传统的 IP 网络本身具有的局限性，不适合于直接用在移动承载网上。

传统的 IP 网络具有以下主要缺点：

- IP 网络通过路由来进行数据包的转发，转发路径不固定，导致数据包转发的时延和时延抖动具有不确定性，网络流量也是不可控的。这些对于移动业务来说却是非常重要的。
- 传统的 IP 网络是"尽力而为"的服务策略，服务质量不能够得到保证。发生故障的设备倒换时间会受到网络规模大小的影响，当网络有较大规模时，往往达不到电信级的 50ms 要求。

另外，传统的 IP 网络的管理相对于 SDH 网络的可视化操作，要复杂得多。可见，传统的 IP 网络虽然可以满足大带宽的需求，但不能够直接用于移动网络的承载，而 MPLS 技术恰恰可以弥补传统 IP 网络的上述不足。IP RAN 就是采用了 MPLS（及 VPN）技术体系作为其基础架构的。

3．MPLS 技术

多协议标签交换（Multi-Protocol Label Switching，MPLS）技术的出现，其初衷是为了提高路由器的转发速度。MPLS 的多标签交换、QoS 保证、VPN、流量工程等技术，恰好为 IP 技术应用于移动承载网提供了质量保障。

MPLS 位于 TCP/IP 协议栈的第二层（链路层）和第三层（网络层）之间，通常称为 2.5 层，即在报文中增加了一个 2.5 层的 MPLS 标签，见图 5.35。

在 MPLS 中，可以为业务建立一条固定路径的转发通道 LSP（Label Switched Path），通过逐跳标签交换的方式替代 IP 转发，实现通道式转发，提高了转发效率；并可根据报文的优先级别为业务提供 QoS 保证。理论上，MPLS 标签可以无限嵌套。MPLS 标签的长度为 4 字节。

二层数据包头	MPLS标签	三层数据包头	三层数据

图 5.35　MPLS 标签在分组中的封装位置

可见，对于对时延和时延抖动要求很高的移动承载业务，利用 MPLS 的通道式转发和 QoS 保证，就可以在 IP 网络上实现像 SDH 一样可靠的移动网络承载。

MPLS 网络的典型结构见图 5.36。

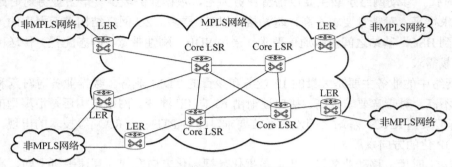

图 5.36　MPLS 网络结构

在 MPLS 网络中，其基本组成单元是标签交换路由器（Label Switching Router，LSR），由 LSR 构成的网络区域称为 MPLS 域，位于 MPLS 域边缘、连接其他网络的 LSR 称为边缘路由器（Label Edge Router，LER），区域内部的 LSR 称为核心 LSR（Core LSR）。

4．IP RAN 设备系统结构

IP RAN，即利用 IP/MPLS 技术体系为基础架构，通过 OAM、保护、时钟、网管等业务能力的增强，进而满足面向 3G/4G 需求的综合业务承载网络架构。其设备系统结构如图 5.37 所示。

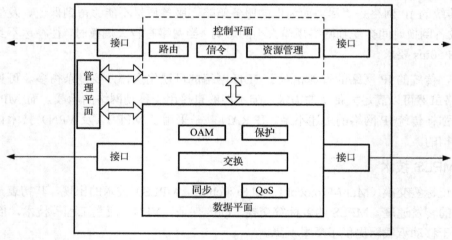

图 5.37　IP RAN 设备系统结构

由图 5.37 可见，IP RAN 设备由三个平面组成：数据平面、控制平面和管理平面。数据平面包括了 OAM、保护、同步、QoS 和交换等模块；控制平面包括了路由、信令和资源管理等模块；数据平面和控制平面通过 UNI 和 NNI 接口与其他设备相连；管理平面可采用管理接口与其他设备相连。

- **数据平面**：实现对业务报文的 MPLS 标签转发和交换，QoS 处理、保护，对 OAM 报文的转发和处理，以及对同步信息的传送。

- **控制平面**：实现路由和信令功能，路由协议包括 IS-IS-TE 或 OSPF-TE，信令协议包括 RSVP-TE 和 LDP。
- **管理平面**：实现网元级和网络级的配置管理、故障管理、性能管理及安全管理等功能，提供完备的管理和辅助接口。

5．IP RAN 关键技术

- 端到端的电信级组网特性，保证高可靠性、高 QoS 及端到端的组网能力。
- 分层网络模型。

IP/MPLS 采用了分层网络模型，包括伪线层（Pseudo Wire，PW）、LSP 隧道层（Label Switched Path Tunnel）和 VPN 层，实现业务路径、传送通道和物理链路等不同逻辑功能的分层。

业务路径：伪线层（PW）负责完成业务的统一封装，在业务转发过程中提供端到端的透明传送路径，实现多业务传送。IP RAN 采用 IETF 定义的 PWE3 协议实现以太（Eth）、TDM、IP 等多种业务的分组化封装，保持传送网和业务网的相对独立。

传送通道：LSP 隧道层嵌套多个同路由的 PW 业务路径，采用在 MPLS VPN 中的 MPLS Tunnel 技术，在传送过程中确定流向和流量，构成端到端的传送通道。

物理链路：VPN 层对应一段独立的光纤线路或波长等底层物理链路，监视链路的状态、性能，为上层网络提供无差错的传送。

- 无阻塞分组交换系统构架。IP RAN 设备采用无阻塞分组交换系统构架，以保证专线、语音等业务的高 QoS 的要求。
- 保障完善的 QoS 机制。IP RAN 路由器采用面向连接的 MPLS-TE 技术，通过集中路径规划、带宽预留，确保 IP 业务的 QoS。
- 硬件实现的端到端的高性能 OAM 机制。
- 端到端的可视化集中网络管理。

5.4.3　IP RAN 承载方案举例

IP RAN 是基于 IP/MPLS 的综合业务承载解决方案，图 5.38 为采用基于 MPLS 的 E2E L3VPN（Edge to Edge Layer 3 VPN）的一种承载方案网络模型。承载业务包括 2G、3G、4G 及大客户专线业务。该承载方式适合于节点数在 500 个以下的较小型网络。

在图 5.38 中，回传系统分为接入和汇聚两层。IP RAN 方案中，接入层和汇聚层均可采用环形、链形等各种类型组网。同时，接入层和汇聚层均可采用单归或双归到上层节点。

IP RAN 2G/3G 业务承载包括以下几项：

- 3G Eth 业务：用于 NB 和 RNC 之间的连接。由 Eth 接口接入，采用 IP 技术，基于 IP/MPLS 的分组传送技术。
- 3G ATM 业务：用于 NB 和 RNC 之间的连接。由多个 E1 接口接入，采用 ATM 反向复用技术，基于 PWE3/MPLS 的分组传送技术。PWE3（Pseudo Wire Emulation Edge to Edge）称为伪线仿真端到端技术。
- 2G TDM 业务：用于 BTS 和 BSC 之间的连接。由 E1 接口接入，采用 TDM 技术，基于 PWE3/MPLS 的分组传送技术。

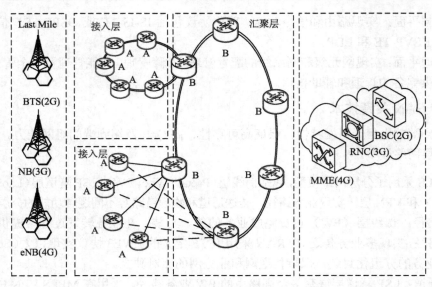

图 5.38　IP RAN 承载方案网络模型举例

习题

5.1　画出电信接入网的位置图，并加以说明。

5.2　画出电信接入网的功能结构框图。

5.3　说明电信接入网的分层结构。

5.4　画出 IP 接入网的位置图。

5.5　画出 IP 接入网的功能分层结构图。

5.6　说明 IP 接入网与电信接入网的区别。

5.7　IP 接入网的接入方式有哪几种？

5.8　画出 WLAN 的两种基本结构图，并加以简单说明。

5.9　简述 WLAN 的两种接入机制。

5.10　WLAN 接入 IP 网络可以分为哪两种方式？

5.11　画出光纤接入网的功能参考配置图，并说明各部分的功能。

5.12　说明光纤接入网的分类、采用的拓扑结构及应用类型。

5.13　光纤接入网的双向传输技术主要有哪几种？多址接入传输技术呢？

5.14　画图说明 PON 系统的组成，在 PON 中都采用了哪些技术？

5.15　GPON 的主要技术特点是什么？画出 GPON 系统的参考配置图。

5.16　GPON 上下行采取什么传输技术？GPON 的关键技术有哪些？

5.17　什么是 MSTP 技术？

5.18　什么是 IP RAN 技术？有什么特点？

5.19　简要说明什么是 MPLS。

第6章 支撑系统

一般来说，通信支撑系统作为通信企业管理、快速开通业务、及时保障业务、优化管理网络资源的重要手段，越来越受到通信运营商的重视。它主要包括 3 个应用子系统：运营支撑系统（Operation Support System，OSS）、业务支撑系统（Bussiness Support System，BSS）和管理支撑系统（Management Support System，MSS）。

通过本章的学习，应重点掌握运营支撑系统、业务支撑系统和管理支撑系统的工作原理。

6.1 概述

6.1.1 支撑系统总体架构

我国通信市场经过重组以后，形成了几家通信运营商竞争的局面。随着通信业全面进入全业务经营时代的同时，业务的同质化也越来越明显。在此背景下，支撑系统正在成为通信运营企业的核心竞争力之一，也逐步成为各通信企业投资和建设的重点技术之一。

通信支撑系统是指通信运营商利用信息技术，支撑通信生产、产品营销、服务提供、企业管理等工作的计算机网络与应用系统的总称，有时又叫 IT 支撑系统，包括以下 4 个方面：

● 应用子系统：包括运营支撑系统（OSS）、业务支撑系统（BSS）和管理支撑系统（MSS）等 3 部分。

● 应用整合：通过企业应用集成平台实现应用系统间的互连、数据共享和业务流程，实现各种工作单（订单、工单、故障单等）的流转。

● 数据：对信息系统中客户、产品、网络资源等核心数据进行分离，定义数据类型和信息规范。

● 基础设施：包括企业网络、数据中心、主机设备、存储、终端、操作系统、数据库等支撑应用系统和应用整合的软硬件设施。

图 6.1 为某通信运营商的支撑系统总体架构。从图中可见，该运营商的通信支撑系统主要由业务支撑系统、运营支撑系统和管理支撑系统 3 部分组成。

1. 业务支撑系统（BSS）

随着通信业市场环境的快速变化和竞争的日益加剧，业务支撑系统（BSS）已经成为各大通信运营企业竞争的焦点，各通信运营商都在逐年加大对业务支撑系统的投资。BSS 包括客户服务、呼叫中心管理、大客户管理、市场营销、结算、产品管理、计费账务、数据采集、合作伙伴接口等，为客户服务、产品营销、计费账务等工作提供支持。

2. 运营支撑系统（OSS）

近年来，国内通信运营商的运营支撑系统（OSS）在部分领域达到国际先进水平。目前，

OSS 的发展趋势主要体现为：管理综合化、系统集中化、客户市场化、流程化，包括网络管理系统、网络资源管理系统、现场施工管理系统、电子运维工单管理系统和外派人员管理系统等，对资源和网络管理提供支持。

3．管理支撑系统（MSS）

MSS 包括企业资源计划（Enterprise Resource Planning，ERP）平台、门户和办公系统、决策支持系统等，为管理工作提供支持。

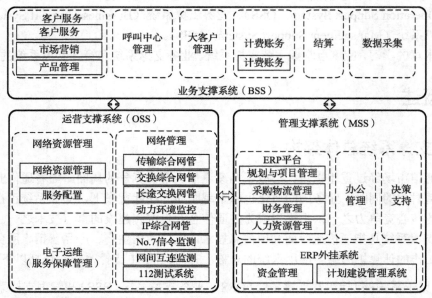

ERP：企业资源计划（Enterprise Resource Planning）

图 6.1　某运营商支撑系统总体架构

6.1.2　云平台上的支撑系统

现有通信支撑系统的规模日益庞大，给建设和维护带来了巨大的压力。为满足目前支撑系统多样化的总体应用需求，各运营商支撑系统基础设施的建设正逐步向资源池化方向发展，通过建立不同档次的计算资源池、存储资源池来满足应用系统对硬件资源的需求。资源池的建设中存在着品牌异构、资源池灵活调度、资源虚拟化、资源池的容量可视化管理等现状和难题，在实际的系统建设中，就需要对资源池环境进行云化透明管理。建设基于云计算平台的支撑系统，减少对传统支撑的过度依赖成为解决支撑系统问题的有效途径。通信支撑系统的业务支撑系统（BSS）、运营支撑系统（OSS）和管理支撑系统（MSS）均可运行于云计算平台之上。

各运营商根据各自的需要都建立了自己的云平台架构，图 6.2 为某运营商的云计算平台布局。从图中可以看到，公众服务云业务承载于全网统一建设的公众服务云平台，公众服务云平台通过云计算手段为公众用户提供云服务的系统；企业私有云平台通过服务器、存储及网络等资源的集中建设和部署，实现了云计算平台对传统支撑系统的替代。

下面以某运营商建立的"云计算"为例说明运营商建设云计算平台及支撑系统在云计算平台上的应用，其建设的体系架构如图 6.3 所示。

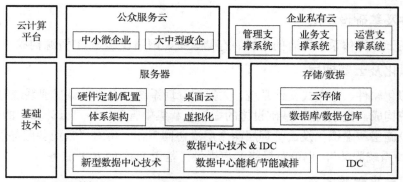

IDC：互联网数据中心（Internet Data Center）

图 6.2　某运营商的云计算平台布局

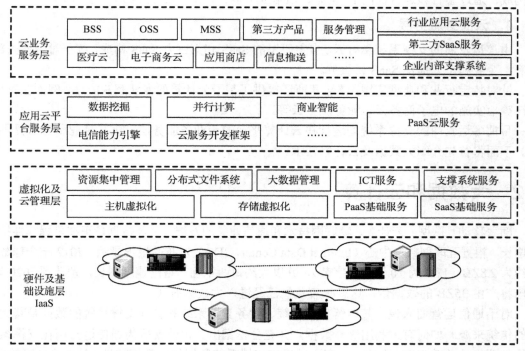

ICT：信息计算机技术（Information Computer Technology）

图 6.3　某运营商的"云计算"体系架构

该"云计算"的体系分为两支：云系统和云服务。云系统主要面向运营商企业内部，完成内部支撑系统的云化，即图 6.2 中所示的私有云。支撑系统中所包含的运营支撑系统（OSS）、业务支撑系统（BSS）和管理支撑系统（MSS）均位于该"云计算"体系架构中的云业务服务层，即 OSS、BSS 和 MSS 属于"云计算"中的私有云系统。云服务主要向外界的政府、企业和个人提供的云服务，即图 6.2 中所示的公众服务云。

该运营商云计算的体系架构，按照云计算资源的整合与应用的逻辑划分为 4 个层次：硬件及基础设施层 IaaS、虚拟化及云管理层、应用云平台服务层和云业务服务层。

1．硬件及基础设施层

由运营商云计算体系中所有的主机、存储设备、网络设施等 IT 资源构成。

2．虚拟化及云管理层

通过虚拟化软件、分布式文件系统、大数据管理系统、虚拟资源管理系统等中间件和 IT 运行监控系统构成，完成对 IT 基础设施的虚拟化和集中管理。该"云计算"的体系架构中，硬件及基础设施层和虚拟化及云管理层两个层次协同工作，可对"云业务服务层"提供"基于 IaaS 的支撑系统服务"，也可对最终客户提供"基于 IaaS 的 ICT 服务"。

3．应用云平台服务层

由计算、存储、物联网支撑能力聚合、通信业务能力引擎、云服务开发框架等中间件系统构成，通过整合该运营商的 IT 资源、通信业务能力，对外提供 PaaS 云服务。

4．云业务服务层

由该运营商的支撑系统私有云、自主研发的 SaaS 和第三方 SaaS 构成，统一对企业内部、政府、企业和个人提供 SaaS 云服务。

针对特定行业和典型应用，该运营商还提供了基于云计算的专业解决方案，例如在青岛、浙江等地实施的电子商务云、业务服务云等。

目前各运营商的支撑系统均运行在云计算平台的云业务服务层，由其企业私有云提供服务。下面将首先介绍大数据及云计算技术。

6.2　大数据和云计算

随着移动互联网、云计算、物联网技术和通信业务的发展，全球数据量正在呈爆炸性指数级增长。根据互联网数据中心（Internet Data Center，IDC）发布的报告显示，2012 年全球数据量约为 2.8ZB（1ZB 为 10 万亿亿字节），并以大约每两年翻一番的速度增长，预计到 2020 年，全球将产生 35ZB 的数据量，这意味着我们已经进入大数据时代。

对于通信运营商来说，其运营支撑系统、业务支撑系统和管理支撑系统的数据是其大数据的传统来源。如何有效利用这些数据，并充分挖掘出其价值就成为通信运营商在支撑系统建设中面临的关键问题。通信运营商通过研究支撑系统数据的大数据特性，并搭建自己的"云计算"平台，成为解决支撑系统建设问题的有效途径。

6.2.1　大数据

1．大数据的定义

维基百科将大数据定义为：大数据是很多各种数据集汇合起来的数据集合，规模非常大并且复杂，以至于很难用常规的数据管理工具或传统的数据管理技术来处理这些数据。

2．大数据的特征

大数据的特征可以用所谓的 4 个"V"表示：体量（Volume）、多样性（Variety）、速度（Velocity）和价值（Value）。

体量

指聚合在一起供分析的数据量必须是非常庞大的。无所不在的移动设备、RFID、无线传感器每分每秒都在产生数据，数以亿计用户的互联网服务时时刻刻都在产生巨量的交互。

多样性

指数据类型的复杂性。如企业内部的信息主要包括联机交易数据和联机分析数据，这些数据一般都是结构化的、静态的历史数据，可以通过关系型数据库进行管理和访问，数据库是处理这些数据的常用方法。而来自于互联网上的数据，如用户创造的数据、社交网络中人与人交互的数据、物联网中的物理感知数据等，都是非结构化且动态变化的，这些非结构化的数据占到整个数据的 80% 以上。

速度

指数据处理的速度必须满足实时性要求。像离线数据挖掘对处理时间的要求并不高，因此这类应用往往运行 1 至 2 天所获得的结果依然是可行的。但对于大数据的某些应用而言，必须要在 1 秒钟内形成答案，否则这些结果可能就因过时无效而失去其商业价值，例如实时路况导航、全球股价波动等。

价值

上述特点也反映了大数据所潜藏的价值，这 4 个 V 就是大数据的基本特征。

3. 大数据的处理流程

大数据的 4 步处理流程，分别是采集、导入/预处理、统计/分析和数据挖掘，如图 6.4 所示。

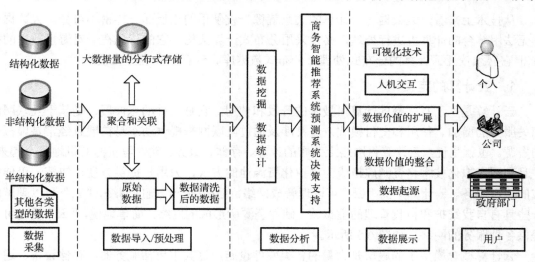

图 6.4 大数据处理流程

采集

大数据的采集是指利用多个数据库接收来自客户端的数据，并且用户可以通过这些数据库进行简单的查询和处理工作。

导入/预处理

虽然采集端本身会有很多数据库，但是如果要对这些海量数据进行有效的分析，还是应该将这些来自前端的数据导入到一个集中的大型分布式数据库或者分布式存储集群，并且可以在导入基础上做一些简单的清洗和预处理工作。

统计/分析

统计与分析主要利用分布式数据库或者分布式计算集群来对存储于其内的海量数据进行普通的分析和分类汇总，以满足大多数常见的分析需求。

挖掘

与前面统计和分析过程不同的是，数据挖掘一般没有什么预先设定好的主题，主要是在现有数据上面进行基于各种算法的计算，从而起到预测的效果，实现一些高级别数据分析的需求。

整个大数据处理的普遍流程至少应该满足这 4 个方面的步骤，才能算得上是一个比较完整的大数据处理。

大数据价值的完整体现需要多种技术的协同，文件系统提供最底层存储能力的支持。为了便于数据管理，需要在文件系统之上建立数据库系统。通过索引等的构建，对外提供高效的数据查询等常用功能。最终通过数据分析技术从数据库中的大数据提取出有益的知识。

如果将各种大数据的应用比作一辆辆"汽车"，支撑起这些"汽车"运行的"高速公路"就是云计算。正是云计算技术在数据存储、管理与分析等方面的支撑，才使得大数据有用武之地。下面将介绍云计算技术。

6.2.2　云计算

从技术上来看，大数据与云计算的关系就像一枚硬币的正反面一样密不可分。大数据必然无法用单台的计算机进行处理，必须采用分布式计算架构。它的特色在于对海量数据的挖掘，但它必须依托云计算的分布式处理、分布式数据库、云存储和虚拟化技术。

1．云计算的定义

云计算是基于互联网的计算机技术的开发和使用，它是一种动态伸展，是基于互联网的相关服务的增加、使用和交付模式，通常涉及通过互联网来提供动态易扩展且经常是虚拟化的资源。也就是说，云计算将网络上分布的计算、存储、服务、软件等资源有机地整合起来，并且利用虚拟化技术将资源虚拟成为虚拟化资源池的方式，为用户提供方便、快捷、可伸缩式的按需服务。云计算中的"云"可以理解成网络，但有别于传统的网络，"云"可以理解成一些具有自我维护和自我管理的虚拟软、硬件资源所形成的网络。简单地说，"云"就是可以提供各种服务的网络，如图 6.5 所示。

云计算概念模型中的底层是大量的各类硬件设施，这其中包括服务器、存储设备、通信设备及数据库等。这些设备被虚拟成资源池后成为公有云或私有云，然后把云中的资源按功能划分成存储资源池、计算资源池等不同的服务资源，并将这些资源池作为一种服务通过简化的接口按照不同用户的不同需求提供不同形式的服务，并依据使用量进行计费。

严格意义上讲，云计算是一个商业运营计算模型，它能够通过分布式计算技术和虚拟化技术将各种任务部署到大量分散的计算机所构成的虚拟资源池上，用户通过访问不同类型的虚拟资源池来获取相关的服务。

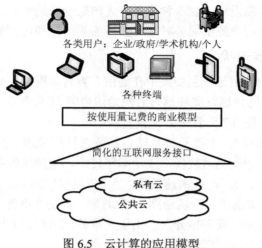

图 6.5 云计算的应用模型

2. 云计算的应用服务

一般来说，可以将云计算的应用服务划分为 3 类，分别是基础设施作为服务（Infrastructure as a Service，IaaS）、平台作为服务（Platform as a Service，PaaS）、软件作为服务（Software as a Service，SaaS）。如图 6.6 所示。

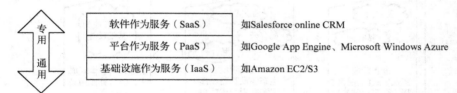

图 6.6 云计算的应用服务

基础设施作为服务（IaaS）

IaaS 的云计算应用的典型代表是 Amazon 推出的弹性计算云（Elastic Computing Cloud，EC2）和简单存储服务（Simple Storage Service，S3）。Amazon 的云计算应用方案就是基于 IaaS 的应用，它的思路就是为企业提供底层硬件支撑服务，这些硬件资源封装成服务，用户可根据自己的需求调用这些服务。

平台作为服务（PaaS）

PaaS 的云计算应用的典型代表是 Google App Engine 和 Microsoft Windows Azure，PaaS 是面向应用开发人员的技术应用平台，PaaS 把点到点的软件开发、软件测试、运行环境和应用程序托管等功能封装成服务提供给用户使用。PaaS 是一个基于网络化的分布式开发平台，开发人员通过 Web 方式接入 PaaS，并获得所需的服务。需要指出的是，PaaS 提供的服务也是按需的并按实际用量计费，并且一般都需要底层的 IaaS 的支持。

软件作为服务（SaaS）

SaaS 提供的功能具有更强的专业性，它能够根据用户的特定需求为用户提供按需应用服务封装，并将这些封装好的应用作为服务向特定的用户提供。

随着云计算技术的不断发展，这3种服务有走向融合的趋势。这种融合的趋势，使得提供云计算服务的企业在向用户提供服务时具有较高的灵活性和可扩展性。

3．我国云计算发展现状

云计算在我国目前的应用领域主要集中在通信、教育、医疗、金融、政府等重点行业和重点部门。云计算在我国的快速发展和部署必然给国内的IT业带来重大的变革，人们的生活将被这种变革彻底改变。图6.7为我国云计算发展历程。

准备阶段（2007—2010）：主要是技术储备和概念推广阶段，解决方案和商业模式尚在尝试中。用户对云计算认知度仍然较低，成功案例较少。初期以政府公共云建设为主。

起飞阶段（2010—2015）：产业高速发展，生态环境建设和商业模式构建成为这一时期的关键词，进入云计算产业的"黄金机遇期"。此时期，成功案例逐渐丰富，用户了解和认可程度不断提高。越来越多的厂商开始介入，出现大量的应用解决方案，用户主动考虑将自身业务融入云。公共云、私有云、混合云的建设齐头并进。

成熟阶段（2015—　）：云计算产业链、行业生态环境基本稳定；各厂商解决方案更加成熟稳定，提供丰富的XaaS产品。用户云计算应用取得良好的绩效，并成为IT系统不可或缺的组成部分，云计算成为一项基础设施。

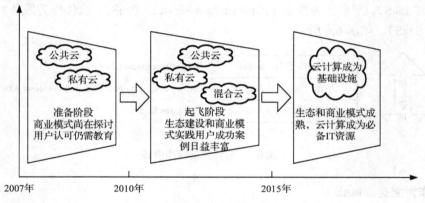

图6.7　我国云计算发展历程

4．云计算的技术体系结构

云计算的技术体系结构主要从系统属性和设计思想角度来说明，是对软硬件资源在云计算技术中所充当角色的说明。从云计算技术角度来分，云计算大致由物理资源层、虚拟化资源层、中间件管理部分和面向服务体系结构（Service Oriented Architecture，SOA）架构层4部分构成，如图6.8所示。

物理资源层

物理资源层和虚拟化资源层是构成云计算技术体系架构的基础设施层。物理资源层包括大量的物理硬件设备，这些硬件设备主要是由服务器、数据库、存储设备、网络设备及部分软件组成。

虚拟化资源层

由于物理资源层包含的硬件设备众多，并且分散在不同地点，在传统网络中很难进行有效地整合并使其发挥群硬件的优势。云计算引入了虚拟化技术，基础设施层利用虚拟化技术对不同功能的硬件进行虚拟化并形成不同功能的虚拟资源池。虚拟化技术是将具有相同功能的多台硬件设备虚拟成一台逻辑设备，该逻辑设备较低层的硬件设备具有更加强大的功能和使用效率。虚拟资源池里都是基于逻辑层面的虚拟设备，具备强大的资源动态部署能力和系统负载平衡能力。

中间件管理部分

云计算的中间层为"中间件管理部分"，该部分按功能可以分为资源管理子层、任务管理子层、用户管理子层和安全管理子层 4 部分。

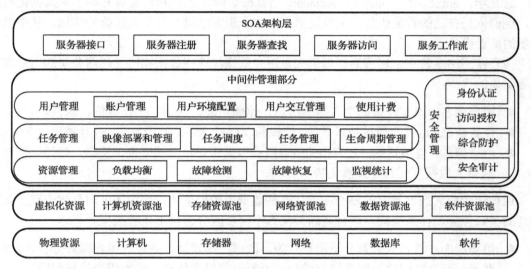

SOA：面向服务体系结构（Service Oriented Architecture）

图 6.8 云计算的技术体系结构

- **资源管理子层**：负责对底层各种资源的管理，包括对底层虚拟资源的故障检测管理、故障恢复管理、系统监视设计和对底层资源的负载均衡等功能。这些功能的使用能够对底层的各种资源进行实时的监控和调度以适应高层对硬件的需求。这一设计理念是云计算技术的核心。
- **任务管理子层**：根据各种任务作业的需求，通过资源管理子层来实现按需调配部署资源，这一层还可以使用 MapReduce 对各种任务进行调配来实现对任务的简化，并由底层的硬件来实现任务的处理。
- **用户管理子层**：用来实现对用户的管理、配置及计费等功能。通过这一层来识别用户的需求，并根据这些需求为用户分配相应的资源来实现用户的需求。
- **安全管理子层**：该子层的功能包括身份识别、身份认证、访问授权、综合防护等。这一子层为用户提供各种安全机制来保障用户在使用云平台服务时的安全性。到目前为止，云计算的安全仍然是系统面对的主要问题。

SOA 架构层

云计算的高层为 SOA 架构层，是一种面向服务的架构，能够根据用户的需求提供相应的服务。这些服务包括服务接口、服务注册、服务查询等相关的服务功能。SOA 能够将大部分的现有系统功能，封装成服务提供给用户。SOA 的服务属性使得它与云计算相结合具有较强的针对不同用户需求提供不同服务的能力。

从这个架构来看，基于云计算的架构分层合理、功能强大，并且层与层之间的功能能够根据不同的需求实现模块化的搭建，使系统具备较强的灵活性和适应性，能够满足用户不断涌现的新的需求。

6.2.3　大数据和云计算驱动通信运营商转型

近几年，Facebook、Google、Amazon、Yahoo、阿里巴巴和百度等开始了大数据化的进程，他们依托自己的数据优势，采取灵活深入的分析方法进行基于大数据的挖掘，从中摸索崭新的商业模式。

在日常网络运营中，运营商积累了大量用户数据，这些数据相比互联网公司的用户数据有着明显的优势：

- 用户实名：真实详细的个人基本信息，比如年龄、性别、工作单位、职位等。
- 位置信息：运营商通过技术手段，能轻易获得通话者的地理位置，并且精确度非常高。
- 通话信息：包括话费、对方信息等。这些数据正是最具战略性的资源，使得运营商在利用大数据方面具有天然优势。

通信运营商大数据策略的核心在于从这些数据中挖掘价值，如图 6.3 即具体表现了某运营商的"云计算"体系架构。运营商因关注点不同可区分为以下 4 种类型。

- 市场层面：通过大数据分析用户行为，改进产品设计，并通过用户偏好分析，及时、准确且有针对性地开展营销与维护，不断改善用户体验，增加用户信息消费。
- 网络层面：通过大数据分析网络流量、流向变化趋势，及时调整资源配置，同时还可以分析网络日志，进行全网优化，不断提升网络质量和网络利用率。
- 企业经营层面：通过业务、资源、财务等各类数据的综合分析，快速准确地确定公司经营管理和市场竞争策略。
- 业务创新层面：在保障用户隐私的前提下，可以对数据进行深度加工，对外提供数据分析服务，为企业创造新的价值。这样，大数据将助力运营商实现从网络服务提供商向信息服务提供商的转变。

6.3　运营支撑系统

在过去十几年中，各大通信运营商的投资重点是基础网络建设，随之而来的问题是如何充分利用好这些花费巨资建立起来的通信网络，创造出更多的利润，吸引更大的客户群体。也正是由此，运营商的投资重点开始转向运营和业务领域，即如何通过提高运营和管理水平，提供新的、有吸引力的业务，在激烈的竞争中获得用户的青睐。

运营支撑系统（OSS）正是为了解决这个问题而提出的，OSS 涵盖了运营管理的各个方面，包括客户接口、业务管理、营账和网络管理等诸多方面的内容。如图 6.1 支撑系统总体架构中，OSS 位于左下侧。OSS 与业务支撑系统（BSS）和管理支撑系统（MSS）均有的接口相连。

6.3.1 运营支撑体系架构

国际工程协会（International Engineering Consortium，IEC）认为 OSS 通常是指这样一些系统：它们为通信服务商及其网络提供业务管理、资源资产、工程、规划和故障维修等方面的功能支撑。

OSS 是通信业务开展和运营时所必需的支撑平台，它包含用于运行和监控网络的所有系统，如报告或计费系统，但它不是网络本身，它是整个运营的基础结构。

OSS 系统模型从技术和业务的角度来看涉及 3 个方面：实施（Fulfillment）、保障（Assurance）和营账（Billing）。在 OSS 系统模型框架中，以实施、保障和营账作为三条纵线、以客户维护、业务开发和运营及网络和系统管理作为横向 3 个层次进行模块划分。总共涉及销售、订单处理、问题处理、客户 QoS 管理、清单/收费，业务计划及开发、业务配置、业务问题管理、业务质量管理、费率/折扣，网络规划及开发、网络资源提供、网络设备管理、网络维护和恢复、网络数据管理等共 15 个功能模块，涵盖了运营和维护的方方面面，如图 6.9 所示。

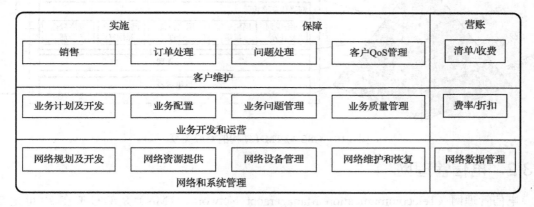

图 6.9　OSS 系统模型

为了更深刻地理解 OSS 各部分的功能，在图 6.10 中还将 OSS 系统模型与电信管理网络（TMN）层次结构对应起来。其中，OSS 的网元管理模块对应于 TMN 中的网元管理功能；网络和系统管理对应于 TMN 中的网络管理功能；OSS 的业务开发和运营、客户维护、客户接口管理三大模块的功能与 TMN 模型中的业务管理相对应；而信息系统管理模型作为连接 OSS 各模块之间的纽带，实现的功能包括 TMN 中的事务管理。可见，从功能的角度来看，OSS 系统真正实现了从网元、网络，到业务和事务的全方位的管理。

OSS 的功能涵盖当前的客服系统、网管系统、计费系统和业务系统的功能，但它不只是这些系统功能的简单叠加，更重要的是在于通过 OSS 内部机制，将这些原本分立的系统有机地结合起来，并补充原有系统所不具备的功能，最终目的是实现端到端的客户服务，能够快速、安全、可靠地向客户提供所需的业务。

除了上述模型中所列的模块之外，完整的 OSS 系统还包括与客户之间的客户接口管理模块，与底层网络设备之间的网元管理模块，以及将所有这些模块联系起来的信息系统管理模块，即图中 6.10 虚线框部分所包含的内容。

OSS 的设计需要遵循以下四条原则：

- 完备的运营维护管理功能。
- 功能设置和处理流程均以客户为中心。
- 系统的可扩展性好。
- 满足客户化的要求，高可靠、可用和可维护。

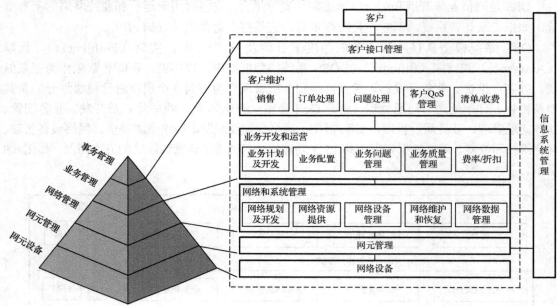

图 6.10　OSS 与 TMN 结构的对应关系

6.3.2　电信管理网

电信管理网（Telecommunication Management Network，TMN）是 ITU-T 在 20 世纪 80 年代末提出的关于电信管理的框架。TMN 是目前影响比较广泛的网络管理模型。电信管理网是建立在基础通信网和业务网之上的管理网络，是实现通信网与通信业务管理的载体。

1．TMN 的定义

国际电信联盟 ITU-T 在 M.3010 建议中指出，电信管理网的基本概念是提供一个有组织的网络结构，以取得各种类型的操作系统之间、操作系统与通信设备之间的互连。它是采用商定的具有标准协议和信息接口进行管理信息交换的体系结构。提出 TMN 体系结构的目的是支撑通信网和通信业务的规划、配置、安装、操作及组织。

TMN 是一个综合、智能、标准化的通信管理系统，是一种独立于通信网而专门进行网络管理的网络，它使通信网的运行、管理、维护过程实现了标准化、简单化和自动化。所谓综合具有两层含义，一方面 TMN 对某一类网络进行综合管理，包括数据的采集，性能监视、分析，故障报告、定位及对网络的控制和保护；另一方面对各类通信网实施综合性的管理，即利用一个具备一系列标准接口的统一体系结构，提供一种有组织的网络结构，使各种类型的操作系统（网管系统）与通信设备互连起来以提供各种管理功能，实现通信网的标准化和自动化管理。

从理论和技术的角度来看，TMN 是一组原则和为实现这些原则中定义的目标而制定的一系列标准和规范；从逻辑和实施方面考虑，TMN 就是一个完整、独立的管理网络，它有各种不同应用的管理系统，按照 TMN 的标准接口互连而成网络，这个网络在有限点上与通信网接口、与通信网络互通，与通信网的关系是管与被管的关系，是管理网与被管理网的关系。

TMN 由操作系统、工作站、数据通信网、网元组成。网元是指网络中的设备，可以是交换设备、传输设备、交叉连接设备、信令设备。数据通信网则提供传输数据、管理数据的通道，它往往借助通信网来建立。操作系统是实现各种管理功能的处理系统，工作站是实现人机界面的装置，数据通信网提供管理系统与被管理网元之间的数据通信能力。

TMN 中采用了面向对象的设计方法，通过对对象的管理来实现对通信资源的管理；并且，TMN 中采用了管理者/代理的概念，通过代理来实现对被管对象的管理。

2．TMN 的体系结构

TMN 的体系结构由功能体系结构、信息体系结构和物理体系结构等 3 部分构成，分别从逻辑功能划分、物理实现及信息交互等 3 个侧面来阐述。

功能体系结构

TMN 功能可分成 6 个基本功能块，即操作系统功能（Operation System Function，OSF）块、协调功能（Mediation Function，MF）块、网元功能（Network Element Function，NEF）块、Q 适配功能（Q-Adapter Function，QAF）块、工作站功能（WorkStation Function，WSF）块和数据通信网功能（Data Communication Network Function，DCNF）块。每个功能块又包含许多功能元件。目前共有 7 种功能元件，即管理应用功能（Management Application Function，MAF）元件、管理信息库（Management Information Base，MIB）元件、信息转换功能（Information Conversion Function，ICF）元件，表述功能（Presentation Function，PF）元件、人机适配（Human Machine Adaption，HMA）元件、消息通信功能（Message Communication Function，MCF）元件和高层协议互通（High Level Protocol Interoperability，HLPI）功能元件。功能块在参考点上进行划分，功能块之间利用数据通信功能来传递信息。TMN 的功能体系结构如图 6.11 所示，它主要描述 TMN 内的功能分布。

- **操作系统功能（OSF）**：OSF 主要对系统通信进行管理，支持和控制不同通信管理功能的实现，OSF 处理与通信网管理相关的信息，支持和控制通信网管理功能的实现。从逻辑上，OSF 可划分成商务管理 OSF（最高层）、服务管理 OSF，网络管理 OSF、单元管理 OSF 和网元层（最低层）。
- **网元功能（NEF）**：NEF 主要提供 NE 与 TMN 之间的通信，达到对通信网络监视和控制的目的。
- **Q 接口适配功能（QAF）**：QAF 用来将那些不具备标准 TMN 接口的 NEF 和 OSF 连到电信管理网上。
- **协调功能（MF）**：根据 OSF 的要求，对 NEF（或 QAF）的信息进行适配、筛选、压缩、变换、翻译和格式化等，防止进入 OSF 的信息过载。MF 既可在一个单独的设备中实现，又可作为网络单元（Network Element，NE，即网元）的一部分来实现，同时还可实现级联应用等。

- **工作站功能（WSF）**：WSF 为管理信息的用户提供一种解释 TMN 信息的手段。其功能包括终端的安全接入和注册，识别和确认输入，格式化和确认输出，支持菜单、屏幕、窗口和分页、接入 TMN、屏幕开发工具，维护屏幕数据库，用户输入编辑等等。
- **数据通信网功能（DCF）**：TMN 利用数据通信功能（DCF）进行信息交换和传送，DCF 可以提供选路、转接和互通功能。

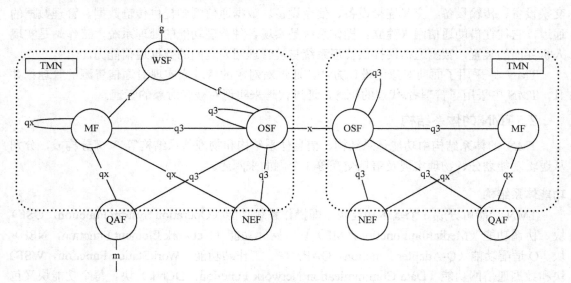

图 6.11　电信管理网（TMN）功能体系结构

参考点的概念是基于区分不同的功能块而提出的，是功能块的分界点，两个功能块在其公共参考点上进行信息交换。TMN 有五类不同的参考点，即 q、f、x、m 和 g 参考点。

- 参考点 q 用以区分功能块 OSF、QAF、MF 和 NEF。通常将 NEF 和 MF、QAF 和 MF、MF 和 MF 之间的参考点记为 qx，NEF 和 OSF、QAF 和 OSF、MF 和 OSF、OSF 和 OSF 之间的参考点记为 q3。
- f 是连接 WSF 与 MF 之间的参考点。
- x 为连接 TMN 与另一管理网络（TMN 或其他型管理网）的参考点。
- m 为连接 QAF 与非 TMN 型网的参考点，它处于 TMN 之外。
- g 为连接用户和工作站的参考点，g 也处于 TMN 之外。

信息体系结构

TMN 的信息体系结构主要用来描述功能块之间交换的不同类型管理信息的特征。

在 OSI 信息建模过程中，将网络资源抽象为管理对象，用管理对象来表示所管理的网络资源及相关的属性、操作、通信和行为，再用一套规范的抽象语法将这些管理对象及其属性表述出来，这样就构成了 TMN 管理系统的信息模型。TMN 管理功能被划分成不同的管理层，构成 TMN 管理层模型，如图 6.12 所示。

- **网元管理层**：直接行使对个别网元的管理职能。例如，对下层网元进行控制和协调；为上层网络管理层和下层网元之间进行通信，提供协调功能；记录有关网元的统计数据等。

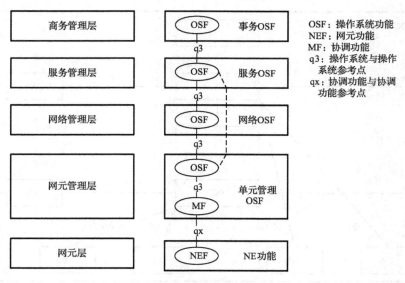

图 6.12   TMN 管理层模型

- **网络管理层**：对所辖区域内的所有网元行使管理职能。包括控制协调网元活动，提供控制网络能力，就网络性能与使用等和上层（服务管理层）进行交流。
- **服务管理层**：处理服务的合同事项，着重于网络提供的逻辑服务功能。如是否提供服务、计费、故障报告、维护统计数据。
- **商务管理层**：为最高逻辑功能层。负责总的服务和网络方面的事务，主要涉及经济方面，不同网络运营者之间的协议也在该层表达。本层设定目标任务，但不管具体目标的完成。

物理体系结构

TMN 物理体系结构描述 TMN 内的物理实体配置及其相互关系，与 TMN 的 5 个管理功能相对应，每个 TMN 功能模块都定义了一个物理实体，它们是操作系统（OS）、数据通信网（DCN）、网元（NE）、工作站（WS）、协调设备（MD）、Q 适配器（QA）等。

在由 TMN 功能结构向物理结构映射的过程中，TMN 功能模块之间的参考点映射成 TMN 实体之间的接口，如 q3 参考点映射成 Q3 接口等。TMN 的物理体系结构模型如图 6.13 所示。

- **操作系统**（OS）：是执行操作系统功能（OSF）的系统。用于管理信息的处理以及 OAM（操作、管理与维护）应用过程的管理控制。
- **协调设备**（MD）：是执行协调功能的设备。完成操作系统（OS）和网元（NE）间的协调功能，也可提供 Q 适配功能（QA）和工作站功能（WSF）及操作系统功能（OSF）。
- **Q 适配器**（QA）：用以完成网管系统或网元与非 TMN 接口适配互连。
- **网元**（NE）：由执行网元功能（NEF）的通信设备及其支持设备组成，处于 TMN 和通信网的交界面，具有为两个网络服务的功能，既用于交换或传输的通信过程，也用于通信网管理。
- **工作站**（WS）：是执行工作站功能（WSF）的设备。完成 f 参考点信息与 g 参考点信息间的转换功能。

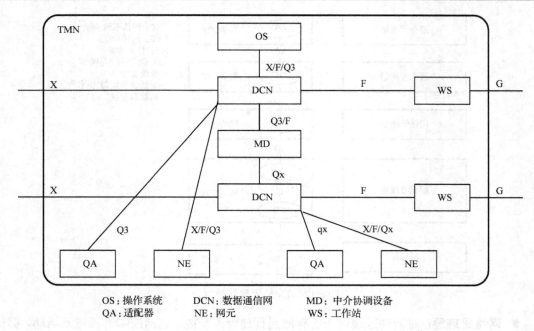

OS：操作系统　　　DCN：数据通信网　　　MD：中介协调设备
QA：适配器　　　　　NE：网元　　　　　　　WS：工作站

图 6.13　TMN 物理体系结构示意图

- **数据通信网**（DCN）：实现 OSI 参考模型低 3 层功能，所有与 TMN 应用功能有关的数据都要经过 DCN 进行传送。DCN 可由专用线，或公用电话交换网、公用数字数据网等构成的通信通道来提供。

图 6.13 标示的各个结构件之间的接口 Q3、Qx、X、F 是为不同类型设备互连而设置的。在 TMN 物理结构中功能模块演变为物理构造模块，参考点演变为接口，物理构造模块通过接口进行连接，每一接口都有其相应的协议栈，协议栈规定通过接口传送的数据单元的格式及数据单元的传送过程。

3．TMN 的逻辑模型

TMN 主要从管理层次、管理功能和管理业务 3 个方面来界定通信网络的管理，这一界定方式被称为 TMN 的逻辑分层体系结构，如图 6.14 所示。

TMN 的网络可以划分为 4 个层次：商务管理层（Business Management Layer，BML）、业务管理层（Service Management Layer，SML）、网络管理层（Network Management Layer，NML）和网元管理层（Element Management Layer，EML）。每一层都由功能实体来实现它的功能。需要强调的是，各层都包括故障管理、配置管理、性能管理、账务管理和安全管理等功能。

商务管理层

商务管理层提供支持用户决策的管理功能，其用户是通信运营公司的最高管理者，这是网络管理最高层次，它管理的往往是一个通信运营公司的决策者所关心的事。

商务管理层应支持通信企业对各业务资金投入的决策过程，特别是需重点提供的业务、主要的市场范畴及资金效率；它也应该支持企业发展目标的确定过程，如成本、利润、增长率等，甚至包括人力资源系统等功能，是企业的管理信息系统。

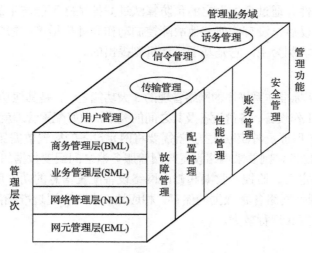

图 6.14　TMN 的逻辑分层体系结构

业务管理层

业务管理层管理的是对用户提供的各种业务，如处理各种业务订单、投诉、故障单、计费及服务质量测量等。同网元管理和网络管理相比，它对网络上具体应用技术的依赖较小。包括业务提供、业务控制与监测及计费等，其用户是业务的运营管理者。

网络管理层

网络管理层管理的是整个网络，从范围上讲，它涉及整个网络中所有的网元及网元之间的连接；从内容上讲，它关心的是独立于具体厂商的带有普通意义的指标和信息。它还提供对网络中各种业务的支持，包括网络话务监视和控制、网络保护及路由调度等网络的管理功能。其用户是网络的管理者，从全网的角度对管理域内的网络进行管理。

网元管理层

网元管理层管理若干网元的组合，它关心的往往是与具体网元相关的状态和操作等，提供最基本的、非集中式的底层管理功能，如性能数据的收集、筛选及分析、告警收集等。其作用是为高层提供获取系统资源的手段。因此网元管理层经常与特定的设备提供厂商相关，其用户是设备操作和维护人员。

TMN 的管理业务域

TMN 有 5 类管理功能，即故障管理、配置管理、性能管理、账务管理和安全管理。这些管理功能主要指业务管理层、网络管理层和网元管理层的管理。

故障管理

故障管理是网络管理中的功能之一，是对通信网络运行情况异常进行报告、监测、汇总、分析、存储和故障显示的一组功能。故障管理在网络管理中是非常重要的，网络管理是否成功关键在于故障管理功能是否完善。

根据对故障控制实施时间与故障发生时间的先后顺序，可以将传统的故障管理分成两大类：预防性策略和修复性策略。预防性策略通过预先尽可能完备的设计方案来避免问题的出现，增加各种限制条件并通过事先设定的预防算法过滤掉某些可能产生故障的潜在因素，系统一旦被采纳和运行以后，没有任何其他故障控制动作和处理措施；修复性策略是在故障发生以后实施，以恢复机制为主，它是基于反馈机制提出的。

配置管理

配置管理是 TMN 标准体系描述的网络管理的 5 大功能之一，是其他功能的基础。配置管理是指管理网络上各种工作设备、备份设备及其之间的关系，做好配置管理就是要准确、及时地获取这些配置数据。为了保证及时获取数据，就需要将网元设备的配置数据保存到网管服务器中，为保证总体数据的准确性，则要求网络设备与网管服务器之间配置数据的一致性。

配置管理由一组定义、监控、收集和修改网络设备配置信息的功能所组成。通过配置管理，TMN 可以实现通信网络各种数据的储存。相应地，也只有通过准确的配置管理，性能管理与故障管理才能发挥其运行效力。

性能管理

性能管理就是实施对设备和网络的性能监视、性能分析和性能控制。性能管理需要监视并分析网络上的性能参数，例如话务量、丢失包的数目、设备负载等，还有性能参数的提取和汇总，以得到反映全网的独立于设备和厂商的运行质量报告。在此基础上可进行性能容量分析、异常分析及各种性能预测分析，并最终进行改善网络性能的操作。

账务管理

账务管理的主要目的是正确计算和收取用户使用网络服务的费用，同时要进行网络资源利用率的统计和网络的成本效益核算。对于以营利为目的的网络经营者来说，账务管理功能无疑是非常重要的。

账务管理功能可以测量网络中各种业务的使用情况和使用费用，并对通信业务的收费过程提供支持。从网元中收集用户的资费数据，形成用户账单。这项功能要求数据传输非常有效，而且要有冗余数据传送能力，以保证计费信息的准确，包括收集用户对资源和业务的使用信息，生成计费单。由于业务各不相同，使用的技术手段也各不相同，因此计费方式也会不同。

在账务管理中，首先要根据各类服务的成本、供需关系等因素制定资费政策，资费政策还包括根据业务情况制定的折扣率；其次，要收集计费数据，如使用的网络服务、占用的时间、通信距离、通信地点等计算服务费用。

安全管理

安全管理主要提供对网络及网络设备进行安全保护的能力，有接入、用户权限管理、安全审查及安全告警处理等方面。可以分为管理信息的安全和安全信息的管理两个方面：管理信息的安全是指应有足够的技术手段保证敏感的管理信息不被泄密、破坏和伪造等，管理信息的传输和存储都必须是安全可靠的；安全信息的管理是指对系统自身安全信息的管理，包括账号、公钥、密钥等。

6.3.3 电信运营图

电信管理论坛（Telecommunication Management Forum，TMF）是一个为通信运营和管理提供策略建议和实施方案的世界性非营利组织，是专注于通信行业 OSS 和管理问题的全球性非营利性社团联盟。其成员包括全球主要的运营商、制造商、软件开发商、系统集成商和咨询公司等。TMF 先后提出电信运营图（Telecom Operation Map，TOM）、增强型电信运营图eTOM（enhanced Telecom Operations Map，eTOM）、下一代运营支撑系统（Next Generation Operations System and Software，NGOSS）等框架，被国际通信运营商、设备制造商及通信运营支撑系统开发商广泛接受，成为行业的事实标准。

电信运营图（TOM）创建于 1994 年，TOM 基于电信运营过程以开发和全面的运营支撑系统作为起点。TOM 的目的是为企业建立一种通过实现方法来驱动操作管理过程从而赢得优势的概念。

1．TOM 的业务过程框架

从 TOM 的业务过程框架（见图 6.15）中可以看出，以横向的视角观察，可以将操作过程分为 3 部分，首要过程即客户服务流程、业务开发运营过程、网络和系统管理过程，此外还有客户界面管理过程和网元管理过程。其中客户服务流程包括商品销售、处理订单、解决问题、客户服务质量管理、缴费和缴费通知。业务开发运营过程包括了业务规划与开发、业务配置、问题处理、质量管理及费用与折扣等。网络和系统管理过程则包含了网络规划发展、网络供给、资产管理、网络修复、网络信息控制。

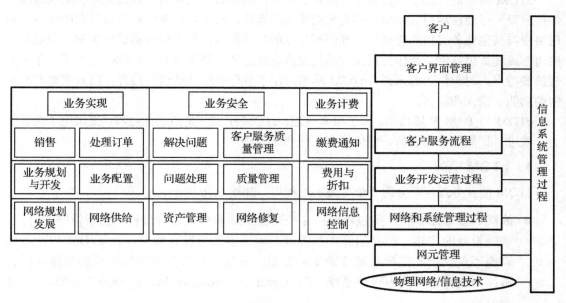

图 6.15　电信运营图（TOM）的业务过程框架

2．TOM 的业务流程

以纵向的角度来看，TOM 的规范定义了 3 种端到端流程，即业务实现、业务安全和业务计费，每个进程都有不同的过程和不同的服务。

- 业务实现：负责及时正确地提供客户所订购的业务。
- 业务安全：负责维持服务水平，及时处理客户和网络的问题，跟踪、报告、管理、采取行动以提高服务水平。

- 业务计费：负责及时、准确地计费，支持用户的账单咨询和收费等。

3．TOM 模型的不足

- TOM 模型缺乏对商务层管理的支持。
- TOM 模型缺乏对电子商务环境的支持，没有对供应商和合作伙伴的管理。
- TOM 模型缺乏对企业自身管理的支持。
- TOM 模型缺乏对新产品开发的管理。

因此，基于以上的不足，TMF 又对 TOM 模型进行了增强和扩展，提出了支持电子商务环境和企业自身管理的 eTOM 模型。

6.3.4　增强的电信运营图

增强的电信运营图（eTOM）是信息和通信的业务流程模型框架。eTOM 是从 NGOSS 业务视角的角度来描述需求，对企业过程进行分析和设计，在经过系统分析和设计后，形成解决方案的分析和设计，最终通过解决方案的一致性测试，投入实际运作，满足客户的需求。

eTOM 较好地代表了通信运营业的真实世界，很多服务提供商（包括了系统集成商和软件供应商）已经在运用 eTOM，因为他们在采购软件、设备，以及面对愈加复杂的业务关系网络中与其他业务提供商的接口，都需要行业的标准框架。对于业务提供商来说，当他们考虑内部流程重组需求、合作关系及与其他提供商的总的工作协议时，eTOM 提供了一个中立性的参考点。对于供应商来说，eTOM 框架给出了软件各组件的潜在边界，以及支撑产品所需的功能、输入和输出。

eTOM 与 TOM 框架相比，做了很多改进，eTOM 中的 e 是指企业过程、提供电子商务能力、改进、扩展、任何事情、任何地点、任何时间等。

1．eTOM 框架

eTOM 的业务过程可分为 3 个主要的过程组，如图 6.16 所示。

- **战略、基础设施和产品过程组**：这些过程指导和管理运营过程，包括策略的开发、基础设施的构建、产品的开发和管理、供应链的开发和管理。在 eTOM 中，基础设施不仅仅指支持产品的资源基础设施，还包括支持其他功能过程的资源基础设施，如支持客户关系管理系统（Customer Relationship Management，CRM）的基础设施。
- **运营过程组**：这些过程是 eTOM 的核心，它既包括日常的运营支撑过程，也包括为这些运营支撑提供条件的准备过程，以及销售管理和供应商/合作伙伴关系管理。
- **企业管理过程组**：这些过程强调企业层面的过程目标，包括了任何商业运行所必需的基本的业务过程。它们与企业中几乎所有的其他过程（无论是战略、基础设施和产品过程组还是运营过程组）都有接口。

另外，该图中还包括了与企业交互的主要实体：客户、提供商、合作伙伴、员工、股东及其他利益相关者。

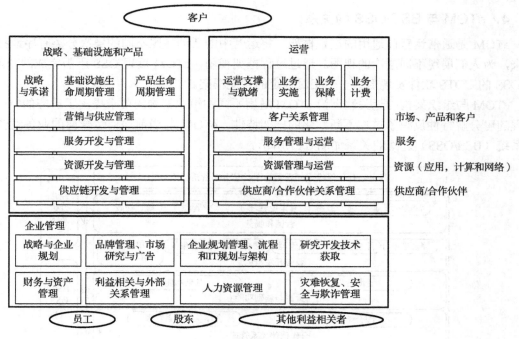

图 6.16　eTOM 业务过程 1 级视图框架

2. eTOM 过程

在该 eTOM 业务过程 1 级视图中，运营过程组及战略、基础设施和产品过程组被分解为 7 个垂直的过程和 8 个水平的过程，而企业管理过程组被分为 8 个水平过程。

图 6.16 中显示了纵向的 7 个处理过程，这些处理过程组都用于支持客户服务运营管理的端到端功能。战略、基础设施和产品过程组由企业高层开展企业战略研究、基础设施构建、企业产品开发，并负责供应链管理。这部分之所以从业务运营过程组分离出来，主要因为它是业务运营过程的支持过程，而不直接为客户提供服务。业务运营过程组在纵向上由运营支撑与保障处理过程及三个端到端的业务运营过程（业务实施、业务保障和业务计费）组成。企业管理过程组关注于企业内部日常管理活动及长短期目标，如财务管理、人力资源管理、研发管理等。

3. eTOM 运营过程组

TOM 和 eTOM 关注的焦点都是在核心的与业务实施、业务保障、业务计费相关的业务运营过程组。在 eTOM 框架中，运营过程组从纵向的角度来看主要包括 3 大功能：业务实施、业务保障和业务计费。

业务实施是通信运营商接受客户订购通信运营商提供的服务，通过对通信资源的分配、配置、安装和部署，使通信运营商能够为客户提供其需要的服务，并按照服务内容收取一定费用的活动。业务保障是按照量化的测量指标，确保网络服务能够满足客户的需求。业务计费是根据通信网络中各种业务的使用情况进行费用的收取。

上述 3 大功能是从纵向的角度来看的，从横向的角度来看 OSS 主要可以分为 4 个管理层面，即客户关系管理层、业务管理与运营层、资源管理与运营层和供应商/合作伙伴关系管理层。

4．eTOM 与 BSS/OSS 的关系

eTOM 是通信运营商通用的过程框架，将运营中的活动按照不同的层次分类有序地描述出来，为人们展现不同层次的视图。通过过程框架视图，eTOM 展现 OSS 所需完成的功能，为 OSS 的 COTS 软件实现形成一个相对稳定的功能框架。

eTOM 与组织架构的无关性，为 eTOM 适用不同的组织架构的要求提出了适应的空间。过程的可分解特性反映了过程不断细化的框架特性。eTOM 与当前通信运营商的业务运营支撑系统（BSS/OSS）之间的关系如图 6.17 所示。

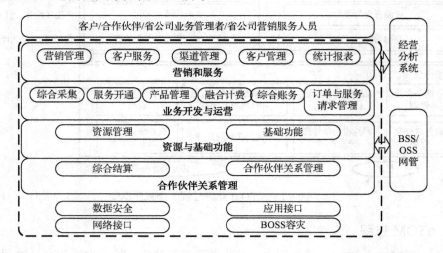

图 6.17　eTOM 与 BSS/OSS 的关系

在某通信运营商内，eTOM 分解图采用 4 层结构，分别是营销和服务层、业务开发与运营层、资源与基础功能层及合作伙伴关系管理层，并通过互动接口，同经营分析系统和 BSS/OSS 网管进行数据交换和管理。

营销和服务层

包括营销管理、客户服务、渠道管理、统计报表和客户管理。实现多元化服务、个性化服务、交互式服务、异地服务的要求，统计系统数据和业务指标，更好地为企业服务。

业务开发与运营层

包括产品管理、综合采集、融合计费、订单与服务请求、服务开通和综合账务。全面处理客户的各种业务请求，支持多渠道的收费功能，支持多样化的账单模式，满足客户的个性化需求，满足客户的账务要求；提供离线/在线计费模式，提高客户感知；提供信用额度管理能力，减少巨额欠费风险。

资源与基础功能层

包括基础功能和资源管理。将现有资源进行整合和组件化改造，构建敏捷的新业务开发能力，提供多品种、小批量的产品和服务。

合作伙伴关系管理层

综合结算和合作伙伴关系管理。渠道商是企业良好的合作伙伴，通信市场有句话叫"得

渠道者得天下"，说明渠道商对企业的发展有着重要的作用，谁可以很好地利用渠道，谁就可以把市场这个蛋糕做大、做强，市场占有率就越高。

经营分析系统

通过收集、挖掘数据源的有效信息和企业相关信息，并对此进行分析、处理、整合，为决策管理者提供有效、及时、科学的分析报告，并做好系统支持工作。

BSS/OSS 网管系统

通过监控管理和服务管理，实现系统平台（如主机、网络、存储备份、数据库、中间件等）和应用平台（如应用软件）的监控管理。服务管理平台目前主要实现事件管理、问题管理、变更管理和配置管理，以后将升级到服务水平协议管理和利润管理等。

6.3.5　我国 OSS 的发展状况

虽然我国对 OSS 的跟踪、研究和实践工作开始于 20 世纪 90 年代初，并且取得长足进展，但研究的重点主要还是集中在网元、网络管理和业务提供等领域，基本还停留在面向网络和业务的层面上，如何实现以客户为中心，以及如何围绕客户提供端到端的自动化流程直到近期才引起大家的重视。

随着 4G 时代的到来，移动通信行业将面临新的激烈竞争，无论是网络、终端、产品，还是服务。面对新时代的机遇和挑战，现有运营支撑系统已经不能满足业务发展的需要，中国各大运营商更迫切需要对现有的运营支撑系统进行优化和改造，以适应市场发展的挑战。下面以中国联通的运营支撑系统为例进行说明。

中国联通是最早对运营支撑系统进行全面规划的通信运营企业，早在 2000 年就制定完成了全套的规范和标准，全套规范体系的核心是"一个体系，多个子系统"。在前期规划的基础上，中国联通于 2004 年又制定完成了"UNI-IT"信息化架构。该架构通过在企业运营管理体系、客户及业务网络之间建立有机的联系，有效地支持着联通运营过程中的决策、规划、营销、业务产品开发、销售、客户服务和收入实现。UNI-IT 包含业务支撑系统（BSS）、管理支撑系统（MSS）和企业资源计划系统（ERP）三个重要的组成部分。为进一步推动企业信息化工作，中国联通又于 2006 年推出了更为详尽的《企业信息化规划》，涵盖了 IT 战略、IT 总体架构、IT 管控、BSS、OSS、MSS、数据及容灾规划等各项内容。中国联通的"综合电信业务服务支撑系统"由专业计费、综合营业账务、综合客服、综合结算和统一客户资料管理等系统组成，即形成了所谓的"一个体系结构，多个子系统"，如图 6.18 所示。

中国联通在综合营账及统计系统中的投资已经超过了 50 亿元，中国联通一开始就以高起点、理想化的业务运营支撑系统（BOSS）入手，设计模型比较复杂，为今后的业务扩展预留了很多接口。中国联通的下一代业务支撑系统的体系结构可以分成 3 部分，第一部分是操作型 CRM 和协作型 CRM，营销处理、渠道管理、客户服务等；最下面是通信业务的支持，就是 BSS/OSS，属于业务这一块；中间是正在建设规划的部分，是统一的一个业务支持的数据中心。这是联通公司的整体规划，2014 年中国联通正式上线了集中业务支撑系统（central Business Support System，cBSS），将 CRM、Billin 等 BSS 的核心系统全部集中，与总部 20 套生产系统、31 个省份 403 套本地生产系统进行上下交互与联动，将业务集权到集团，为合作伙伴提供"一点接入、全网接通"的一体化 IT 支撑服务能力。

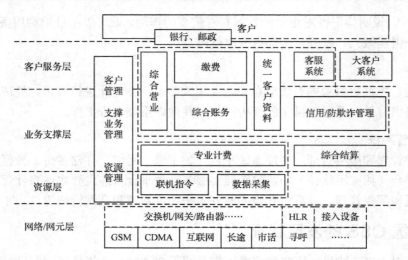

图 6.18　中国联通综合通信业务支撑系统总体结构图

6.3.6　下一代运营系统与软件

2000 年，世界电信管理论坛 TMF 提出下一代的 OSS 体系，即下一代运营系统与软件（Next Generation Operation Software System，NGOSS），NGOSS 包括业务框架、高层体系结构和实现新一代 OSS 的方法论。它从系统（即插即用规则）、过程（企业事务过程模型）、信息（共享核心数据模型）、产品（符合 NGOSS 规范的实现）4 个方面保证 OSS 具备标准化的特点，能够逐步演化，保证互连互操作，实现端到端的管理和高度自动化的特点，以适应通信业发展的趋势。从系统结构上来看，NGOSS 试图建立一种以组件为基础的分布式系统结构及关键的系统服务，这些结构和服务将支持信息和通信业所需的动态业务和运营管理。系统概念的抽象使系统结构与技术无关，以便企业自由选择其适用的技术，并能应用今后出现的新系统技术。NGOSS 所强调的是一个体系概念和结构，在体系概念和结构的指导下规定和开发具体的标准和技术。

NGOSS 是一个庞大的系统，围绕这 4 个方面，TMF 制定、发布了一系列相关的规范、报告和应用实例，包括电信运营图（TOM）、增强的电信运营图（eTOM）、共享信息和数据模型（Sharing Information and Data，SID）、技术中立架构（Technology Neutral Architecture，TNA），以及 NGOSS 的一致性测试等，这几方面的内容构成了 NGOSS 的核心元素。

1．NGOSS 的生命周期

NGOSS 的生命周期包括业务、系统、运行和实现等 4 个视角及一个知识库（NGOSS Knowledge Base），它们从不同阶段、不同使用者的不同角度来描述 NGOSS 的整体架构。其核心是参照 OSS 系统建设的实际过程，将业务需求分析、系统设计、方案实现、技术开发和运行等过程组成一个完整的生命周期。如图 6.19 所示。

业务视角

目的是确定业务需求，规范业务需求。业务视角从高层的角度，用与技术无关的方法描述通信服务提供商的管理环境、业务目标和策略。利用 NGOSS 的两个重要元素——eTOM框架和 SID 模型，共同定义了业务过程，以及支持业务过程的信息实体。

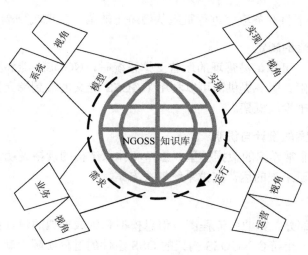

图 6.19 TMF 的 NGOSS 生命周期

系统视角

重点在于利用 eTOM 框架、SID 模型和 TNA 架构等共同为 OSS 解决方案建模，进行系统设计，这一阶段仍是与技术无关的。

实现视角

完成将系统视图的技术解决方案映射到具体的实现方案上，解决如何构建具体的硬件和软件环境，实现已完成的系统设计，这一阶段与技术无关。

运营视角

描述的是如何主动地监测运营中的 NGOSS 系统，以保证 NGOSS 系统按照预期的方式工作，并根据系统的运行情况进行相应的调整。

NGOSS 知识库

NGOSS 知识库包含了 3 类信息

- 现有的企业信息：包括企业在实际业务运营过程中积累起来的经验。
- NGOSS 信息：涉及 eTOM 框架、SID 模型和 TNA 架构，包括相关的模型、信息、策略和过程描述。
- 公共或共享知识。

通信运营企业现有的 OSS 系统大多是在以前各个阶段为满足业务发展和市场需求的过程中独立建立起来的，数据之间基本上不能共享，形成了一个个的"信息孤岛"。因此，在 NGOSS 建设中，必须充分考虑到这些系统的接口和信息共享问题，以防它们成为通信企业进行业务重组的瓶颈。

2. NGOSS 的应用

业务流程管理

服务提供商可以利用 eTOM 来分析其现有业务流程，发现自身业务流程的冗余或不足，并且在 eTOM 的指导下将业务流程进行重组从而矫正缺陷，实现端到端业务流程的自动化。

运营支撑系统过渡策略的制定

在构建新的灵活、可靠、易管理的运营支撑系统时，NGOSS 能够为遗留系统和解决方案的平滑过渡提供指南。服务提供商可以利用 NGOSS 定义的端到端元素来定义各自适合未来发展需要的通用基础设施框架。

运营支撑系统解决方案的设计与说明

NGOSS 定义了非常详细的数据模型、接口和体系结构的规格说明，服务提供商可以利用其来规范和构造自己未来的运营支撑系统解决方案。

应用程序的开发

NGOSS 的核心部分，如业务流程图、信息模型和集成框架的设计都遵循软件工程的组织结构和步骤。构建一个符合 NGOSS 构架的 OSS 组件的过程实际上就是一个严格的软件开发过程。

系统集成

面对目前在集成过程中遇到的困难和挑战。NGOSS 定义的良好的语言、接口和体系结构可以完全发挥优势，以清晰地指导系统集成商采用可重用的、成本效益高的集成方案对不同厂商提供的异构系统进行集成。

6.4 业务支撑系统

下面介绍业务支撑系统（BSS），它位于图 6.1 支撑系统总体架构的上方，它的下方是运营支撑系统（OSS）和管理支撑系统（MSS），BSS 与 OSS 和 MSS 之间均有接口相连。

6.4.1 业务支撑系统概念

通信业务支撑系统（BSS）是通信运营商的一体化、信息资源共享的支持系统，是以客户为中心，面向通信业务经营流程的管理系统。BSS 的目标是支撑通信业务的运营流程，满足运营需求，包括面向客户的业务经营支撑，如业务定购、业务使用的计费、业务收费；面向业务运行的支撑，如客户的业务开通、新业务的开发和部署等。BSS 和 OSS 之间的关系如图 6.20 所示。

传统的 BSS 包括计费系统、结算系统、营业系统、账务系统、客户服务系统等。由于传统的 BSS 以业务发展为中心，各业务支撑平台的建设相对独立，各业务进行分散管理，导致了系统设计分散，缺乏统一的平台框架，系统间连接复杂，数据难以统一。这不仅使新增业务困难，维护成本高，而且难于实现多业务的集中管理。

2002 年各大运营商进行分拆重组之后，大力推进了 BSS 系统的建设，并将 BSS 概念延伸到企业信息化的高度。在 BSS 的建设初期，很多 BSS 应用只是满足了运营特定时期的业务需求，是一种静态的、相对独立的运行支撑系统。

随着运营商进入到垄断运营阶段，运营商的"网络运营"概念逐步加强，建立了各分系统的接口，最大限度地避免了重复劳动和人工错误，使客户管理和客户服务的水平上升到新的高度。这一时期，BSS、网络支撑系统和企业信息管理系统之间通过接口互通，各分系统分别满足企业的业务经营、网络管理和企业信息管理的需求，如图 6.21 所示。

为降低 BSS 接入互联网的网络程序，运营商开展企业门户建设，通过门户系统保护 BSS，另一方面也为企业的员工/管理者、客户、合作伙伴、供应商和企业股东提供集成的信息，提高协同工作效率。

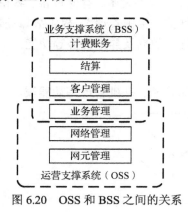

图 6.20　OSS 和 BSS 之间的关系

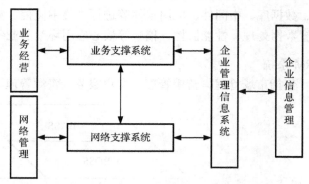

图 6.21　网络支撑系统、BSS 和企业
信息管理系统之间的关系

6.4.2　BSS 总体架构

1. 某运营商的 BSS 总体架构

在业务支撑系统的 2 级架构中，一级业务支撑系统[包括总部业务运营支撑系统（Business and Operation Support System，BOSS）、运营分析支撑系统（Business Analysis Support System，BASS）、业务支撑网管系统（Business and Operation Management Center，BOMC）]具有管理、实体和枢纽功能，为整个集团公司进行全网业务管理和业务运营提供支撑和保障，实现全网信息的交换和管理。二级业务支撑系统［包括支持客户关系管理系统（CRM）、BOSS、BASS 和 BOMC］具有管理和实体功能，为省级运营商进行省内业务管理和业务运营提供支撑和保障。一级和二级业务支撑系统共同支撑业务的运营与协作，如图 6.22 所示。

BOSS 系统

支撑市场营销、客户服务等前台业务流程及计费、结算、账务、服务开通等后台业务流程。BOSS 容灾系统是 BOSS 系统的有机组成部分，为 BOSS 系统提供完善的数据保护和恢复机制。BOSS 容灾系统与 BOSS 生产系统互相关联、互为补充，共同确保业务的连续运行和服务的持续提供。

BASS 系统

BASS 提取业务支撑系统和其他系统的相关数据，建立统一的数据信息平台，并采用数据库技术和分析挖掘工具，为客户服务、市场营销、经营决策等工作提供有效支撑。

运营分析系统主要以 OSS 系统的数据为基础，构建企业级的数据库，由数据库通过数据采集、汇总、分析几大步骤，根据具体的业务需求进行数据挖掘，采用 OLAP 技术和数据挖掘技术，帮助通信运营商经营决策层了解企业现今的经营状况，发现优劣势，对未来业务发展进行趋势分析，细分市场和客户，为市场营销提供针对性的数据参考，帮助客服部门高效地处理客户关系，评估决策的执行情况和结果，是通信运营商高层执行企业战略的重要依据系统。

BOMC 系统

BOMC 实现在业务支撑系统生产运行过程中对主机设备、网络设备、存储设备、备份设备、数据库、中间件、应用软件等进行"集中监控、集中维护、集中管理"，提供故障处理、配置数据处理、性能监控、稽核等核心应用环节的业务流程和数据及异常告警等功能。

CRM 系统

包括市场管理、营销管理、客户服务、资源管理、产品管理、基础管理等功能域。

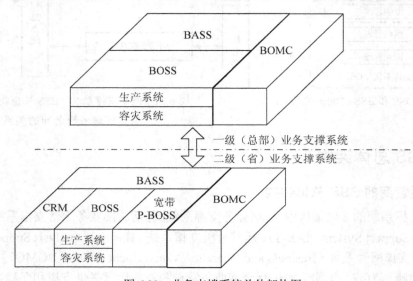

图 6.22　业务支撑系统总体架构图

2. BSS 业务功能

BSS 系统从业务需求上涵盖了门户、市场营销、销售管理、业务受理、客户接触管理、客户管理、产品管理、渠道/合作伙伴管理、业务流程管理、知识管理、营销类资源管理、综合统计查询、综合管理、系统管理等方面的业务需求。下面以某运营商的 BSS 系统为例进行说明，如图 6.23 所示。在 BSS 中，其所涵盖的业务功能域分成三大类：

- **门户功能域类**。仅包括门户部分，是 BSS 在企业内的统一入口，对于部分允许直接访问 BSS 的合作伙伴，也将通过此门户进行访问。如果企业外系统要访问 BSS 的相关数据，则要求通过接口的方式。
- **核心业务功能域类**。包括业务受理、客户接触、销售管理、客户管理、市场营销、产品管理和渠道/合作伙伴管理，此类是系统业务处理的核心部分。
- **基础业务功能域类**。包括业务流程管理、营销类资源管理、综合统计查询、综合管理、知识管理和系统管理，此类业务功能域是整个系统的支撑，为其他各功能域提供系统运行所需要的基本功能。

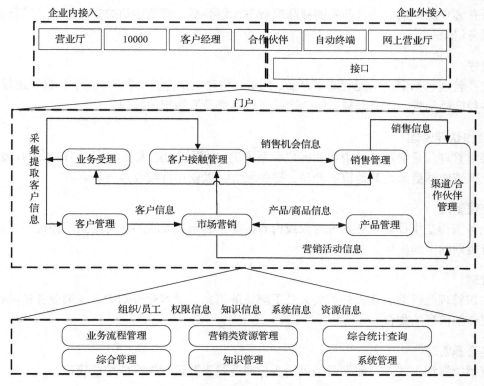

图 6.23 某运营商的 BSS 业务功能域

门户

门户是 BSS 系统的统一接入途径，使用者包括企业内部的营业厅人员、客服人员、自有主渠道的客户经理人员、合作伙伴等。企业外部包括使用自有系统的合作伙伴、面向客户的自助服务和网上营业厅等，企业外部访问 BSS 数据要求通过接口的方式进行。

市场营销

市场营销是指根据市场分析结果，进行促销、广告推广等相关活动，实施通信公司的产品策略和销售策略。

销售管理

以向客户推广商品及服务为目的而进行的销售过程的管理。

业务受理

业务受理支持全业务的受理，提供多渠道、多层次的客户服务。其中包括受理前准备、受理信息采集、客户身份鉴别、业务收费、受理稽核、退单、撤单、待装、缓装等功能。

客户接触管理

客户接触是指通过多种方式、多种渠道向客户提供的各种服务，包括主动服务、被动相应式服务和预约服务等功能。

客户管理

客户管理是对客户基本信息及信用度、忠诚度、积分优惠、合同协议等扩展信息的管理，获取所有客户的背景信息、购买的商品或费率计划类型、营销活动的参与记录，以及历史的客户服务记录等。

产品管理

产品管理包括定义和配置基本产品、服务、资费，并将基本产品、服务、资费进行包装，形成各种产品捆绑、产品套餐、组合产品（统称商品）的管理过程。

渠道/合作伙伴管理

渠道管理就是管理多种销售和客户联系渠道，对渠道中的人员、流程和技术进行最优化，使各个渠道能够更加有效地销售产品、提供服务，以获得持续收益增长。

业务流程管理

业务流程是指针对业务处理对象或内容，为了达到其要求的最终结果，经过一系列有步骤、有规则的中间操作。

知识管理

知识管理是帮助企业内外相关人员了解业务消息、学习业务知识、查询业务情况并进行业务培训的信息的集合。

营销类资源管理

营销类资源主要是对前端营销类的实体或逻辑资源进行物流或配置管理。

综合统计查询

统计分析只对本系统内的数据做统计分析，完成日常生产部门需要定期填报的报表的制定、生成和发布。

综合管理

综合管理主要实现以系统的组织和人员为对象进行的授权管理、计划任务管理、服务质量管理等。

系统管理

系统管理是对系统所进行的管理，主要包括系统监控、操作日志等方面。

6.4.3　BSS 软件体系结构

BSS 是一个典型的多层结构，分为客户层、接入层、表示层、业务逻辑层、数据层（如图 6.24 所示）。这个多层结构组成了 BSS 整个应用架构的软件架构体系。

1．客户层

客户层是外部环境与 BSS 进行交互的平台。BSS 支持 3 种交互形式的客户：浏览器客户、客户端应用客户和系统客户。

2．接入层

接入层是客户接入管理层，客户层不能与 BSS 的核心层直接打交道，必须通过接入层进行统一管理。接入层首先完成接入，然后对接入进行管理。前者由接触代理完成，后者由接触管理器来完成。

3．表示层

表示层是一个纯粹的 Web 容器，它完成 BSS 默认客户层——浏览器客户对 BSS 所有的交互需求。

4．业务逻辑层

业务逻辑层是 BSS 核心层的一部分，它实现所有的 BSS 的业务逻辑（Service Logic，SL），同时它也真正实现了业务逻辑和业务数据的分离。业务逻辑的实现涉及以下几个方面：业务逻辑、业务逻辑调度、业务逻辑的通信（特指跨子系统的通信）。任何一个系统工作任务的实现，都是通过一些指定的业务逻辑实现和一些指定的业务逻辑通信来完成的。

5．数据层

数据层是 BBS 核心层的另外一部分，它与业务逻辑层共同组成 BSS 的核心。数据层存放所有的 BSS 数据实体。

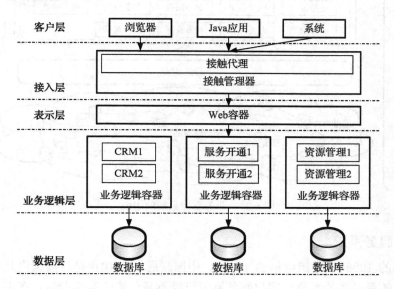

图 6.24　BSS 软件体系结构

6.4.4　下一代通信业务支撑系统

下一代通信运营支撑系统（Next Generation Bussiness Support System，NGBSS）是一个庞大的系统，包括对通信网络运行的支撑、对通信业务经营的支撑及对整个企业运营管理的支撑。目前，国内的通信运营商集网络运行和业务经营于一身，随着云计算技术和网络技术的不断发展，网络运行质量不断提高，对通信业务的支撑成为各通信运营商竞争的焦点。

国内通信运营商的 NGBSS 系统各有不同，但是在功能上基本一致，主要包含客户服务系统、计费账务系统、结算系统和业务管理系统 4 大功能模块，如图 6.25 所示。

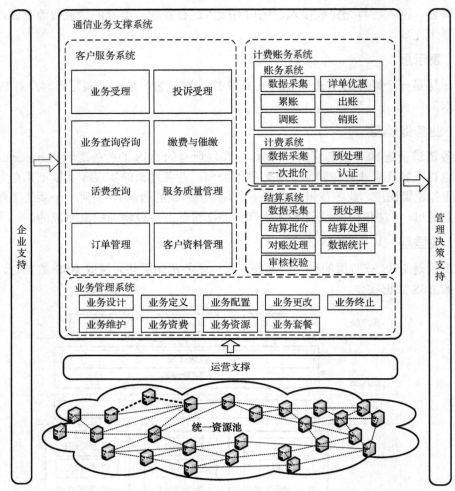

图 6.25　业务支撑系统的组成

1. 客户服务系统

中国移动的 10086、中国电信的 10000、中国联通的 10010 是目前国内几大运营商的最早客服专线。随着时代的发展，客户服务系统已经不是单纯的客服专线，在保证为客户提供快速方便服务的前提下，其模式由单一走向多元化、个性化、交互式，各类客服模式共同形成新的客户服务系统。

2. 计费账务系统

计费账务系统包括计费和账务两个功能。其中计费负责完成各项业务的计费功能，包括身份认证、数据采集、预处理及一次批价的功能；账务完成客户的账务处理过程，支持个性化的处理，包括与客户关联的营销策略的执行（如家庭亲友优惠等），生成个性化账单等，包括数据采集、详单优惠、累账、出账、调账和销账等功能。

3. 结算系统

结算系统负责完成企业内部不同业务部门间的结算、与其他通信运营商的结算及与第三方合作伙伴之间的结算，主要包括数据采集、预处理、结算批价、结算处理、对账处理、数据统计、审核校验等功能。

4．业务管理系统

业务管理系统对各类业务的规范与流程及业务定义进行统一、规范的管理，包括对业务设计、业务定义、业务配置、业务更改、业务终止、业务资费、业务维护、业务资源、业务套餐等的管理，以及对新业务和新产品开发的支持。

6.5 管理支撑系统

下面介绍管理支撑系统（MSS），它位于图 6.1 支撑系统总体架构的右下方，它与运营支撑系统（OSS）和业务支撑系统（OSS）均有接口相连。

6.5.1 管理支撑系统概念

管理支撑系统（MSS）是对企业管理业务的支撑，其支撑的业务范围与 eTOM 中企业管理域（Enterprise Management，EM）相对应。MSS 主要包括企业资源计划、办公自动化、企业门户、统一身份管理及决策支持等。此外，MSS 还是 BSS 和 OSS 等系统的对外展示窗口。MSS 主要包括以下系统。

1．企业资源计划系统

企业资源计划系统（Enterprise Resource Planning，ERP）建立在信息化技术基础上，利用现代企业的先进管理思想，为企业提供决策、计划、控制与经营业绩评估的全方位的管理平台。ERP 系统化地实现了企业内部资源和企业相关的外部资源的整合，它把企业的人、财、物、产、供、销及相应的信息流紧密地集成起来，从而实现资源的优化和共享。

2．办公自动化系统

办公自动化系统（Office Automation，OA）利用信息化技术提高办公的效率，进而实现办公的自动化处理。该系统采用 Internet 技术，基于工作流的概念，使企业内部人员方便快捷地处理办公信息，高效地协同工作。

3．企业门户系统

企业门户系统即 PORTAL，为企业员工提供各应用系统的统一入口，支持办公管理信息的共享、集中展示及个性化的应用界面。

4．统一身份管理系统

统一身份管理系统管理企业支撑系统的接入安全，通过对各系统用户的统一身份管理，实现统一的用户账户管理（Account Management）、统一的认证管理（Authentication Management）、统一的授权管理（Authorization Management）以及统一的审计管理（Audit Management），简称 4A。

5．决策支持系统

决策支持系统（Decision Supporting System，DSS）是辅助决策者通过数据、模型和知识，以人机交互方式进行决策的计算机应用系统。DSS 是支撑系统向更高一级发展而产生的先进信息管理系统，以数据仓库或数据集市为基础，为决策者提供分析问题、建立模型、模拟决策过程和方案的环境，调用各种信息资源和分析工具，帮助决策者提高科学决策水平和质量。

6.5.2　MSS 的层次架构

MSS 分为接入层、展现层、业务层和基础设施层等 4 层，如图 6.26 所示。

1．接入层

用户使用多种办公设备（包括 PC、PDA、手机等）及多种接入方式（Internet、VPN、VPDN 等）接入到 MSS。

2．展现层

提供一个企业内部信息交互及所有业务系统的统一表示和展现入口。实现展现、认证授权、系统管理 3 大类服务。

3．业务层

作为 MSS 的具体应用实现，可分为基本信息服务和应用业务服务 2 个层次，其中基本业务服务层一般不独立存在，作为一些应用业务的支撑，如通信服务（电子邮件、短消息、即时消息等）、流程管理、信息整合等；而应用业务服务层则直接提供给用户具体的应用，如管理信息服务、协作办公、专业管理等。

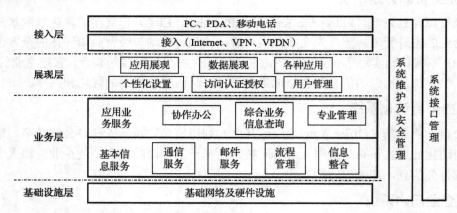

VPN：虚拟专用网络（Virtual Private Networks）
VPDN：虚拟专用拨号网（Virtual Private Dial-up Networks）

图 6.26　MSS 层次架构

4．基础设施层

包括基础网络及硬件设施等，保证管理支撑系统的正常运行、访问。

此外，MSS 还包括贯穿各个层次的系统维护及安全管理和接口管理。

6.5.3　管理支撑系统实例

各通信运营商对管理支撑系统的定义不尽完全相同，但一般均包括 OA、企业门户

（PORTAL）、ERP（企业财务管理、物资管理、人力资源管理等）系统等。一个典型的通信运营商管理支撑系统如图 6.27 所示。

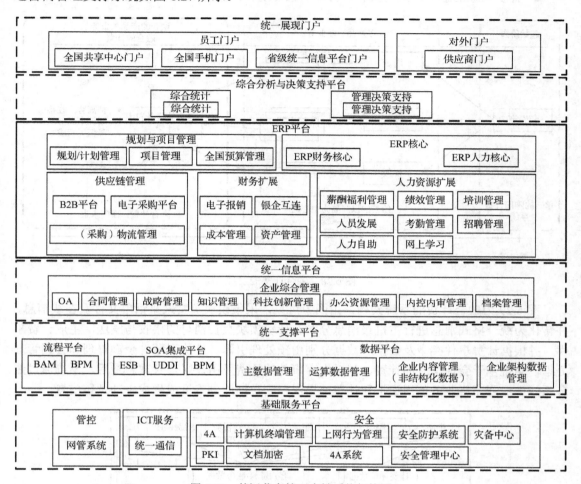

图 6.27　某运营商管理支撑系统架构图

6.5.4　融合计费

在经历了长时间通信业务的快速发展之后，通信运营商面临的挑战越来越多，不同网络、不同服务品牌之间的资源无法共享。在网络融合、终端融合的大形势之下，业务融合也已经成为必然的发展趋势。运营商网络的发展正经历着"网络"、"业务"、"客户"为中心的三个阶段。随着 3G/4G 市场的开拓，客户使用的业务越来越多样化，不同的业务对应不同的系统和不同的账户，每个客户需要对多个账户进行操作，这样不仅使用户的体验度降低，而且运营商对不同系统上的同一个用户也不能进行统一管理。图 6.28 为计费形式的发展。

融合计费主要包含 4 个方面的融合：

- 客户的融合：即客户品牌和付费方式的融合。
- 业务的融合：即实现跨业务、跨产品、跨客户的产品捆绑、交叉优惠，实现经营与计费策略的完整衔接。

- 计费模式的融合：将日账、月账与信用控制进行整合。
- 计费对象的融合：预付费和后付费的融合统一。

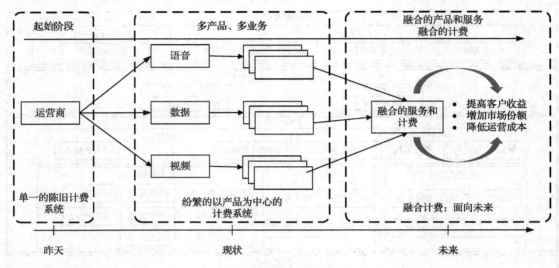

图 6.28　融合计费的发展

图 6.29 为融合计费的系统架构，由图中可见，采集模块负责采集话单文件及在线消息，并转化为统一格式消息进行主机级消息分发。计费模块负责消息的接收与发送，生成计费事件，并根据计费事件类型及数据库数据分别由预处理引擎、批价引擎、余额管理和会话管理处理，实现基于会话承载的计费、基于内容事件的计费及用户账户管理。最后，系统通过账务系统生成程序将业务使用记录和计费结果保存到数据库供查询或生成主动预警信息。

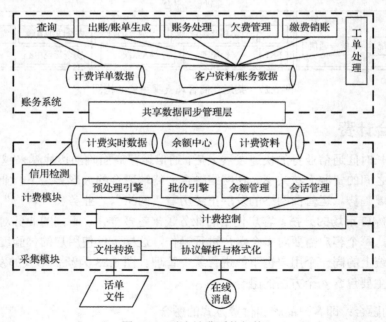

图 6.29　融合计费系统架构

融合计费的建设大致可分为 4 个阶段：

- 构建统一计费平台。在线计费与离线计费必须基于统一计费模型的持续优化、提升，使二者的计费能力达到平衡，满足全业务运营对计费支撑能力的要求。
- 构建余额管理中心、共享资料中心并统一余额模型。解决预后付费互转、携号转网、携号转套餐、共享时长等问题；实现计费域核心资料的实时共享，减少生产系统之间的网状交叉接口。
- 构建统一支付中心，解决灵活支付与充值的问题，支持与第三方外部系统对接，提供更加灵活的充值、支付手段。条件成熟后，统一批价引擎，为全网用户提供融合账务处理。
- 构建统一信控中心。为周边系统提供基于信用度及授信额度的管理与服务，增强用户的业务使用体验。

6.6 互联网数据中心

互联网数据中心（IDC）是基于 Internet 网络，专门用于集中收集、存储、处理和发送数据，提供运行维护的服务体系。它是 IT 业内继互联网内容提供商、互联网服务提供商之后的又一个亮点。IDC 能为网络运营商提高新业务承载能力，增加新的收入来源，并能为企业提高效率，降低 IT 运营成本，迎合社会分工和资源配置合理化的需要。

众所周知，通信运营商在发展到一定时期后，需要结合 IDC 的建设进行战略转型，在这个过程中，必须要对 IDC 的建设进行完善和改进。云计算作为技术驱动完善 IDC 的建设，有利于对市场的分析，并将这些数据作为通信运营商发展转型的基础。另外，通过不断地拓展 IDC 的建设规模，对服务器资源共享也有着一定的作用，尤其是在当今 IT 行业迅速的发展中，云计算作为 IT 行业的先驱，将其应用到通信运营商 IDC 的建设上，对通信运营商的可持续发展极为有利。

6.6.1 IDC 的基本架构

IDC 建设中采用分层方式，如图 6.30 所示，遵循 TCP/IP 设计方案。关键设备均采用通信级的全冗余设计，即采用冗余网络设计，层次与层次之间采用全冗余连接。重要网络模块冗余采用负载均衡、双机备份等多种冗余技术。

1. 互联网接入层

负责与互联网的互连，对路由信息进行转换和维护。在该层配置高端路由器，并连接到 IP 骨干网，以全冗余方式与核心汇聚层互连。借助高端路由器的高性能及丰富的特性，提供全冗余、高速、高性能接入网络。配置 2 台高端路由器分别和互联网骨干节点相连，这样既保证了数据在 2 个节点上的负载分担，又保证了出口接入设备的 1+1 备份，还不会因接入路由器的单点故障而影响网络的正常运行。

2. 核心汇聚层

负责连到核心路由器，为客户提供差异化服务和网络安全保障。该层配置高性能、大容量的多层交换机，分别与互联网接入层的 2 台高端路由器采用 10GE 端口交叉连接。交换机之间用 2 条 10GE 连接，采用链路捆绑技术来捆绑物理连接，形成一个负载均衡的逻辑连接。

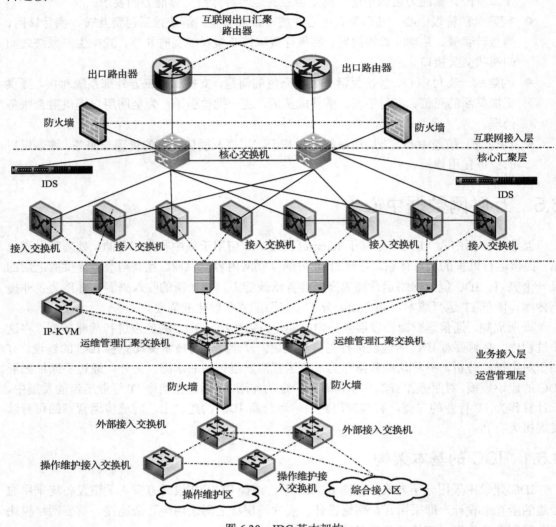

图 6.30　IDC 基本架构

3. 业务接入层

负责接入主机设备和网络设备，提供多种安全及 QoS 策略。业务接入层不需要为其提供高层交换能力，而是需要为其提供高速高性能的二、三层交换。在接入层所提供的高速链路上，用户根据需要构建自己的内部网络结构。业务接入层采用交换机将服务器与核心汇聚层连接起来，同时根据用户的需求放置防火墙设备、负载均衡器及安全监控设备，从而为用户提供更高的个性化安全及性能保障。

4. 运营管理层

负责对网络系统的日常维护、策略实施等。为保证 IDC 机房对网络设备和服务器的严格管控，业务区和管理区分开，服务器采用双网卡方式实现业务和管理的分流，这样既增加了网络设备和服务器管理的高效性与安全性，又使业务和管理流量由 2 个分离的网络分担。管理区域划分成客户工作区和后台管理区，客户工作区使客户通过 2 层交换机和代理实现对自己服务器的管理；后台管理区是 IDC 机房提供出入管理、监控、系统管理和网络管理等应用的关键区域。

6.6.2　IDC 业务

一般通信 IDC 业务分为基础业务和增值业务 2 类。

1．基础业务

基础业务主要来自于通信企业依托其网络主机的托管、独立整机租用和服务器空间的租用。

主机托管主要针对一些集团性客户和一些大型网络公司。他们一般需要使用通信运营商特有的网络带宽资源，自动化的网络管理和其他的设施，以机架形式提供给客户服务器，满足国际、国内高速数据专线组网的需求，并同时为该托管主机提供相应的网络安全、性能监控、数据存储和维护等服务。

独立整机租用和服务器空间租用则是针对中小企业或者个人网站，一般不允许自行提供自己的服务器，而是租用整个或者部分通信运营商提供的刀片或者 PC 服务器。由于该服务器已经接入高速专线，所以只需根据自己的需要申请相应的硬件资源和带宽就可以了。

2．增值业务

增值业务是在基础业务上，以独立计费的方式为用户提供专有的服务，以满足该用户所特定的服务需求。目前通信运营商的主要增值业务有安全服务、管理服务、负载均衡服务、KVM（Keyboard Video Mouse）远程管理服务和内容分发网络（Content Delivery Network，CDN）加速服务等。

安全服务

是IDC为用户提供专门硬件防火墙，包括可以提供DOS攻击防护、入侵检测与防护、安全扫描及加固、VPN安全解决方案、响应紧急等各项安全服务产品。

管理服务

包括操作系统和软件的安装与管理、系统全面管理、数据备份、故障排除及各类管理等特殊需求。

均衡负载服务

以多层交换设备为依托，为用户提供各种策略的负载均衡服务，保证用户在多服务器并发运行时能保证系统的稳定运行。

KVM 远程管理服务

指IDC为方便用户管理提供专用的KVM网络，用户可通过TCP/IP方式接入KVM系统，对托管设备进行安全的管理和维护。用户可以远程处理托管设备出现的问题。

CDN 加速服务

是一种网页加速服务，能够提高用户访问网站的响应速度，减轻源站的访问压力，节省带宽，提高用户的访问质量，同时 CDN 服务也提供各类数据统计报告。

从业务发展来看，通信运营商的 IDC 主要提供互联网基础机房托管和大带宽接入资源，是承载互联网内容应用服务的核心平台，是实现信息化发展的核心枢纽和旗舰平台。同时基于此平台拓展丰富的网络安全、数据应用、运行维护等增值服务，逐步进入到价值型服务等重要领域。通信运营商通过整合当前业务资源、价格、渠道和服务，统筹规划，实施专业化运营管理；满足客户差异化需求；开发增值产品，提供低成本、高效能的外包服务；推动业务从资源消耗型向应用服务型转变。可以看到 IDC 增值服务逐渐成为推动 IDC 转型的重要力量。

6.6.3　基于云计算的 IDC 构建

通信运营商 IDC 使用的是硬件层面的设施，而云计算最基础的设施是 IaaS，因此对于 IDC 来说，使用云计算的 IaaS 层面可以满足其功能。

从技术来说，云计算的核心技术就是虚拟化技术，虚拟化为云计算服务提供基础架构层面的支撑。随着云计算在通信运营商 IDC 中的使用，虚拟化技术也成为解决当前 IDC 问题的关键技术。通信运营商在建设 IDC 的过程中，主要是将硬件设备如主机、服务器、存储器及 IT 基础设施等进行虚拟化，这些资源都将会被共享，如图 6.31 所示。

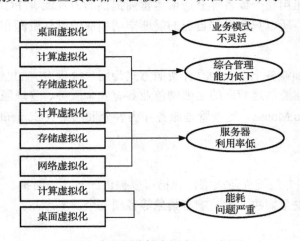

图 6.31　虚拟化技术解决 IDC 问题

虚拟化是指用多个物理实体创建一个逻辑实体，或者用一个物理实体创建多个逻辑实体。实体可以是处理器、存储器、网络或其他应用资源。虚拟化的实质就是"隔离"，将不同的业务隔离开来，彼此不能互访，从而保证业务的安全需求；将不同业务的资源隔离开来，从而保证业务对于服务器资源的要求。虚拟化也是一种在软件中仿真计算机硬件，以虚拟资源为用户提供服务的计算形式。

虚拟化的表现形式主要有 2 种：

- 一台物理服务器上同时运行多台仿真的服务器，每台仿真的服务器上为不同的用户提供不同的服务。
- 将多台物理服务器或多个服务器集群虚拟成一个强大的服务器，为用户提供性能强劲的服务，并保证每台物理服务器的负载均衡。

虚拟化技术大大加强了云计算服务的客户认知度，并促使越来越多的云计算应用的落地。

云计算应用到 IDC 建设中，能够实现计算虚拟化、桌面虚拟化、存储虚拟化和网络虚拟化等。其中，计算虚拟化是虚拟化技术的核心。具体应用时需要利用虚拟化处理后的服务器来实现更有效的计算能力。应用的过程主要是采用一台物理服务器，然后在这台物理服务器上来实现相应数量的虚拟机。服务器机群的虚拟化借助于 CPU 性能的提升，可以实现存储虚拟化。而且，服务器机群并不是单纯地将每台虚拟机的服务运行线性叠加，而是将虚拟机指数倍地叠加，从而有效地提高云计算服务器机群的运行能力。

1．计算虚拟化

计算虚拟化技术打破了操作系统和硬件的互相依赖，通过封装到虚拟机的技术管理操作系统和应用程序，具有强大的安全设施和故障隔离功能，虚拟机能在任何硬件上运行。计算虚拟化目前主要有 3 种不同的类型，分别是虚拟主机、虚拟对称多处理器和物理计算虚拟化。

2．存储虚拟化

存储虚拟化技术将底层存储设备进行抽象化统一管理，向服务器层屏蔽存储设备硬件的特殊性，而只保留其统一的逻辑特性，从而实现了存储系统集中、统一而又方便的管理。

3．桌面虚拟化

桌面虚拟化技术是一种基于服务器的计算模型，并且借用了传统的瘦客户端的模型，是让管理员与用户能够同时将所有桌面虚拟机在数据中心进行托管并统一管理，同时用户能够获得完整 PC 的使用体验。用户可以通过瘦客户端或类似的设备在局域网或者远程访问获得与传统 PC 一致的用户体验。

4．网络虚拟化

网络虚拟化技术随着业务要求的不同有两种不同的形式，分别是纵向分割形式和横向整合形式。纵向分割指多种应用承载在一张物理网络上，可以通过网络虚拟化分割功能使得不同企业机构相互隔离，但可在同一网络上访问自身应用，从而实现了将物理网络进行逻辑纵向分割虚拟化为多个网络。横向整合是指多个网络节点承载上层应用，基于冗余的网络设计带来的复杂性，而将多个网络节点进行整合，虚拟化成一台逻辑设备，在提升数据中心网络可用性、节点性能的同时将极大简化网络架构。

利用虚拟化技术构建相对完整的基础设施和运行环境管理平台，服务器的资源将由虚拟化服务器主机进行系统分配，服务器的利用率将有很大提高。虚拟化服务器主机根据业务的不同，可同时运行十几个甚至几十个虚拟化服务器，虚拟化服务器主机运行多元化的业务。由于目前数据类业务发展迅速，日后新的增值业务将不断涌现，对于整合后的虚拟化服务器，可随时由虚拟化服务器主机分配虚拟化服务器来实现新的业务，具有接入方便和容易操作的特点。

习题

6.1 请举例画出我国任意通信运营商的支撑系统总体架构，并分析其构成。

6.2 请简要分析大数据的特征，并分析通信运营商转型的原因。

6.3 试阐述云计算可以提供哪些应用服务。

6.4 试画图并说明 OSS 与 TMN 之间的关系。

6.5 请解释 eTOM 与 BSS/OSS 之间的关系。

6.6 简述 NGOSS 的生命周期。

6.7 请画图并说明我国某运营商业务支撑系统的架构。

6.8 简述下一代通信业务支撑系统的组成。

6.9 简述管理支撑系统的组成。

6.10 请说明融合计费的融合是指哪些方面的融合。

6.11 请说明 IDC 的云构建技术。

第7章 通 信 业 务

随着通信技术和互联网技术的快速发展，广大用户对通信业务的要求也变得越来越复杂，通信业务也变得越来越丰富多彩。本章从通信业务的概念出发，以通信业务的发展为主线，从语音业务、数据业务、智能网业务、互联网业务、IMS业务及融合通信业务角度阐述通信业务的基本原理。通过本章的学习，应重点掌握智能网业务、互联网和IMS业务等。

7.1 通信业务概述

7.1.1 通信业务概念

通信业务是通信技术的有偿服务，通信网是一个复杂的系统，需要大量的建设资金、大量的专门技术力量从事业务开发、系统维护，专门从事通信服务的企业就是通信运营商。但并不是所有的通信技术和应用都能成为通信运营商的业务。通信技术或应用需满足可运营的条件，才能成为一种经营的业务，使运营商在提供服务的过程中取得利益。

通信业务可运营的基本条件有：

- 运营商提供的服务是法人和自然人所需要的，只有人们需要的服务，才能在经营中取得利益。
- 运营商所提供的服务产品是有质量保证的且能够满足用户需求。
- 能正确地判别服务的提供者和使用者，必须有明确的结算对象。
- 运营商提供的服务是可计量的，能提供一个公平的、准确的、真实的、得到广泛接受的计费准则。
- 方便、灵活的结算手段和结算渠道。

7.1.2 通信业务的分类

通信业务的分类是很复杂的，目前还没有一个固定的分类标准和分类方式。

1. 按通信业务的信息特征分类

通信业务最简单的分类是将业务分为语音通信业务和非语音通信业务。

- **语音通信业务**：是以语音为消息载体传送消息的一种通信方式。根据接入方式的不同，可分为移动语音业务、固定语音业务；根据服务区域的不同，可以分为长途语音业务与本地语音业务等。
- **非语音通信业务**：除语音之外的其他业务均可算做是非语音通信业务。

随着通信技术的不断发展，非语音业务不断增长，图7.1为2010年至2014年我国各大运营商总体语音业务收入、非语音业务收入及移动数据业务收入对比图。从图中可以看出，在 2013 年我国总体非语音业务收入占比首次超过语音业务，达到 53.2%。而且移动数据业务收入一直持续高速增长，在 2012 年达到两位数的增长速率，2014 年更是达到 23.5%的增长速率。可以预见，随着通信新技术的不断涌现，语音业务所占比重将持续减少，非语音业务在各大运营商营业收入中所占比重将越来越多，各大运营商也越来越重视非语音业务的发展。

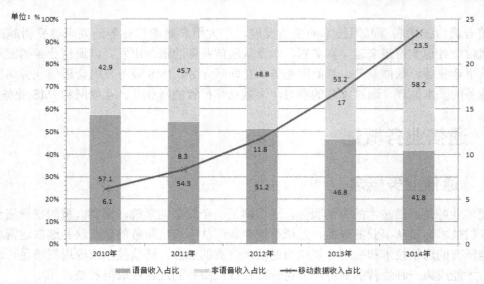

图 7.1　2010 年至 2014 年各大运营商总体语音业务收入、非语音业务收入所占比重及移动数据业务收入发展图

2．按通信接入方式分类

通信业务按通信终端接入方式可以分为有线通信业务和无线通信业务。

- **有线通信业务**：通过有形的传输介质将通信终端接入通信网的方式称为有线通信，利用有线通信方式接入的业务称为有线通信业务。有线通信业务的优点是通信质量稳定、抗干扰能力强，不足之处是接入过程需要工程施工、接入条件受到环境的影响，有时很不方便，移动性差。
- **无线通信业务**：通信信号通过无线电波在空中发送和接收、实现消息传播的方式称为无线通信，利用无线通信方式接入的业务称为无线通信业务。无线通信业务的特点是移动性好、接入方便，但由于采用无线的接入方式，受外部环境的影响较大，易受到干扰，所以通信质量不及有线通信业务稳定。

3．按信息的媒介分类

按信息媒介或信息载体可以将通信业务分为语音、数据、图文、图像、视频和多媒体业务等。

- 语音业务是以人的声音为信息媒介的业务。
- 数据业务是以计算机进行运算和处理的数据为信息媒介的业务。
- 图文业务是以人们可以阅读的文字和图表为信息媒介的业务。
- 图像业务是以人们可以直接观看的静止图像为信息媒介的业务。
- 视频业务是人们可以直接观看的活动图像和声音为信息媒介的业务。

● 多媒体业务是至少包括两种信息媒介的业务，如可视电话同时包括了图像和语音，即为一种多媒体业务。

4．按业务是否增值分类

按业务是否增值分类，可以将通信业务分为基础通信业务、增值通信业务。

基础通信业务

指通信网提供的普通业务，如经过本地网与智能网共同提供的本地智能网业务就是属于其中一项。

增值通信业务

指凭借公用通信网的资源和其他通信设备而开发的附加通信业务，其实现的价值使原有网络的经济效益或功能价值增高。例如，114"号码百事通"就是利用电话通信网来提供信息服务，这就是一项增值业务。

2013 年 5 月工业和信息化部历经 10 年之后，重新对通信业务的分类做了调整，发布了《电信业务分类目录（2013 版）》（征求意见稿），面向全社会征集意见。在此分类目录中，通信业务分为 2 大类：基础电信业务和增值电信业务，如图 7.2 所示。

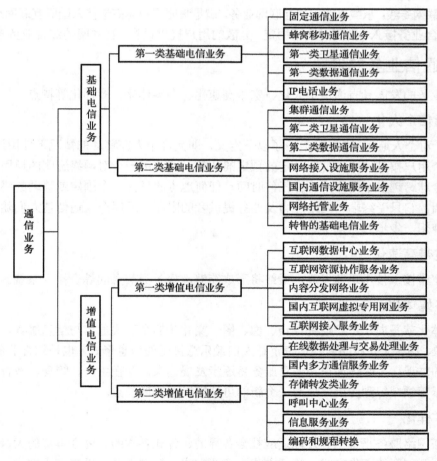

图 7.2　《电信业务分类目录（2013 版）》（征求意见稿）中通信业务的分类

5. 按业务的使用者分类

个人用户业务

指以个人名义与某一通信运营商签署协议，订购并使用该运营商的产品和服务的业务。由于个人用户相对分散，因此个人用户业务带给通信运营商的收益增长不大。

集团用户业务

指以组织名义与某一通信运营商签署协议，订购并使用该运营商的产品和服务的业务。随着通信行业的竞争越来越激烈，集团用户是运营商运营收益的主要来源，因此发展集团用户业务成为运营商全业务运营重要的拓展业务之一。

目前，运营商可为集团用户提供多种业务的服务。

- **数据专线**：依托丰富的传输网络资源，向企事业单位提供数字电路的租用和维护服务，用于用户信息交互、VoIP 语音、视频会议等业务。可分为跨省数据专线、省内数据专线、城域内数据专线。
- **语音专线**：承载集团用户语音业务，通过传输网络接入 2G/3G/4G 网络，提供给用户语音业务。
- **互联网专线**：承载集团用户互联网业务，满足集团用户对高速接入国际互联网络的需求。
- **综合业务接入**：指同时为不固定、分散的用户提供语音、互联网的综合业务接入方式。

7.1.3　通信业务的发展

通信业务的发展具有通信个人化、宽带高速化、多媒体化、多样化等特点。

1. 通信个人化

ITU-T 对个人通信（PCS）给予了以下定义，即允许个人在移动的情况下使用通信业务，它能使一个用户按具体要求使用一定的预定的业务，并利用一个对网络透明的通用个人通信号码，在全球跨越多个网络，可在任何时间、任何地点的任何一个固定或移动的终端上发出或接收呼叫，它只受终端、网络能力及业务提供者的限制。通用个人通信使人们随时随地传递信息的梦想一步步成为现实。

2. 宽带高速化

各种宽带接入技术迅速发展，最终将形成能够承载各类信息的综合接入系统。

3. 多媒体化

多媒体化就是向用户广泛提供声、像、图、文并茂的交互式通信与信息服务。具有交互性的声、像、图、文并茂的多媒体肯定是人们最乐意接受的信息形式，也是综合业务最完善、最高程度的体现。多媒体通信和信息服务将逐步发展起来，并在生产、管理、教育、科研、医疗、娱乐等领域得到应用，成为一个新的可持续发展的增长点。

4. 多样化

就是在网络服务平台上开发能适应社会各界的、各式各样的、内容丰富的大量应用。人们将在网上开创新的工作方式、管理方式、商贸方式、金融方式、思想交流方式、文化教育方式、医疗保健方式及消费与生活方式。这些新的方式将对应于许多新的应用，这是必然的趋势，而技术的发展也已显示，网络的智能将从网络核心移向边缘，在边缘形成一个智能层或服务层，向用户提供新增值宽带业务和各种各样的应用。

由于通信业务的种类繁多，不可能一一赘述，在本章将从业务的发展角度，介绍几种典型的通信业务。

7.2 语音通信业务

语音通信业务是通信网的基本通信业务，也是发明最早和应用最为普及的一种通信业务。它是在基于电路交换原理的电话交换网络支持下，提供最基本的点到点语音通信功能。通常语音通信业务是由通信运营商向全社会提供，是发展其他通信业务的重要基础。通信一般都是以电话用户为起点或终点的，把电话机线设备与各种通信终端相连接，就能为用户提供各种通信手段。

语音通信业务是指在通信网上实现端到端语音实时通信的一种业务，即通信网最初接收的信息及最终发送的信息都是语音信息。随着通信业的日益发展及人们在语音传输与交换技术上的不断进步，越来越多的新技术不断涌现出来。在我国当今的语音话务市场上，以多种技术平台为基础，可以将语音业务划分为基于固定电话的语音业务、基于 IP 技术的语音业务、基于移动网络的语音业务。

1. 基于固定电话的语音业务

固定电话是指一个用户单独使用并占用一个独立的电话号码，利用设在指定地点的设施传送或接收语音服务。它是通信网的重要组成部分，是发展其他通信业务的重要基础，具有覆盖面广、用户量大、使用方便、通话质量高和价格低等特点。

固定电话的语音业务具有丰富多彩的新业务功能，如来电显示、缩位拨号、呼出限制、转移呼叫、呼叫等待、遇忙回叫、追查恶意呼叫、会议电话等。用户只要在电话机上正确操作，就可方便地使用各种新业务。我国的固定电话网是世界上用户规模最大的通信网络，但其传统的市场主导地位已逐渐被移动电话所取代。然而，固定电话网的发展有自身固有优势的支撑和保障。其最大的优势在于规模庞大的用户资源，通过强化业务创新，可以从现有用户不断挖掘潜在的收益。此外，固定电话网还有独特的技术优势和成本优势值得重视利用。固定电话网的劣势则表现在用户结构、技术缺陷和成本费用三个方面。

2. 基于 IP 技术的语音业务——IP 电话业务

IP 电话业务（Voice over Internet Protocol，VoIP）简而言之就是将模拟声音信号数字化，以数据封包的形式在 IP 数据网络上做实时传递。VoIP 最大的优势是能广泛地采用 Internet 和全球 IP 互连的环境，提供比传统业务更多、更好的服务。

从本质上说，VoIP 电话与电子邮件、即时信息或者网页没有什么不同，它们均能在由互联网连接的机器间进行传输。这些机器可以是计算机或者无线设备，比如手机或者掌上设备等。VoIP 服务不仅能够沟通 VoIP 用户，而且也可以和电话用户通话。

目前常用的协议有 H.323 和 SIP。H.323 是一种 ITU-T 标准，最初用于局域网上的多媒体会议，后来扩展覆盖至 VoIP。该标准既包括点对点通信也包括了多点会议的通信。

3. 基于移动网络的语音业务

2002 年的上半年，蜂窝用户已经突破 10 亿。移动网络的演进在 20 世纪 90 年代早期开始进行，最初是数字移动网络取代模拟移动网络，现在则是 4G 的部署。通过中间覆盖网络，移动网络现在已经处于电路域和分组域共存的阶段，随着通信技术的继续发展，过几年将会进入到全 IP 网络。

移动用户的增长主要还是由语音业务驱动。对用户来说，移动电话已经是一个日常用品，市场需要有新的业务来推动。2013 年之后，非语音业务已经占总运营收入的一半以上，运营商正面临着从提供语音业务为主到提供非语音业务为主的过渡，这个过渡有助于使他们的收入继续增长。当然，所有这些都不是移动通信系统演进的终点，移动通信系统会将所有无线业务综合在一起，能够在任何地方接入，向着多功能集成的、宽带接入的全 IP 系统发展。

作为通信的基础产业，语音业务一直以来都是通信运营商所关注的重要问题。我国语音业务发展种类繁多、异彩纷呈，市场竞争越演越烈。主要体现在由于移动通信、IP 业务和网络通信的飞速发展，使得固定电话在语音业务上的垄断地位迅速被打破。人们对语音的需求是多层次的；通话是最基本的需要，但它仅仅提供了语音信息的交互；再进一步，用户希望能够更加便捷地沟通。随着技术平台和通信载体的多样化，互联网的发展和 VoIP 技术的完善，也促进了通信网络和 IP 网络中语音业务的融合。

7.3　数据通信业务

随着通信技术和计算机技术的飞速发展，计算机与通信的结合日趋紧密，数据通信作为计算机技术与通信技术相结合的产物，在现代通信领域中扮演着越来越重要的角色。数据通信业务是按照一定的协议通过通信网络实现人和计算机及计算机和计算机之间通信的一种非话业务。目前，数据通信业务在金融、财政、科研、高校、政府机构及企业中的应用越来越广泛。

按《电信业务分类目录（2013）》（征求意见稿）所述，数据通信业务是指通过互联网、帧中继、ATM、X.25 分组交换网、DDN 等网络提供的各类数据传送业务。

7.3.1　数据通信业务的种类

数据通信业务已经有了长足的发展，在众多的通信业务中表现出强劲的发展潜力，运营商提升了数据业务在业务结构中的比重，并不断拓展宽带应用。

1. 数据检索业务

数据检索业务是用户通过公用通信网进入国际、国内的计算机数据库或其他装置中，查找或选取所需要的文献、数据、图像的业务。

2. 国内低速数据通信业务

指与国内用户电报网合网开办的 300b/s 速率的数据交换传输服务。

3. 电话网上的数据通信业务

电话网上的数据通信业务是通过公用电话网传输各种数据的一种通信业务。用户利用数据终端设备，通过数据电路终接设备连接电话线路，可与国内外各地用户以中速为主传输各种数据。

4．分组交换数据通信业务

中国公用分组交换网（China Public Packet Switched Data Network，ChinaPAC）为用户提供分组交换业务。分组交换数据通信业务是将用户传输信息分组，并以分组为单位通过节点交换进行接收、存储和转发的数据通信业务。ChinaPAC 可以为用户提供基本业务、用户任选业务，以及一些新业务和基于该网络的增值业务。

5．电子数据交换业务

电子数据交换（Electronic Data Interchange，EDI）是按照国际标准格式和协议，通过数据通信网络，将具有一定结构特征的商业、贸易、运输、保险、银行和海关等部门的文件信息在商业、贸易伙伴的计算机系统之间进行自动交换和处理，完成以贸易为中心的全部业务处理过程的信息服务方式。电子数据交换业务按其功能可分为以下 4 类。

- **订货信息系统**：称为贸易数据互换系统（Trade Data Interchange，TDI），用电子数据文件来传输订单、发货票和各类通知。
- **电子金融汇兑系统**：指银行间各种资金调拨作业系统，包括一般的资金调拨业务系统和清算作业系统等。
- **交互式应答系统**：应用在旅行社或航空公司，作为机票预订系统。
- **带有图形资料自动传输的 EDI**：最常见的是计算机辅助设计（Computer Aided Design，CAD）图形的自动传输。

6．数字数据业务

数字数据业务是指利用数字数据网（Digital Data Network，DDN）的数据传输业务。

DDN 由光纤、数字微波或卫星等数字传输通道和数字交叉复用设备组成，为用户提供高质量的数据传输通道，传送各种数据业务。数字数据网以光纤为中继干线网络，组成网络的基本单位是节点，节点之间通过光纤连接，构成网状拓扑结构，用户的终端设备通过数据终端单元与就近的节点机相连。

由于数字数据网是一个全透明网络，能够提供多种业务来满足各类用户的需求。

- 提供速率可在一定范围内（200b/s～2Mb/s）任选的中高速数据通信业务。
- 为分组交换网、公用计算机互联网等提供中继电路的业务。
- 提供点对点、点对多点的业务，适用于金融证券公司、科研教育系统、政府部门租用专线组建自己的专用网。
- 提供帧中继业务。
- 提供语音、G3 传真、图像、智能用户电报等通信业务。
- 提供虚拟专用网业务，大集团用户可租用多个方向、较多数量的电路，通过自己的网络管理工作站，进行自我管理、自我分配电路带宽资源，组成虚拟专用网。

数字数据网可以采用多种接入方式：

- 铜缆接入：通信速率较低、距离端局较近（3km 以内）的用户采用此种方式接入。

- 光缆接入：通信速率较高、距离端局较远（3km 以外）的客户采用此种方式接入。
- 用户端节点机接入：对于带宽要求较高、接口种类多的用户，将小容量节点机以"光纤+光端机"的方式延伸后，直接放置到用户端机房内。

7．帧中继业务

帧中继网络是在用户-网络接口之间提供用户信息流的双向传送，并保持原顺序不变的一种承载网络。帧中继是一种以帧为单位在网络上传输，并将流量控制、纠错等功能全部交由智能终端设备处理的高速网络接口技术。用户信息流以帧为单位在网络内传送，用户-网络接口之间以虚电路进行连接，对用户信息进行统计复用。帧中继网络提供的业务有两种：永久虚电路（Permanent Virtual Circuit，PVC）业务和交换虚电路（Switched Virtual Circuit，SVC）业务。

帧中继业务支持多种数据用户，如局域网互连，可应用于银行、证券等金融及大型企业，政府部门的总部与各地分支机构的局域网之间的互连。

8．ATM 业务

ATM 业务是真正实现语音、数据、图像等业务的综合，能适应现有的和将来可能的业务；能在同一网络提供低至几 Mb/s、高至几百 Mb/s 的速率。

目前 ATM 网络可提供的接入方式有光口和电口接口，标准接入速率为 155Mb/s 或 622Mb/s。

ATM 业务主要应用于电视会议、远程教学、远程医疗、视频点播、宽带可视电话、高速专线接入、高速宽带应用、远程办公和高速局域网互连等。

7.3.2　移动数据通信业务

移动通信和数据通信的结合就是移动数据通信业务。通信运营商所提供的业务可以划分为 3 个层面：语音、数据和多媒体。因为数据业务和多媒体业务共用一个底层分组网络，故可以将这两个层面的业务统称为移动数据通信业务。

1．移动数据通信业务的分类

移动数据业务可划分为移动数据基本业务和移动数据增值业务两大类。

- **移动数据基本业务**：在运营商所提供的移动数据基本业务中，运营商仅提供底层的电路或分组数据承载通道，供用户透明传送数据、语音、图像等用户的应用层信息。因运营商在提供基本业务时只涉及底层网络，不涉及应用层信息，故运营商只收取通信费用。
- **移动数据增值业务**：移动运营商还利用其移动数据承载通道，为用户提供移动数据增值业务。移动数据增值业务是运营商在应用层面上为用户提供的服务，故运营商除了收取通信费用外还需收取（或代收）相应的信息服务费用。

2．移动数据通信业务的承载通道

移动数据业务的承载通道可简称为移动数据通道，移动数据通道可分为移动电路交换数据通道、移动控制信令数据通道和移动分组交换数据通道 3 大类。

- **移动电路交换数据通道**：1G 和 2G 移动通信网以语音业务为主，采用电路交换方式。

在电路交换移动通信网中，可利用用户拨号所建立的通道开展电路数据业务。

- **移动控制信令数据通道**：在数字移动通信系统中，将无线信道划分为业务信道（Traffic Channel，TCH）与控制信道（Control Channel，CCH）两大类。其中业务信道用以传送编码语音或电路数据；控制信道用以传送信令和同步数据，控制信道还可用来传送短消息数据，为移动用户提供短信业务（Short Messaging Service，SMS）。
- **移动分组交换数据通道**：2.5G 数字移动通信网的特点是在其无线接入网中增加了分组接入部分，在其核心网中增加了分组交换部分。这样，其端到端除了可提供电路数据业务外，还可利用端到端所建立的分组交换数据通道提供分组数据业务。3G/4G 数字移动通信网的特点是将个人语音通信业务和各种分组交换数据综合在一个统一网络中。

7.4 智能网业务

智能网是在使用现有交换机的通信网上设置的一种附加网络，它采用全新的"控制与交换相分离"的思想，把网络中原来位于各个端局交换机中的网络智能集中到若干新设的功能部件上（如业务交换点、业务控制点、智能外设、业务生成环境和业务管理点等），它们均独立于现有的网络，是一个附加的网络结构，如图 7.3 所示。

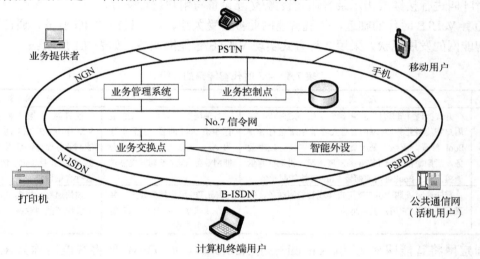

图 7.3　智能网的位置

电路域提供交换这一基本功能，新业务的提供、修改及管理等功能集中于智能网。不仅是电话网，分组交换数据网、ISDN 和移动通信网均可与智能网结合产生新的业务。

智能网的提出不仅在于现在能向用户提供诸多的业务，同时也着眼于未来，方便、经济、快速地向用户提供新的业务。智能网通过把交换与业务分离，建立集中的业务控制点和数据库，从而进一步建立集中的业务管理系统和业务生成环境来达到上述目标。

7.4.1 智能网业务概述

1. 智能网业务的分类

智能网业务包括固定智能网业务、移动智能网业务和综合智能网业务 3 种。

- **固定智能网业务**：如被叫集中付费业务、自动记账卡业务、大众呼叫业务及广告电话业务等。
- **移动智能网业务**：如预付费业务、移动虚拟专用网业务和分时分区业务等。
- **综合智能网业务**：利用一个业务控制点（Service Control Point，SCP）平台为所有网络的用户提供同一个业务。如综合位置业务、综合亲情号码、综合 800、综合数据类业务等综合性智能业务。

目前已标准化的智能业务有 7 种：电话计账卡 ACC(300)、虚拟专用网 VPN(600)、被叫集中付费 AFP(800)、通用个人通信 UPT(700)、广域集中用户交换机 WAC、电子投票 VOT(181) 和大众呼叫 MAS。

2. 智能网提供业务的方式

智能网不是一个独立的网络，它必须依附于基础网络，对智能网的研究主要基于以下几种基础网络：固定网、GSM 网、CDMA 网及 3G/4G 网络等。

固定智能网要利用现有的固网交换机，移动智能网则要利用现有移动网络的 MSC/VLR 和 HLR。一个用户发起的智能网呼叫首先要由基础网络的具有业务交换功能的交换机来触发，然后通过 No.7 信令网将呼叫信息发送给业务控制点（SCP），SCP 根据业务逻辑执行的结果对呼叫进行接续或指示录音通知设备/交互设备与用户进行交互。

随着 VoLTE 时代的临近，传统智能网业务备受关注。对于目前的 4G 业务，通信运营商结合智能网的发展现状，采用 3 种方式实现 VoLTE 智能网业务。如表 7.1 所示。

表 7.1 4G 时代智能网的升级

	方 式 1	方 式 2	方 式 3
建设方案	升级改造 1 套现网 SCP 作为 AS，承载 VoLTE 用户智能网业务。对现网 2 套大容量 SCP 进行 SCP Pool 部署，两站点采用负荷分担方式同时处理业务。后期根据 VoLTE 业务发展情况，再进行容量调整，SCP Pool 可快速部署 VoLTE 智能网业务	对现网 2 套大容量 SCP 进行 SCP Pool 部署，并升级作为 AS，承载 VoLTE 用户智能网业务，满足长期发展需求	仅升级 1 套现网小容量 SCP 作为 AS，VoLTE 用户智能网业务通过该承载。后期根据 VoLTE 业务发展情况，再进行容量调整
应用场景	需快速对近期 VoLTE 用户实现智能网业务，并且后期 VoLTE 用户发展迅速	VoLTE 用户规模较大，并且在未来半年内无 VoLTE 智能网业务需求	需快速对小规模 VoLTE 用户实现智能网业务

固定网将智能网称为 IN（Intelligent Network），而 GSM 网将智能网称为 CAMEL（Customized Applications Mobile Enhanced Logic），CDMA 网将智能网称为 WIN（Wireless Intelligent Network）。

3. 智能网业务的触发方式

智能网业务的触发方式和基础网络的网络结构直接相关，其中包含 3 种：基于用户的触发、基于群的触发和基于局的触发。

- **基于用户的触发**：如果是目标网结构，可以根据用户的属性信息进行触发；如果是非目标网结构，则无法根据用户的属性进行触发，只能根据号码段、接入码或其他方式进行触发。
- **基于群的触发**：仅当规定的一组用户中的一个成员进行呼叫时，才会遇到该触发器。
- **基于局的触发**：根据用户所拨号码对呼叫进行触发。

不同的触发方式会在不同的检出点进行触发，基于用户的触发在用户发出呼叫的时候就触发。基于局的触发，端局交换机或 MSC 首先要对被叫号码进行分析，如果所拨的号码满足触发条件，则对此呼叫进行触发，从而将呼叫接续到 SCP；如果不满足触发条件，则按照普通呼叫进行处理。

4．智能网业务的创建和加载

业务生成环境可根据客户的需求生成新的业务逻辑。业务管理系统为业务设计者提供友好的图形编辑界面，业务设计者利用各种标准图元设计出新的业务逻辑，并为其定义好相应的数据。业务设计好后，需要首先通过严格的验证和模拟测试，以保证其不会给通信网已有业务造成不良影响。此后，业务设计者将新生成业务的逻辑传送给业务管理系统，再由业务管理系统加载到业务控制点上运行。图 7.4 为智能网中新业务的创建和加载流程图。

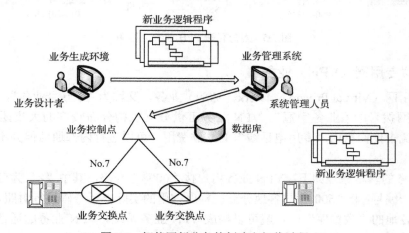

图 7.4　智能网新业务的创建和加载过程

新业务的创建和加载过程如下：

- 由业务设计者设计新业务——新业务逻辑程序。
- 业务设计者向业务管理系统（Service Management System，SMS）传送设计好的新业务。
- 系统管理人员根据设计的新业务发出命令，向业务控制点加载新业务逻辑程序。
- 客户开始使用新业务。

7.4.2　智能网业务举例

1．收方付费 FPH 业务

FPH（Freephone）业务又称为"800 号业务"，这个"800"是长途智能拨号的"业务字冠"。当使用"800 号业务"时，一律由申请"800 号业务"的一方支付电话费。

在智能网上拨打 800 号免费电话的过程如图 7.5 所示。假设某主叫用户在西安，他使用800 号免费电话给北京某公司打电话咨询，拨打号为"8001234566"，该拨号经市话局传送至SSP。SSP 收到该号码后，立即经 No.7 信令网将它转送给北京的 SCP，SCP 收到"8001234566"号码后，它立即通过业务数据库（Service Data Bass，SDB）的"译码表"将"8001234566"

翻译成普通电话号码"010-2012388"，再经 No.7 信令网回送给西安的 SSP，此时西安的 SSP 便可根据"010-2012388"经电话通信网将西安用户的"呼叫"接续到北京分公司进行咨询，通话费用由北京分公司支付。

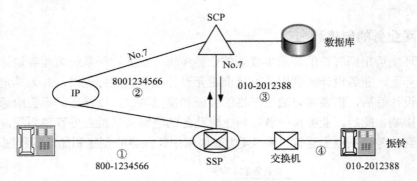

图 7.5　对方付费 FPH 业务流程图

2．虚拟专用网（VPN）业务

虚拟专用网（Virtual Private Network，VPN）业务，又称为"600 号业务"，这个"600"是长途智能网拨号的"业务字冠"。VPN 业务可供分支机构分布较广的大集团公司或政府部门使用，免去他们租用"专用电话线"的高额费用，可以进行内部通信但并不仅限于内部通信。

VPN 业务的基本原理如下：VPN 业务用户拨"600×"号码，其中"×"为分布于各地分支机构的统一编号；将"600×"与各地分支机构所占用的实际电话号码进行对照，编制成"译码表"存入各地的"数据库"中，就可以构成 VPN 业务系统。VPN 业务的通话接续过程由 SSP 和 SCP 完成，其详细过程和智能网执行"800 号"业务是相同的。

3．广域集中化小交换机 WAC 业务

所谓"集中化小交换机"是数字程控交换机的一种称之为"Centrex"的功能，"Centrex"可以使某一个企业、学校或政府部门的内部电话享受"小交换机"的一切功能，而不需要在单位内部再设置"专用小交换机"，从而构成"虚拟网（Virtual Network，VN）"。

智能网的发展和进步使 Centrex 功能进一步完善而发展成为 WAC 业务。

WAC 业务的基本原理如下：首先给 WAC 业务确定一个"业务字冠"编号（例如，确定为 500 号），然后对分布在各地的分支机构进行统一编号，而构成"500×"的号码，其中"×"为各地分支机构的统一编号；将"500×"与各地分支机构所占用的实际电话号码对照。编制成"译码表"存入各地的"数据库"中，就可以构成 WAC 业务系统。WAC 业务的通话接续过程由 SSP 和 SCP 完成，其详细过程和智能网执行"800 号"业务是相同的。

4．通用个人通信（UPT）业务

通用个人通信（Universal Personal Telecommunication，UPT）业务是一种"移动业务"。根据统计，固定电话业务中大约有 70%的"呼叫"找不到被叫用户（受话人），因为被叫人离开他拥有的号码话机时，是难以找到他的。而 UPT 业务使号码分配发生了本质上的变化：它是将号码分配到"个人"而不是分配给他的"话机"，至于将"呼叫"接续到哪一台"话机"，

则由拥有 UPT 业务的"个人"自由设定，从而使"个人"可以自由流动到任何一个地方。

另外，UPT 业务还可以帮助"个人"进行"来话"管理，将重要的"电话"直接送到话机，不重要的"来话"送到"语音信箱"或做其他处理。

再有，UPT 业务还可以使"个人"通信不受通信网的限制，"个人"可以使用诸如"铁路通信网"、"油田通信网"、"军用通信网"等专用通信网进行通信。

一般而言，UPT 业务可以使"个人"通信号码与具体"通信网络"无关，并且不受地理位置的限制，但将受到终端能力和网络能力的限制。一般智能网的 UPT 功能是较强的，它深受"个人"用户的欢迎。

5．大众呼叫（MAS）业务

大众呼叫（Mass Calling，MAS）业务提供一种类似热线电话的服务。它最主要的特征是具有在瞬时高额话务量情况下防止网络拥塞的能力。当用户从电视、广播和报纸上的广告得知，在某一段特定时间内呼叫一个指定电话号码有中奖机会时，即可能出现大量呼叫业务和瞬时大话务量。

节目主办者作为业务用户，可以向运营商申请一个热线电话号码，在每次拨通这个号码时，系统将呼叫者接到节目主持人的热线电话；或者拨通这一号码后，呼叫者将听到一段录音通知，要求呼叫者输入一个数字以表示他对某个问题的意见或建议，系统把这个数字记录下来并进行积累；该业务终止时，运营商可向业务用户提供大众对该问题各种意见的详细情况。

MAS 业务具有向发端用户提示、呼叫分配、发端呼叫筛选、呼叫限制、呼叫间隙、呼叫记录、按发端位置选路由、按时间选路由、业务用户录音通知、呼叫排队等业务特征。

7.4.3　移动智能网业务

移动智能网是智能网技术在移动通信网中的应用。随着移动通信的迅猛发展和市场竞争日益集中于业务的竞争和服务的竞争，能够快速、灵活地提供移动智能新业务的移动智能网技术在国际通信领域得到了广泛关注和迅速发展。由于移动通信网中终端用户的移动性，使得移动智能网业务的执行和管理比固定智能网中的业务更为复杂。

移动智能网的主要业务包括虚拟专网及固定 17951 业务（即 PSTN Prepaid IP，PPIP）、亲密号码、统一 Centrex 等业务。

1．虚拟移动专网业务

利用移动网的资源向机关、企业等集团用户提供的一个逻辑专用网的业务，其用户为移动全球通、神州行、动感地带等品牌用户。

在虚拟移动专网内，提供灵活的号码编制方案，用户可以实现长、短号互拨，可以实现灵活的资费优惠，并可以通过网外呼叫阻截，有效控制网外呼叫，同时还可以控制网内用户的话费支出。

虚拟移动专网业务是指网内固定（移动用户拥有的固定号码）和移动的长、短号融合业务，网内固定号码仍可以享受原有的 PBX 内部免费呼叫。

2．统一充值 UC2

利用原有的"神州行"充值平台，通过拨打 13800138000，同时为"全球通"、"神州行"、"动感地带"用户进行缴费/充值的业务。

3. 统一 Centrex 业务

目前，IMS 已经成为通信业界普遍接受作为全业务网络运营的解决方案，如今通信重组已经顺利完成，网络运营商已经具备了全业务运营的条件。为了实现网络对固定接入及业务控制的能力，采用 IMS 作为网络解决方案。基于 IMS 的 Centrex 业务，实现了传统的 Centrex 基本业务和补充业务，如群内使用短号、呼叫转移、号码显示限制、区别振铃、呼叫限制等；同时还可以利用 IMS 架构的开放性及业务扩展的灵活性，使得业务设置和使用可以通过 Web Portal 进行配置和管理。

该业务面向可以接入 IMS 网络的各类终端用户，以及电路域（Circuit Switched Domain，CS）的手机用户。其业务特征包括：基本业务、融合虚拟专用移动网（Virtual Private Mobile Network，VPMN）业务、跨省 Centrex 业务、补充业务、话务台业务等。

7.5 互联网业务

7.5.1 Internet 业务

1. HTTP 业务

采用 TCP 协议，最常用的端口是 80 和 8080，也可以根据应用需要在服务器上进行端口设置，又分为 Web 业务和下载业务。

- **Web 业务**：交互式业务，对实时性的要求限定在网页浏览人员可接受的范围之内，主要是文本和小的图片传输。
- **下载业务**：非交互式业务和非实时性业务，由于文件较大且在一次连接内进行传输，其持续时间相对 Web 业务来说较长。

HTTP 业务流量在整个互联网流量中占 13%，对延迟和延迟抖动只要能满足交互性的要求即可，由于实时性不强、传输的数据量不大且采用面向连接的 TCP 协议，因此对丢包率和速率没有很高的要求，其流量特点是上行流量小而下行流量大。

2. MAIL 业务

MAIL 业务包括 SMTP 业务、POP3 业务和 IMAP 业务，它们都采用 TCP 连接。

- **SMTP** 业务采用的端口是 25，采用上传邮件到服务器和将邮件下载到本地后再进行处理的方式，持续时间较短。
- **POP3** 业务采用的端口是 110，也采用上传邮件到服务器和将邮件下载到本地后再进行处理的方式，持续时间也较短。
- **IMAP** 业务采用的端口是 143，采用在线操作方式，持续时间较长。

建立连接时均采用交互式传输，传递信件内容时采用非交互式传输。MAIL 业务采用客户/服务器（Client/Server，C/S）架构。MAIL 业务流量在整个互联网流量中占 2%；MAIL 业务是对延迟要求不严格的业务，对延迟抖动不敏感；MAIL 业务主要是文本和小的附件传输，传输数据量不大且采用面向连接的 TCP 协议，因此对丢包率和速率没有很高的要求，其流量特点是上下行流量都较小。

3. FTP 业务

FTP 业务采用 TCP 协议，控制传输和数据传输分别采用 21 号端口和 20 号端口；控制连接采用交互式传输，数据连接采用非交互式传输；在文件传输过程中不需要人为处理，因此不是实时性业务。FTP 业务采用 C/S 架构，因此是点对多点的传输方式。FTP 业务主要用于较大文件的传输，其连接持续时间也较长。FTP 业务流量在整个互联网流量中占 3%；FTP 的非实时性和非交互性决定了其对延迟、延迟抖动和丢包率都没有要求，对速率要求较低。上传文件时上行流量大而下行流量小，下载文件时上行流量小而下行流量大。

4. DNS 业务

域名解析（DNS）业务实现主机名和 IP 地址之间的映射，采用 UDP 协议的 53 号端口进行数据传输，是非交互式、非实时性业务。采用客户/分布式服务器架构，属于点对多点的传输方式。因为每次通信只收发少量数据并且数据在本地主机上有缓存，所以传输持续时间很短，带宽占用也很小，对延迟、延迟抖动、丢包率和传输速率都没有要求；其上下行流量都很小。

5. 新兴互联网业务

新兴互联网业务是为了满足人们信息需求多样化而产生的，业务内容除文本和图片外还包含了音频、视频等多媒体内容，因此这类业务占用的网络资源相对较大。新兴互联网业务由于业务的多样性，相同业务的不同应用软件采用的传输层协议和端口不一定相同，传输方式也不再是以 C/S 方式为主。

P2P 与 P4P 类业务

P2P 业务采用点对点或多点对多点传输，每台参与通信的计算机既是客户也是服务器，充分利用了网络资源，服务质量也得到很大程度的提高，这也使得互联网内 P2P 流量的增长异常迅速，P2P 类的流量占到了网络流量的 40%～60%。P4P 将 P2P 的下载源选取算法进行了优化，优先选取附近的计算机作为下载源，提高了网络资源的利用率和下载速度。目前 P2P 业务主要有 4 类：

- **P2P 下载类业务**：P2P 下载类业务是非实时性、非交互式业务；各下载客户端同时也作为服务器，采用多点对多点传输方式；多用于多媒体等大文件的传输，其传输持续时间较长。在充分利用网络资源的同时也占用了很大的网络带宽，BT 的流量占网络流量带宽的 8%，eMule/eDonkey 的流量占网络流量带宽的 8%，Thunder 下载的流量占网络流量带宽的 3.8%，POCO 的流量占网络流量带宽的 4%。
- **P2P 流媒体类业务**：此类业务各用户端建立临时端口并通过服务器建立连接，因此没有统一的端口。它是交互性很弱的传输，对实时性要求较高，采用多点对多点的传输方式，持续时间为播放节目的全过程，带宽占用较大，其中 PPLive 占网络流量的 10%。
- **即时消息类业务**：即时消息（InstantMessaging，IM）类业务使用 TCP 或 UDP 协议进行传输，各用户端建立临时端口并通过服务器建立新的连接，因此没有统一的端口。

它属于交互式传输，并且对实时性要求很高；其采用点对点传输方式，持续时间较长；由于主要传输文本，因此带宽占用很小，只占网络流量的 0.2%。

- **网络电话类业务**：网络电话（Voice over Internet Protocol，VoIP）类业务使用 TCP 或 UDP 协议，没有统一的端口，是一种交互性很强的业务；对实时性要求很高，采用点对点的传输方式，持续时间较长，带宽占用较小；为保证通话质量，该业务要求低延迟、低延迟抖动、低丢包率和较高的传输速率。VoIP 是双向语音交互，上下行流量都较大。

IPTV 业务

网络协议电视（Internet Protocol Television，IPTV）业务主要采用组播传输或广播传输，使用 UDP 协议，没有统一的端口；IPTV 是非交互式传输，属于实时性业务；采用点对多点的传输方式，持续时间较长；下行带宽达到 2Mb/s 才可收看 IPTV。该业务要求低延迟、低延迟抖动、低丢包率、很高的传输速率；上行流量小，下行流量很大。

网络游戏业务

网络游戏主要使用 TCP/UDP 协议进行传输，没有统一的端口。游戏数据与服务器是交互式传输，为了保证本地数据与服务器数据的一致，需要保证传输的实时性，主要采用点对多点传输方式，也会采用点对点的 P2P 传输，持续时间很长，带宽占用不大，要求低延迟，对延迟抖动没有很高的要求，要求低丢包率，高的传输速率，上下行流量不大。

随着 3G、4G 技术的成熟及移动网络宽带化的发展趋势，移动通信和互联网技术的融合趋势日益明朗，移动互联网已经成为全球关注的热点。移动互联网既具有互联网的特征，又具备移动化特征，具有极强的生命力。未来，移动互联网将成为新的媒体传播平台、信息服务平台、电子商务平台、公共服务平台和生活娱乐平台。

7.5.2　移动互联网业务

1．移动互联网业务的定义

移动互联网目前并没有统一的定义，广义上讲是指移动终端通过移动通信网访问互联网并使用互联网业务，主要包括以下 3 个方面：

- 移动通信网络接入，包括 2G、3G 和 4G 等。
- 移动终端，包括手机、上网本和数据卡方式的便携式计算机等。
- 互联网业务和应用，包括浏览业务、Widget 业务、搜索业务、社区业务等。

2．移动互联网业务的特点

移动互联网业务主要有以下 3 个主要特点：

- **移动性**：手机具有接入便捷、无所不在的网络连接及精确的位置信息，这是移动互联网区别于传统互联网的最显著特征。
- **个性化**：移动互联网用户与手机用户是一一对应的，手机将绑定满足用户需求的个性化、差异性业务。此外，用户身份和与身份相关联的信息使用为移动互联网创造了众多的业务模式。

- **融合性**：手机的功能集成度越来越高，终端技术与计算机技术、消费电子技术的融合使手机不只是一个通信终端，而是成为一个功能越来越强大的计算平台、媒体摄录和播放平台、电子商务平台，手机成为各种业务的汇聚点。

3．移动互联网业务的分类

移动互联网业务主要包括通过手机进行的网页浏览、电子邮件、文件下载和上传、即时消息、位置服务、在线游戏、视频播放、移动搜索、移动社区、移动 Web 2.0 等。

移动互联网业务按照创新方式可以分为 3 大类：

- 固定互联网业务向移动终端的复制。这种方式能够实现移动互联网与固定互联网相似的业务体验，这是移动互联网业务的基础。
- 移动通信业务的互联网化。使移动通信原有业务互联网化，目前此类业务不多，如意大利的"3 公司"和"Skype"合作推出的移动 VoIP 业务。
- 结合移动通信与互联网功能而进行的有别于固定互联网的业务创新，这是移动互联网业务的发展方向。将移动通信的网络能力与互联网的应用能力进行聚合，从而创新出适合移动终端的互联网业务，如移动 Web 2.0 业务、移动位置类互联网业务等。通过这种结合可以创造出丰富多彩的个性化业务，解决移动增值业务长期无法丰富的瓶颈。

4．移动互联网业务的关键问题

业务重用

从业务分类上可以看到，移动互联网业务的基础是重用现有互联网上丰富的业务和内容。但是，移动互联网的终端平台与固定互联网之间有巨大的差异，主要表现在移动终端平台标准化程度低、体系林立且封闭性强，既缺乏业界共同制定的标准，也缺乏能够真正适应和引领发展的事实性标准。同时，手机还具有计算能力不强、带宽有限、电池容量有限、显示荧幕小等弱点。因此移动互联网重用固定互联网业务的瓶颈在于终端平台。解决办法一般可以采用在网络侧适配和终端侧适配的方式。

网络侧适配是指在网络侧针对移动终端（手机）的特点对固定互联网业务进行重新开发或适配，使其能够适应移动终端的展现形式和使用特点。最典型的例子就是采用 WAP 对传统互联网网站的内容进行重新开发。

终端侧适配是指在移动终端（手机）上对固定互联网业务进行适配。随着移动终端计算能力和多媒体能力的不断增强，终端软件技术不断发展，互联网热点技术与移动终端日益结合。因此，在终端侧适配业务已经能够使移动互联网尽可能呈现与固定互联网相似的业务体验，这也代表了业务重用未来的发展方向。

产业生态环境构建

移动互联网业务的成功，取决于能否构建"开放、合作、创新"的新型产业生态环境。未来移动互联网产业生态环境，需要广泛吸引第三方参与形成产业联盟，建立清晰合理的产业价值链。移动互联网的业务架构包括 3 大关键基础设施平台：网络平台、应用平台和终端平台，如图 7.6 所示。

- 网络平台是运营商控制和维护的移动网络基础设施。包括接入网络、承载网络和核心网络。
- 应用平台建立在基础网络之上，包括业务应用平台和业务支撑平台，最终目标是为了支持大量、有效的移动互联网应用。
- 终端平台包括硬件平台和软件平台。移动互联网的业务开发与提供在很大程度上取决于终端平台。

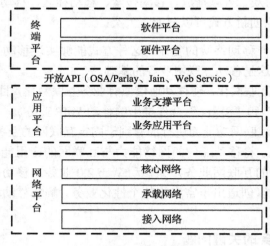

图 7.6　移动互联网的业务架构

移动互联网安全

随着移动互联网的发展，其安全问题也亟待解决。移动互联网需要从网络、终端和业务三方面保证其安全性。

- **网络安全方面**：和传统通信网络基本类似，但对用户行为的隐私有更高的要求。
- **终端安全方面**：移动终端越来越智能化，开发开源的智能操作系统成为发展趋势。但是，开源的智能操作系统也给移动互联网带来更多的威胁，包括非法篡改信息、非法访问、通过操作系统修改终端信息、病毒和恶意代码破坏等。移动互联网终端应具有身份认证的功能，具有对各种系统资源、业务应用的访问控制能力，同时可以通过系统补丁和杀毒软件等方式对病毒和恶意代码进行防护。
- **业务安全方面**：移动互联网用户会面对非法访问业务、非法访问数据、拒绝服务攻击、垃圾信息泛滥、不良信息传播，以及个人隐私和敏感信息泄露、内容版权盗用等问题。

5．几种典型的移动互联网业务

移动互联网商业应用类业务

移动互联网中商业应用类业务包括移动搜索、移动广告和其他应用类业务。

移动搜索业务

移动搜索是指用户以移动通信终端（如手机）为终端，通过短信业务（Short Message Service，SMS）、无线应用协议（Wireless Application Protocol，WAP）和互动式语音应答（Interactive Voice Response，IVR）等多种接入方式进行搜索，从而高效且准确地获取 Web

和 WAP 站点等信息资源。移动搜索就是搜索技术基于移动通信网络在移动平台上的延伸。移动搜索引擎不仅要完成信息的获取，还要对获得的信息进行相关处理，把不同的内容提供者和不同类别的信息进行整合，建立相关性，再将信息进行相关处理后转换成适合在移动平台上使用的信息。

移动搜索业务具有以下特点：

- 随时随地随身性：用户可以随时随地搜索需要的信息。
- 精确搜索：移动搜索更注重使用的简约化和查询实效性。
- 个性化：通过与定位服务的结合，移动搜索可以提供更有针对性的产品。

移动搜索业务的分类：

- 按照搜索内容可分为综合搜索和垂直搜索。综合搜索指搜索 WAP 及 Web 站点内容；垂直搜索指按类型搜索内容，如按媒体类型搜索。移动搜索中更多使用垂直搜索方式。
- 按照应用内容可分为公众信息搜索业务和行业应用搜索。
- 按照接入方式分为 WAP 方式搜索、短信方式搜索、IVR 方式搜索和 Java/BREW 方式搜索。
- 按照搜索范围可分为站内搜索、站外搜索和本地搜索。

此外移动互联网搜索还包括网页搜索、音乐搜索、图片搜索、游戏搜索、生活搜索等。

移动广告业务

移动广告定义为"通过移动媒体传播的付费信息，旨在通过这些商业信息影响受传者的态度、意图和行为"，它由移动通信网承载，具有网络媒体的一切特征；同时由于移动性使用户能够随时随地接收信息，因此比互联网广告更具有优势。

- 移动广告业务按实现方式可分为 IVR、短信、彩信、彩铃、WAP、流媒体和游戏广告等。
- 按内容形式移动广告业务可分为文本、图片、视频、音频及混合形式广告业务等。
- 按推送方式移动广告业务可分为推广告和拉广告，推广告具有很高的覆盖率，但容易形成垃圾信息；拉广告是基于用户定制发送的广告信息。

其他应用类业务

其他应用类业务包括移动医疗业务、移动警务业务等。

- 移动医疗业务是指利用手机终端采集用户的多种生理信息，如体温、血压、血氧、脉搏和心电等，通过无线传输网络以短信或分组数据的方式将用户的生理信息传输给业务管理平台。业务管理平台提供 Web PORTAL 界面供医疗专家根据客户提供的生理信息给出保健建议，然后通过业务平台把健康信息回馈给用户。
- 移动警务业务指警察在执勤工作中经常需要查询公安信息系统的若干数据库，在手机中输入需查询信息就可以方便快捷地获知相关内容。

移动互联网娱乐类业务

按业务内容，移动视频业务可分为手机电视、视频资讯、手机游戏、手机阅读、视频邮件、移动视频消息、移动视频电话会议和移动视频内容配送业务等。从移动视频业务运营特征的角度，可分为视频通信类、视频娱乐资讯类、视频 UGC（User Generated Content）类和视频行业应用类，如表 7.2 所示。

表 7.2　移动视频业务

类　　型	典　型　业　务	主要技术特征	应　用　范　围
视频通信类	3G 可视电话、视频留言、多媒体彩铃、移动视频会议、视频共享、视频邮件和视频短信	移动流媒体可控并可准确计费	个人、家庭和企业的视频通话和沟通等
视频娱乐资讯	手机电视、Live 直播、多媒体资讯和视频影视	基于 HSDPA 的流媒体下载和基于 MBMS 的直播	面向个人的娱乐和生活
视频 UGC 类	手机视频博客	交互式和个性化特征	基于个人的创作分享
视频行业应用类	移动视频监控、视频图像传送、视频购物和视频广告	移动流媒体和业务组网	企业的生产控制和管理应用、企业的商务应用，以及 B2C 和 B2B

手机视频业务

手机视频业务指通过无线网络和手机终端为手机用户提供视频内容的一种新型通信服务，它的主要特征在于传送的内容是比文本、语音更加高级的视频图像，并可伴有音频信息。

随着视频业务在手机通信系统中的应用，手机视频业务越来越丰富，人们开始考虑对这种新的业务形式进行分类。视频业务依据不同的层次可以分为不同的种类。按照面向用户需求的业务划分，可以分为通信类业务、娱乐类业务、资讯类业务，如表 7.3 所示。

- 通信类业务：包括基础语音业务、视像业务，以及利用手机终端进行即时通信的相关业务。
- 娱乐类业务：音乐、影视的点播业务。用户能够以 2.4Mb/s 欣赏最新的歌曲、音乐电视和电影，更可以查找喜欢的歌手，尽情点播喜欢的歌曲和电影。
- 资讯类业务：由于 4G 网络的大容量与高速率，4G 运营商所提供的资讯类业务大多摆脱了 2G 时代的纯文字内容，更多地是通过视频、音频来实现资讯内容的实时交互性传达。

表 7.3　手机视频业务的分类

功能	业　　务
通信类	可视电话、视频会议、视频信息、视频留言、即时视频通信等
娱乐类	手机电视、IPTV、多媒体彩铃、移动视频游戏、视频博客、视频下载、流媒体等
资讯类	财经资讯、交通实况、视频监控、视频导航、远程教育、远程医疗

手机电视业务

手机电视是指以手机为终端设备，传输电视内容的一项技术或应用。属于手机视频的范畴，通过移动通信网络实现，并在点对点或点对多点情况下传送声音、图像和数据文件的实时性交互业务。

严格来说，手机电视是一种跨越广电业与通信业的融合类业务，两大产业在内容、技术、网络、盈利，以及产业链等环节都有延伸和渗透；同时手机电视具有很强的媒介属性，手机媒体结合了报纸、广播、电视和网络的部分特点，形成了具有自身传播特色和媒体特性的第 5 类媒体。手机电视业务的实现方式主要有 3 种：

- 基于移动网络的方式：采用移动流媒体的方式实现，可以实现用户的业务鉴权，以及用户管理、计费和业务的个性化定制、点播和互动应用等。
- 基于地面广播的方式：通过广播电视网络直接收数字电视信号，使用的频率一般为广播电视频段，需要在手机终端上安装数字电视接收模块。
- 基于卫星传播的方式：将数字视频或音频信息通过数字多媒体广播（Digital Multimedia Broadcasting，DMB），由集成了接收卫星信号模块的移动手机或其他终端来实现移动接收，可以满足高速移动环境下视听广播电视节目的要求。

手机游戏业务

手机游戏业务也称为"移动游戏业务"，特指那些通过移动网络并利用移动终端（手机）操作的游戏，如表 7.4 所示。

表 7.4　手机游戏业务的分类

分类角度	移动游戏					
用户数量	单玩家			多玩家		
游戏内容	动作	RPG	猜谜	体育	冒险	宠物……
与网络关系	下线/离线			在线		
技术平台	内置	短信	微浏览器	BREW	J2ME	GVM……

移动电子商务

移动电子商务又称为"无线电子商务"，是在无线平台上实现的电子商务。移动电子商务是利用手机等无线终端进行 B2B、B2C 或 C2C 的电子商务。它将互联网、移动通信技术、短距离通信技术及其他技术结合，使人们可以在任何时间和任何地点进行各种商贸活动，实现随时随地的线上线下购物与交易、在线电子支付，以及各种交易活动、商务活动、金融活动和相关的综合服务活动等。

移动电子商务系统是将 Web 技术、移动通信技术与企业的商业过程相集成的解决方案，它提供了一个单独的网关来访问信息和应用。

移动电子商务涉及众多业务子类，不同业务子类应采取不同的业务模式。根据业务子类不同而合作模式不同的组合策略，能显著提升用户信息深度分析能力、基于体验的应用服务提供能力和实效的产业共赢合作能力，如图 7.7 所示。

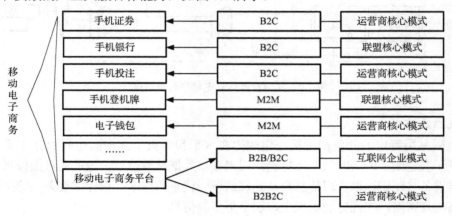

图 7.7　移动电子商务的业务

移动支付业务

移动支付是指交易双方为了某种货物或业务通过移动设备进行商业交易，移动支付所使用的移动终端可以是手机、PDA 和移动计算机等。

移动支付存在多种形式，不同形式的技术其实现方式也不相同，并且对安全性、可操作性和实现技术等各方面都有不同的要求，适用于不同的场合和业务。

按支付金额移动支付业务可分为微支付（支付金额在 2 欧元以下）、小额支付（支付金额在 2 欧元至 25 欧元之间）和大额支付（支付金额在 25 欧元以上）。

根据地理位置，移动支付业务可分为远程支付、本地支付。

图 7.8 为某运营商移动支付平台的组网结构，移动支付平台直连银行和移动网络，平台的网络安全性能直接影响这两个网络的总体安全，在网络互联方面采取了如下安全措施：

● 移动通信网络与移动支付平台通过互联网和数据通信专网连接，网络系统互联方面采用虚拟专用网（Virtual Private Network，VPN）方式实现，移动支付平台与其他系统的连接均安装防火墙。

● 平台与银行前置机之间通过银行专网连接，实现了物理层的隔离。

● 平台与银行的数据交换严格按照银行所定义的加密方式进行，保证了数据的安全性和隐秘性。

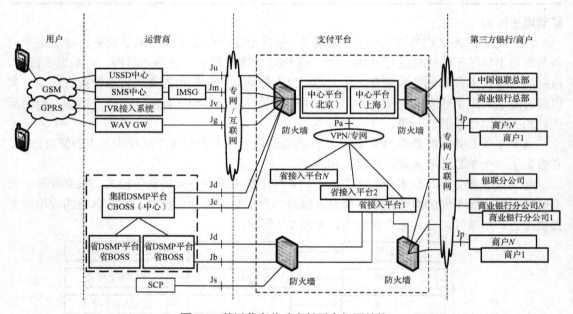

图 7.8 某运营商移动支付平台组网结构

手机二维码

二维码是用特定的几何图形按一定规律在水平和垂直二维平面空间上分布黑白相间的图形，表示二进制"0"和"1"比特流，用来存储数据符号信息，进而通过图像采集输入或光电扫描设备自动识读以实现信息自动处理的新一代条码技术。设计二维条码的主要目的是为了提高信息密度，在固定的面积上印刷上更多的信息。

访问和下载类业务

WAP 业务

WAP 业务可应用于大部分通信网络，能够透明地通过移动网络传输，硬件上需要 WAP 代理服务器的支持。WAP 独立于承载网络，不论用户在使用何种网络均可获得相同的信息。WAP 业务可以有以下 4 类。

● **多媒体消息业务**（Multimedia Message Service，MMS）。MMS 在通信端点之间以消息上下文的方式提供多媒体内容，MMS 对信息内容的大小或复杂性几乎没有任何限制，不仅可以传输文字短信，也可以传送图像、影像和音频。

● **无线电话应用**（Wireless Telephone Application，WTA）。为了采用呼叫和特征控制机制，WTA 是电话特性的扩展，使得应用程序和终端用户能够利用先进的移动网络服务。WTA 为增值电话应用提供工具并且在无线电话和数据之间提供桥梁，为移动设备内的重要资源引入安全接入机制。

● **推送业务**（Push）。推送业务是一种基于由服务器主动将信息发送到客户端的技术。它最主要的特点是由服务器主动发送信息，优势在于信息的主动性和及时性，可随时将信息推送到用户面前。图 7.9 为 WAP 推送业务的工作流程，从图中可以看出，WAP Push 主要包括 Push 发起者（Push Initiator，Push PI）、推送代理网关（Push Proxy Gateway，PPG）及 WAP 客户端等 3 个网元。其中推送空间传输协议（Push Over The Air，Push OTA）部分有两种可能的承载方式，即无线会话协议（Wireless Session Protocol，WSP）和超文本传输协议（HyperText Transfer Protocol，HTTP）。OTA-HTTP 方式要求终端具有固定的 IP 地址并"永远在线"，Push 内容也以 IP 包封装，并以 TCP/IP 协议推送到手机端，目前实际应用的 WAP Push 几乎都是以短信承载 Push OTA 的。PPG 通过推送访问协议（Push Access Protocol，PAP）与 Push PI 通信，如图 7.9 中黑色圆圈所示，通过 Push OTA 完成向用户推送信息的传输任务。

● **用户代理描述**（UAProf）。UAProf 技术能够使应用服务器为用户发送适合该设备接收能力的内容，如发送显示大小和颜色都适合的内容给 WAP 终端以满足用户的需求。应用服务器、网关和代理通过 UAProf 保证用户收到的内容适合其提供的环境，允许应用服务器选择和发送适合客户请求功能的业务，加强了基于用户优先级和其他条件的内容个性化。其工作流程如图 7.10 所示。

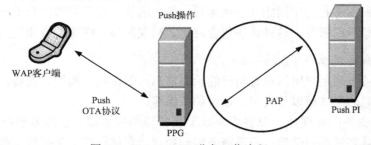

图 7.9　WAP　Push 业务工作流程

移动 Web 业务

移动浏览类业务是为移动用户提供的类似计算机用户浏览互联网的业务，该类业务满足了人们手机上网的需求，成为移动增值业务中最为常用的业务之一。

　　Web 服务器就是我们常说的互联网网站，它使用 HTML 和 JavaScript 等语言开发。由于 Web 浏览器支持 WWW 标准，用户通过 Web 浏览器可以直接访问互联网内容，无须再经过 WAP 网关的协议转换及内容压缩等工作，如图 7.11 所示。

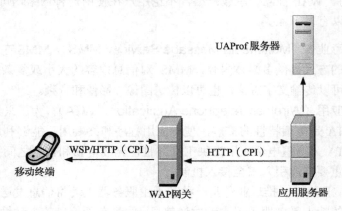

图 7.10　用户代理的工作流程

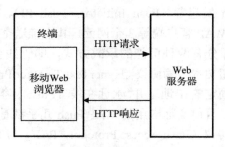

图 7.11　移动 Web 业务

　　在移动 Web 浏览业务中，部署了 Web 网关，类似原来的 WAP 网关，位于运营商网络中，作为用户接入互联网的网关，面向所有移动终端用户提供 Web 浏览类业务；同时可实现内容加速、内容适配和内容过滤等功能，以提高终端用户的网页浏览体验。

提供用户终端状态的业务

　　移动互联网服务相对于固定互联网来说，最大的优势在于能够结合用户和终端的不同状态而提供更加精确的服务。这种状态包含位置、呈现信息、终端型号和能力等方面。

　　即时状态或呈现业务（Presence）

　　Presence 业务使用户可以设置自己的状态信息，如在线、离线、就餐、会议、可以聊天和游戏等，信息的形式可以是文字、语音和图像等。

　　Presence 业务由呈现体、观察者、呈现服务器和信息源列表服务器组成。呈现体向呈现服务器发布其多种动态信息；呈现服务器则处理、存储这些信息并将这些信息源列表服务器中的订阅信息送给订阅及有权获得这些信息的观察者。在用户状态改变时还可以向观察者发送相应的通知。Presence 业务的一个基本应用的例子是发布和查询用户状态，如图 7.12 所示。

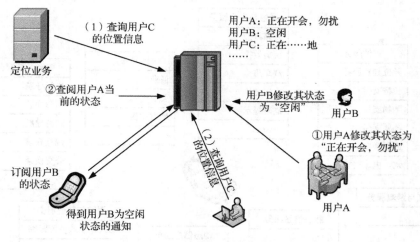

图 7.12　Presence 业务的一个基本应用例子

Presence 业务事实上是一种业务能力，它可以提供包括即时消息在内的多种业务和业务能力使用。图 7.13 为 Presence 业务模型，其主要功能是按一定的规则收集和分发 Presence 信息。从图中可以看出，Presence 业务有以下几部分：

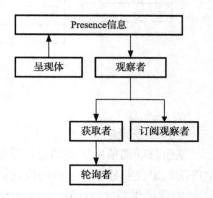

图 7.13　Presence 业务模型

- **呈现体**：具有与之相关的 Presence 信息的逻辑实体，一个呈现体一般指一个人，也可以代表一个角色（如帮助桌面）或一个资源（如 505 房间），并且一般以特定的名字（如一个 SIP 地址）或电话号码表示。
- **Presence 信息**：描述呈现体当前特性的一组动态信息，这些信息可以包括呈现体的当前状态、可达性、（通信的）愿望及能力等。
- **观察者**：通过 Presence 业务请求某呈现体的 Presence 信息的独立且可识别实体。
- **获取者**：在 Presence 业务中只请求一个或多个呈现体的 Presence 信息，但不要求获得 Presence 信息变化通知的观察者。
- **轮询者**：获取者中的一种，基于固定规则请求 Presence 信息。
- **订阅观察者**：在 Presence 业务中的一类观察者，要求在一个或多个呈现体的 Presence 信息发生变化时获得通知，称为"订阅"。这类订阅了变化通知的观察者即为订阅观察者。

定位业务

定位业务，或称为基于位置的服务（Location Based Service，LBS），是指移动网络通过特定的定位技术来获取移动终端用户的位置信息（如经、纬度等），提供给移动用户本人或他人及通信系统，实现各种与位置相关的业务。定位业务应用广泛，大致可包括：触发类业务（与位置有关的计费、广告、通知、移动商务安全、收费及票务等）、信息类业务（移动黄页）、追踪类业务和助理类业务等。其主要应用如图 7.14 所示。

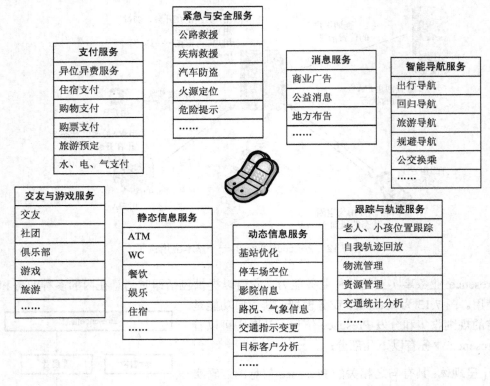

图 7.14　定位业务的主要应用

定位业务的流程

　　基于移动通信网实现的定位业务系统中，除了移动通信网的基础网络设备外，还包括定位终端、定位业务平台、移动位置业务用户（LoCation Service Client，LCS Client）或服务提供商/内容提供商（Service Provider/Content Provider，SP/CP）及地理信息系统（Geographic Information System，GIS）。如图 7.15 所示，定位终端通过移动通信网与定位业务平台进行定位交互来获取经、纬度。定位业务平台将经、纬度信息通过 LCS Client 提供给 SP/CP，SP/CP 利用经纬度信息向用户提供某种位置服务。根据业务需要，SP/CP 可通过 GIS 向用户提供地图服务。

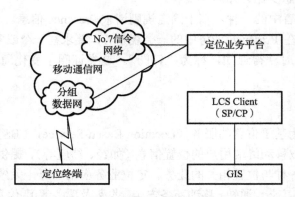

图 7.15　基于移动通信网实现的定位业务系统结构

图 7.16 为基于 WAP 的自我定位流程。进行自我定位时，用户可以通过 WAP 方式登录 WAP 门户发起定位请求，也可以通过定位终端中内置的定位应用发起定位请求。

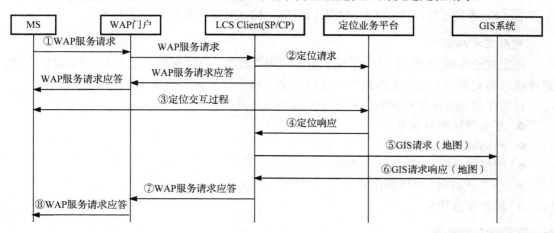

图 7.16 基于 WAP 发起的自我定位流程

① 用户通过 WAP 方式登录到 WAP 门户，发起一次自我定位，SP/CP 接收用户的 WAP 定位请求；

② SP/CP 通过 LCS Client 向定位业务平台发起定位请求；

③ 定位业务平台发起与 MS 的定位交互，取得用户的经纬度信息；

④ 定位业务平台通过 LCS Client 将用户位置坐标信息转发给 SP/CP；

⑤ SP/CP 向 GIS 发送 GIS 请求；

⑥ GIS 系统返回相应的 GIS 响应；

⑦ SP/CP 将得到的地图信息返回给 WAP 门户；

⑧ 用户通过 WAP 获取到位置结果，获得最终的位置服务。

图 7.17 为第三方定位流程。

图 7.17 第三方定位流程

① SP/CP 接收到用户的第三方定位查询请求后通过 LCS Client 向定位业务平台发送定位请求；

② 定位业务平台在鉴权通过（验证用户对 SP/CP 的授权关系）后，发起与被定位 MS 的定位交互，取得用户位置坐标信息；

③ 定位业务平台通过 LCS Client 将用户位置坐标信息转发给 SP/CP；

④ SP/CP 将位置坐标信息发送给 GIS 系统，请求 GIS 信息；

⑤ GIS 系统返回相应的 GIS 响应（地图），SP/CP 获得最终的位置服务。

定位技术的实现

在定位业务的实现过程中，采用了不同的定位技术，直接影响着定位业务的精度。因此，定位技术的实现与采纳是实现定位业务过程中一项十分关键的技术环节。

目前定位业务中使用的定位技术主要分为以下几类：

● 基于网络的解决方案
● 网络辅助的定位技术
● 网络辅助的 GPS 定位 A-GPS
● 基于 PN4747 定位的技术
● 混合定位技术

社区和群组管理业务

移动社区业务（SNS）

社区业务（Social Networking Service，SNS）是指帮助人们建立和拓展社会人际关系网络的互联网应用及服务。在 SNS 中，由于网络中所有的交互行为都记录在系统中，系统可以及时计算出当前的全局视图，因此可以方便人们从社会结构中获得有价值的信息，这就是 SNS 运作的基本原理。

SNS 目前主要表现为各类互联网站点，包括 Facebook、Myspace 和校内网等网站。此类网站是建立在朋友关系和共同话题基础之上的交友平台，用户通过查看他人的信息来发现与自己共同的特点、兴趣和话题等，从而进一步展开交流。

移动 SNS 业务是固定互联网 SNS 和移动通信相结合的产物，是 SNS 业务向移动通信领域的扩展，主要是以移动终端为承载，以移动网络为通道，以移动用户为发展对象。其业务系统由门户/客户端、移动网络和移动 SNS 业务平台 3 部分组成，如图 7.18 所示。

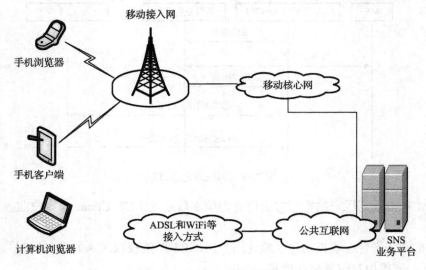

图 7.18　移动 SNS 业务系统

- 门户/客户端是移动 SNS 业务面向用户的操作界面，用户可通过手机浏览器访问 SNS 门户，或通过移动 SNS 的专用客户端接入到业务平台。
- 移动网络是用户接入移动 SNS 业务平台的数据通道，可为移动 SNS 用户提供随时随地的业务接入及精准的位置信息；同时可为移动 SNS 业务的开发者提供详细的用户信息和强大的业务支撑能力及完整的收费平台。
- 移动 SNS 业务平台是网络侧的平台系统，是业务系统的核心部分，主要负责 SNS 业务的运营管理，包括用户管理和关系管理等，并提供交流分享方式及各种特殊性应用。

即时通信业务

即时通信又称为即时消息，是依靠互联网和手机短信，以沟通为目的，通过跨平台和多终端的通信技术来实现一种集声音、文字和图像的低成本、高效率、综合型的"通信平台"。除了基本的文字聊天、多方聊天和视频聊天功能外，多功能和综合已经成为即时通信业务的发展趋势。它已经成为集交流、资讯、娱乐、搜索、电子商务、办公协作和企业客户服务等为一体的综合化信息平台。

移动邮件业务

移动邮件业务是指用户通过手机收发邮件的业务。目前该业务支持 Push 功能，即一旦用户有新的邮件，系统通过邮件到达通知主动通知用户，手机则根据邮件到达通知自动收取新邮件。

移动邮件业务主要有 2 项关键技术：邮件检测和邮件 Push。

- 移动邮件业务在发送邮件到达通知给移动终端之前，需要检查用户邮箱账户中是否有新邮件到达或其他与邮件有关的变化事件，这个检测过程称为"邮件检测"。
- 移动邮件有多种推送方式，主要有短消息 Push 和 WAP Push。

微博

微博整合了博客、移动终端、电子邮件和即时通信等网络应用，是互联网和移动网络的整合发展。微博是一个基于用户关系的信息分享、传播及获取的平台，其用户可以向"跟随者"主动推送博客信息，具有信息发布简单方便、渠道多、推送功能强、传播速度快和受众范围广等特征。

图 7.19 为微博系统功能框架图。

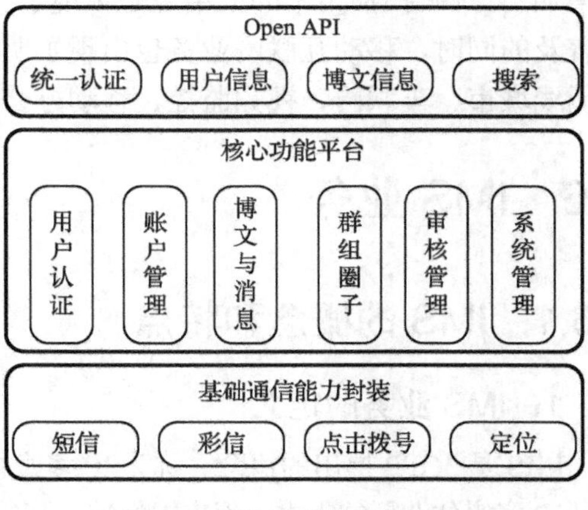

- Open API 是微博平台对外提供的接口，可以开放给第三方开发商，开发商可利用此平台提供的统一认证、用户信息、博文信息和搜索等功能。
- 核心功能平台实现了微博的核心功能。包括用户认证、账户管理、博文与消息、群组圈子、审核管理和系统管理等功能。

图 7.19 微博系统功能框架

- 基础通信能力封装封装了短信、彩信、点击拨号和位置服务等基础通信能力，为核心功能平台提供能力调用，这些能力也可以通过 Open API 开放给第三方应用使用。

6. 移动互联网业务的发展趋势

以手机为中心的发展趋势越来越明显

移动终端主要包括手机、IPAD 及笔记本电脑等，其中手机具有移动性和便携性的特点，已经成为多数用户首选的接触界面。手机也可以通过传统 PC 接入云端，再加上目前智能终端逐渐普及，宽带传输速率加快，因此在移动互联网业务的用户中，手机用户的规模将会不断壮大。在智能终端方面，智能手机已经成为融合业务服务与移动终端的平台，用户可通过智能手机获得业务的全新使用体验。

LBS、SNS 将成为移动互联网业务进一步融合的平台

基于位置的服务（Location Based Services，LBS）的代表是 Foursquare，社区业务的代表是 Facebook。在 Web 2.0 时代，LBS 与 SNS 将逐步取代 Web 1.0 时代的 C2C、B2C、搜索及门户为特征的互联网网站，同时为用户创造具有自主特征的移动网络环境。SNS 是业务提供商所建设的平台，用户可以利用 SNS 平台展示个人的才能，还可以利用平台交友，该平台具有聚拢用户及增加用户量等功能。LBS 同时具备 UGC、分享及互动等特征，可以在 Web 2.0 环境下结合搜索、微博、IM、SNS 功能，以用户真实标签为位置信息，使业务交互效率得到有效提高。将移动互联网业务的商务元素与 LBS 及 SNS 结合在一起，便可以有效结合热门业务，实现商务、时间、地点与人物之间的高效整合，经整合后的互联网业务模式能够更好地迎合不同用户的实际需求。

基于用户需求的发展趋势

基于用户需求的发展趋势主要包括行业化及商业化，目前的业务类型主要以信息化及娱乐化为主，随着用户需求的变化及移动互联网技术的发展，未来移动互联网业务将逐渐朝商业化及行业化的方向发展。从近几年的业务发展情况来看，商务类业务的需求量不断增长，包括移动支付、商务邮件收发及移动炒股等，手机缴费、购买车票、机票及电影票等业务不断增加，二维码扫描技术的应用更是体现了互联网业务的商务化发展趋势。在物联网及 4G 网络普及的同时，移动互联网业务也出现了明显的行业化发展趋势，较为常见的行业化业务包括无线城市、车联网、视频监控、移动办公及移动定位等。

7.6　IMS 业务

7.6.1　IMS 的概念和特点

1. IMS 业务的定义

IMS 是 3GPP 提出的概念，称为 IP 多媒体子系统（IP Multimedia Subsystem，IMS），是为了满足 IP 多媒体业务的需求，用来提供端–端多媒体通信业务。

随着通信技术的不断发展，单纯的语音通信和 Internet 访问业务已经不能满足要求。3GPP 从 R5 版本开始，在原有 PS 域的基础上，引入 IMS 来提供 IP 多媒体业务，例如 PoC 业务、IM 业务、Presence 业务、Gaming 业务等。IMS 是独立于接入技术、提供 IP 多媒体业务的体系架构，IMS 包括与信令和承载相关的网络功能单元。

2．IMS 业务的特点

IMS 业务具有以下特点：

- **业务和控制彻底分离**：IMS 把会话控制从业务控制中分离出来，形成呼叫会话控制功能（Call Session Control Function，CSCF）。会话控制是大部分业务都需要的核心功能，与业务逻辑无关。业务（包括基本业务、补充业务和增值业务）全部由应用服务器完成，从而形成了清晰的 IMS 核心网络层和业务层。

- **形成业务能力层**：IMS 从业务层中抽象出若干业务使能部件，如 Presence、Group、Messaging、OSC 等，形成业务能力层。

- **融合的多媒体业务**：IMS 提供了丰富的多媒体业务，如可视电话、多媒体彩铃、多媒体彩像、多媒体会议、数据协同办公、媒体共享等。媒体共享业务指用户在正常通话过程，向通话对端发起共享媒体内容的业务。数据协同办公指多媒体会议中提供数据协同功能的业务。数据协同办公可以提供应用共享，如 PPT 共享、电子白板共享、电子投票及会议议程等。

- **灵活的业务触发方式**：IMS 的业务触发机制和智能网类似，称为 iFC（initial Filter Criteria）。iFC 是存储在 HSS 中的用户签约数据的一部分，在用户注册时下载到为用户服务的 S-CSCF 上。iFC 按照不同的优先级定义了业务触发的条件和目的 AS，S-CSCF 在处理用户业务请求时进行 iFC 匹配检测，符合触发条件则向指定的 AS 触发，使得 AS 可以对该次业务按照 AS 内既定的业务逻辑进行控制。IMS 解决了业务的多次触发问题。

- **业务开放性**：IMS 的业务除由运营商自己提供外，还允许由第三方提供。开放服务架构（Open Services Architecture，OSA）和业务能力服务器（Service Capability Servers，SCS）为第三方应用服务器提供开放的和安全的使用网络资源的能力。

- **虚拟归属环境**：IMS 解决了和用户漫游相关的问题，用户无论漫游到什么网络，都可以使用归属地 S-CSCF 提供的业务，解决了漫游时的计费、业务触发和 QoS 等问题。

7.6.2 IMS 业务种类

1．IMS 业务平台

为了向用户提供多种应用业务，在 IMS 中包括了各种应用服务器，也就是所谓的业务平台。在 IMS 中有两类业务平台。

第 1 类业务平台或应用服务器（Application Server，AS）设在归属网络中（如图 7.20 所示），AS 中存储有关的业务逻辑，以便被触发而产生相应的业务。不同业务选择不同的 AS，由 IMS 中的业务-呼叫会话控制功能（Service-Call Session Control Function，S-CSCF）根据一定规则选择相应的 AS。由此可见，S-CSCF 始终位于归属网络中。当用户（User，UE）通过代理呼叫会话控制功能（Proxy-Call Session Control Function，P-CSCF）向 S-CSCF 发出有关业务请求后，S-CSCF 就与 AS 互通。作为相应选择，S-CSCF 与业务平台之间的接口为标准的 ISC 接口。

第 2 类业务平台位于归属网络之外，即第三方或访问网络（如图 7.21 所示）。这种第三方接入业务是通过开放业务体系（Open Services Architecture，OSA）实现框架的。

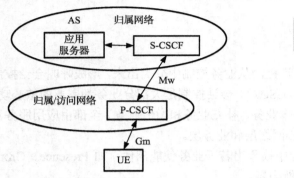
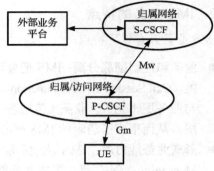

图 7.20　归属网络中的业务平台　　　　　　图 7.21　外部的业务平台

P-CSCF 可位于归属或访问网络中。

S-CSCF 将判断 AS 是否需要接收输入的 SIP 会话请求，以保证适当的处理。S-CSCF 的判决是基于从归属用户服务器（Home Subscriber Server，HSS）而来的滤波信息（滤波规则），用户的滤波规则储存于 HSS 中，例如该用户是否已与运营商签订了使用有关业务的协议，是否已交纳了使用有关业务的费用等。

一旦 S-CSCF 做出选择，把 SIP 会话请求发给相应的 AS，即外部业务平台。AS 就会与 S-CSCF 交互，做出相应的反应，提供相应的业务。

AS 的名称、地址也存储在 HSS 中，供 S-CSCF 选用。

2．IMS 对业务质量（QoS）的要求

IMS 对 QoS 有如下要求：

● QoS 信令和资源分配方案的选择应与会话控制独立进行。

● QoS 信令和资源分配必须是端–端的，而不是局部网络的。只有这样，在 IMS 中会话时，QoS 的参数协商、资源分配才能确保业务和应用要比基本的 QoS 有所改善。

● QoS 信令在不同功能层有不同的要求，大体分成两种：一种是应用级的 QoS 信令，它是根据用户的要求、信道资源等提出的满足一定 QoS 要求的有关 QoS 参数，它是在用户要求、网络资源的基础上通过会话层做出的 QoS 的指令。另一种是传送级的 QoS 信令，实际上它是执行应用级的 QoS 指令，从而实现网络资源分配。可见，QoS 的实现依赖于各功能层之间的交互和通信。

3．IMS 提供业务的类别

IMS 业务系统不是单一的业务运营平台，而是运营商未来业务综合支撑和推广的网络单元，IMS 为用户提供了语音、视频和数据等多媒体通信能力。IMS 业务不仅包括传统的电话业务，更多的是 IP 多媒体业务。通过 IMS 体系架构为用户提供的业务有很多种类，按照业务的特点可以分为 3 类，即 IP 多媒体呼叫业务、业务引擎和增强业务。

IP 多媒体呼叫业务

提供实时的语音、视频或数据通信业务，包括紧急呼叫业务、合法侦听业务、PSS（PSTN/ISDN Simulation Services，PSS）业务和 PES（PSTN/ISDN Emulation Services）业务。IMS 在语音业务操作和应用上将给用户带来全新的体验，如基于 SIP 的视频会议系统不但可

以用来进行商务/技术交流、远程教育、远程监控等，而且可以用来代替目前流行的语音、视频聊天室（这些系统都没有媒体混合功能，只有对讲机功能），使用户能够真正实现面对面交流和讨论。IMS 增强型的呼叫管理可以使用户的沟通更加灵活，如语音业务管理服务可以让用户自己来计划和选择通信的时间与方式。

- 紧急呼叫业务：用户不管是否注册或鉴权成功，都能够使用紧急呼叫业务。
- 合法侦听：业务功能需要满足规范 3GPP TS33.107。
- PSS 业务：基本语音业务和补充业务。

业务引擎

业务引擎实现一些基本的业务能力，其他的业务通过调用业务引擎，能够实现不同功能的业务。业务引擎主要包括 OMA 定义的呈现（Presence）业务、消息类（Messaging）业务、组管理（Group and List Management）和 PoC 等。

呈现（Presence）业务

这是针对智能终端提供的业务。用户可以修改自己当前的通信状态，当状态改变时，系统将当前状态通知相应的状态订阅用户。可以使自己的状态被选定的对象知道，从而使其对象可选择合适的通信手段或时段和自己通信。

图 7.22 是一个呈现系统，它由 3 部分组成：呈现服务器、呈现者和注视者。呈现者向呈现服务器提供其多种动态信息（如呈现者何时、何地可参加何种会议等），呈现服务器则将这

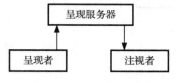

些呈现信息进行处理（如保证隐私权，对注视者的鉴权等）、存储，并把处理后的呈现信息传送给有权获得这些信息的注视者。注视者则是呈现信息的接受者。例如，呈现业务可提供给股票证券跟踪者，使其也能即时获得事先设定的某种股票价格的信息，并及时买入或出售。

图 7.22　一个呈现系统

即时消息业务

这是针对智能终端提供的业务。用户之间可以进行语音、文本和图像的交流，实现在线语音交聊天、即时消息传送、网页推送、文件传送、白板共享、协同工作等实时业务。即时消息业务可以与呈现业务合用，用户可以感知某个好友是否在线，并决定是否向该好友发送消息。系统允许用户添加或删除好友，并显示好友的在线或离线状态。消息业务用户已经非常熟悉，而且目前已为运营商带来了良好的收益。IMS 的消息类业务将带给用户更多的选择，用户在使用消息类业务的同时，可以随心所欲而且费用低廉地使用其他媒介，如视频和声音等，同时可以灵活地选用实时业务或非实时业务来沟通信息。

IMS 通常有 2 种模式：一种是单独的寻呼模式，类似于移动通信中的短消息（SMS），但具有实时性；另一种是基于会话的模式，它是现有会话的一部分，建立在 SIP INVITE（邀请）请求的基础上。

群组业务

就是 IMS 可将不同的通信媒介聚合起来，为用户提供新的业务体验，还可以对业务进行新的开发和组合。IMS 提供了基于群组的通信方式，使用户可以随心所欲地选择通信方式，大大提高了通信网络的利用率，也必然为运营商带来巨大的收益。

PoC（PTT over Cellular）业务

PoC 是一种语音服务，可使用户在很短的呼叫时间内方便地与一组联系人通话，类似于网上聊天的群组功能。用户手机上可以显示群组中每个用户的状态，群组的建立可以跨越地域的限制。目前这种应用已经发展到比较成熟的阶段，一些手机上已经实现了该功能。

增强业务

增强业务包括传统智能网业务和通过开放的、标准的 API（如 Parlay/ParlayX API、SIP Server API）接口开发部署的业务。这类业务种类繁多，并且不同运营商、不同厂家的叫法不同。即使是相同的业务和业务特征，也可能使用不同的业务名称，而相同的业务名称也可能是不同的业务形式，并且不同业务之间有交叉和重复，很难做准确、细致的分类。

7.6.3　IMS 业务实现

1．IMS 业务体系架构

图 7.23 中核心网络负责 IMS 的基本能力，如呼叫控制等。而业务引擎应用服务器提供各种增强业务能力，如 PoC、Presence、即时消息等。业务引擎可以为基于 3GPP 或 OMA 的 SIP 业务引擎，也包括用来支持使用 CAMEL 的智能业务引擎。OSA 业务能力服务器用来支持符合 OSA 架构的应用，它对各种业务能力进行抽象，并且提供给应用进行访问。

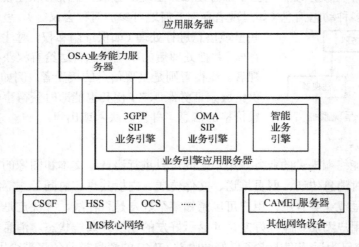

图 7.23　IMS 业务提供网络架构

2．IMS 业务的实现

IMS 业务的实现有以下几种：

- IMS 核心网络 + SIP 应用服务器：这种方式下，应用服务器可直接调用 IMS 核心网络的基本能力，并构建业务，如会话类业务等。
- IMS 核心网络 + SIP 业务引擎：这种方式下，业务直接通过 SIP 业务引擎（基于 3GPP 或 OMA）进行提供，如移动用户之间的即时消息。
- IMS 核心网络 + SIP 业务引擎 + 应用服务器：这种方式下，应用服务器利用 SIP 业务引擎的增强业务能力提供业务，如利用 Presence 提供各种广告服务。

- IMS 核心网络 ＋ 智能网业务引擎 ＋CAMEL 服务器：该方式使得 IMS 核心网络利用智能网业务引擎与 CAMEL 业务环境进行交互，支持传统智能业务，如 IMS 预付费语音业务。
- IMS 核心网络 ＋ 应用服务器 ＋ 智能网业务引擎 ＋ CAMEL 服务器：这种方式下，应用服务器可以是 3GPP SIP 业务引擎、OMA SIP 业务引擎及其他类型的应用服务器。它使得基于 IMS 架构的各种增值业务能够利用智能网业务引擎与 CAMEL 业务环境进行交互，支持传统智能业务，如 IMS 预付费即时消息业务。
- IMS 核心网络 ＋ OSA 业务能力服务器 ＋ 应用服务器：这种方式下，OSA 业务能力服务器将 IMS 核心网络基本业务能力（如呼叫控制）抽象成业务特征，应用通过 OSA 框架调用 IMS 业务能力，完成业务实现，如基于 OSA 呼叫控制接口的语音业务。
- IMS 核心网络 ＋SIP 业务引擎 ＋OSA 业务能力服务器 ＋ 应用服务器：这种方式下，OSA 业务能力服务器将 IMS 增值业务能力（如 Presence）抽象成业务特征，外部应用通过 OSA 框架调用 IMS 业务能力，完成业务实现，如基于 OSA 消息接口的增值业务。

IMS 核心网络需要支持的机制包括：会话状态维护和控制机制；用户漫游处理机制，以便清晰划分归属区和拜访区的职责；安全架构，以便在用户使用网络能力时进行鉴权；基于内容的多种计费机制，而不仅仅是流量计费；策略控制机制，基于运营商定义的策略，IMS 可处理各种资源使用请求；针对无线接口的流量优化，以使空中接口上的业务量最小；由第三方参与的业务提供。

7.6.4　业务触发原理

IMS 本身不是一个服务，而是一个基于 SIP 的体系，在 PS 网络上实现 IP 服务和应用。IMS 为服务的调用提供必要的方法和完成业务触发。

IMS 的业务提供方式和传统的 PSTN 及 CS 域的提供方式不同。在 IMS 子系统中，控制层和业务层完全分离，控制层不提供业务，它只提供业务层必要的触发、路由、计费等功能，业务完全由业务层提供。

IMS 的业务触发架构如图 7.24 所示。IMS 子系统中，业务的触发在 S-CSCF 中完成，业务数据在注册阶段下载到 S-CSCF 中，包括过滤规则（Filter Criteria，FC）。

业务触发点（Service Point Triggers，SPT）是指在 SIP 信令中能够设置过滤规则的那些点。

IMS 用户配置中和服务相关的专用数据被表示成过滤规则。一个过滤规则包括：业务的触发点、AS 的标识、各初始过滤规则的优先级等信息。触发点用来决定是否去联系应用服务器，它包含了一个到多个的服务点触发器实例：请求 URI、SIP 方法、SIP 消息头、会话情形、会话描述等。

在用户注册时，或收到未注册用户的一个终止的初始请求时，初始过滤规则被下载到 S-CSCF。在从 HSS 下载完成用户配置后，S-CSCF 进行过滤器规则的评估；检查公共用户身份是否被禁止，如果不是，则继续；检查该请求是一个初始请求还是一个终止请求；为会话情形选择初始过滤规则，通过将该请求的公共用户身份与服务配置进行比较，检查该请求是否与该用户的最高优先级的初始过滤规则相匹配。

如果所联系的 AS 没有响应，则 S-CSCF 遵从与初始过滤规则相关的默认处理过程，即基于过滤规则中的信息，或终止会话，或让会话继续。如果初始过滤规则没有包含所联系的 AS，失败后 S-CSCF 的默认行为是让呼叫继续。

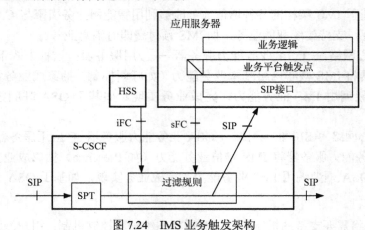

图 7.24　IMS 业务触发架构

7.6.5　现有业务向 IMS 业务的演进

1．现有业务向 IMS 业务的演进

IMS 业务层的标准目前来看还相对不成熟。有标准的是 PoC、Presence、Group、Messaging、OCS 等业务和部件。业务管理部分还没有标准化，即时会议和 MRS 有部分标准，但还没有最终完成，有一些草案还正在讨论和完善之中。厂商目前的实现是基于这些草案来做的，为实现丰富的业务功能，有少量扩展。目前 IMS 产品已经趋于成熟，具备了一定的商用条件。

表 7.5 是现有业务和 IMS 业务的区别，以及现有业务向 IMS 业务演进的方式。

2．IMS 业务自身的演进

就目前来看，要进行 IMS 业务部署，首先应开始 IMS 新业务的演示和实验，然后进行商业规模的应用。

IMS 新业务演示与实验的目的，是用于运营商在 IMS 业务开展初期的验证和试用。IMS 新业务只在重点城市推出试用，可以根据发展的用户规模决定建设 IMS Core 或 IMS Adaptor。IMS Core 及应用提供基于 IMS 的增值新业务。如 Messaging、Video Sharing、Presence、PoC、Click-to-Conferencing 等。语音业务及现网的数据业务由原有的业务平台提供，同时完成 Messaging 与现网 SMS、MMS 的互通。

对于商用规模的 IMS 业务应用，新业务需要全部在 IMS 业务平台上提供。已有业务还可由现有业务平台提供，分步迁移到 IMS 业务平台上。SCP 可以在 CS 域和 IMS 域共享使用。通过增加 MGCF、IM-MGW 和 BCF 部件，提供实时 VoIP 和 Video Over IP，并支持与传统电路域的互通，以及与其他 IP 域的 VoIP 和 Video Over IP 的互通。此外还有 CS 呼叫在 CS 域和 IMS 域的接续，IMS 呼叫在 IMS 域和 CS 域的接续。

最终目标是建立全 IP 的目标网架构，HLR 中的数据全部转移到 HSS 中，CS 业务也全部由 IMS 提供。所有实时、非实时多媒体业务和数据业务都由 IMS 提供，以实现统一融合的 IMS 网络。

表 7.5　现有业务和 IMS 业务之间的区别

业务类型	现有业务	IMS 业务	演 进 方 式
语音通信类	IN	Call Manager Enabler	长期共存、互通，逐渐演进到 AS
	RBT	MRBT	面向不同核心承载网络，长期共存，用户体验统一
		MCID	新建
		PoC	新建
		VCC	新建
消息类	SMS	Messaging	面向不同核心承载网络，长期共存，用户体验统一，长远上基于 IMS 提供综合消息增值业务
	MMS		同 SMS
	飞信		整合到 IMS 标准架构中
网关类		IM—SSF	新建、实现和 IN 的互通，重用 IN 功能
融合类	呈现	Presence	替代，整合成标准的使能部件
	PBX	IP Centrex	替代
	UC	M Centrex	整合到 IMS 架构中，重用部件
数据应用类	PIM	Group	替代，整合成标准的使能部件
娱乐类		SharingX	新建

7.7　融合通信业务及其实现

随着移动通信网络不断演进，数据传输速度越来越快，通信形式从单一变得丰富，融合通信业务逐渐发展起来。2G 时代，通信形式以语音和文字为主，通信业务单一且标准化；3G 时代，图像更频繁地出现在人与人之间的通信中，通信业务从简单的语音、短/彩信扩展到图片分享、视频分享、文件传输、地理位置分享等多种形式；到 4G 时代，更高速的带宽会使更接近于现实场景的通信形式成为可能，支持语音、文本、图像/视频并行传输和相互转化，提供更丰富的融合业务和更优质的通信体验。

融合通信产品是语音、消息和通讯录等基础通信业务在 4G 下的升级，通过升级运营商原有的三个基础业务，为用户提供功能完善、质量保证、体验优秀的新一代通信业务。融合通信包括新通话、新消息、新联系 3 类功能，如表 7.6 所示。

融合通信业务包含声音、文字、图像 3 种元素并包含丰富的组合，不同的通信形式可以并行也可以相互转化。比如语音通话中传递图像，在语音通话中可以将声音转化为文字显示给对方等。融合通信业务的发展将带来点对点通信的革命性变化。

表 7.6　融合通信主要功能表

业务分类	标 准 功 能	非标准功能
新通话	基本音视频通话、多方通话、通话时的消息并发	增强屏显、VoWiFi
新消息	1 对 1 多媒体消息、群组消息、群发、转发、文件传输	公众账号、群管理、云备份、云文件共享、阅后即焚、表情商店
新联系	Profile、黑名单、云通讯录	网上营业厅、二维码名片、前缀码删除、圈子、一卡多号

7.7.1 融合通信业务的实现与架构

OTT 企业率先利用了网络演进带来的机会，推出了一系列融合通信业务，包括国外的 WhatsApp、Kik Messager、Viber，国内的微信、米聊等。这些产品包含多种通信功能，提供 1 对 1 聊天、多人聊天、发送语音消息、发送图片、发送视频、发送地理信息、发送名片信息、IP 语音通话、IP 视频通话、发送表情符号等丰富的通信形式，极大地丰富了用户的通信方式。OTT 的融合通信业务在带来点对点通信革命性变化的同时，对通信运营商的语音和短信业务产生了明显的替代作用。

由全球移动通信协会推动的融合通信套件（Rich Communication Suite，RCS）计划致力于联合产业力量，充分利用通信运营商的通信优势，将呈现即时消息、图片、视频共享、文件传输等业务纳入到基础通信业务范畴，提供以用户通讯录为入口的实现互联互通的融合通信业务，为和 OTT 业务竞争提供了一个新的契机。

1．融合通信业务的实现方式

目前 OTT 企业除了推出独立的融合通信产品之外，还有一种是对现有短信、语音功能的升级，以苹果公司的 iMessage 和 Facetime 为典型代表。以 iMessage 为例，苹果公司利用其终端和操作系统的优势，将自有即时通信业务和传统短信整合，用户可以在传统短信界面发送基于 IP 的消息，无缝地体验更丰富的通信功能。

通信运营商可以利用 RCS 中的通信能力扩展现有基础通信业务功能，弥补传统通信业务功能单一的缺点，在不改变用户使用习惯的情况下丰富传统通信业务。RCS 5.0 版本中的 Standalone Messaging 基于 IMS OMA CPM，提供包括文本和多媒体的消息业务，替代 SMS 和 MMS，并且对 SMS 和 MMS 的各项业务限制进行了改进。相对于 SMS 和 MMS，取消了对 160 字符大小、发送内容等各类限制，增加了文本消息的通知展示，增强了多设备支持。

此外，为促进通信业务和互联网业务互联互通，丰富融合通信业务形态和应用场景，通信运营商还可以开放 RCS 能力，充分调动产业链各方力量，发挥通信网络价值。目前主要开放网络地址簿、能力管理、呈现、消息、聊天、文件传输、语音呼叫、视频共享、图片共享、位置等功能。

RCS API 开放的主要应用场景有以下几种：

● 实现融合通信业务和第 3 方应用互联互通，比如和基于 Internet 的社交网站的互联互通，实现 RCS 用户和互联网社区共享 RCS 社交呈现信息，使用好友上传到社交网站的图片完善地址簿，邀请非 RCS 用户参与聊天等。
● 在第 3 方软件中内置 RCS 能力，扩大 RCS 能力的应用范围，比如在在线多人游戏中提供高质量的语音通话。

2．融合通信业务系统架构

融合通信业务系统架构如图 7.25 所示，分为客户端软件、语音/消息服务系统、自服务门户、业务管理系统等 4 部分。

客户端软件作为与用户的接触面，为用户提供使用业务功能所需的操作界面，并实现简单业务逻辑，支持主流智能终端操作系统（IOS、Android）的相关版本。

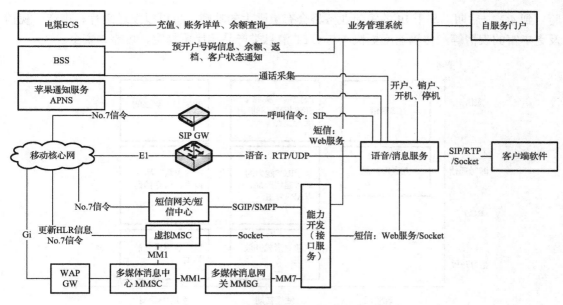

图 7.25　融合通信业务系统架构图

语音/消息服务系统是实现融合通信业务功能的核心系统，自身可实现客户端间的语音互通、文本及多媒体消息收发，采用定制化的 SIP 框架。通过对接语音中继网关、SIP 语音服务网关，实现与手机/固话的语音互通。通过与短信网关/中心、多媒体消息网关/中心、虚拟 MSC 对接，实现融合通信业务客户端与手机终端的短信/彩信收发功能。

自服务门户为用户和渠道提供业务自助服务。

业务管理系统是完成业务相关管理功能的核心系统，通过和语音/消息服务系统、BSS、电子渠道等其他周边系统交互，保障业务管理和业务使用的全流程顺利完成。

涉及使用通信网底层通信能力时，通过调用能力开放接口实现。例如发送短信/彩信、接收短信/彩信等，能力开放接口服务将短信/彩信能力封装成 Web 服务开放接口，供语音与服务系统、业务管理系统调用，以实现互联网与通信网的双向互通。

另外，虚拟 MSC 是融合通信业务系统架构中新引入的网元，负责实现客户端接收来自普通手机（未安装客户端）的短信/彩信。融合通信号码（真实手机号码）开通服务后，通知虚拟 MSC 开户，虚拟 MSC 发送位置更新请求至 HLR。融合通信号码无 SIM 卡承载，由虚拟 MSC 负责对此号码进行管理，相当于此号码始终漫游在虚拟 MSC 上。从普通手机发送至客户端的短信/彩信被转接至虚拟 MSC，再由虚拟 MSC 转发至语音与消息服务系统，以实现短信/彩信接收至客户端。

7.7.2　融合通信业务的发展

RCS 的应用方向为通信运营商融合通信业务的发展提供了较为明确的方向，如图 7.26 所示。

1. 短信业务发展策略

短信业务是基于电路交换的重要业务，是通信运营商的重要收入来源之一。随着 4G 的到来，短信最终也将走向 IP 化。基于 RCS 可以实现 SMS 和 MMS 的统一，并改进短信的体验。到 4G 中后期，基于 IP 的短信业务将会有更强大的功能，也可以发送图片、声音、视频及更丰富的表情等，传输速度更快，与 OTT 消息类产品相比更稳定、可靠、安全。

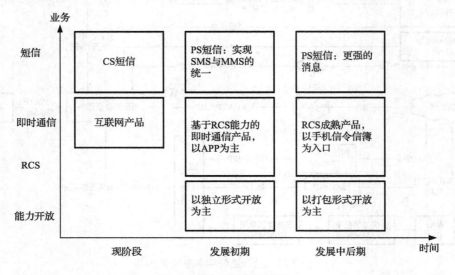

图 7.26　融合通信的发展

2．RCS 业务发展

目前通信运营商的融合通信业务主要是以即时通信产品形式出现，与 RCS 业务融合是通信运营商即时通信业务的最终发展方向。在发展初期，以 APP 形式为主，并针对功能机开发瘦版客户端或网页版，保证 APP 客户端广泛适配，同时积极获取终端厂商的支持。在中后期，将 RCS 功能直接与通讯录整合，通信更加便捷。在具体功能设计上，除包含已有的功能集合外，还能够与短信互联互通，实现通信一体化体验。

3．能力开放业务发展策略

开放融合通信业务能力是通信运营商提升自有融合通信业务影响力的关键一步。通过能力开放，不但扩大通信能力的应用范围，将通信能力更好地和互联网业务相融合，同时还可以拓展盈利模式。能力开放业务初期以开放独立能力为主，第三方应用可以调用语音、短信、地理位置、文件传输等能力。在融合通信业务发展成熟后，可以将能力打包开放，第三方应用可以同时调用能力包中的组合能力，如联系人列表、在线状态和聊天功能，将 RCS 的好友关系拓展到更丰富的应用场景，RCS 用户随时随地可以和好友通信。

习题

7.1　从业务是否增值的角度分析通信业务如何分类，并举例说明其应用范围。

7.2　按业务的使用者，通信业务分为哪两类？试分析它们具体的应用场合。

7.3　请比较固定电话语音业务和 VoIP 业务的异同。

7.4　请分类说明移动数据通信业务的承载通道。

7.5　请简单说明 4G 时代智能网业务的升级方式。

7.6 试分析应从哪几方面保证移动互联网的安全。

7.7 请说明移动互联网定位业务的实现过程。

7.8 请分析移动互联网业务的发展趋势。

7.9 试述 IMS 业务的实现方式。

7.10 请画出 IMS 业务的体系架构，并简要说明其原理。

7.11 试述融合业务的实现方式。

7.12 举例说明融合通信业务的发展策略。

第 8 章　通信网规划与后评估

通信网的规划设计是通信网发展的需要，是一种复杂的多任务的活动，它是研究建网要遵循的各种原则及实现投资目的的最有效途径。项目后评估是通信网规划工作的重要环节，后评估是指投资项目完成后，对项目的目的、执行过程、效益和影响进行的全面、系统的分析，可以为后期通信网规划建设提供科学依据，从而最大限度地降低通信运营商的投资风险，提高投资效益。

通过本章的学习，应掌握通信网规划的定义和内容，对规划工作有基本的理解；应理解和掌握通信网规划中定性与定量预测方法的思想，熟悉时间序列预测法及相关分析预测法；了解通信项目后评估的方法、流程及指标体系。

8.1　通信网规划基础概论

8.1.1　通信网规划的概念与分类

1．通信网规划的概念

通信网规划定义：为了满足预期的需求和提供可以接受的服务等级，在恰当的地方、恰当的时间以恰当的费用提供恰当的设备。也就是说，通信网规划就是要在时间、空间、目标、步骤、设备和费用六个方面，对未来做出一个合理的安排和估计。

2．通信网规划分类

通信网规划有多种分类形式，原 CCITT《通信网规划手册》中将规划分为四类：

- **战略规划**：给出网络要遵循的基本结构准则。
- **实施规划**：给出实现投资目的的特定途径。
- **发展规划**：处理那些为适应目标所需要的设备的数量问题。
- **技术规划**：处理那些为保证按所需要的服务质量满意地运行而采用的选择和安装设备方法。它对整个网络都是通用的，并保证未来网络的灵活性和兼容性。

按时间跨度不同，规划可分为长期规划、中期规划、近期规划。

按范围不同，规划可分为通信网与业务总体规划、分类或分项的网络与业务规划、单种业务网或专业网规划等。

按业务种类，规划可分为城域网规划、电话网规划、移动网规划、数据网规划、智能网规划等。

按规划的方法和所使用指标，规划可分为定量规划和定性规划。

- 定量规划给出各规划期末应达到的指标，包括相对静态的、看得见的指标，如网络拓扑、设备规模、用户数量、设备投资等；还包括动态的、看不见的指标，如话务量、动态带宽需求、可用性等。

- 定性规划给出发展趋势、技术走向、网络演变、生命周期、经济效益、社会效果及一些深层次问题的分析等。比起定量规划而言，定性规划涉及面更广，综合层面更高，要求编制人员的知识面更宽，因而规划的难度更大。

定量规划与定性规划应相互结合，不应有所偏颇。

8.1.2　通信网规划的任务与步骤

1．通信网规划的目的

通信网规划的目的在于确定网络未来发展的目标、步骤与方式方法，寻求最合理的网络结构、最小的投资风险与最优的性价比。

2．通信网规划的任务

通信网规划的基本任务可以概括为以下三个方面：

- 根据国民经济和社会发展战略，研究制定通信发展的方向、目标、发展速度和重大比例关系。
- 探索通信发展的规律和趋势。
- 提出规划期内有关的重大建设项目和技术经济分析，研究规划的实施方案，分析讨论可能出现的问题及相应的对策和措施。

3．通信网规划步骤

通信网规划的对象在系统规模、专业性质、功能、建设目的等方面都会有较大的差异。因此，制定规划很难有统一的模型。但总体来说，制定规划的基本目标都是一致的，都需要解决如何建设、如何发展的问题，都需要研究与网络发展紧密相连的问题，都需要遵循一些基本步骤。通信网规划的大体步骤如下：

- 对通信网的现状进行调查研究。
- 对通信网的用户数（业务量），技术的发展动向、趋势和前景进行科学的预测。
- 确定规划目标。规划目标包括满足社会需求目标、技术发展目标、保证社会经济发展的目标、保证投资效益的目标等。
- 建立评估指标体系。衡量所做的规划是否与发展目标一致，需要有一系列评估指标，形成评估指标体系。通过评估这些指标的实现程度，来衡量该规划成功与否、是否要修正。
- 网络发展规划。这是规划的核心所在。网络发展规划应以前期的工作成果为依据，针对不同的专业，有针对性地选择合适的规划方法和优化模型，大量采用定量分析和优化技术，采用计算机辅助优化，进行网络的多方案比较。这种比较一方面应从技术角度进行，另一方面还应该利用前面建立的评估指标体系，从经济上进行比较和评估。

8.1.3　通信网规划的总体原则及内容体系

1．通信网规划的总体原则

通信网规划是一项具有战略性、开拓性的宏观研究工作，规划应遵循以下原则：

- 遵循整个国民经济发展的方针、政策，和国家有关通信发展的总体方针、政策和策略。通信网规划应与人口、社会和经济发展相适应，符合国家或地区的社会需求状况和经济实力。
- 规划要在一定时间内有全面综合的指导意义，规划既要有完整性、科学性和前瞻性，又要考虑技术的先进性和经济的合理性。
- 用大系统和全程全网的观点规划网络的发展，局部要服从整体，同级各部门、各分公司应互相衔接、协调和平衡。
- 应有针对性，做到可操作、可检验、可考核。对于战略规划应强调阶段性和前瞻性，对于实施型规划应强调连续性和可操作性。
- 对于战略性、前瞻性的问题应大胆提出未来发展的意见和建议，但又应留有余地并提供应变策略。
- 应兼顾定量规划与定性规划，做到量与质的分析并重，两者应紧密结合。
- 审视和继承过去所做的计划和规划，使规划工作具有继承性，应不断进行滚动规划。
- 编制规划时，应紧密结合通信网络、技术与业务的实际情况，规划的基本方向应符合通信网络、技术与业务发展的趋势。
- 所编制的规划应符合国家、各部委对规划文件内容、格式、名词术语、统计口径等的规定。

2. 通信网规划的内容体系

由第 1 章的图 1.4 可知，通信网作为一个整体，从概念上可以分为传送网、核心网、业务网和支撑系统。在进行通信网规划时，针对不同的网络要有不同的规划目标和方法。按通信网的构成和分类，通信网的规划体系大致如图 8.1 所示。

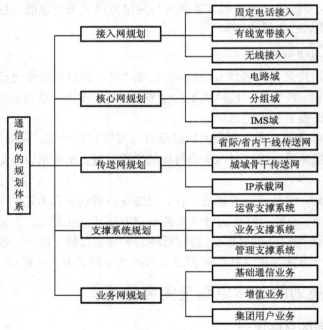

图 8.1　通信网规划体系

各类通信网规划的主要内容都由如下四部分组成：

- 通信网规划后评估
- 通信发展预测
- 通信网络优化
- 通信网规划方案的经济分析

通信网规划后评估

规划后评估在规划周期中处于"承上启下"的重要位置，既总结上期规划，又指导下一期规划，是保证规划实施有效性和完整性的关键环节。通信项目后评估方法及内容详见8.4 节。

通信发展预测

通信网规划中所要进行的预测范围很广，包括与通信发展相关的人口与经济环境预测和通信业务与网络发展预测。相关的人口及经济环境预测可参考国家统计部门的预测值，而通信业务预测是通信网规划中的主要内容，具体详见 8.2 节的介绍。

通信网络优化

网络优化是对网络资源进行合理的配置。不同类型的网络有不同的网络优化方法。进行网络优化时，需要预先规定好一系列的约束条件和目标函数，优化则是要在全面满足所有约束条件的前提下，使目标函数达到极值。

通信网络优化应用最广泛的约束和目标是：在满足业务流量流向和服务等级要求的前提下，使全网建设费用达到极小或者使全网期望效益达到极大；反过来，也就是在一定费用条件下，使网络达到最佳运行状态或最优的服务质量。即在合理投资和有限网络资源的前提下，寻求网络配置和服务质量两者之间的平衡，以达到最佳的投资收益比。

对于具体的网络优化，可以概括为如下三个方面：

- 网络的拓扑结构优化
- 网络的链路容量分配优化
- 网络的流量分配优化

此外，还有对上述三方面的综合优化。综合优化问题非常复杂，常常无法求得最优解，一般只能采用启发式或分布协调的算法来求得次优解。

由于很难对某些因素（如经济、社会因素）进行量化、模型化的描述，网络优化方案有时只能在定性的基础上求得。即使能得到定量的优化结果，也存在着"最优解"、"次优解"和"次次优解"等。在网络优化工作中，不能简单认定"最优解"就是最好的方案，而是应通过全面、定量和定性的分析来确定最终优化方案。

通信网规划方案的经济分析

在通信网规划中，需要从不同角度对规划方案进行财务分析，全面评价规划方案的经济效益。具体分析与评价方法详见电信网规划方面的相关专著。

8.2　通信业务预测方法

由第 3 章可知，在通信网规划中，可以根据业务量（话务量）及网络质量的要求，利用 Erlang 公式求解所需要的信道数。但在实际规划过程中，业务量是未知数，因此，通常要根据过去通信网的使用情况及未来宏观环境的发展趋势，预测未来 5～10 年的业务量的发展趋势，并在此基础上进行网络规划。

8.2.1　通信网规划预测基础

1．预测的概念

预测是利用科学的手段预先推测和判断事物未来的发展趋势与规律，提出对未来发展方向和水平的定性和定量的估计。

通信业务预测应该根据通信业务由过去到现在发展变化的客观过程和规律，并参照当前出现的各种可能性，通过定性的和定量的科学计算方法，分析和推测通信业务未来若干年内的发展方向、趋势和规律。通信业务预测是进行通信网规划设计的基础。在进行通信网规划设计时，要根据规划的周期和规模进行调查和预测，以便为规划设计的科学性、实用性提供必要的依据。

预测方法就是应用数学、分析、逻辑和推理等科学的方法论，推断未来可能性的各种方法的集合。比较常用的方法有时间序列外推预测法、相关分析预测法、专家会议法等。

预测涉及的关键问题首先是怎样运用科学的原理，在如此众多的方法中选定一两种最适合的方法，进行实际的预测计算和操作；其次是对所得到的结果该如何判定其正确性；最后是如何对结果进行必要的修正。

2．通信业务预测的内容

通信业务的预测主要包括通信业务量预测和业务种类预测。业务量预测又分为各类业务的业务总量和业务量的流量、流向的预测，不同业务种类预测的内容也不同。

通信业务量预测

- **通信业务用户数预测**。通信业务用户数预测是通信业务量预测的基础。根据各时期用户规模、用户通信特点及发展趋势，做出通信用户使用通信业务的预测，在此基础上进行通信业务量的预测与分析。
- **业务量预测**。根据当前通信运营商经营的业务和通信网的划分，业务预测主要分为两大类：
  - ✓ 固定网业务预测：主要包括固定电话业务、有线宽带业务、固网增值业务、集团客户业务、互联网专线业务等的业务量预测。
  - ✓ 移动网业务预测：主要包括移动电话业务、移动数据业务、移动增值业务、集团客户业务等的业务量预测。

- **业务总量预测**。主要包括通信用户总数发展预测、通信用户分布密度预测、其他业务发展占用传输线路的比例预测、用户使用特点预测、业务总量预测及平均每线业务量预测。
- **业务量的流量与流向预测**。主要是局间业务量流量、流向预测。

业务种类预测

业务种类预测主要包括固定电话、移动通信、有线宽带、通信增值业务、集团客户及用户专线等业务预测。

3. 通信业务预测分类

- **按预测期限分**：近期预测、中期预测和远期预测。近期预测也称短期预测，预测期限约为 3 年；中期预测期限约为 5 年；远期预测期限约为 10～15 年。
- **按预测方法分**：定性预测、定量预测。
- **按预测范围分**：宏观预测、微观预测。
- **按预测性质分**：判断性预测、历史资料延伸性预测和因果预测。
- **按预测区域分**：长途通信业务预测、本地通信网业务预测和小区预测等。
- **按预测的业务性质分**：电话业务预测、非话业务预测。

4. 通信业务预测的主要步骤

第一步：为了科学地研究和预测通信业务发展的客观规律，首先必须确定预测对象，深入调查、收集预测对象的发展数据及对其产生影响的各种因素的资料，并认真加以整理，打好预测工作的基础。

第二步：对已掌握的资料进行预测分析，找出预测对象过去的发展规律，选出可用的预测方法。预测方法是否适当，对预测结果有很大影响。

第三步：建立数学模型，验证模型的合理性，通过计算得出有一定参考价值的预测值。

第四步：对以上得出的预测值进行综合分析、判断和评价，并根据某些情况进行必要的调整和修正，以确定最后的预测结果，并将其作为通信网规划设计的依据。

5. 业务预测中应注意的问题

- 在收集历史数据时，应注意各种历史数据在不同时期的统计背景和口径问题。
- 通信业务发展速度快、种类多，不同业务发展的特点也不同，因此需要采取不同的模型对业务进行预测。
- 为提高预测的准确性，一般采用两种或两种以上的预测方法进行预测。
- 要对预测结果进行定期跟踪、观察和修正。

6. 常用的预测方法

常用的用户数预测和业务量预测方法如图 8.2 所示，主要有直观预测法、时间序列预测法（包括二次曲线拟合法、三次曲线拟合法、Gompertz 曲线拟合法、平均增长率关系法等）、相关分析预测法（一元和多元线性回归模型）、类比法、瑞利分布多因素法等。

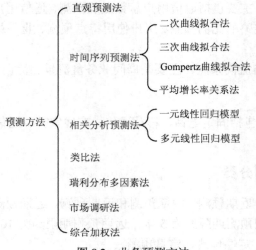

图 8.2 业务预测方法

8.2.2 直观预测法

直观预测法也称定性预测法，主要是通过熟悉情况的有关人员或专家的直观判断进行预测。这种方法简单、易掌握，适应性较强。这种方法适用于下面两种情况：

● 对缺乏历史资料的业务进行预测，如预测新业务的发展趋势。
● 着重对事物发展的趋势、方向和重大转折点进行预测，如预测企业未来的发展方向。

直观预测法在操作上常用的有专家会议法、Delphi 法和综合判断法。

专家会议法

专家会议法就是请一批专家或熟悉情况的人员开会讨论，确定预测值。这种方法适合于规模较大和比较复杂的预测问题，特别是战略级决策。

Delphi 法

Delphi 法是 20 世纪 40 年代末美国兰德公司提出的一种专家会议法的改进方法。这种方法实际上是背靠背征求专家意见的方法。主持预测的机构先选定与预测问题有关的领域，以及有关方面的专家约 10～30 人，并与他们建立适当联系，主要方式是信件往来。再将他们的意见经过综合、整理、归纳，并匿名反馈给各位专家，再次征求意见。经过多次的反复循环，使专家的意见逐渐趋向一致，最后作为预测的根据。Delphi 法是作为一种长期预测技术而出现的，适用于无法精确获得过去和当前的数据资料、无法使用数学模型的预测问题。

综合判断法

综合判断法是 Delphi 法的一种改进方法，也称为概率估算法。每位专家除提出预测结果外，还要给出 3 个预测值：最低估计值 a_i，最高估计值 b_i，最可能的估计值 c_i。根据式（8.1）求出每个专家预测结果的平均值 $\bar{x}_i$：

$$\bar{x}_i = \frac{a_i + b_i + 4c_i}{6} \tag{8.1}$$

再根据各位专家的实际工作经验、意见的权威性等分别给出各位专家的权重 w_i，根据每位专家的预测结果的平均值进行加权处理，求出预测结果 $\bar{x}$ 如下：

$$\bar{x} = \frac{\sum \bar{x}_i w_i}{\sum w_i} \tag{8.2}$$

8.2.3　时间序列预测法

时间序列就是依时间顺序排列的统计数据，用以表示某种经济现象（如话务量）随时间变化的规律。分析这些数据依时间变化的规律，用以预测未来。这种方法是假定未来的发展趋势和过去的发展趋势相一致而进行推断的。最简单的方法是将曲线延伸出去预测未来某一时期的发展水平。这种用手工延伸的方法比较粗略，并且往往误差较大。因此可用数学模型来确定其曲线形状，根据数学方程式来求出预测值。

1．时间序列外推预测法

时间序列外推预测法首先假设未来发展趋势和过去发展趋势相一致，采用曲线对数据序列进行拟合，从而建立能描述对象发展过程的预测模型，然后用模型外推进行预测分析。

应用该方法时，应先根据统计数据序列的趋势和分析预测对象的规律，选择不同的数学模型。通信业务预测中常用的模型有：线性方程、二次曲线方程、指数方程和幂函数方程等。由于时间序列外推预测法假设未来发展趋势和过去发展趋势相一致，因此比较适合近期预测，而不太适合用于中远期预测。下面介绍几种时间序列外推预测模型，下面公式中的 t 为预测年数，y_t 为预测对象在 t 年的预测值。

线性模型

$$y_t = a + bt \tag{8.3}$$

该模型的参数估计公式为

$$b = \frac{\sum (t_i \cdot y_i) - n\bar{t} \cdot \bar{y}_t}{\sum t_i^2 - n\bar{t}^2} \tag{8.4}$$

$$a = \bar{y}_t - b\bar{t} \tag{8.5}$$

其中，$\bar{y}_t = \dfrac{\sum y_i}{n}$，$\bar{t} = \dfrac{\sum t_i}{n}$；$t_i$ 和 y_i 为 t 和 y_t 的 n 组观测样本值。该模型常用于电话用户数的发展预测。

指数和幂函数模型

指数模型和幂函数模型的数学表达式分别如式（8.6）和式（8.7）所示，它们的曲线形状分别如图 8.3 和图 8.4 所示。

指数模型：

$$y_t = AB^t \tag{8.6}$$

其中：$B = K + 1$，K 为年增长率，A 为基年的实际值。

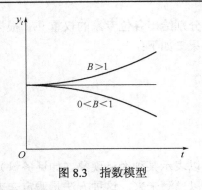 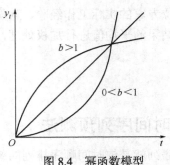

图 8.3　指数模型　　　　　　　　　图 8.4　幂函数模型

幂函数模型：

$$y_t = At^b \qquad (8.7)$$

其中，A 为基年的实际值，b 为模型参数。

为了分析指数模型和幂函数模型方程，可在方程两边取对数，将方程变成线性方程来处理：$y_t = AB^t$ 线性化后，可化为 $y'_t = a + bt$，其中 $y'_t = \ln y_t$，$a = \ln A$，$b = \ln B$。$y_t = At^b$ 线性化后，可化为 $y'_t = a + bt'$，其中 $y'_t = \ln y_t$，$a = \ln A$，$t' = \ln t$。

可见，在线性化后，两个方程的参数估计可参照线性模型参数估计式（8.4）和式（8.5）求得。

指数模型通常适于人口的增长、经济的增长及新业务发展初期业务量的预测；幂函数模型适用于长途电话业务量的预测。

二次曲线模型

二次曲线模型的数学表达式为

$$y_t = a + bt + ct^2 \qquad (8.8)$$

其中，a、b、c 为回归系数，根据最小二乘法原理，有

$$\begin{cases} \sum y_i = na + b\sum t_i + c\sum t_i^2 \\ \sum y_i \cdot t_i = a\sum t_i + b\sum t_i^2 + c\sum t_i^3 \\ \sum y_i \cdot t_i^2 = a\sum t_i^2 + b\sum t_i^3 + c\sum t_i^4 \end{cases} \qquad (8.9)$$

将实际数据代入后，即可得到关于 a、b、c 的三元一次方程组，求解方程组即可得到 a、b、c 的估计值，为

$$b = \frac{\left(\sum t_i y_i - n\bar{t}\,\bar{y}_t\right)\left(\sum t_i^4 - n\overline{t^2}^2\right) - \left(\sum t_i^2 \bar{y}_t - n\overline{t^2}^2 \bar{y}_t\right)\left(\sum t_i^3 - n\bar{t}\,\overline{t^2}\right)}{\left(\sum t_i^2 - n\bar{t}^2\right)\left(\sum t_i^4 - n\overline{t^2}^2\right) - \left(\sum t_i^3 - n\bar{t}\,\overline{t^2}\right)^2} \qquad (8.10)$$

$$c = \frac{\left(\sum t_i^2 y_i - n\bar{t}\,\bar{y}_t\right)\left(\sum t_i^2 - n\bar{t}^2\right) - \left(\sum t_i y_i - n\bar{t}\,\bar{y}_t\right)\left(\sum t_i^3 - n\bar{t}\,\overline{t^2}\right)}{\left(\sum t_i^2 - n\bar{t}^2\right)\left(\sum t_i^4 - n\overline{t^2}^2\right) - \left(\sum t_i^3 - n\bar{t}\,\overline{t^2}\right)^2} \qquad (8.11)$$

$$a = \bar{y}_t - bt - ct^2 \qquad (8.12)$$

$$\overline{y_t} = \frac{\sum y_i}{n}, \quad \overline{t} = \frac{\sum t_i}{n}, \quad \overline{t^2} = \frac{\sum t_i^2}{n} \tag{8.13}$$

同理，也可求出三次曲线的预测模型。二次、三次曲线预测模型通常适用于移动电话业务量的预测。

2．成长曲线预测法

大量研究表明，通信业务市场需求的发展有一定的相似性，某些通信量与时间之间的变化曲线呈 S 形。例如 S 形增长曲线表达了电话发展从萌芽期、起步期、快速增长期到最后进入饱和期的全过程，这时业务增长曲线不再呈现指数规律或二次曲线规律。这种随时间趋于饱和的曲线称为成长曲线，常用的曲线方程有 Gompertz 曲线方程和 Logistic 曲线方程，它们适用于中远期预测。

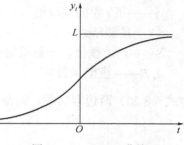

Gompertz 模型

Gompertz 模型是一条渐近曲线，如图8.5 所示。它反映某些经济现象一开始时发展较慢，随着时间推移，其增长速度加快，当增长加快达到一定程度后，增长率逐渐减

图 8.5　Gompertz 曲线

慢，最后达到饱和状态的过程。当预测对象的发展存在极限，并且有相近增长趋势时（例如移动网中的电话普及率预测），可考虑使用 Gompertz 模型预测。

常用的 Gompertz 曲线公式为

$$y_t = Se^{-Ae^{-kt}} \tag{8.14}$$

其中：

y_t——第 t 年的预测值

t——预测年数

S——渐近线值，一般根据经验估算

k, A——模型参数

对式（8.14）两边取两次对数，则得到变换式为

$$\ln\ln\left(\frac{S}{y_t}\right) = \ln A - kt \tag{8.15}$$

令

$$y_t' = \ln\ln\left(\frac{S}{y_t}\right) \tag{8.16}$$

$$a = \ln A \tag{8.17}$$

$$b = -k \tag{8.18}$$

则式（8.15）变为线性关系：

$$y_t' = a + bt \tag{8.19}$$

利用上面线性模型的参数估计方法，计算出参数 a 和 b，进而计算出 k 和 A。

Logistic 模型

Logistic 曲线又称为生长理论曲线或推理曲线。它和 Gompertz 曲线很相似，也是描述某些经济变量由开始增长缓慢，随后增长加快，达到一定程度后，增长率逐渐减慢，最后到达饱和状态的过程。Logistic 曲线的形状为一条对称的 S 形曲线，常用 Logistic 模型的数学表达式为

$$y_t = \frac{S}{1 + Be^{-At}} \tag{8.20}$$

式中：

y_t——第 t 年的预测值

t——预测年数

S——渐近线值，一般根据经验估算

A, B——模型参数

对式（8.20）两边取对数，则得到变换式为

$$\ln\left(\frac{S}{y_t} - 1\right) = \ln B - At \tag{8.21}$$

令

$$y_t' = \ln\left(\frac{S}{y_t} - 1\right) \tag{8.22}$$

$$a = \ln B \tag{8.23}$$

$$b = -A \tag{8.24}$$

则式（8.21）变为线性方程：

$$y_t' = a + bt \tag{8.25}$$

利用上面线性模型的参数估计方法，确定参数 a 和 b，进而计算出 $A = -b$，$B = e^a$。

3. 移动电话普及率预测实例

某地区 2005 年至 2014 年移动电话普及率如表 8.1 所示，试对该地区的移动电话普及率进行预测。

表 8.1　某地区 2005～2014 年移动电话普及率　　　（单位：部/百人）

年份	2005	2006	2007	2008	2009	2010	2011	2012	2013	2014
普及率	35.4	45.1	60	70.8	79.0	91.4	101.8	103.73	104.5	105.18

由表 8.1 的数据序列可以发现，该地区移动电话普及率随时间 t 的变化规律符合 S 形增长曲线，因此，我们可用成长曲线预测法进行预测。这里分别采用 Gompertz 和 Logistic 模型进行预测，并对两种方法得到的预测值进行平均加权处理。

方法一：Gompertz 模型

Gompertz 模型如式（8.14）所示，渐近线值 S 根据经验取为 120（即 120 部/百人）。由式（8.16）得 y_t' 值填于表 8.2 中。

表 8.2　Gompertz 模型的 y_t' 值

t	2005	2006	2007	2008	2009	2010	2011	2012	2013	2014
y_t'	0.1995	-0.0216	-0.3665	-0.6394	-0.8722	-1.301	-1.805	-1.9262	-1.9783	-2.0263

根据式（8.19）对表8.2 中的 y_t' 进行线性拟合，由式（8.4）和式（8.5）得 $a = 0.441$，$b = -0.275$，则由式（8.17）和式（8.18）得 $A = 1.554$，$k = 0.275$，所以 Gompertz 模型为

$$y_t = 120 e^{-1.554 e^{-0.275(t-2004)}} \tag{8.26}$$

由式（8.26）计算出该地区第 t 年的移动电话普及率预测值如表 8.4 所示。

方法二：Logistic 模型

渐近线值 S 根据经验取为 120（即 120 部/百人）。由式（8.22）得 y_t' 值填于表 8.3。

表 8.3　Logisitic 模型的 y_t' 值

t	2005	2006	2007	2008	2009	2010	2011	2012	2013	2014
y_t'	0.8712	0.5073	0	-0.3640	-0.6559	-1.1618	-1.7216	-1.8525	-1.9083	-1.9597

根据式（8.25）对表8.3 中的 y_t' 进行线性拟合，由式（8.4）和式（8.5）得 $a = 1.051$，$b = -0.341$，则由式（8.23）和式（8.24）得 $A = 0.341$，$B = 2.861$，所以 Logistic 模型为

$$y_t = \frac{120}{1 + 2.861 e^{-0.341(t-2004)}} \tag{8.27}$$

由式（8.27）计算出该地区第 t 年的移动电话普及率预测值如表 8.4 所示。

对上述两种方法进行平均加权计算，得到平均预测值如表 8.4 所示。

表 8.4　2015～2020 年移动电话普及率预测值　　　（单位：部/百人）

	t	2015	2016	2017	2018	2019	2020
	Gompertz 模型	111.28	113.31	114.89	116.09	117.02	117.73
y_t	Logistic 模型	112.44	114.53	116.06	117.17	117.97	118.55
	平均法	111.86	113.92	115.47	116.63	117.49	118.14

该地区 2015～2020 年移动电话普及率预测曲线如图 8.6 所示。该地区 2005～2020 年移动电话普及率预测曲线如图 8.7 所示。

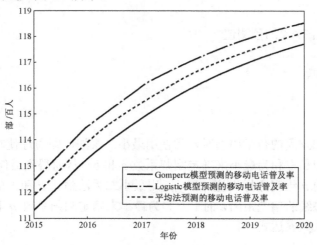

图 8.6　2015～2020 年移动电话普及率

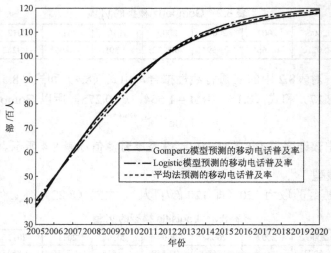

图 8.7　2005～2020 年移动电话普及率预测曲线

8.2.4　相关分析预测法

相关分析预测法也称因果预测法。它是根据各变量之间的相互关系，利用历史数据建立回归方程进行预测的一种预测方法。其基本思想是：分析预测对象与相关因素的相互关系，用适当的回归预测模型表达出这些关系，然后再根据数学模型预测未来状况。相关分析预测模型分为线性和非线性模型，根据自变量的个数不同又可分为一元相关和多元相关模型。

1．一元线性回归预测法

如果将预测对象的时间序列数据拟合成趋势线，可以用线性方程表示，则称为线性回归。线性回归预测是假设今后的发展趋势与过去的发展趋势相一致，利用线性回归方程对未来发展状况进行预测。

一元线性回归方程研究某一因变量 y_t 与一个自变量 t 之间的关系，其数学模型为

$$y_t = a + bt + \varepsilon \tag{8.28}$$

式中：

y_t——预测对象在 t 年的预测值

t——预测年数

a, b——回归系数

ε——随机误差

回归系数

在建立线性回归预测的数学模型时，常使用最小二乘法，即通过使时间序列数据到拟合趋势线的偏差距离的平方和为最小来确定回归系数 a 和 b，从而得到最佳回归方程。

根据对 t 和 y_t 的 n 组观测样本值 t_i 和 y_i，用最小二乘法估计 a 和 b 的值，即通过使时间序列数据到拟合趋势线的偏差距离 ε 的平方和为最小来确定回归系数 a 和 b，由此即可求解得到回归方程及其系数表达式：

$$y_t = a + bt \tag{8.29}$$

求得回归系数：

$$a = \bar{y}_t - b\bar{t} \tag{8.30}$$

$$b = \frac{\sum t_i \cdot y_i - \bar{y}_t \sum t_i}{\sum t_i^2 - \bar{t} \sum t_i} = \frac{\sum t_i \cdot y_i - n\bar{t} \cdot \bar{y}_t}{\sum t_i^2 - n\bar{t}^2} \tag{8.31}$$

其中

$$\bar{y}_t = \frac{\sum y_i}{n}, \quad \bar{t} = \frac{\sum t_i}{n} \tag{8.32}$$

由上述分析可见，一元线性回归预测法与时间序列外推预测线性模型法是一致的。

有了 n 组两两线性相关的历史数据，即可利用式（8.29）～式（8.32）求得回归方程及系数。这样就可以根据给定的未来自变量 t，求得相应的一个最接近的因变量 y_t，从而达到预测的目的。

在计算回归系数的过程中，如果时间序列中的数据数目为奇数，如为 9 个，则取–4, –3, –2, –1, 0, 1, 2, 3, 4 的编号，这样可使 $\sum t_i = 0$ 以达到进一步简化计算的目的。此时回归系数为

$$b = \frac{\sum(t_i \cdot y_i)}{\sum t_i^2} \tag{8.33}$$

$$a = \bar{y}_t \tag{8.34}$$

回归预测主要适用于近期预测。

模型检验

根据观测数据利用统计方法建立的预测模型并不一定是合理的，需要用统计学中的模型检验方法来检验模型的可用性和可信性。

相关性检验

相关性检验采用相关系数 r 进行检验。r 用于表达在线性模型下，观测样本值 t_i 和 y_i 之间相关密切的程度。其计算公式为

$$r = \frac{\sum(t_i - \bar{t})(y_i - \bar{y}_t)}{\sqrt{\sum(t_i - \bar{t})^2(y_i - \bar{y}_t)^2}} \tag{8.35}$$

当 $|r| = 1$ 时表示 t_i 和 y_i 依概率 1 线性相关，亦即为确定性关系；当 $|r| = 0$ 时表示二者不相关。一般 $|r|$ 在 0～1 之间，越接近于 1 表示关系越密切。r 为正值表示正相关，为负值表示负相关。

线性假设显著性检验

检验的目的是判断线性关系这一假设在概率意义下的合理性。首先确定显著性水平 α（$0 < \alpha < 1$），显著性检验就是判断在这一水平下线性假设是否成立。检验需要用到 t 分布值，可查表得到。进行显著性检验的计算时，最重要的是 α 取值合理。一般都建议取 $\alpha = 0.05$，这是针对纯自然科学而言的。但对于高科技、高风险，以及涉及不确定因素比较多的社会现象，一般建议取 $\alpha = 0.40$。

2. 多元线性回归预测

由前面分析可知，一元线性回归预测是只涉及一个自变量 t 的回归问题。而实际预测中，预测变量往往受多因素共同作用。这时可使用多元线性回归预测方法求出预测值。当有 m 个自变量 $x_1, x_2, \cdots, x_m$ 时，多元线性回归预测模型为

$$y = a_0 + a_1 x_1 + a_2 x_2 + \cdots + a_m x_m \tag{8.36}$$

式中：

y——预测对象

$x_1, x_2, \cdots, x_m$——m 个自变量（影响因素）

$a_0, a_1, \cdots, a_m$——模型参数

模型参数估计需要做复杂的矩阵运算，随着 m 的增大计算变得相当复杂，具体应用请参阅相关的预测技术参考书。

8.2.5　其他预测方法

除上面介绍的预测方法外，还有一些其他业务预测方法，其概念如下：

● **综合加权法**。某些类型的通信业务不仅与一种社会经济因素有关，而且还和其他多种因素都有较密切的关系。这时可用综合加权法进行业务预测，具体为：每次假定只有一种自变量发生变化而其他自变量不变，如此分别地、逐个地独立进行只有一个自变量的相关分析计算，然后对每一种计算结果进行加权综合，求得综合的加权结果。

● **市场调研法**。包括抽样调查、典型调查和重点调查。主要是分析市场容量的大小、不同市场的规模与倾向、消费者各阶层对商品需求的变化等。

● **瑞利分布法**。该方法涉及两个关键环节，一是利用瑞利分布的原理确定潜在用户群，二是量化潜在用户群中渗透率变化趋势。具体来说，在利用瑞利分布进行市场预测时，首先应确定潜在市场规模，然后对主要影响因素进行量化，测算潜在用户市场渗透率，最后两两相乘即可得到预测值。

● **类比法**。同类型的业务在大体类似的地区经济社会环境中，其发展过程也是总体相似的。因此欠发达地区未来的发展规律就可以借鉴先进地区的发展经历。

8.3　通信网规划实例

通信网规划一般可分为：接入网规划（无线接入网、有线接入网）、传送网规划、核心网规划、业务网规划和支撑系统规划等。下面以无线接入网和核心网规划为例，详细分析通信网规划的过程（以下将无线接入网简称为无线网）。

8.3.1　无线网规划

1. 无线网规划内容

无线网络规划的目的就是要对投入运行的无线网络进行参数采集、数据分析，找出影响

网络质量的因素，通过技术手段或参数调整使网络达到最佳运行状态，网络资源获得最佳效益，同时了解网络的增长趋势，为扩容提供依据。

无线网规划的主要内容包括规划思路、规划原则与流程及规划方案。

2．无线网规划思路

- 2G 网络和 3G 网络。应在保证网络质量不下降的前提下，重点通过网络性能局部优化，提升资源承载效率，维持合理的网络负荷。在网络规模扩容、新功能全网引入等方面控制性发展，并逐步向 4G 网络演进。应进一步将数据业务分流到 WLAN 和 4G 网络中，以释放更多的频段用于 4G 网络中。
- WLAN 网络。应以分流蜂窝网络数据流量为目标，以提升 WLAN 网络利用率为核心。在规划过程中应精确选址，优质建网，提升热点区域覆盖质量，扩展覆盖范围，保证用户接入带宽。作为有效的低成本互联网业务承载网络及蜂窝网络数据流量补充手段，WLAN 网络需视 4G 蜂窝网业务发展情况适度发展。
- 4G 网络。应积极推进 4G 网络的建设，不断对 2G 和 3G 网络进行升级，实现 4G 网络的深度连续覆盖。不断引入新技术对网络进行扩容，改善用户体验，提升网络资源利用率。

3．无线网规划原则与流程

无线网规划原则

- 在无线网规划过程中，从预规划的链路预算、容量计算到站址选择和参数选取及利用规划工具的仿真分析等各个过程，都要始终注重容量、覆盖和服务质量的综合考虑。
- 无线网规划是将三年内的业务发展（特别是数据业务）作为系统目标（即容量要求）进行规划设计，需要根据具体情况决定覆盖和质量实现。
- 应当提供重点地区业务的连续覆盖，根据业务量的差别、地形环境的差异、目标规划业务的不同，确定具体覆盖范围。
- 将需要进行室内覆盖的建筑进行分类，保证重点地区覆盖。
- 通过区域覆盖率和通信概率考察无线网络覆盖性能，通信概率通过链路预算中设置合理的衰落余量加以保证，而容量要求通过目标负载因子获得相应干扰余量设置。
- 无线网规划需要进行数据收集、需求分析及业务资源占用分析。数据收集是基于现有网络的数据采集和话务分析与预测；需求分析的目的是确定系统受限于覆盖还是容量，这关系到系统的设计、站址选择和链路平衡；业务资源占用分析提供了进行容量规划的业务量计算方法。
- 无线网络需要的基站数目应当根据覆盖规划和容量规划的结果进行综合考虑获得，并要校正传播模型，用规划工具进行仿真计算，获得总体网络性能指标。
- 合理配置网络参数对规划目标的实现具有重要意义。尽管设备类型不尽相同，但参数规划所涉及的原理、机制及参数范围基本一致。同时，在规划过程中，需要密切结合网络的实际需求等具体情况进行有针对性的配置。
- 由于无线网规划的复杂性，需要利用规划工具对覆盖和容量进行仿真，获得系统质量的输出结果并分析规划设计方案的优劣，据此进行多次仿真迭代，最终获得符合要求的方案。

无线网规划流程

规划的流程主要由需求分析、网络规划内容及投资估算三部分组成，无线网规划流程如图 8.8 所示。

- 在需求分析阶段，应明确网络发展环境、业务需求及无线网发展现状，这些数据都是无线网规划的重要输入。
- 网络规模估算主要是通过覆盖和容量估算来确定网络建设的基本规模。在进行覆盖估算时，首先应了解当地的传播模型，然后通过链路预算来确定不同区域的小区覆盖半径，从而估算出满足覆盖需求的基站数量。容量估算则是分析在一定站型配置的条件下，网络可承载的系统容量，并估算是否可以满足用户的容量需求。
- 在站址规划阶段，主要是依据链路预算的建议值，结合当前网络站址资源情况，进行站址布局。在确定站点初步布局后，结合现有资料或现场勘测来进行站点可用性分析，确定覆盖区域可用的共址站点和需新建的站点。可用站址主要依据无线环境、传输资源、电源、机房条件、天面条件及工程可实施性等方面综合确定。
- 完成初步的站址规划后，需要进一步将站址规划方案输入到规划仿真软件中进行覆盖及容量仿真分析。仿真分析流程包括：规划数据导入、传播预测、邻区规划、时隙和频率规划、用户和业务模型配置及蒙特卡罗仿真。通过仿真分析输出结果，可以进一步评估规划方案是否可以满足覆盖及容量目标。如部分区域不能满足要求，则需要对规划方案进行调整修改，使得规划方案最终满足规划目标。
- 在利用规划软件进行详细规划评估之后，就可以输出详细的无线参数。这些参数主要包括天线高度、方向角、下倾角等小区基本参数，邻区规划参数，频率规划参数，PCI（Physical-layer Cell Identity）参数等。同时根据具体情况进行 TA（Timing Advance）规划，这些参数最终将作为规划方案提交给后续的工程设计及优化使用。
- 根据网络规划内容进行投资估算。

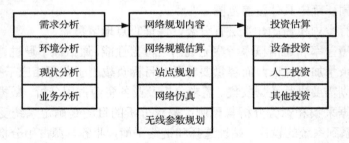

图 8.8　无线网络规划流程

4．无线网规划方案

需求分析

环境分析

网络环境分析主要包括宏观环境、行业环境、监管环境及竞争环境分析。

- 宏观环境：首先考虑地区总体经济发展形势，包括 GDP、工业增加值、支柱行业产量等，主要分析经济发展对全行业通信业务收入的影响；其次考虑地区人口情况，包括地区常住人口和流动人口情况，可结合移动用户普及率作为预测通信用户发展的依据；最后需要考虑国家政策，寻找信息化行业的新机遇。

- 行业环境：主要考虑新增移动用户规模、电话普及率，以及增值业务、语音业务和数据业务的发展形势，为通信业务量的预测提供依据。由于 OTT（Over The Top）业务替代作用增强，传统短信业务和语音业务的增量和收入均受到影响。移动数据业务保持着倍增的发展态势，移动数据流量收入已成为运营商收入增长的主要来源，但是运营商普遍存在移动数据流量与收入增长不匹配的情况。

- 监管环境：主要涉及国内政策，例如智能终端管理政策、全业务经营限制政策、通信业向民间资本开放政策、营业税改增值税等，都对运营商有一定的冲击。运营商需要根据工信部及国家政策进行战略性的规划部署。

- 竞争环境：我国主要通信运营商包括中国电信、中国移动、中国联通，其中，中国移动占有大部分移动用户市场份额。从移动通信市场发展看，3G 业务时期市场的相对均衡助推了移动通信市场格局的改善，三大运营商的收入市场份额略有调整。中国移动的移动用户市场份额略有下降，中国电信、中国联通则分别有所提高。面对 4G 时代的展开，通信业迎来前所未有的转变，运营商将面临全新的竞争环境，他们必将调整战略策略，继续在 4G 上展开争夺。竞争主体从三大运营商扩展到广电企业、互联网企业、IT 厂商和终端厂商等主体。竞争将扩展到终端产业链、无线音乐产业链、云计算产业链和物联网产业链等。同时，随着虚拟运营商进入、微信类平台快速发展、消费者需求更加多元、内容和应用等 OTT 供应商掌握核心内容，竞争环境骤变，运营商将面临巨大挑战。

现状分析

我国目前无线接入网主要包括 2G、3G、4G 和 WLAN 四种网络。四种网络分别具备不同的覆盖能力和业务承载能力，其中 2G 与 3G 网络以承载语音和低速率业务为主，属于基础网络；4G 和 WLAN 以承载高速数据业务为主，是移动互联网的主营网络。这四种网络将长期共存，互为补充，融合发展。

2G 网络是当前语音业务的主要承载网络，网络利用率较高，网络压力较大。目前其业务增长速度放缓，但是随着多模智能终端的迅速普及，仍需承载大量的回落业务流量，以确保网络质量。

3G 网络经过多年发展，产业成熟度逐步提高，业务分流能力也在逐步提高。但目前仍存在网络覆盖不足，承载效率不高的问题。

WLAN 网络是我国无线网络的重要组成部分，是无线宽带接入和应对互联网竞争的重要手段。WLAN 在蜂窝网络流量高、数据业务需求旺盛的区域进行覆盖，与蜂窝网络协调发展，优势互补，资源共享。

全球主流运营商纷纷加快 4G 网络的建设。4G 网络建设速度快于 3G 发展初期，其用户发展速度同样优于 3G 初期。我国 4G 网络已经进入商用阶段，但仍需要加大 4G 网络覆盖，提升网络质量。

目前无线网络存在多种网络并存的局面。除了以上四种网络，WMN、WSN 等多种网络也被广泛应用在不同的场景，以更好地提升网络质量。

业务分析

通信行业的业务预测是确定网络建设规模、设备容量、投资估算等内容的重要依据，直接关系到运营商的投入产出和经济效益。

- 业务定位：固网收入由于语音收入降幅收窄、转型业务继续保持强劲拉动，下降趋势有所减缓。移动网络继续保持良好的增长势头，但由于移动用户增长速度的减缓，收入增长幅度也逐渐收窄。移动、宽带、增值及综合信息应用服务收入是规划期内推动收入增长的主要来源。
- 业务发展目标：新技术的出现和发展，将对传统技术业务带来革命性变革。通信行业顺应技术和市场的发展走向，以建设世界级的现代综合信息服务提供商为愿景，在规模发展移动、宽带业务的基础上，拓展 ICT 行业应用、固定和移动互联网，以及物联网、云计算等新一代信息技术应用。通过多业务、多平台、多网络、多终端的融合及价值链的开放合作，为客户提供便捷、丰富、差异化、高性价比的综合信息服务。
- 业务预测思路：业务预测思路如图 8.9 所示。

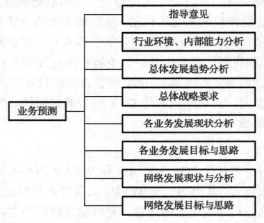

图 8.9　业务预测思路

- 业务预测方法：具体预测方法详见 8.2 节。
- 预测工作的开展步骤：
  ① 明确预测目标；
  ② 确定预测因子；
  ③ 收集、整理和分析预测所需信息；
  ④ 选择预测方法和建立数学模型；
  ⑤ 预测结果评价和编制预测报告。

规划方案设计

下面以 TD-LTE（Time Division Long Term Evolution）为例来说明无线网络规划。

架构演进

TD-LTE 作为具有中国自主知识产权的下一代移动通信技术，经过技术标准形成阶段和验证阶段之后，已经处于产业化和商用化阶段。TD-LTE 架构演进如图 8.10 所示。

　　TD-LTE 采用正交频分复用（Orthogonal Frequency Division Multiplexing，OFDM）技术和多天线 MIMO（Multiple-Input Multiple-Output）技术，能够实现更灵活的频谱带宽配置。相对 TD-SCDMA 的网络架构，TD-LTE 采用全 IP 的扁平化架构，取消了 RNC，eNB 与 EPC 之间采用多对多连接（网格网络），eNB 之间直接相连。

　　EPC 分为控制面 MME 和用户面 SGW/PGW。

　　S1 是 eNB 和 MME/SGW 之间的接口，X2 是 eNB 之间的接口。

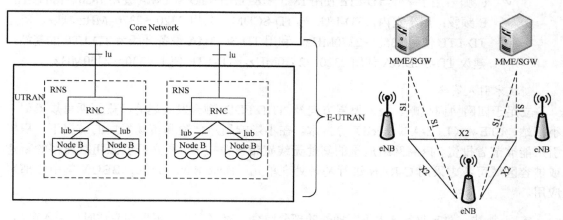

图 8.10　TD-LTE 架构演进

频率规划

　　现有 F（1880～1900MHz）、A（2010～2025MHz）、E（2320～2370MHz）、D（2575～2635MHz）四个 TDD 频段，其频率使用情况如表 8.5 所示。

- F 频段：建议用于 TD-LTE 室外覆盖。对于 3G 现网已经使用 F 频段的区域，应统筹做好 TD-SCDMA 与 TD-LTE 在该频段的频率规划，将 3G 网络使用的频段尽量调整到 A 频段，为 TD-LTE 预留足够的 F 频段资源。同时积极申请 1900～1915MHz 频移用于 TD-SCDMA 容量补充。

- A 频段：TD-SCDMA 主用频段。室外覆盖优先使用 2015～2025MHz 频段，室内覆盖优先使用 2010～2015MHz 频段。

- D 频段：Band41（2500～2690MHz）已划为 TDD 全频段，其中 Band38（2575～2615MHz）已用于 TD-LTE 室外覆盖，全频段整体划分方案还需进一步研究，以推动实现多家运营商共同运营 TD-LTE。

- E 频段：只用于室内覆盖，该频段的 2320～2330MHz 用于室内数据业务热点的扩展频段。部分频段用于 TD-SCDMA 室内覆盖，部分频段用于 TD-LTE 室内覆盖。

- 积极推动 700MHz 用于 TD-LTE 广覆盖，3.5GHz 频段用于室内热点覆盖。

表 8.5　TDD 频率使用情况

频　　段	范　　围	带　　宽	目前应用情况
F 频段	1880～1900MHz	20M	TD-SCDMA/TD-LTE
A 频段	2010～2025MHz	15M	TD-SCDMA
E 频段	2320～2370MHz	50M	TD-SCDMA/TD-LTE（室内）
D 频段	2575～2635MHz	60M	TD-LTE

无线网络配置原则

- **站型配置原则**。宏基站原则上应采用三扇区配置，站型配置为S111，载波带宽20MHz；室分基站原则上配置为O1，载波带宽为20MHz。

- **频率使用原则**。

  ✓ D频段：用于室外，按照每小区20MHz配置，使用2600～2620MHz。

  ✓ F频段：用于室外，TD-LTE使用1885～1895MHz，TD-SCDMA使用1880～1885MHz。

  ✓ E频段：用于室内，TD-LTE与TD-SCDMA共用2320～2370 MHz频段。新建TD-LTE使用2350～2370MHz。利用TD-SCDMA设备升级为TD-LTE的基站，建议TD-SCDMA使用2320～2330MHz，TD-LTE使用2330～2350MHz。

新技术引入策略

立足于四网协同战略、技术发展方向及TDD/FDD融合发展趋势，规划期可规模引入小基站、LTE-A（LTE-Advanced）等技术。在不影响用户体验和市场发展的前提下，积极引入能够节省投资、提高网络质量的其他无线宽带覆盖技术。在光纤资源相对充裕的新建或扩容区域可考虑采用C-RAN进行基带处理单元（Base Band Unite，BBU）集中化部署应用。

- **小基站**：面向业务需求不断增长的部分政企、家庭客户，规划期应适时地引入微站、Pico、Femto等小基站。小基站的建设，一方面弥补连续覆盖的不足，另一方面加强室内热点区域的覆盖。应加强小基站业务需求、网络建设策略、网络规模与投资的分析，将其作为规划资源配置的一部分。

- **LTE-A**：随着业务需求的不断增长、技术的不断演进，规划期逐步引入载波聚合和多天线等新技术。

- **无线宽带覆盖**：随着业务需求的不断增长，以及对农村地区的广度覆盖，会产生包括GSM-Hi（GSM Hotspot/indoor）等无线覆盖技术的需求，规划期可考虑逐步引入相关技术。

- **BBU集中化部署**：考虑到网络未来集中化的发展趋势，在光纤资源相对充裕的新建或扩容区域可考虑采用C-RAN进行BBU集中化部署应用，减少在远端新建机房，减少空调等配套设备，并相应减少运维和能源消耗。

投资估算

通信工程建设之初，项目可行性研究报告编制之前，均要进行整体技术方案的规划，并根据整体技术方案规划进行合理的投资估算，以便评估整个项目的投资及投资收益，从而最终确定是否进行项目的建设。因此规划方案投资估算的合理性与准确性将具有非常重要的意义和作用。只有前期对主要工程量和投资估算进行合理的评估，才能让后期的施工变得更有价值，让整个通信建设工程项目发挥最大化的效益。

规划方案投资估算的原则

规划方案的投资估算原则上应从大处入手，宜粗不宜细；但也应粗中有细，尽可能对工程投资进行模块化分解。比如在4G工程建设中，可以将投资先行按专业纵向分解：核心网、传送网、网管、无线、电源、光缆、土建等；再根据投资类别进行横向分解：设备、材料、施工、监理、设计、其他（诸如协调、外市电、环评等），从而保证投资估算的全面性。项目一般的总投资构成如图 8.11 所示。

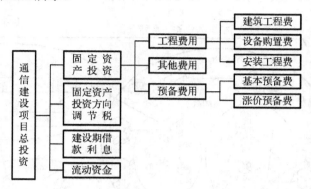

图 8.11　通信建设项目的总投资构成

规划方案投资估算的方法

在投资估算的编制过程中，固定资产投资估算主要采用单位指标估算法、主要设备投资估算法、近似工程量估算法等。

- 单位指标估算法是投资估算中最常用的一种方法，在运用时，不能简单地判断，应根据项目的设计条件、建设标准等，因时、因地、因工程进行具体分析，灵活运用。
- 主要设备投资估算法是当确定了其主要参数后，便可以大致确定其设备价格，并按比例确定其运输费和安装费。对于与设备相配套的管线工程，由于其占的比例较小，可以根据类似工程取一定的百分比估算投资，也可根据建筑面积参照相应造价指标估算。
- 近似工程量估算法是根据设计方案，初步估算主要分项工程的工程量，然后根据定额，结合市场，配上相应的单价，确定一个取费标准，从而得出投资额。

在网络建设中，单纯用上述某一种投资估算方法所得到的投资估算都会存在一定的偏差，因此需要综合使用上面三种方法，根据不同的估算对象进行合理选择，才能得到相对合理、准确的投资估算。

8.3.2　核心网规划

1. 核心网

核心网构架在传送网及 IP 承载网之上，并承载业务网，主要包括电路域（CS 域）、分组域（PS 域）和 IMS 域三部分。核心网目标网络结构如图 8.12 所示。

- CS 域为用户接入提供语音和短信等会话业务，与 IMS 域互通。
- PS 域为用户接入提供彩信、WAP 浏览等数据业务，与 IMS 域互通。PS 域分为 2G/3G PS 域和 LTE/EPC PS 域。其中，2G/3G PS 域为移动用户提供彩信、WAP 浏览等低速数据业务；LTE/EPC PS 域为移动用户提供高带宽、低时延、永远在线的移动互联网类高速数据业务。
- IMS 域为全业务提供通信能力支撑，是涉及业务、核心、承载、接入、支撑网络的端到端发展体系。

除此以外，信令网作为核心网 CS 域和 PS 域的支撑网络，负责核心网网元间信令的传送。智能网是构建在基础交换与承载网络之上的网络架构，负责业务的生成、管理和控制。

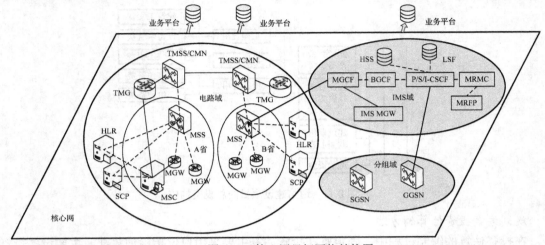

图 8.12　核心网目标网络结构图

2．核心网现状

国内通信运营商 2G/3G 核心网均采用融合组网方案。CS 域配合 CSFB（Circuit Switched Fallback）和 VoLTE（Voice over LTE）等技术的引入，进行相关语音方案功能的升级。PS 域正向 2G/3G/EPC 及 WLAN 融合组网的方向演进，并承担起对接 IMS 域承载 VoLTE 语音的功能。IMS 域面向固定类用户（政企客户、家庭客户）接入，提供多媒体及融合类业务，与 CS 域网络共存并互通，将全面支持 VoLTE 高清语音。EPC 架构引入后，PS 域逐步向 EPC 架构演进并融合，实现基于 IMS 统一融合的核心网络，并逐步实现用户数据的融合和统一管理。为了实现资源共享，降低运维成本，提升用户体验，2G/3G/4G 融合组网将成为核心网演进的必然趋势。

3．核心网规划原则及流程

核心网规划原则

核心网发展规划的主要原则如下。

CS 域

网络容量规划原则：根据规划期业务增长情况决定核心网 CS 域扩容，确保网络资源投入，统筹兼顾网络资源投资效率和效益，保证 2G 网络质量和客户服务质量。CS 域应面向未来演进，重点推进新平台、云化的现网应用，减少网元数量，提升设备利用率，降低运维成本。

新功能、新技术引入及应用原则：稳步推进 A 接口 IP 化现网改造，CS 域按需进行升级改造以支持 LTE 用户的语音及短信业务。

PS 域

网络容量规划原则：根据规划期业务增长情况决定核心网 PS 域扩容，确保网络资源投入，统筹兼顾网络资源投资效率和效益，保障网络质量和客户服务质量。稳步提高核心网设备利用率，提升 SGSN、GGSN 设备利用率。

新技术、新功能：推进 SGSN POOL 部署。

策略计费控制（Policy and Charging Control，PCC）架构引入及部署：提升数据业务流量经营价值，丰富数据业务市场营销手段，为用户提供智能化、差异化的业务体验，强化数据业务精细化运营能力，按需部署 PCC 架构。实现对 2G/3G/4G、WLAN 及固定接入的统一策略控制，保证用户在多种接入网间漫游/切换时的业务体验。

EPC 引入及规模部署：针对 4G 网络，核心网采用融合组网方式建设。支持数据卡用户及手机终端用户，实现 EPC 与 PS 域融合组网，控制网元集中，网关下移，PS 域逐步向 EPC 架构演进并融合。

IMS 域

网络组织架构优化：深化 IMS 组网运营模式，根据业务发展需求进行扩容，适时引入多厂家混合组网；优化 IMS 互通路由，推进关口局融合，节省局数据配置、避免路由迂回；引入分离式架构 SBC（Session Border Control），实现控制和承载分离，从全代理 SBC 向分离式 SBC 演进。关键网元设置原则如下：

- SBC：全业务 SBC 与 VoLTE SBC 分别独立设置；全业务 SBC 设置在每个开放业务的本地网；VoLTE SBC 在区域中心集中设置。
- CSCF（Call Session Control Function）：全业务 CSCF 与 VoLTE CSCF 共用；CSCF 区域集中放置，多套网元采用负荷分担组网。
- MGCF/IM-MGW（Media Gateway Control Function/IP Multimedia Media Gateway）：全业务 MGCF/IM-MGW 与 VoLTE MGCF/IM-MGW 共用；MGCF 采取负荷分担的方式成对设置、集中放置，IM-MGW 成对设置并设置在每个本地网，IM-MGW 按汇接区关系归属相应的 MGCF。

用户数据管理

伴随 LTE 的建设，HLR（Home Location Register）改造为融合 HLR/HSS（Home Location Register/Home Subscriber Server），将其 2G/3G 的用户逐渐迁移到 HLR/HSS 融合设备，实现 2G/3G/4G 用户平滑升级。

信令网

推进业务系统的信令 IP 化进程。

核心网规划流程

核心网规划的主要内容涉及 CS 域、PS 域、IMS 域及信令网等部分。规划首先需要进行需求分析（包括网络环境分析、业务量分析和现状分析），并在此基础上确定核心网在规划期的发展目标。再根据核心网在规划期的发展目标，进行网络方案设计规划，规划方案包括 CS 域规划方案、PS 域规划方案、IMS 域规划方案及信令网规划方案等。最后，根据网络规划方案和建设规模进行投资估算。核心网规划流程如图 8.13 所示。

图 8.13　核心网规划流程

4. 核心网规划方案

需求分析

环境分析

环境分析详见 8.3.1 节中的需求分析。

业务分析

主要以终端用户预测为基础和主线，合理预测用户发展规模，结合用户消费模型分析、推导通话时长及数据业务量发展情况。根据用户量、通话时长与数据流量等业务指标的预测，进而推导出网络中各设备所需的容量需求和设备利用率等。结合当前设备的使用情况、新旧替换、融合等要求，得出各设备的调整及扩容情况。

业务目标预测原则如图 8.14 所示，MOU（Minutes of Usage）为平均每户每月通话时间，DOU（Data of Usage）为平均用户流量。规划中采用的主要预测方法详见 8.2.1 节。

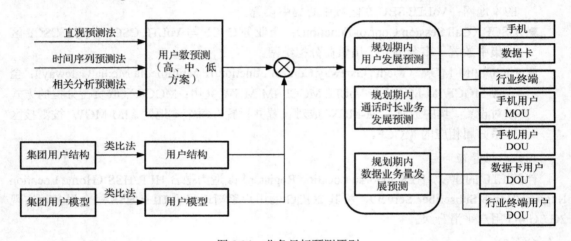

图 8.14　业务目标预测原则

现状分析

主要对核心网的发展现状进行梳理，掌握核心网建设情况，统计出网络中的设备型号、数量、铺设规模等，并得出现有设备资源的利用率、空闲率、负荷等指标。分析核心网发展中存在的问题，并根据核心网的演进策略确定核心网在规划期的发展目标。

规划方案设计

CS 域

主要涉及端局、关口局设备扩容、A 接口 IP 化改造、GCP（Gateway Control Protocol）现网部署、LTE 语音承载及信令网 IP 化改造等。

随着 LTE 新技术、新方案的引入，CS 域设备应配合支持 LTE 的演进，持续变化更新。例如，新建软交换设备采用新硬件平台，并进行软交换设备的大容量、集中化部署，未来将实现软交换云化。LTE 演进需要 CS 域为 LTE 用户提供短信业务并保持语音业务连续性，需升级部分 MSC 为 eMSC，支持 SGs 接口，提供 SGs 短信能力及 LTE 语音回落能力。随着

VoLTE/eSRVCC 的引入，核心网需升级支持 eSRVCC 功能和新增接口，为 VoLTE 终端提供语音业务的连续性。

PS 域

主要涉及 SGSN/GGSN/CG 扩容、PCC 管控能力建设、EPC 与 2G/3G PS 域融合组网等。

为更好地应对业务发展趋势，PS 域核心网在 LTE 阶段要求具备 2G/3G/4G 融合组网能力并采用集中化部署策略。融合组网包括：改造或新建融合设备（MME/SGSN、SAE GW/GGSN 等）支持 2G/3G/4G 用户接入，并以省为单位集中设置，采用 POOL 方式实现负载均衡和容灾备份；升级现网 PCRF 单元支持 2G/3G/4G 融合管控，PCRF 设备均以省为单位集中设置，设置在省会城市或省内区域中心城市，同时也应考虑合理的容灾备份机制；现网新建/改造 HLR 支持 HLR/HSS 融合，同时新建 HSS 设备应选择分布式设备，FE/BE 均需做到容灾备份。此外，PS 域设备平台架构和能力需不断演进与增强，以应对大数据量处理及信令风暴带来的挑战。

IMS 域

规划主要涉及满足全业务、LTE 话音承载以及 IMS 网络关键网元扩容改造等。

为支持 EPC 接入 IMS 实现 VoLTE，P-GW 应支持 P-CSCF 发现功能，支持为 VoLTE 用户分配 IMS 入口点 P-CSCF 地址；为支持 eSRVCC，MME 应支持 Sv 接口及 eSRVCC 空口切换控制；PCRF 通过 Rx 接口与 IMS 及业务平台互通，通过端到端 QoS 机制实现对 VoLTE 等业务的质量保障；HSS 应具备 HLR/EPS-HSS/IMS-HSS 融合功能，支持 VoLTE 相关用户数据管理及查询；应支持域选择相关功能，包括支持 CS 域的侧域选择功能，以及支持 IMS 域的 SCC AS 通过 Sh 接口查询用户注册状态等信息以实现 IMS 侧域选择功能；业务开通接口应满足开通忙时的高性能要求；VoLTE 通过 IMS 实现呼叫控制等功能，并和 EPC、CS 域配合提供语音业务连续性功能；P-CSCF/SBC 设备应支持 ATCF/ATGW 功能，提供媒体面锚定及切换功能；应支持 SCC AS，提供 IMS 会话切换控制功能，提供通过 Sh 接口查询 HSS 中的用户注册状态等信息以实现 IMS 侧域选择功能；通过 Rx 接口与 EPC 网络互通，通过 PCC 架构提供端到端 QoS 控制，实现对 VoLTE 的质量保障。

信令网

No.7 信令网作为核心网的支撑网络，为 CS 域和 PS 域提供省内和省际的信令传送。原先采用 TDM 承载方式，现已在省际、省内 STP 层面和大容量信令点 SMSC 引入 IP 承载，逐步进行着 IP 化演进。

Diameter 信令网作为 LTE/EPC 网络和 IMS 网络所必需的 IP 信令转接网，也将逐步形成全网三级转接架构。

No.7 信令网满足 2G/3G 网络用户漫游信令寻址需求，Diameter 信令网满足 LTE 网络用户漫游信令寻址需求。

长远来看，核心网正以构筑宽带、融合、开放、智能、可运营可管理的核心控制网络为目标，提升核心网在全 IP 环境下多业务支持能力和运营能力，满足未来业务发展需要。

投资估算

投资估算方法详见 8.3.1 节中的投资估算。

8.4　通信企业项目后评估基础概述

自20世纪80年代以来，由于信息及通信技术的快速发展和投入应用，世界范围内开始了一场放松电信业规制和促进竞争的浪潮。我国的通信企业从1999年至今已经经过多次重组，通信市场上形成了中国电信、中国联通、中国移动等主要电信公司，并在全业务领域内展开全方位竞争。

各电信运营商面临着前所未有的挑战：市场压力加大、客户对服务质量的要求不断提高、竞争成本增加、ARPU（Average Revenue Per User）值和收益下降、利润点转移，企业已经很难再通过规模来维持竞争优势。电信运营商正在从基础网络运营向信息服务运营转变，逐渐步入以业务、服务为竞争焦点的时代，大投入、大产出的模式被严控投资深度挖潜的模式代替，企业已步入精细化运营的时期。如何提供差异化的业务和个性化的服务、改善客户关系、赢得客户忠诚度成为通信企业亟需解决的关键问题。各个运营商的网络质量逐渐趋同，营业范围的放开和一致，都要求通信企业不仅需要从提高网络质量、网络覆盖水平上下功夫，更重要的是从企业内部入手，从业务和服务着手，提高内部管理和经营水平，增强盈利能力。这也是企业实施精细管理所需要的。

另外，通信企业近年来投资逐年增加，在当前项目投资工作中，非常需要提升投资计划管理效果，增强投资效益。一个有效的办法就是在投资计划管理体系中建立"后评估"机制，从整体上形成闭环管理模式。一方面，及时对投资项目的效果进行评估并反馈给决策部门，作为今后投资决策的重要参考；另一方面，后评估机制建立，可以与公司绩效考核体系建立必要的接口，它能有效地约束各项目使用单位盲目增加投资项目，规范项目申报工作，增强项目前评估的准确性和可信性，从而做到更加科学可靠的筛选项目。

8.4.1　项目后评估的概念

1．项目后评估的定义

项目后评估定义：对已完成的项目或规划的目标、执行过程、效益和影响所进行的系统客观的分析、检查和总结，以确定目标是否达到并检验项目或规划是否合理和有效，通过可靠的资料信息，为未来的决策提供依据和经验借鉴。

2．项目后评估的特点

项目后评估与项目前评估、项目中评估相比有明显的不同，其特点如下：

- **真实性**。项目后评估是在项目建成、运行一段时间后开展的工作。因此，数据都是实际发生值，能够较真实地反映项目建设情况。项目评估的真实性决定了其评估结论的客观可靠性。

- **总结性**。项目后评估与其他过程的评估相比，具有总结性的特点。项目后评估工作通过总结和回顾现有情况，可向有关部门反馈信息。项目后评估有助于提高投资项目决策和管理水平，为以后的宏观决策、微观决策和项目建设提供依据和借鉴。

- **合作性**。项目后评估涉及面广、人员多、难度较大，因此需要各方面组织和有关人员的通力合作，齐心协力才能做好。

- **探索性**。投资项目后评估要在分析企业现状的基础上及时发现问题、研究问题，以探索企业未来的发展方向和发展趋势。

8.4.2　项目后评估的内容

根据后评估的宗旨，通信项目后评估基本内容一般可归为五个方面：目标评估、过程评估、效益评估、影响评估和持续性评估。

1．目标评估

目标评估主要是对项目的决策目标的实现情况的考核，衡量和分析实际情况与预测情况发生偏离的程度。目标评估是投资项目后评估的一个重要内容，可以及时发现项目投资中存在的问题和不足，并将其反馈到后期的投资项目中，对未来类似项目的投资决策起到良好的参考借鉴作用。

目标评估提出偏离度这个概念，将预测与实际情况的偏差量化，以便更好地评估投资项目的成功度。对于一般的项目来说，目标评估的内容可分为宏观目标和微观目标，从宏观上讲即指项目建设对整个社会、地区和行业所带来的预期作用和影响，微观上讲即指项目建设在企业的范围内自身所产生的影响和作用。从近几年的发展来看，通信企业对于增加国家财政收入和方便人民生活等方面做出了明显的贡献，对于通信企业的项目，国家也都积极地给予支持。对于企业内部来说，微观意义上的目标评估是企业更为关心的内容。通信企业项目的目标主要包括：项目投资目标，即投资计划与投资比例，成本核算和预期收入的实现情况；项目建设目标，即项目建设目标的实现情况，具体内容随项目类别而定。

2．过程评估

过程评估具体考核项目前期工作、建设实施、生产运作和项目管理工作的开展情况，项目的过程评估是在对整个投资项目建设过程和运行过程各阶段工作回顾的基础上，对其规范性做出评价。过程评估主要采用成功度法，依据管理人员在实际操作过程中的感受和经验，对于项目投资实施过程中的各环节给出一个经验得分。项目后评估的一个重要特点就是反馈性，评估的结果必须对以后项目的投资有前瞻性和指导性的启示，过程评估这部分的工作就是通过对项目投资每一环节的逐一分析，找出项目投资成功与失败的关键所在，是项目后评估不可或缺的重要组成部分。

在过程评估中，可以编制项目进度对比图来找到偏差，并分析原因。

3．效益评估

对于任何投资，效益永远是一项必须考虑的重要因素，投资的目的就在于获得更高的投资回报。效益评估主要从财务成本管理的角度出发，结合资金成本，来评估投资的成败与否。项目效益评估包括项目财务效益后评估和国民经济效益后评估。根据自身的特点，按项目是否直接产生收入，通信项目可分为两类：可直接产生业务收入的项目，包括话务网、新技术、新业务项目；不可直接产生业务收入的项目，包括支撑网、传输网和房屋土建等项目。第一类项目可直接计算财务指标，找到与预期的偏差，分析原因，总结经验。第二类项目没有直接收入，需要采用间接的计算方法：一种方法是收入利润分摊系数，确定再分配收入，计算财务指标；另一种方法是分析项目为企业带来的无形的收益，包括节约的成本、人力和增加的顾客等。

4．影响评估

影响评估指项目建设对企业、社会、经济发展、生态环境等所产生的实际影响。如前所述，对于项目好坏的评估不能仅限于项目本身，一味地去追求经济利益。通常我们对项目的评估还应该充分考虑到项目对社会、经济发展、生态环境，包括企业内部除了经济效益以外其他因素所产生的实际影响，这样对整个项目才能进行全面而客观的权衡。

5．持续性评估

持续性评估是对未来发展趋势和项目持续发挥效益的可能性进行预测。对于项目投资，它产生的效益往往并不只是体现在项目投资周期中，更多的情况是项目投资在今后相当长的一段时间内，都能给投资者带来持续不断的收益。同时，作为项目投资本身它也将成为其他项目投资的起点，对今后整个企业投资产生深远的影响。因此，对项目持续发挥效益的可能性分析及项目对未来发展趋势影响的评估，也是项目后评估的一个重要组成部分。

对于通信项目来说，由于项目的硬件设施和软件开发具有较高的技术含量，同时，相关技术更新十分频繁，所以对项目的持续性评估尤为重要。

8.5　通信企业项目后评估方法及流程

8.5.1　项目后评估方法

目前项目后评估根据实际的经验，总结出了许多行之有效的方法，如对比法、统计分析法、逻辑框架法等。

1．对比法

对比法也称主要指标对比法。任何一个项目都会在它的可行性研究报告和设计方案中规划项目的发展建设目标、效益目标、成本目标，主要指标对比法就是项目完成以后，以项目实际发生的数据为基础而计算的这些指标值与项目实施前所预估的指标值进行对比分析。在进行对比分析时，一般采用前后对比法和有无对比法。前后对比法就是将项目运行后的实际结果与项目实施前的可行性研究和评估时的规划值相比较，并分析原因，这种方法是进行后评估的基础方法，在对项目进行成本效益评估、过程执行评估和目标评估时是不可缺少的。有无对比法就是将项目运行后的实际结果与假设没有项目的情况进行比较，主要考核项目所产生的影响，包括对项目本身和对项目外的环境和社会的影响等。

2．逻辑框架法

逻辑框架法是1970年美国国际开发署开发并使用的一种设计、计划和评估的工具，后来被许多国家采用。这种方法是用框图来代替文字分析，使复杂项目的内涵和关系更加清晰，问题更加突出，思路清晰，易于理解。逻辑框架分析法的精华在于4×4矩阵模式"问题树"模式的确立。4×4矩阵模式是对项目的垂直逻辑和水平逻辑分析后形成的逻辑框架。垂直逻辑层次将项目的目标、层次和因果关系划分为四层（含宏观目标）或三层（不含宏观目标），即：总目标，发展规划的前提条件，也就是国家、地区或投资组织的整体目标；项目目标，主要涉及具体项目；产出或成果，即项目实施的结果；投入和活动指项目的建设实施过程。

水平逻辑层次划分为：验证指标、验证方法和重要的假定条件，最终得到的逻辑框架法的规划矩阵。"问题树"或"目标树"是用来确定逻辑框架的目标层次的。项目目标是为了解决实际存在的问题，因此对问题的分析可以用树形结构来表示，从而产生构成逻辑框架的基础数据。

3．统计分析法

该方法主要用于分析项目收益者对项目的评估。这种方法对于分析项目的影响和作用，特别是针对非盈利性项目的效益评估具有十分重要的意义。

然而这种分析法工作量大，涉及的范围广，所以这种方法的实施必须具备以下几个条件：

- 评估工作的时间允许，可以有充裕的时间进行调查表格的制作、调查工作的开展及调查资料的整理。
- 良好的沟通，由于项目涉及的部门和用户复杂，所以良好的沟通是开展调查工作的前提。
- 同时要考虑后评估人员和资金是否能对统计分析工作提供良好支持。

8.5.2 后评估的工作流程

所谓流程是指一系列先后有序的活动。制定合理的工作流程是实现管理目标、保障各种活动有条不紊进行的前提。后评估的工作流程一般包括四个步骤：制定评估计划、资料收集与现场调研、分析阶段及最后的总结。

1．制定评估计划

制定项目后评估计划的最佳时间是在项目前期评估或正式开始执行时。如果项目后评估得到了公司充分重视，那么在项目前期准备时就应开始注意为后评估收集资料，并且在前评估报告或设计方案中应明确后评估中需重点考核的指标及达标标准。制定项目后评估计划的具体内容主要包括选定后评估项目、制定评估计划、确定后评估范围、选择执行项目后评估的专家，并由专家确定后评估的方法。总之，后评估计划必须说明评估对象、评估内容、评估方法、评估时间、工作进度、质量要求、经费预算、专家名单、报告格式等。

2．资料收集与现场调研

收集、整理基础资料是对项目进行分析和总结的基础，收集资料的真实性、权威性和完整性直接决定后评估的结果，对于建设期较长的项目应注意对项目资料的保存，以减少后评估数据收集的难度。对项目进行实地调研有利于了解项目建设、运行的实际情况，通过加强与项目决策者和执行者的沟通，有利于后评估工作的开展，从而使后评估工作更加客观、真实。为使调研工作顺利开展，在调研之前要做好充分准备，明确调研的目的，编制详细的调研提纲，以便于理清思路，防止在调研过程中偏离主题。通过调研我们应能解决如下问题：项目的实施情况如何、目标实现程度、存在问题、项目执行者对项目的看法等。另外在调研过程中的一个重要任务，就是根据项目的自身特点及与专家的沟通，确立评估的关键指标并对指标进行打分。

3．分析阶段

将调研阶段得到的数据进行整理，运用前面提到的评估方法对项目的关键指标进行逐一分析，找出项目的优缺点，综合衡量项目实施的好坏。

4. 总结

总结项目评估的结果，并形成项目后评估报告，将后评估分析的结果通过书面形式提交给后评估单位存档，以备日后查阅。

8.6 通信企业项目后评估指标体系

项目后评估将定量分析与定性分析相结合，定量分析通过对项目后评估指标体系中的关键指标打分，从数量角度衡量和分析项目的实际效果，并为定性分析和编制后评估报告提供依据。设置项目后评估指标体系应从两方面入手：一是确立指标体系的框架，找出关键指标；二是计算出各指标权重，并给出每个指标的评估等级和对应的得分。

8.6.1 后评估指标体系框架

根据项目后评估的内容，项目后评估一般可划分为三层结构或四层结构，四层结构分别为目标层、评估层、分析层和操作层。

评估层包括目标评估、过程评估、效益评估、影响评估、持续性评估。这五项内容即为前述一般投资项目后评估所考量的五个方面，但每项内容的具体内涵则应根据项目具体的投资特点进行调整和扩充。不同的项目对这五方面的侧重点不同。分析层就是将各评估层的指标进行分解、细化，属于中间过渡层，通过分析层指标将评估层和操作层连接起来。操作层是将分析层的内容进一步细化到能够直接进行评估，这一层是评估工作的基础，通过对操作层指标进行打分，得出分析层和评估层的得分，进而得出项目总分。

根据项目的复杂程度不同，在项目后评估过程中分解、细化的程度也会有所不同，所以这三层结构会随项目的不同进行调整。项目后评估指标体系的基本框架图如图8.15所示。

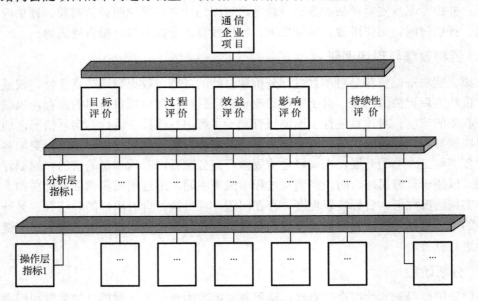

图 8.15　指标体系框架

8.6.2 指标权值

在构造出项目后评估体系框架后，下一步工作就需要给出项目评估体系中各指标的权值。权值的确定对项目最终评估结果起着举足轻重的作用，因此对这一部分的研究需要根据项目评估的实际情况，计算分析出具体采用的权值。

1. 指标权值计算方法

对比分析法

对比分析法是把要评估分析的几种指标进行分析对比，根据研究者主观价值判断来制定各指标权重系数的一种方法。该方法虽然是专家主观评定，但在各因素的分析与处理上也充分考虑了大量的客观影响因素。10分对比法是对比分析法的一种，它将要评估的各个指标进行一对一的对比评估，并按其重要程度进行打分，其分值为0～10分；统计各项指标打分结果，比较后可形成一个所有指标之间重要程度的相对矩阵。矩阵的纵向为比较指标，横向为被比较指标、指标的相对权值和绝对权值，矩阵中的数据为纵向指标与横向指标相比的得分。通过对比得分矩阵可以计算出各个指标之间的权值。

层次分析法

层次分析法（Analytic Hierarchy Process, AHP）的应用十分广泛，确定项目后评估指标的权值就是其重要应用之一。

层次分析法将复杂的决策问题层次化，即根据问题的性质及所要达到的目标，把问题分解为不同的组成因素，并按各因素之间的隶属关系和相互关联程度分组，形成一个不相交的层次。上一层次的元素对相邻的下一层次的全部或部分元素起着支配作用，从而形成一个自上而下的逐层支配关系。具有这种性质的结构称为递阶层次结构，具有递阶层次结构的决策问题最后可归结为最低层（供选择的方案、措施等）相对于最高层（系统目标）的相对重要性的权值或相对优劣次序的总排序问题。

另外，层次分析法将引导决策者通过一系列成对比较的评判来得到各个方案或措施在某一个准则之下的相对重要度的量度。这种评判能转换成数字处理，构成一个所谓的判断矩阵，然后使用单准则排序计算方法便可获得这些方案或措施在该准则之下的优先度的排序。

2. 权值确定的内容与分摊

权值确定的内容

根据体系层次将权值划分为评估层权值、分析层权值、操作层权值，其中分析层和操作层权值还可以分为绝对权值和相对权值。将各指标相对于所属上一层类别而取定的权值称为指标的相对权值，将指标本身的权值称为指标的绝对权值。

权值确定的分摊

- 目标层分数总值为100分。
- 评估层、分析层（操作层）等各层内指标的相对权值之和为1。
- 指标绝对权值 = 所属上一层类别的权值 × 指标相对权值。

权值确定的修正

项目后评估体系权值的确定主要采用对比分析法，但评估人员经验、角度及所处的地位不同，就会出现不同的主观评估结果。因此，为了使最终的评估能够反映出真实客观的结果，项目后评估体系权值确定的过程中必须广泛听取各方面专业人员的意见，综合计划、管理、财务、统计等部门专家及领导的意见，并对经验进行量化，经过不断的修正，大家的意见也会比较集中。利用这种方法来确定权值，充分考虑了项目评估委员会的观点且简单易行。

8.6.3　项目后评估指标体系应用

确定了项目后评估指标体系后，要应用评分法对项目进行定量评估。评分法即将各评估项目按照评估标准评分，并根据项目得分判定该项目的成功度。评分法能将一些定性的因素量化，并且将定量的评估和定性的评估结合成一个总分。评分法是目前项目后评估中应用较广的一种方法，按照评分的处理方式，又可分为加法评分法、连乘评分法、加乘评分法和加权求和评分法等。与其他方法相比，加权求和评分法比较科学，使用起来较方便。加权求和评分法的评估函数形式为

$$Y = \sum_{i=1}^{n} R_i X_i \qquad (8.37)$$

其中：

　　Y——项目最终得分

　　X_i——指标体系操作层评分结果

　　R_i——相应操作层权值

　　n——评估层所考虑的因素种类

项目的定量分析需要在确定了项目后评估指标及指标权值的情况下，确定每个指标的评分等级。对于客观上可量化的指标，可以根据量化标准得出客观分数。对于客观上不易量化的指标，可以按主观标准分为几个等级，在具体评估时企业中的专业人员或专家就可以按主观标准给出分值，最后综合评估分值，将定性内容转化成分数。这样，不同指标、不同量纲之间就能够比较。所有具体评估的分值的取值范围在 0 到 1 之间。

在制定评分规则时要注意以下几个事项：等级的档次不宜过粗也不宜过细，一般可设定四或五个等级，如 0、0.4、0.8、1 或 0、0.3、0.5、0.7、1。在实际评估工作中，也可根据项目的具体情况来灵活划分等级，每个指标的评分等级不一定相同。另外，对于每个等级的文字描述应简单明了，易于操作。以五档的指标等级划分方法为例，可采用如下文字描述方式：

- 目标评估主要考核指标的偏离度，可划分为以下五个等级：完全符合（10 分）、偏离较少（7 分）、偏离较大（5 分）、严重偏离（3 分）及完全偏离（0 分）。
- 过程评估主要考核指标的成功度，可划分为以下五个等级：特别成功（10 分）、较成功（7 分）、基本成功（5 分）、不成功（3 分）及失败（0 分）。
- 效益评估。对于财务指标的偏离度可与目标评估相同。非财务指标的效益评估实际是其产生的经济效益影响，所以可以与影响评估的等级一致：影响极好（10 分）、影响较好（7 分）、无影响（5 分）、影响较坏（3 分）及影响极坏（0 分）。
- 影响评估同效益评估。
- 持续性评估考核项目的扩展性和升级性，可划分为以下五个等级：极强（10 分）、较强（7 分）、一般（5 分）、较差（3 分）及很差（0 分）。

按照上述方法编制项目后评估指标的评分调查表，将结果汇总即可得出项目的最终得分。

在完成了项目后评估的计划、调研、资料收集和分析阶段后，为便于后评估成果的汇报和推广，应将后评估的执行过程和结论进行汇总，编制项目后评估报告。

8.7　通信企业项目后评估实例

下面以无线网络项目后评估为例，详细分析后评估的过程。

1．无线网络项目后评估内容

无线网络项目是电信运营商的核心投资项目，每年都在运营商的年度资本开支中占据很大比重，也对运营商的业务和网络能力产生很大的影响。无线网络项目后评估包括目标评估、过程评估、效益评估、影响评估、持续性评估五项内容。

2．无线网络项目后评估框架

运用 PDCA 的思路构建无线网络项目后评估的框架。PDCA 的思路包含四个阶段：计划（Plan）、实施（Do）、检查（Check）和处理（Action）。将 PDCA 方法运用到后评估中，其过程是：设定分析目标；针对分析目标进行具体的定性分析或定量测算；根据分析或测算结果进行评估检查分析；综合分析检查成果得出评估结论。无线网络项目后评估框架如图 8.16 所示。

图 8.16　无线网络项目后评估框架

3．无线网络项目后评估指标体系

目标评估主要包括业务发展目标、网络发展目标、风险预测、收益目标及项目进度目标评估。

过程评估包括项目计划及立项决策阶段回顾、项目准备阶段、项目的执行实施阶段。

效益评估是从经济效益的角度对项目进行评估。无线网络直接产生经济收益，因此可以进行量化的财务评估。

影响评估包括项目对企业内部业务的影响和外部竞争环境的影响。无线网络直接产生业务量，因此影响评估可重点从业务、服务、市场角度展开。

持续性评估是用来评价项目给企业持续带来效益的可能性，主要包括无线网络项目自身的持续发展能力和项目对企业的持续影响力。

无线网络项目后评估指标如表 8.6 所示。

4．无线网络项目后评估方法选择

无线网络项目后评估内容有其特殊性，不同评估内容侧重点不同，评估方法也不尽相同。因此在进行评估时不能单靠一种方法进行评估，而是要根据项目自身的特点，选择多种方法进行综合后评估。无线网络项目后评估方法如表 8.7 所示。

表 8.6　无线网络项目后评估指标

评 估 内 容	指 标 分 类	指 标 内 容
目标评估	业务发展目标	用户到达数
		用户市场占有率
	网络发展目标	基站数
		载频数
		无线网利用率
		全网半速率
		无线接通率
		掉话率
	风险预测	项目技术风险
		项目运作风险
	收益目标	项目预期投资收益率
		项目预期内部收益率
		项目预期投资回收期
	项目进度目标	项目投资完成变化率
		项目建设进度变化率
过程评估	项目决策过程及依据	对短期规划的适应程度
		项目实施区域通信质量压力
		项目实施区域竞争压力
	项目准备阶段	勘察工作质量评估
		项目设计方案评估
		采购招投标
		开工准备
	项目执行实施	工程造价控制评估
		项目建设完成评估
		生产运作成功度
		管理工作成功度
效益评估	项目盈利性	净现值率
		内部收益率
		投资收益率
		静态投资回收期
影响评估	对内部业务环境的影响	对企业业务种类的影响
		对企业其他业务的业务量的影响
	对外部竞争环境的影响	服务差异性
		市场影响力
持续性评估	项目自身的持续发展能力	业务收入发展趋势
	项目对企业的持续影响力	收入贡献

表 8.7　无线网络项目后评估方法

评 估 内 容	评 估 指 标	评 估 方 法
目标评估	业务发展目标	对比法
	网络发展目标	对比法
	风险预测	逻辑框架法

续表

评估内容	评估指标	评估方法
目标评估	收益目标	对比法
	项目进度目标	对比法
过程评估	项目决策过程及依据	逻辑框架法
	项目准备阶段	成功度法
	项目执行实施	成功度法
效益评估	项目盈利性	成功度法
影响评估	对内部业务环境的影响	对比法
	对外部竞争环境的影响	对比法
持续性评估	项目自身的持续发展能力	对比法
	项目对企业的持续影响力	成功度法

以表 8.6 中目标评估中的网络发展目标为例，评估指标包括基站数、载频数、无线网利用率、全网半速率、无线接通率、掉话率六个指标。采用对比法对某无线网络项目的 4G 基站数和载频数进行评估，评估结果如表 8.8 所示。

表 8.8　4G 基站数与载频数评估结果

名称	单位	2014 年规划值	2014 年预计值	偏差	偏差率	得分
4G 基站数	个	7647	9161	1514	19.80%	7
4G 载频数	个	19795	25117	5322	26.90%	7

评估结果分析：2014年实际建设4G基站数和载频数较规划值有一定的正向偏差，主要原因如下。

① 2013年4G的用户数相对较少，故相应的基站和载频建设规模有所缩减。受2013年4G建设情况的影响，2014年规划对4G基站数和载频数预测偏保守，这是2014年4G基站数和载频数出现正向偏差的原因之一。

② 经过大规模实验、试商用和商用等阶段后，在 2014 年 4G 已经满足商用的条件，4G 用户数大大增加。为应对市场需求、话务量及数据业务的增长压力，企业积极推动 4G 网络发展，加大了 4G 基站和载频的建设力度，因此 2014 年 4G 基站数和载频数出现正向偏差。

5. 总结

无线网络项目后评估通过对项目全过程、多角度、多层面的分析评估，找到问题所在，并提出切实可行的建议，以提高下一期无线网络项目的质量。项目后评估为企业投资及经营决策提供科学依据和参考，使企业逐步实现向科学管理、分析型管理、精细化管理的转变，助力企业投资效益最大化。

习题

8.1　在何种情况下采用定性预测分析的方法？

8.2　常见的时间序列预测技术有哪些？试分析它们具体的应用场合。

8.3　试述成长曲线的预测方法通常应用的场合。

8.4　试述线性回归预测中，统计检验方法的作用。

8.5　试述通信网的规划体系。

8.6　简述无线接入网规划的内容和流程。

8.7　简述核心网规划原则和流程。

8.8　试述无线接入网规划中如何考虑 2G/3G/4G/WLAN 的协调发展。

8.9　试述通信企业项目后评估方法及流程。

8.10　简述无线接入网项目后评估内容。

参 考 文 献

[1] 中国信息通信研究院网络与信息安全研究领域专家组. 网络与信息安全：我国将全面进入体系化建设时代[J]. 世界电信, 2015, Z1: 86-94.

[2] 范玉柏. 计算机智能化网络管理探索[J]. 电子技术与软件工程, 2014, 13: 20-21.

[3] 啜钢, 李卫东. 移动通信原理与应用技术[M]. 北京：北京邮电大学出版社, 2010.

[4] 刘炎, 赵义, 颜丽峰. 移动通信网络三网融合方案探讨[J], 邮电设计技术, 2014, 8: 50-52.

[5] 张弟. 简谈三网融合[J]. 黑龙江科技信息, 2014, 7: 99.

[6] Editorzq. 通信专业电话网的服务质量[OL]. 希赛教育通信学院, 2013 http: //www.educity.cn/tx/zhnl/201303011355011725.htm.

[7] 陈雷, 王小雨, 刘一蓉. No.7 信令网关设备信息安全问题[J]. 现代电信科技, 2010, Z1: 70-73.

[8] 李俊萩, 张晴晖. 机架式媒体网关的设计与实现[J]. 计算机工程与设计. 2011, 32(4)：1207-1227.

[9] 陈建亚, 余浩, 王振凯. 现代交换原理[M]. 北京：北京邮电大学出版社, 2006.

[10] 刘俊杰. 软交换技术及其在 NGN 建设中的应用[D]. 南京理工大学, 2012.

[11] 曾祥强, 胡婧, 李飞. 软交换机高可用平台的设计与实现[J]. 无线电工程, 2010, 40(2): 4-7.

[12] 张良模, 林智建. 软交换机的基本原理[J]. 电信技术, 2003, 3: 38-40.

[13] 姚军, 毛昕蓉. 现代通信网[M]. 北京：人民邮电出版社, 2011.

[14] 石文孝, 张丽翠, 胡可刚, 董颖. 通信网理论与应用（第 1 版）[M]. 北京：电子工业出版社, 2008.

[15] Natarajan D, Rajendran A P. AOLSR: hybrid ad hoc routing protocol based on a modified Dijkstra's algorithm[J]. EURASIP Journal on Wireless Communications and Networking, 2014(1): 1-10.

[16] 马应平, 柯赓, 曹文婷. WOBAN 中最短路径 Dijkstra 路由算法[J]. 军事通信技术, 2012, 33(3): 12-16.

[17] 王战红, 孙明明, 姚瑶. Dijkstra 算法的分析与改进[J]. 湖北第二师范学院学报, 2008, 25(8): 12-14.

[18] 刘翠丽, 张思东. GIS 应用领域中 Dijkstra 算法的一种改进[J]. 电信快报, 2005, 5: 46-48.

[19] 何翼, 曾诚, 李洪兵, 陈前. 基于 DIJKSTRA 的无线传感器网络分簇路由算法[J]. 计算机测量与控制, 2014, 22(9): 2867-2869.

[20] 李晶, 闫军. 基于 Dijkstra 算法和 Floyd 算法的物流运输最短路径研究[J]. 科技信息, 2012, 34: 575-576.

[21] 孙小军, 王志强, 刘三阳. 网络最大流算法的性能分析[J]. 数学的实践与认识, 2013, 43(17): 120-124.

[22] 李清平, 周鹏. 基于链路容量算法的集中式计算机网络优化[J]. 北京信息科技大学学报（自然科学版）, 2013, 28(4): 24-28.

[23] Tae-Hwan KIM. Early Eviction Technique for Low-Complexity Soft-Output MIMO Symbol Detection Based on Dijkstra's Algorithm[J]. IEICE Transactions on Fundamentals of Electronics, Communications and Computer Sciences, 2013, 96(11): 2302-2305.

[24] 李雯瑞. 改进的 Dijkstra 算法及其在网络中的应用[J]. 信阳农业高等专科学校学报, 2013, 23(2): 118-119.

[25] 石为人，邓鹏程，张阳. 动态规划在传感器网络路由协议中的应用[C]//第二十六届中国控制会议论文集，2007.

[26] 刘焕淋，陈勇. 通信网图论及应用[M]. 北京：人民邮电出版社，2010.

[27] 逯昭义. 通信业务量理论与应用（上册）[M]. 北京：电子工业出版社，2011.

[28] 苏驷希. 通信网性能分析基础[M]. 北京：北京邮电大学出版社，2006.

[29] 周炯磐. 通信网理论[M]. 北京：人民邮电出版社，2009.

[30] 唐应辉，唐小我. 排队论基础与分析技术[M]. 北京：科学出版社，2006.

[31] 陆传赉. 排队论（第2版）[M]. 北京：北京邮电大学出版社，2009.

[32] 酷哥尔. 实战无线通信应知应会 [M]. 北京：人民邮电出版社，2010.

[33] 马华兴. 大话移动通信网络规划[M]. 北京：人民邮电出版社，2011.

[34] 高鹏，赵培，陈庆涛. 3G技术问答（第二版）[M]. 北京：人民邮电出版社，2011.

[35] 凌敏，申燕. 电信软交换组网应用研究. 长沙通信职业技术学院学报[J]. 2013，3: 22-25.

[36] Stefan Parkvall. 4G移动通信技术权威指南[M]. 堵久辉，廖庆育，译. 北京：人民邮电出版社，2012.

[37] 李静林，孙其博，杨放春. 下一代网络通信协议分析[M]. 北京：北京邮电大学出版社，2010.

[38] 陈宜春. 中兴软交换组网及维护案例解析[J]. 通信技术，2014，12: 35-36.

[39] 赵河，马泽芳，符刚. 基于IMS的固网改造方案[J]. 邮电设计技术，2014，5: 10-14.

[40] 任跃安. IMS控制下的网络融合与业务融合[D]. 吉林大学，2014.

[41] 曾春香，易江军. 固定通信网络向IMS网络演进的方案探讨[J]. 电信工程技术与标准，2012，5: 13-17.

[42] 吴承英，吴航，魏梦瑜. IMS本地网组网关键技术研究与实践[C]. 2013年中国通信学会信息通信网络技术委员会年会论文集. 2013，8: 107-113.

[43] 张建强，胡轶. 中国移动 CMNET 省网及城域网总体技术方案. http: //www.doc88.com/p-666150714279. html.

[44] 赫罡，滕佳欣，朱斌. 核心网络演进趋势探讨[J]. 邮电设计技术，2012，5: 1-5.

[45] 中兴通讯学院. 对话宽带接入[M]. 北京: 人民邮电出版社，2010.

[46] 方国涛，黄振陵，唐婧壹. 宽带接入技术[M]. 北京：人民邮电出版社，2013.

[47] 毛京丽，胡怡红，张勖. 宽带接入技术[M]. 北京：人民邮电出版社，2012.

[48] 雷维礼、马立香. 接入网技术[M]. 北京：清华大学出版社，2008.

[49] 柯赓. 接入网技术与应用[M]. 西安：西安电子科技大学出版社，2009.

[50] 张传福，于新雁，卢辉斌，彭灿. 网络融合环境下宽带接入技术与应用[M]. 北京：电子工业出版社，2011.

[51] 童晓渝，刘露，李璐颖，张云勇，房秉毅，陈清金. 新一代移动融合网络理论与技术[M]. 北京：人民邮电出版社，2012.

[52] 陈运清，吴伟，阎璐，聂世忠等. 电信级IP RAN实现[M]. 北京：电子工业出版社，2013.

[53] 王元杰，杨宏博，方遒铿，邓宇等. 电信网新技术IPRAN/PTN[M]. 北京：人民邮电出版社，2014.

[54] 孙秋菊，汪海鹏，李瑷珲，赵勇. IT支撑系统的现状与发展[J]. 世界电信，2007，20(4): 51-55.

[55] 何美斌. 浅谈云计算技术在电信支撑系统的应用[J]. 信息通信，2012，5: 57-58.

[56] 刘冠杰. 云计算技术在电信运营支撑集中化系统中的应用研究[D]. 南京邮电大学，2013.

[57] 孟小峰，慈祥. 大数据管理：概念、技术与挑战[J]. 计算机研究与发展，2013，50(1): 146-169.

[58] 宋可为. 电信支撑系统中云计算的应用[J]. 信息与电脑，2011，8: 177-178.

[59] 陈小利，王冬. 云数据库和云计算在 BSS 系统中的应用[J]. 网络新媒体技术，2013，2(4): 39-42，51.

[60] 郭敏杰. 大数据和云计算平台应用研究[J]. 现代电信科技，2014，8: 7-11，16.

[61] 何清. 大数据与云计算[J]. 科技促进发展，2014，10(1): 35-40.

[62] 陈龙，张春红，云亮，于莘刚，吴伟明. 电信运营支撑系统[M]. 北京：人民邮电出版社，2007.

[63] 何祥鑫. 电信运营支撑系统[D]. 同济大学，2006.

[64] 张浩淼. 新一代电信运营支撑系统（NGOSS）研究与系统设计[D]. 电子科技大学，2006.

[65] 张磊. 新一代运营系统与软件 NGOSS 若干关键问题研究[D]. 兰州大学，2007.

[66] 刘波. 中国移动省级运营支撑系统（BOSS）建设[D]. 山东大学，2007.

[67] 马云海. 江苏电信业务支撑系统设计研究[D]. 南京理工大学，2009.

[68] 唐培正. 架构新一代综合电信业务支撑系统[J]. 现代电信科技，2003，4: 15-17.

[69] 王磊. 管理支撑系统的研究与设计[D]. 复旦大学，2009.

[70] 于丽娜. 电信业务支撑系统支撑模式的研究[D]. 北京邮电大学，2007.

[71] 余飞. 电信运营商大数据应用典型案例分析[J]. 信息通信技术，2014，6: 63-69，83.

[72] 曾琦良，陈挺. 融合计费系统介绍及部署策略[J]. 中国新通信，2014，19: 101-102.

[73] 方嫱. 互联网数据中心（IDC）系统设计[J]. 铁道通信信号，2007，43(1): 46-49.

[74] 李绪诚，龙飞，潘希忠，徐昊，张正平. IDC 机房中心系统网络架构设计[J]. 重庆工学院学报（自然科学版），2008，22(6): 47-50.

[75] 施扬. 现代通信技术与业务[M]. 人民邮电出版社，2011.

[76] 孙友伟. 现代通信新技术新业务[M]. 北京邮电大学出版社，2004.

[77] 胥学跃. 现代电信业务[M]. 北京：北京邮电大学出版社，2010.

[78] 赵翎. PTN 承载集团客户业务凸显优势[J]. 通信世界，2013，8: 47.

[79] 电信业务分类目录（2013 版）（征求意见稿）. http://www.miit.gov.cn/n11293472/n11293832/n12845605/n13916913/15422632.html.

[80] 肖巍. 多网络融合语音业务系统的设计与实现[D]. 北京邮电大学，2010.

[81] 周林. GSM 数据通信业务的原理和应用[J]. 现代电信科技，1996，12: 21-25.

[82] 吴吉义，李文娟，黄剑平，章剑林，陈德人. 移动互联网研究综述[J]. 中国科学：信息科学，2015，45(1): 45-69.

[83] 陈培学，叶卫明，常贺，齐志刚. 基于现网的 VoLTE 组网测试及智能网业务继承研究[J]. 电信工程技术与标准化，2015，28(1): 87-91.

[84] 陈均华，吴春明，姜明. 互联网业务特性概述[J]. 信息工程大学学报，2009，10(1): 41-44.

[85] 程子阳. 移动互联网业务的发展趋势[J]. 移动通信，2012，5，30-35.

[86] 董斌，魏民，王铮，于玉海，全建刚. 面向移动互联网的业务网络[M]. 北京：人民邮电出版社，2012.

[87] 赖卫国，许俊禹，胡严，黄林. 移动无线数据新业务[M]. 北京：人民邮电出版社，2007.

[88] 刘东明，吴伟，崔媛媛，袁琦. 移动通信增值业务技术详解[M]. 北京：人民邮电出版社，2009.

[89] 周兰. 移动互联网业务创新分析[J]. 现代电信科技，2009，7: 36-40.

[90] 闵栋. 移动互联网业务发展浅析[J]. 现代电信科技，2009，7: 41-45.

[91] 张传福，彭灿，刘丑中，何庆瑜. 第三代移动通信资源管理与新业务[M]. 北京：人民邮电出版社，2008.

[92] 张传福，刘丽丽，卢辉斌，郎逊雪. 移动互联网技术及业务[M]. 北京：电子工业出版社，2012.

[93] 张旭武，张晓娟. 基于 IP 多媒体子系统（IMS）的业务平台研究[J]. 通信与信息技术，2005，3: 34-40.

[94] 张智江，李永，刘洪宁，刘韵洁．IMS 业务关键技术与实现[M]．北京：人民邮电出版社，2008.

[95] 梁朝霞，王发光，凌颖．融合通信关键业务及在现网中的应用实现[J]．电信科学，2008，24(7): 26-31.

[96] 吴斌，黄嘉，王丽秋．融合通信时代业务网发展策略研究[J]．电信工程技术与标准化，2015，28(1): 15-18.

[97] 姚群峰，张玉莹．电信运营商发展融合通信的战略思考[J]．电信科学，2011(S1): 86-89.

[98] 张传福，彭灿，于新雁，卢辉斌．全业务运营下网络融合实现[M]．北京：电子工业出版社，2010.

[99] 梁雄建，孙青华，张静，等．通信网规划理论与实务[M]．北京：北京邮电大学出版社，2006.

[100] CCITT．通信网规划手册[M]．北京：人民邮电出版社，1985.

[101] 张茹芳．浅析 4G 移动通信技术的要点和发展趋势[J]．信息通信，2013，1: 256.

[102] 董鑫．GSM 无线网络规划方法—省级 GSM 网络扩容可行性研究方法与实现[D]．北京邮电大学，2009.

[103] 王花．WCDMA 无线网络规划与设计[D]．吉林大学，2006.

[104] 张晓华．通信工程规划方案投资估算浅析[J]．科学时代，2014，8.

[105] 刘丹．通信企业项目后评价的理论研究与实证分析[D]．吉林大学，2006.

[106] 赵卫临．无线网络工程项目后评估研究及应用[D]．北京邮电大学，2010.

[107] 刘志超，白俊傑，孟令希，李艳华．4G 融合多媒体平台的探索与研究[C]．2014 全国无线及移动通信学术大会论文集，2014.9: 43-47.